.

LA VIE PSYCHIQUE

DES BÊTES

———

Paris. — Typographie Paul Schmidt, 5, rue Perronet.

NID DE LA FOURMI ROUSSE

LA VIE PSYCHIQUE

DES BÊTES

PAR

le Dr Louis BÜCHNER

Auteur de *Force et Matière*

OUVRAGE TRADUIT DE L'ALLEMAND

PAR

le Dr Ch. LETOURNEAU

AVEC GRAVURES SUR BOIS

PARIS

C. REINWALD, LIBRAIRE-ÉDITEUR

15, RUE DES SAINTS-PÈRES, 15

1881

TABLE DES MATIÈRES

PRÉFACE. . . . . xiij

INTRODUCTION

Résumé historique des études sur l'âme des bêtes (Anaxagore, Socrate, Platon, Aristote, Pline, Virgile, Plutarque, Galien, Celse, Rorarius, Descartes, Pereira, le moyen âge, Leibniz, Jenkin Thomasius, Condillac, Linné, Buffon, Voltaire, Méier, Bonnet, Bonjean, Lafontaine, Le Roy, Cuvier, Kant, Fichte, Herder, Agassiz, Huxley, Vignoli, Darwin). — Doctrine du transformisme, échelle de l'évolution intellectuelle. — L'instinct et la raison. — Critique de l'instinct et exemples à l'appui. — L'instinct se trompe, il est susceptible de modifications. — Blanchard, sur l'instinct des insectes. — Wallace, sur l'instinct de nidification de l'oiseau. — Stiebeling, sur l'instinct de la poule et du canard. — Beaucoup d'instincts s'expliquent par l'odorat. — Instruction donnée par les parents. — Application à l'instinct du principe de l'hérédité. — L'instinct et la raison considérés comme des degrés divers de l'évolution. — Opinions de Lindsay, Michelet et Morgan sur l'instinct. — L'instinct chez l'homme. — Sociétés protectrices des animaux. — Les institutions analogues à celles de l'homme chez l'animal et en particulier chez la fourmi. 1

CHAPITRE PREMIER

La fourmi et son genre de vie. — La place de la fourmi dans la nature en général et relativement aux autres animaux. — Intelligence, caractère et individualité. — Cerveau et système nerveux. — Comment se comportent les fourmis mutilées ou dont le cerveau est lésé. — Avantages physiques. — Propreté. 52

CHAPITRE II

Partie historique. 73

CHAPITRE III

République des fourmis. — Mâles et femelles. — Prédominance du
sexe féminin. — Les essaims ou essors nuptiaux. — Amputation des
ailes. — Soins prodigués par les ouvrières aux reines et à la progéniture. — Assistance dans l'éclosion des nymphes. — Éducation des
jeunes fourmis par les adultes. — Les fourmis n'ont point de chefs. —
Liberté et caractère volontaire du travail. — Travail des reines.   79

CHAPITRE IV

Construction des fourmilières. — Variété d'architecture et adaptation aux circonstances. — Intelligence déployée pendant la construction et le transport des matériaux. — Comment les issues du nid sont
pratiquées, fermées et gardées. — Travaux de défense du nid. —
Changement de domicile. — Architecture des espèces tropicales et
américaines   99

CHAPITRE V

Construction des routes. — Routes couvertes et découvertes. — Insectes
construisant des murs de clôture. — Perfectionnement par l'expérience. — Établissement des stations et des succursales. — Les « cités
des fourmis » dans la Pensylvanie. — Travail nocturne des fourmis.
— Fourmis chasseresses de l'Afrique occidentale. — La *sa-uba* ou
fourmi à parasol du Brésil, de l'Amérique centrale et du Texas. 127

CHAPITRE VI

Fourmis glaneuses. — Division du travail. — Amas de débris devant
le nid. — Arrêt de la germination et drèche des céréales. — Guerres
pour les graines et pillages. — Manière de manger. — Tentatives
d'alimentation artificielle. — Erreurs dans le choix des aliments ainsi
que dans l'appréciation de la température. — Fourmis glaneuses dans
les climats chauds et sous les tropiques. 146

CHAPITRE VII

La fourmi agricole. 162

CHAPITRE VIII

Domestication du bétail et production du lait. — Relation entre les
fourmis et les pucerons. — Fondation des colonies de pucerons. —
Lutte pour les pucerons et le sucre. — Fourmis à sucre. — Les myr-

mécophiles ou amis des fourmis. — Gourmandise des fourmis. — Myr-mécophiles hors de l'Europe. — *Myrmecocystus mexicanus*, ou fourmis « vaches-laitières ». — Passion des fourmis pour le miel. — Ruses employées pour piller les ruches. — Moyens ingénieux pour se procurer des aliments. — Odorat. 166

CHAPITRE IX

Faculté de se faire comprendre ou langage. — Odorat. — Langage mimique et langage s'adressant à l'ouïe. 187

CHAPITRE X

Esclavage. — L'amazone et ses esclaves. — Ses expéditions guerrières, ses chasses à esclaves et ses pillages. — Sa manière de combattre. — Subordination des esclaves. — Erreurs et bévues commises dans la recherche de la route. — Envoi des émissaires. — Délibérations. — Opinions diverses. — Guerres avec les fourmis sanguines. — Luttes intestines des amazones. — La fourmi sanguine et ses mœurs. — Sa tactique. — Sa grande intelligence. — Ses chasses à esclaves et ses sièges des nids ennemis. — Le *strongylognathus* ou caricature de l'amazone. — Les espèces esclaves (*fusca, cunicularia, rufa,* etc.). — Soins donnés aux malades chez les *pratensis* et les *atta.* — Exercices gymnastiques et jeux de la *f. pratensis*. 196

CHAPITRE XI

Sentiments d'amitié et d'inimitié chez la fourmi. — Provisions de voyage. — Comment les fourmis se transportent mutuellement. — Combats singuliers. — Sentiments individuels de férocité et de com-passion. — Manière de traiter les blessés. — Inhumation. — Enlève-ment des morts. — Les fourmis se reconnaissent après une absence ; elles distinguent leurs amis des ennemis. 238

CHAPITRE XII

Guerres et combats des fourmis. — Acharnement dans la lutte. — Description d'un combat de fourmis par Hauhart. — Alliance et traités de paix. — Bataille rangée livrée par les fourmis des prés. — Signaux d'alarme en usage chez les espèces *camponatus.* — Tenta-tive infructueuse pour provoquer chez les fourmis sanguines des luttes intestines. — Armistices. — Combats chez les espèces *myrmica.* — Manière de combattre particulière aux *camponatus.* — La *f. exsecta* et sa manière de combattre. — La tactique des espèces *lasius.* — La redoutable *myrmica rubida.* — La fourmi voleuse *myrmica scabri-nodis.* — Les espèces pacifiques. 246

CHAPITRE XIII

Castes de soldats chez les fourmis. — Les espèces *pheidole* et leurs soldats. — Lutte entre la *pheidole* et les fourmis de gazon. — Combat d'un soldat de l'espèce *pheidole* avec le *crematogaster scutellaris.* — Les soldats de l'espèce *colobopsis.* — Les soldats des espèces tropicales. — La fourmi fourragère ou voyageuse de l'Amérique du Sud (*eciton*) et ses mœurs curieuses. — Les espèces de l'Amérique du Nord.................................... 258

CHAPITRE XIV

Les termites ou fourmis blanches. — Leur architecture. — Défense des habitations. — Construction des routes. — Les soldats. — La reine. — L'essor nuptial. — Les termites destructeurs. — Les termites américains d'après Bates. — Organisation sociale des termites. 270

CHAPITRE XV

Sociétés des abeilles. — Gouvernement d'une seule reine. — Appartements royaux. — Culte rendu à la reine. — Manière de traiter les mâles ou faux-bourdons. — Polyandrie. — Massacre des mâles. — L'état des abeilles est un état féminin. — Immolation de la reine. — Combats des reines entre elles. — Perte de la reine-abeille et transformation de larves-ouvrières en jeunes reines. — Introduction artificielle d'une nouvelle reine. 303

CHAPITRE XVI

Les essaims ou fondation de nouvelles colonies. — Émissaires et provisions. — Capture de l'essaim et examen du nouveau domicile par les abeilles. — Essaims artificiels et naturels. — Protection des jeunes reines en temps d'essaims. 328

CHAPITRE XVII

L'essor nuptial. — Préludes. — Accents de la joie et de la tristesse................................... 340

CHAPITRE XVIII

Ponte des œufs par la reine. 344

CHAPITRE XIX

L'activité dans la ruche. — Soins donnés à la progéniture. — Alimentation. — Magasins de provisions. — Nettoyage de la ruche. —

Emploi de la *propolis* ou substance agglutinante.' — Propreté. — Ensevelissements. — Ventilation de la ruche. — Architecture des cellules. — Irrégularités de leur forme. — Intelligence révélée dans la construction des rayons. — Bévues et améliorations. 348

CHAPITRE XX

Activité hors de la ruche. — Récolte des aliments. — Alimentation mutuelle. — Sentinelles et police extérieure. — Protection de la ruche contre les ennemis et l'intrusion des animaux de toute espèce. — Comment on traite les intrus. 367

CHAPITRE XXI

Langage des abeilles. — *Odorat et mémoire.* — Importance des antennes. — Virgile et Shakspeare à propos des abeilles. 374

CHAPITRE XXII

De la constitution des sociétés chez les abeilles. — Monarchie constitutionnelle des abeilles. — Le communisme et le socialisme chez les abeilles. — Point d'oisifs. 383

CHAPITRE XXIII

Des instincts prétendus innés chez les abeilles. — Critique de l'instinct inné pour le travail. — Instinct des abeilles pour la construction des alvéoles; son origine et son perfectionnement. — Abeilles voleuses et leurs sociétés. — Penchant au vol et à l'ivrognerie. — Bévue de l'instinct nutritif. — Architecture progressive des alvéoles chez les abeilles, les bourdons, les guêpes, les melipones, etc. — Nécessité mécanique de l'aplatissement des alvéoles. — Le facteur de l'hérédité. — Évolution historique des sociétés des abeilles. — Travaux des mâles et des femelles dans les sociétés primitives. 388

CHAPITRE XXIV

Autres espèces d'abeilles. — Le genre *osmia* et l'abeille maçonne. — Bates à propos de la melipone de l'Amérique du Sud. — Abeilles sauvages dans le Surinam. — L'anthocope du pavot ou la tapissière. — L'abeille du rosier. — L'abeille perce-bois. — L'abeille à laine. — Le bourdon 411

CHAPITRE XXV

La famille des guêpes. — Les sociétés des guêpes. — Leurs habitations. — Le frelon et ses nids. — La guêpe commune et son nid. — Senti-

nelles. — Soins de la progéniture. — Expédition des guêpes voleuses.
— Exploration des lieux. — Elles distinguent les amis des ennemis. —
Polistes gallica ou guêpe française. — Nids de la *polybia liliacea*,
chartergus nidulans, *tatua morio*, *pelopaeus fistularis*, *trypoxylon*. — La guêpe maçonne. — La guêpe commune des sables. — La
guêpe des sables de la Pensylvanie. — *Philanthus apivorus*. — Ichneumonides 421

CHAPITRE XXVI

Les araignées. — Les toiles d'araignées. — L'araignée-tigre. — *Epeira
basilica.* — Leur manière de tendre leurs toiles. — Les araignées
prophètes du beau et du mauvais temps. — Consolidation des toiles
par le lest. — Propreté des toiles. — Araignées apprivoisées. — Caractère vindicatif. — L'amour de la musique chez les araignées. —
Leurs pièges. — *Argyroneta aquatica.* — *Dolomedes fimbriata.* —
L'araignée qui étrangle les oiseaux. — Les espèces *mygales* sur les
bords de l'Amazone. 445

CHAPITRE XXVII

L'araignée pionnière ou araignée à trappe. — Les différentes formes
des nids de l'araignée pionnière. — Ses mœurs et sa manière de
chasser. — Les nids nouvellement découverts de l'araignée fouisseuse.
— Formes transitoires et théorie de l'évolution. — Critique des opinions de Jean Huber, de Carus et de F. Körner. — L'espèce *sclali* en
Afrique. 462

CHAPITRE XXVIII

Les scarabees et le degré de leur intelligence. — Le nécrophore. —
Moyens de se faire comprendre. — Le scarabée sacré des Égyptiens. —
Oncideres amputator. — L'industrie merveilleuse des espèces *ryn-
chites* ou *attelabides*. — Les cicindèles. — Les *staphylins*. — Lutte
d'un staphylin avec des féroniens. — Sagacité d'un scarabée. . . 484

CHAPITRE XXIX

Le fourmilion 498

PRÉFACE

Le titre le plus convenable pour cet ouvrage serait
peut-être celui de *Légendes du monde animal*, tant les
sujets qui y sont traités semblent appartenir au domaine
merveilleux de la fantaisie. Pourtant, à part quelques
faits isolés, qui pourraient fournir matière à contestation, et pour lesquels nous nous en rapportons à l'autorité des narrateurs, il n'y a rien dans ce livre qui ne
soit basé sur les recherches et l'attestation de témoins
oculaires et dignes de foi, dont les expériences, répétées
en divers lieux et à diverses époques, se trouvent con-
corder parfaitement et dont tous les récits sont em-
preints du sceau de la réalité et de l'esprit scientifique
le plus rigoureux. De même que l'*histoire* véridique
des peuples et des individus nous présente quantité
d'événements merveilleux et émouvants, d'un caractère tantôt tragique, tantôt comique, qui laissent bien
loin derrière eux les aventures les plus extraordinaires
et les conceptions les plus riches des poètes et des ro-
manciers, ainsi plus on plonge dans la nature et plus
la réalité simple et sans fard nous apparaît merveilleuse, variée, digne de toute notre attention, de toute
notre admiration. Pour ce qui touche en particulier la

vie intellectuelle des animaux, nous commençons à
comprendre qu'elle est bien plus compliquée, bien plus
élevée qu'on ne l'avait cru jusqu'à présent, en se basant surtout sur les doctrines des vieilles écoles philosophiques. C'est là un fait désormais acquis pour quiconque, au lieu de juger les animaux par ouï-dire ou
d'après les affirmations des philosophes, voudra bien
les étudier en les observant lui-même ou en prenant pour
guide les travaux et les recherches des vrais savants,
dénués de toute espèce de préjugés. A l'aide de faits
aussi nombreux qu'irréfutables, ces derniers ont démontré qu'il existe la plus grande analogie entre l'intelligence, la volonté et le sentiment chez l'homme et
chez l'animal; que la seule différence est une différence
de degré. Mais, en dépit de ces preuves éclatantes, peu
de personnes encore sont disposées à appliquer cette
règle aux groupes d'animaux, si inférieurs en apparence, dont nous nous occuperons surtout dans cet
ouvrage. Et pourtant l'étude patiente des faits et gestes
de ces animaux infimes, si admirablement organisés
malgré la petitesse de leur corps, le spectacle des sociétés créées par eux, sont de nature à humilier cruellement notre orgueil. Mais en même temps, à mesure
que croît notre humiliation, la nouvelle conception de
l'unité de la nature acquiert des bases de plus en plus
solides. Nous voyons que le même principe intellectuel,
qu'on le désigne sous le nom de raison, de jugement,
d'âme, d'instinct ou de penchant, se manifeste, quoique
sous les formes et aux degrés les plus variés, dans tout
le monde organisé, depuis ses échelons les plus infimes
jusqu'à son sommet.

C'est en nous plaçant à ce point de vue que nous
avons jugé utile de borner notre sujet au monde, en ap-

parence si limité, mais au fond si riche et si fécond, des insectes ou plutôt des anthropodes. Il nous a semblé plus sage, en nous en tenant à l'axiome *multum, non multa*, d'explorer à fond un domaine, plutôt que d'en effleurer plusieurs; nous évitons ainsi le défaut de la plupart des traités de psychologie animale, dans lesquels la richesse des matériaux ne sert souvent qu'à obscurcir le sujet. L'étude des détails et des particularités fait ressortir, avec bien plus d'évidence qu'un coup d'œil général, le grand principe de l'unité de la nature, et peut servir de fil conducteur pour des recherches ultérieures. D'ailleurs la nécessité de nous enfermer dans les bornes étroites d'un livre de vulgarisation, n'abordant forcément que des questions élémentaires, nous a enlevé toute prétention à faire une œuvre embrassant l'ensemble du sujet. J'espère néanmoins que le lecteur, insoucieux de la portée philosophique des faits recueillis dans ce volume, et n'y cherchant qu'une récréation instructive, ne sera pas déçu dans son attente, tandis que l'analogie frappante et évidente entre les agissements des animaux et ceux des hommes procurera un vif plaisir intellectuel à tout esprit cultivé. Daumer, ce philosophe bien connu, qui a évolué du radicalisme à la piété, a dit, en termes fort expressifs, que plus on pénètre dans l'âme de l'animal, plus on se sent saisi d'épouvante. Mais naturellement, cela est vrai seulement pour les adeptes de la vieille croyance, faisant de l'animal un être complètement différent de l'homme, et dont tous les actes sont le résultat d'un instinct inconscient, immuable. Au contraire, les partisans de la grande loi de l'évolution des êtres organisés, découverte par Lamarck, Oken, Darwin, Haeckel, etc., se réjouiront de la voir attestée dans l'évolution du monde

intellectuel, aussi bien que dans celle du monde physique.

. Il nous reste à remercier tous ceux qui ont bien voulu,
de divers points du globe, nous envoyer de nombreux
matériaux relatifs à notre sujet. Les limites restreintes
de notre ouvrage ne nous ont permis d'en utiliser
qu'une bien minime partie, car la plupart de ces matériaux ont trait à la vie des animaux, qu'un commerce
quotidien avec l'homme permet d'étudier plus facilement. Mais nous croyons pouvoir, dès à présent, infor-
mer nos correspondants des deux sexes, que ces matériaux trouveront une application utile et appropriée
dans un livre, que nous préparons, et dont la donnée
est bien plus vaste que celle du présent travail. Ce sera
un essai de classification psychologique des diverses
facultés et des diverses manifestations de l'activité humaine, poursuivies et étudiées dans le vaste ensemble
du monde animal.

                                    L. BÜCHNER.

VIE PSYCHIQUE

DES BÈTES

INTRODUCTION

Résumé historique des études sur l'âme des bêtes (Anaxagore, Socrate, Platon, Aristote, Pline, Virgile, Plutarque, Galien, Celse, Rorarius, Descartes, Pereira, le moyen âge, Leibniz, Jenkin Thomasius, Condillac, Linné, Buffon. Voltaire, Meier, Bonnet, Bonjean, Lafontaine, Le Roy, Cuvier, Kant, Fichte, Herder, Agassiz, Huxley, Vignoli, Darwin). — Doctrine du transformisme, échelle de l'évolution intellectuelle. — L'instinct et la raison. — Critique de l'instinct et exemples à l'appui. — L'instinct se trompe, il est susceptible de modifications. — Blanchard, sur l'instinct des insectes. — Wallace, sur l'instinct de nidification de l'oiseau. — Stiebeling, sur l'instinct de la poule et du canard. — Beaucoup d'instincts s'expliquent par l'odorat. — Instruction donnée par les parents. — Application à l'instinct du principe de l'hérédité. — L'instinct et la raison considérés comme des degrés divers de l'évolution. — Opinions de Lindsay, Michelet et Morgan sur l'instinct. — L'instinct chez l'homme. — Sociétés protectrices des animaux. — Les institutions analogues à celles de l'homme chez l'animal et en particulier chez la fourmi.

La question de l'âme chez l'animal, la comparaison entre ses facultés intellectuelles et celles de l'homme, est une question aussi vieille que la pensée humaine. De nos jours encore — et c'est là un médiocre titre de gloire pour la philosophie et ses progrès — les opinions si contradictoires, énoncées sur cette matière, sont toujours en présence, aussi divergentes, aussi hostiles qu'il y a des milliers d'années. Pourtant, à une époque toute récente, grâce à l'influence croissante de la doctrine darwinienne, grâce à une connaissance plus approfondie des curieux phénomènes de l'hérédité, la balance commença à pencher sensiblement en faveur de l'opinion jusqu'alors la moins accréditée. D'ailleurs, l'accueil peu favorable, fait jusqu'à présent à cette dernière, reposait bien moins sur des mobiles scientifiques que sur des raisons égoïstes et intéressées. On craignait, en constatant chez l'animal l'existence de forces psychiques, pareilles ou même analogues à celles qu'on se plaisait à reconnaître chez l'homme, de faire déchoir celui-ci du rang qu'il occupait dans la nature. Comme le dit lord Brougham [1] (Discours sur l'instinct), notre supériorité sur les animaux n'est pas assez grande pour que nous puissions dans ce débat nous défendre de tout sentiment de rivalité et nous en désintéresser, lors même que cette différence nous semble se réduire à une question de degré et non d'essence.

Quant aux philosophes de l'antiquité, on peut invoquer à leur décharge l'imperfection des connaissances possédées de leur temps sur l'organisation et les mœurs des animaux, excuse dont ne sauraient bénéficier les philosophes contemporains. Néanmoins, déjà Anaxagore n'hésite pas à appeler l'homme le plus sage des animaux ; pour Socrate, l'homme est un bel animal, et, pour Platon, c'est un animal domestiqué. Leur successeur Aristote, bien supérieur à ses devanciers par ses connaissances scientifiques, fait quelques pas de plus vers la solution du problème et se rap-

---

[1] Lord Henry Brougham, né en 1778 à Édimbourg, fut aussi célèbre comme naturaliste que comme homme d'État. En 1795, il présenta à la Société royale des naturalistes un mémoire qui contenait la théorie de la photographie, toute élaborée dans ses points principaux. Voir : *Memoirs of the Life and Times of H. Lord Brougham, written by himself.* (Trois volumes, chez Blakwood and sons.)

proche davantage d'une conception rationnelle, embrassant dans son ensemble l'échelle des êtres organisés. En effet, il retrouve dans l'âme animale la trace des propriétés de l'âme humaine, de ses facultés de raisonnement, et observe que l'âme de l'enfant ne se distingue en rien de celle de l'animal (*Histoire naturelle*, t. VIII). A ses yeux, l'éléphant est le plus intelligent des animaux. La même opinion, basée sur des anecdotes merveilleuses tirées de la vie des animaux, est soutenue par le naturaliste romain Pline, que l'on peut d'ailleurs accuser d'une trop grande crédulité. De son côté, le poète romain Virgile (70 ans avant J.-C.) manifeste dans ses Bucoliques une vive tendresse pour les animaux, spécialement dans le tableau qu'il trace des faits et gestes si remarquables des abeilles. En effet, il va jusqu'à avancer qu'une parcelle de l'esprit divin doit animer ces bêtes. L'excellent Plutarque (né cinquante ans après l'ère chrétienne), dans son *Traité sur l'intelligence des bêtes,* s'égaie malicieusement aux dépens des doctrines professées par les cyniques et les stoïques. Ces écoles philosophiques prétendaient, en effet (et c'est là une opinion soutenue même de nos jours), que les bêtes étaient dépourvues de sentiment et de pensée, et que l'analogie entre leurs actions et celles des hommes n'était *qu'apparente.* « Quant à ceux », dit Plutarque, « qui sont assez dépourvus de jugement et de bonne foi pour prétendre que les animaux ne connaissent ni la joie, ni la colère, ni la crainte; pour affirmer que l'hirondelle n'a point de prévoyance, ni l'abeille de mémoire, qu'il nous semble seulement que l'hirondelle est prévoyante, le lion sujet à la colère ou la biche à la terreur; je ne sais trop ce que ces gens-là trouveraient à objecter, si on leur soutenait que les animaux ne possèdent ni la vue, ni l'ouïe, ni la voix, qu'il nous *semble* seulement qu'ils voient, entendent et articulent des sons, en un mot, qu'ils ne vivent point en réalité et n'ont que l'apparence de la vie. La seconde de ces affirmations ne serait pas plus contraire à la vérité que la première. »

Plutarque semble aussi disposé à admettre une autre proposition très diversement et fréquemment discutée de nos jours, savoir que la différence est moins grande entre les animaux appartenant à une même espèce qu'entre un homme et un autre.

De son côté, le grand médecin romain Claude Galien, de Pergame, dont la doctrine médicale a régné sur le monde pendant un millier d'années, laisse clairement entendre dans ses écrits qu'il accorde à l'animal la faculté de réflexion et de déduction ; que l'homme se distingue de celui-ci uniquement par la *quantité*, le *degré* d'intelligence. A l'exemple d'Anaxagore, il appelle l'homme le plus sage des animaux.

Celse est le premier écrivain de l'ère chrétienne qui se soit préoccupé des bêtes, et se soit élevé contre la croyance, alors de plus en plus dominante, à leur absolue infériorité relativement à l'homme. Celse vécut au second siècle de l'ère chrétienne, et, quoique platonicien, il rendit néanmoins un juste hommage à la philosophie matérialiste d'Épicure. Il combattit avec éclat le christianisme, et attaqua en particulier, avec beaucoup de verve et de finesse, la conception judéo-chrétienne d'une création de l'univers faite au profit de l'homme, le constituant centre et but suprême de la nature. Celse affirmait qu'il n'existe aucune différence essentielle entre l'organisme de l'homme et celui de l'animal. Du côté moral, les bêtes seraient, selon lui, sous certains rapports, plutôt au-dessus qu'au-dessous de nous, puisqu'elles ont parfois réalisé un mode de gouvernement plus rationnel, plus conforme à la justice et à l'amour que celui des sociétés humaines. C'est en grande partie dans la vie des abeilles et des fourmis, qu'il puise des exemples à l'appui de sa thèse, et le lecteur de ce livre aura plus d'une occasion de vérifier par lui-même la valeur de ses arguments.

« Les hommes, écrit Celse, s'imaginent se distinguer des animaux en construisant des villes, en faisant des lois, en instituant des magistrats; c'est là une erreur profonde, car les abeilles et les fourmis font exactement la même chose. Les abeilles ont un souverain qu'elles suivent et auquel elles obéissent; elles ont leurs guerres, leurs sièges, leurs massacres des vaincus. Elles ont des villes et des faubourgs, des heures réglées pour le travail, des punitions pour les paresseux et les méchants; elles chassent et poursuivent les frelons. » Il prodigue le même éloge aux fourmis, à leur sollicitude prévoyante pour l'avenir. Il les montre s'entr'aidant pour porter des fardeaux pesants. « Parmi les feuilles et les fruits qu'elles rassemblent, elles mettent soigneusement de côté ceux qui commencent à germer, afin qu'ils ne gâtent pas ceux réservés pour leur provision d'hiver. Quand elles se rencontrent, elles causent ensemble, et jamais elles ne se trompent de route. » Celse va même jusqu'à croire que les fourmis ont des cimetières. « Si quelqu'un pouvait, du haut du ciel, jeter un regard sur la terre, quelle différence trouverait-il entre les travaux des hommes et ceux des abeilles et des fourmis? » (Voir Kind : *Théologie et naturalisme aux époques reculées du christianisme.* Iéna, 1875.)

Ennemi juré de toute étude de la nature, le moyen âge chrétien ne pouvait adopter ce point de vue. Aussi, malgré les énergiques protestations du savant nonce de Clé-

ment VII près de la cour du roi Ferdinand de Hongrie,
H. Rorarius, qui invoquait des faits nombreux à l'appui
de l'intelligence des animaux, et faisait remarquer, d'accord avec Celse, que bien souvent ces derniers faisaient
un meilleur usage de leur raison (ratio) que les hommes;
l'opinion contraire prévalut de plus en plus, et finit par
se formuler dans la trop fameuse proposition de Descartes
(1596-1650), qui va jusqu'à refuser aux animaux toute
activité psychique, toute sensibilité, et les ravale au rang
de machines animées, de mécanismes vivants, d'automates en un mot. Descartes, à vrai dire, ne fut pas le
premier inventeur de cette théorie. Elle appartient bien
plus à un de ses prédécesseurs, le médecin espagnol Gomez
Pereira, qui, dans son *Antoniana Margarita* (ouvrage
publié au XVIᵉ siècle), émit pour la première fois l'opinion
que les bêtes n'ont ni la faculté de sentir, ni celle de penser; qu'elles ne possèdent point d'âme, et sont purement
et simplement des machines dont les actes sont déterminés
par les circonstances extérieures. Toutefois, même selon
Descartes, dont la philosophie entière est basée sur le
dualisme irréconciliable de la matière et de l'esprit, les
animaux feraient bien des choses mieux que les hommes;
mais cela uniquement en vertu d'un instinct aveugle, d'une
impulsion mécanique imprimée à leurs organes, de même
qu'une horloge ou toute autre machine artificielle règlera
le temps plus exactement que ne le fera l'homme avec tout
son génie ou sa raison. Les sentiments et les sensations des
animaux ne sont, à en croire Descartes, que vaine apparence : doctrine éminemment commode pour ceux qui se
plaisent à les tourmenter! « Après l'erreur de l'athéisme,
dit-il, l'idée la plus funeste, la plus capable de détourner
les âmes faibles du sentier de la vertu, est celle qui accorde
aux animaux une âme pareille à la nôtre; car cela équi-

vaut à dire que nous n'avons pas plus que les cousins ou les fourmis le droit d'espérer une vie future, tandis que, tout au contraire, notre âme est parfaitement indépendante du corps et n'est point, par conséquent, destinée à périr avec lui. »

Cette opinion extrême eut de son temps un grand succès, et quiconque professait le cartésianisme reconnaissait les animaux pour des machines.

On ne manqua pas de mêler au débat le *diable* lui-même, dont la puissance avait été si universellement reconnue au moyen âge.

Aux yeux de quantité de personnes, le *démon* devint la cause, l'origine de tous les phénomènes incontestablement psychiques de la vie animale, auxquels on cherchait en vain une explication. D'autres, au contraire, ne se firent point scrupule de rapporter cette cause au tout puissant créateur du ciel et de la terre, lequel, pour assurer leur conservation, avait placé dans l'âme des bêtes l'*instinct*, c'est-à-dire un penchant inné, indestructible, tout à fait indépendant de l'expérience et de l'éducation, poussant l'animal à accomplir certains actes adaptés au but, avec la plus parfaite inconscience de celui-ci. Le mot « instinct » vient du latin *instinguere*, inciter, stimuler, et suppose nécessairement un instigateur, un stimulateur. Aussi Cesalpinus dit-il très judicieusement à ce point de vue : *Deus est anima brutorum* — Dieu est l'âme des bêtes.

Ces circonstances, on le comprend, n'étaient point de nature à favoriser une étude de la Psyché animale, entreprise avec la rigueur de la méthode scientifique. L'heure d'une analyse approfondie des forces morales et intellectuelles des bêtes, comparées à celles de l'homme, l'heure de la *psychologie comparée* en un mot, n'était point sonnée. Toutes les études de ce genre se bornaient à des recueils d'anecdotes, considérés comme un jeu de l'esprit, un passe-temps ingénieux; ou bien, se plaçant au point de vue purement théologique, on faisait de ce sujet comme de tant d'autres puisés dans la nature, un thème à pieuses digressions, à des admirations extatiques.

Pourtant la proposition de Descartes ne fut pas sans soulever plus d'une objection, même de son temps. Elle suscita une série d'écrits polémiques de la part des partisans d'une philosophie rivale, celle de Leibniz, dont la doctrine présentait un tableau du monde organique embrassant dans son vaste ensemble une échelle graduée et non interrompue de *tous* les êtres vivants. Parmi ces écrits, un des plus curieux est celui de Jenkin Thomasius, publié en 1713, où l'auteur défend contre Descartes, d'après l'esprit de son siècle et celui de la philosophie de Leibniz, la thèse de l'immatérialité, par conséquent de l'immortalité de l'âme des bêtes. Le traducteur allemand de ce petit écrit, le professeur Bajer, se prononce aussi *contre* la théorie de l'instinct. Selon lui, parmi les diverses opinions des savants sur ce sujet, la plus conforme au jugement naturel de l'homme, la plus propre à expliquer les actes des animaux, est celle qui reconnaît à ceux-ci une âme analogue à l'âme humaine. Un écrivain moderne, le professeur Reclam (*l'Esprit et le Corps*, 1859, p. 384), s'exprime dans le même sens. « Nous trouvons, dit-il, qu'il serait grand temps d'éliminer le mot *instinct*, mot appliqué d'ailleurs uniquement à ceux des actes des animaux qu'on est impuissant à expliquer de toute autre manière. Il vaudrait mieux suivre l'avis de Kepler et invoquer d'abord tous les autres modes d'explication, avant d'en adopter un aussi indéfini, sujet à d'aussi fausses interprétations! » Pour être conséquent, si on refuse de confesser cette vérité, si on ne veut point juger des facultés mentales des bêtes

comme on juge de celles de l'homme, force est bien de
rejeter toutes les preuves scientifiques à l'appui de celles-ci,
comme servant également à établir celles-là — car il ne
saurait y avoir qu'une mesure pour les unes et les autres.
Ce mot « instinct », ainsi qu'il sera démontré plus tard,
n'est qu'une périphrase, servant à masquer notre ignorance dans bien des cas ; l'idée qu'il exprime repose sur
une conception parfaitement fausse[1]. Déjà un philosophe
français, l'intelligent gouverneur de l'infant de Parme,
celui-là même qui avait entrepris, dans l'esprit de Locke,
une campagne brillante contre les idées innées et porté
par là un coup mortel à une des conséquences les plus
contestables de la philosophie cartésienne, Condillac avait
soutenu contre Descartes que, loin d'être des machines,
les animaux, comme nous avons lieu de nous en convaincre
sans cesse, profitent des leçons de l'expérience, acquièrent
de l'adresse, s'entendent entre eux ; que, chez eux, comme
chez l'homme, le besoin sollicite la vie intellectuelle. « On
dit habituellement, » écrit Condillac, « que l'animal obéit à
l'*instinct*, l'homme à la *raison*, sans savoir ce qu'il faut
réellement entendre par ces deux mots. Il n'y a que trois
manières d'expliquer les actes des animaux : ces actes sont
ou purement mécaniques, ou le résultat d'une impulsion
aveugle, qui ne compare ni ne juge, où bien la manifestation de quelque chose qui compare, juge et sait. Les deux
premières explications étant démontrées insuffisantes,
force nous est d'adopter la dernière. » Linné, Buffon,
auxquels nous devons la judicieuse remarque, qu'à mesure
qu'on raisonnera moins et observera davantage, on trouvera
toujours plus de motifs d'admiration dans l'étude de l'âme

---

[1] Voir, à ce sujet, l'excellent article de L. H. Morgan sur l'âme
des bêtes dans : *The American Beaver and his works,* p. 148 et
suivantes.

des animaux, Voltaire, G. F. ; Meier (dans son célèbre
*Essai d'une rénovation scientifique des études sur
l'âme des animaux*, Halle, 1750), E. Bonnet et bien d'autres encore, se prononcèrent dans le sens anticartésien.
E. Bonnet, savant naturaliste aussi bien que penseur émi-
nent (1770), s'occupa spécialement des manifestations de
l'instinct, en particulier chez les guêpes et les abeilles, et
des aptitudes artistiques du castor, qu'il range immédiatement après les abeilles. (!)

Il n'y a pas jusqu'au père jésuite Bonjean, admirateur
convaincu de l'intelligence des bêtes, à laquelle il ne sait
trouver d'autre explication que les diables ou le diable, qui
n'éclate contre Descartes dans les termes suivants : « Les
cartésiens du monde entier seraient impuissants à me convaincre que le chien n'est qu'une machine. Se figure-t-on
un homme se prenant d'affection pour sa montre, comme
on se prend d'affection pour un chien, la cajolant, parce
qu'il s'en croirait aimé et se persuadant qu'elle indique les
heures consciemment, par amitié pour lui? Telle serait
pourtant, dans le cas où Descartes aurait raison, la sottise
de tous ceux qui prendraient leur chien pour un animal
susceptible d'affection et s'imagineraient en être aimés.
Je vois mon chien accourir joyeusement quand je l'appelle, me combler de caresses quand je le flatte, trembler
et s'enfuir quand je le menace, obéir quand je commande ; je le vois manifester tous les signes extérieurs
accompagnant les émotions si diverses de la joie, de la
tristesse, du chagrin, de la crainte, du désir, de l'amour,
de la haine. Aussi, tous les philosophes de l'univers se
réuniraient-ils pour me persuader, ils ne me feront jamais
reconnaître que l'animal est une machine. C'est là un sentiment qui protestera dans l'homme et de toute éternité
contre la doctrine de Descartes. »

A son tour le grand La Fontaine, dans quelques-unes de ses charmantes fables (les deux Rats, le Renard et l'Œuf), s'est malicieusement égayé aux dépens de la théorie cartésienne des animaux-machines.

Mais ce fut surtout en G. Leroy, inspecteur des forêts, que Descartes trouva son adversaire le plus décidé. Par suite des devoirs de sa charge, Leroy avait eu plus d'une occasion d'étudier dans les parcs et les bois royaux de Versailles et de Marly les mœurs des bêtes sauvages ainsi que des chiens. Jusqu'à Leroy et Buffon, la question de l'intelligence des animaux avait été strictement renfermée, pendant un millier d'années et plus, dans le domaine exclusif de la spéculation philosophique; les premiers, ils l'en firent sortir pour la transporter sur le terrain scientifique de l'observation expérimentale. Leroy, qui fut un des collaborateurs de la célèbre Encyclopédie française, fit paraître sa première lettre sur l'intelligence et la perfectibilité des bêtes sous le pseudonyme d'un « Physicien de Nüremberg », précaution nécessaire à cette époque pour éviter les persécutions de la Sorbonne. Il cherchait à y démontrer que, loin d'être de simples machines, les animaux offrent tous les signes caractéristiques de la raison et de l'aptitude au perfectionnement; qu'ils sont doués de sentiment, de mémoire, de prévoyance ; que, de même que pour nous, le besoin, la nécessité, la crainte du danger, servent d'aiguillon puissant à leur développement intellectuel. Certains animaux, par exemple les loups, confèrent entre eux, se réunissent pour chasser en commun, combinent des pièges et savent profiter des leçons de l'expérience. Le jugement de l'animal, sa faculté d'en faire un meilleur usage, dit Leroy, croissent avec l'exercice; aussi y a-t-il une grande différence entre un *jeune* loup, un *jeune* renard et un animal plus *vieux* de la même espèce. En partie par suite de l'inexpérience et du manque de réflexion, en partie par suite d'une crainte irrésistible, les jeunes commettent une foule de bévues, que les vieux savent soigneusement éviter. Le *chien*, en particulier, grâce à son métier de chasseur et à son commerce constant avec l'homme, apprend une quantité de choses et invente des ruses fort ingénieuses pour dépister le gibier. A en croire Leroy, les animaux posséderaient aussi un *langage*, que nous ne comprenons guère, il est vrai, mais sans l'hypothèse duquel il leur serait impossible d'ordonner leurs conventions diverses. D'ailleurs, aucune des conditions essentielles au langage ne leur manque, puisqu'ils possèdent la faculté de penser, de comparer, de juger, de déduire, de réfléchir. Dès lors Leroy avait des idées plus justes au sujet du langage animal que celles exprimées de nos jours par notre grand linguiste Max Müller, selon lequel le langage serait le Rubicon séparant l'homme de l'animal, Rubicon que ce dernier sera à jamais impuissant à franchir [1].

---

[1] L'organe de la voix a une structure identique chez l'homme et chez l'animal; ni sous le rapport anatomique, ni sous le rapport philosophique, il n'y a de différence essentielle. Chez beaucoup d'animaux, par exemple chez les oiseaux, cet organe se distingue même par une flexibilité, une faculté d'imitation dont celui de l'homme est dépourvu. Les bêtes se font comprendre entre elles au moyen d'inflexions de la voix et de gestes, dont elles saisissent le sens aussi bien que l'homme; l'imitation et l'ouïe forment pour elles comme pour nous l'origine du langage. Aussi les sourds sont-ils muets! Si le langage était, comme l'affirment certains philosophes, le propre de l'homme, celui-ci devrait parler même sans entendre. Or, les enfants sauvages, grandis parmi les animaux, loin des hommes, ne parlent point et s'expriment uniquement au moyen de cris, dont certains, ceux par exemple exprimant l'effroi et la terreur, sont presque identiques chez l'homme et chez la bête. C'est aussi par l'intermédiaire de l'oreille, par l'imitation des inflexions naturelles ou des bruits de la nature, que s'est développé en grande partie le langage des hommes primitifs (onomatopée). On enseigne à parler aux enfants (d'après le docteur Wilks, dans le « Journal of mental science »). Consulter aussi sur l'origine et le développement naturel du langage notre ouvrage : *L'Homme selon la science.*

Leroy ne se borne pas à nier énergiquement le rôle de l'instinct, qu'il remplace par l'action du raisonnement. Il a su comprendre, et c'est là son principal titre à notre admiration, la force et la portée immense du principe de l'*hérédité*, dont il eut, dans le cours de sa carrière, de nombreuses occasions d'étudier les effets. Là-dessus, il exprime les idées les plus justes et les plus fécondes : « Tout ce qui nous semble purement mécanique dans les actes des animaux pourrait bien être l'effet d'habitudes depuis longtemps acquises et transmises de générations en générations. » Aussi Flourens (*De l'instinct et de l'intelligence des animaux,* 5ᵉ éd., p. 41) proclame-t-il les recherches de Leroy comme étant les plus remarquables qu'on eût possédées jusque-là sur les aptitudes intellectuelles des animaux. Après Leroy vient le grand naturaliste F. Cuvier. A la suite de longues études faites sur un *orang-outang* qu'il gardait captif, Cuvier en arriva à se convaincre que l'animal est capable « de combiner plusieurs idées dans sa tête et d'en tirer une conclusion », quoique Locke lui-même, le philosophe sensualiste, si dépourvu pour son temps de toute espèce de préjugés, ait douté de l'existence de la faculté d'abstraction chez l'animal, et présumé en conséquence qu'il devait y avoir une différence entre l'âme de l'animal et la nôtre.

Néanmoins la vieille querelle, ayant pour objet de décider si les animaux sont des machines ou bien des êtres pensants et conscients, continua avec la même ardeur; elle avait un auxiliaire puissant dans l'ignorance des profanes, c'est-à-dire de la masse, de nos jours encore bien plus portée vers les idées cartésiennes que vers la doctrine opposée. La célèbre période de spéculation philosophique, qui embrasse la fin du siècle dernier et le commencement de celui-ci, était tout à fait incompétente pour vider

ce grand débat ; elle avait trop de penchant pour les
constructions théoriques et une trop profonde aversion
pour la méthode expérimentale. Le grand philosophe de
Koenigsberg lui-même, avec les doctrines duquel on cherche
de nos jours — bien inutilement, il est vrai — à recons-
truire une nouvelle philosophie sur les ruines des anciens
systèmes, se montra en face de cette question épineuse
aussi impuissant, aussi faible que devant cette autre question des rapports du cerveau et de l'âme ou du cerveau et
de l'esprit[1]. Les préjugés philosophiques le dominaient à
son insu. A ses yeux, l'animal, de même que la plante ou
le minéral, est une chose matérielle, tout à fait en dehors
du domaine de la morale et du droit, domaine réservé
exclusivement à l'homme. Il ne possède ni jugement ni
combinaison, ignore le droit aussi bien que le devoir, est
susceptible de dressage, mais non d'éducation. L'homme a
le devoir d'être bon pour l'animal, non pour l'amour de
celui-ci, il est vrai, mais pour l'amour de lui-même.
« Voilà, s'écrie avec indignation Scheitlin (*Études sur
l'âme des animaux*, 1840), voilà ce qu'ont prêché pendant cinquante ans les manuels kantistes de morale et de
droit ! »

C'est à ce même point de vue que se place le célèbre
successeur de Kant, le représentant de la philosophie idéa-
liste dans toute son étroitesse, l'égoïste métaphysicien
Fichte ; au nom de la « science pure », il décrète que
l'animal est un être privé de liberté, de personnalité, de
jugement, dépouillé de toute espèce de droits.

O philosophie ! tu règnes en maîtresse sur les sciences,
mais combien tu sembles mesquine aux yeux de l'ami de
la vérité, dès que, répudiant l'expérience et la réalité,

---

[1] Voir ce que nous avons écrit sur le cerveau dans le second volume
de nos *Tableaux physiologiques*. (Leipzig, Thomas, 1875.)

tu prends pour guide le respect d'opinions préconçues et d'axiomes philosophiques promulgués une fois pour toutes !

Le contemporain éclairé de Kant et de Fichte, le noble Herder, avait de la nature animale une conception bien plus large, conception qui se révèle dans ce mot si judicieux et si sagace : « les frères aînés de l'homme », appliqué aux bêtes dans ses « Idées sur la philosophie de l'histoire de l'humanité ». La structure du cerveau et la station droite, dit-il, ont fait du bipède humain un homme; mais le règne animal contient, à l'état rudimentaire, les plus hautes facultés morales et intellectuelles de celui-ci : la raison, le langage, l'art, la liberté, etc.

Par cette dernière opinion, Herder se rapproche complètement du point de vue de notre temps, lequel, n'admettant qu'une différence de *degré* et non d'*essence* entre l'esprit de l'homme et celui de l'animal, considère l'esprit comme le fruit d'une lente évolution continue et ascendante, enrichie par des acquisitions, des transmissions héréditaires et des adaptations infinies, d'une évolution qui, partie de l'échelon inférieur, s'élève peu à peu jusqu'à son épanouissement suprême. « Ce principe », dit dans le même sens Agassiz, si contraire au matérialisme (*Matériaux pour l'histoire naturelle des États-Unis de l'Amérique du nord*), « ce principe existe incontestablement, et soit qu'on l'appelle âme, raison ou instinct, il forme, dans l'échelle hiérarchique des êtres organisés, une série graduée de phénomènes étroitement liés entre eux. De même, aux yeux de l'excellent naturaliste anglais Huxley (*Natural History Review*, 1861), un juge impartial ne peut mettre en doute, que les racines des grandes facultés qui assurent à l'homme une immense prépondérance sur tous les êtres vivants, ne plongent bien avant dans les profondeurs du monde animal.

La science de l'âme animale ou l'étude des facultés mentales des animaux éprouva les effets bienfaisants de ce nouveau point de vue; elle acquit une portée bien plus large que par le passé, alors qu'au lieu d'être une méthode intellectuelle, elle était seulement considérée, ainsi que nous l'avons dit, comme un jeu d'esprit, un recueil d'anecdotes, servant à soutenir et à illustrer les conclusions théologiques. S'il est vrai que l'échelle organique soit ininterrompue, que l'homme lui-même soit intimement lié par son origine à toute une série de formes organiques inférieures, comme l'affirme la théorie de l'évolution et de la descendance, de plus en plus favorablement accueillie de nos jours, il s'ensuit que non seulement les forces *physiques*, mais aussi les forces *psychiques* de l'homme doivent avoir *la même* origine; en un mot, que le développement mental doit être considéré comme une propriété générale de la matière organisée. L'anatomie comparée ou l'étude du corps, telle que nous la possédons depuis longtemps, doit nécessairement s'adjoindre la psychologie comparée ou l'étude de l'âme; celle-là doit chercher et trouver dans celle-ci son complément définitif.

Un écrivain nouveau, Vignoli (*Des lois fondamentales de l'intelligence dans le règne animal*, p. 25), dit dans le même sens : « L'étude spéciale de l'âme humaine, qui est le principe de toute science générale de l'intellect, manque de fondement — quand elle n'est pas précédée d'une psychologie comparée du règne animal — lorsqu'elle ne reconnaît pas la même énergie psychique dans toute la vie intellectuelle du règne animal tout entier. — Le règne animal serait dans ce cas, pour ainsi dire, décapité, et l'homme serait privé d'une base solide, capable de le soutenir. — La science de l'anatomie et de la psychologie comparée serait aussi décapitée et inintelligible, si elle n'était couronnée par l'étude si féconde de l'âme dans le règne animal. »

Ce qui précède est si clair, si irréfutable, que Darwin lui-même, au lieu de commencer, comme on aurait pu s'y attendre, son livre célèbre sur l'Origine animale de l'homme par l'analyse comparée des particularités anatomiques et physiologiques, l'ouvre par un aperçu sur l'évolution progressive des forces psychiques de l'animalité. Il prévoyait bien que si même on lui pardonnait de chercher à établir l'origine animale de l'homme, on ne manquerait pas de lui objecter que, en vertu de ces propriétés ou forces *intellectuelles*, celui-ci n'en reste pas moins essentiellement séparé du reste de la création. Quoique le grand naturaliste ne se soit servi dans ce but que d'un bagage scientifique relativement fort modeste (on aurait pu invoquer des arguments bien plus forts, des preuves plus abondantes et sérieuses), pourtant il n'eut aucune peine à trouver et à démontrer l'existence chez l'animal, à l'état rudimentaire ou embryonnaire, de presque toutes les facultés morales et intellectuelles de l'homme. En général, comme tout ce qui sort de la plume de Darwin, cet aperçu est excellent, nourri de faits, riche en observations fécondes, en déductions judicieuses; mais ici, de même que dans ses autres écrits, l'auteur continue à se servir de la fâcheuse expression « instinct », qui devrait être éliminée des ouvrages scientifiques, comme prêtant aux malentendus. Selon l'heureuse expression du docteur Weinland, ce mot est un oreiller fort commode pour la paresse; grâce à lui, on se sent dispensé d'une tâche difficile, celle de l'étude de l'âme animale.

« Il y a », dit encore Umbreit dans sa *Psychologie scientifique* (1831), « comme un certain charme attaché au mot « instinct ». Avec cette phrase : « c'est de l'instinct », lancée comme une excommunication, on croit en avoir fini avec toutes les recherches concernant les phénomènes de la vie mentale des animaux. »

« La distinction entre l'intelligence et l'instinct chez l'homme et chez l'animal », dit à son tour J. Franklin, « est aujourd'hui abandonnée par toutes les écoles qui se basent sur des faits. Il y a de l'intelligence chez l'animal et de l'instinct chez l'homme. »

« L'instinct », dit le docteur Noll dans un excellent écrit sur les manifestations de ce que l'on est convenu d'appeler « instinct » (Francfort, 1876), n'est qu'un mot vide de sens, un refuge pour notre ignorance et notre inertie. »

Darwin n'entend point d'ailleurs le mot « instinct » dans le sens d'un penchant irrésistible, inexplicable, surgissant d'une source inconnue; ce mot représente simplement à ses yeux le résultat ou l'expression d'habitudes, de dispositions héréditaires, morales et intellectuelles, lentement constituées au début par la force de l'adaptation et de la sélection naturelle, puis transmises de génération en génération. C'est dans ce sens seul qu'il peut être employé de nos jours par les gens éclairés, car les phénomènes dits instinctifs jouent en somme un rôle aussi important dans la vie de l'homme que dans celle de l'animal; seulement, bien plus accentués chez celui-ci, ils frappent davantage; aussi ont-ils de tout temps suscité la curiosité et l'étonnement de l'homme. Impuissant à en définir clairement la cause, on eut recours à l'explication si vide et si creuse, fournie par l'idée d'instinct, de même que nos aïeux ne pouvant comprendre l'élévation de l'eau dans un espace raréfié, contrairement aux lois de la pesanteur, attribuaient à la nature l'horreur du vide, *horror vacui*, ou comme de nos jours encore les personnes ignorantes et bornées s'ima-

ginent avoir expliqué les phénomènes de la vie en les attri-
buant à une cause occulte, nommée « force vitale ». Il
saute aux yeux de tout être pensant que loin d'éclairer le
sujet, ces subterfuges ne servent qu'à accroître les ténè-
bres, à étayer la paresse intellectuelle et la sottise. Quelle
raillerie amère contre l'instinct que celle mise par Shakspeare dans la bouche de son Falstaff, excusant son incu-
rable lâcheté : « L'instinct est une grande chose ; je suis un
lâche par instinct. »

Le fait est qu'une étude consciencieuse de l'âme animale,
basée sur l'expérience et l'observation, nous révèle bien
des faits et des phénomènes de nature à ébranler fortement
la notion de l'instinct, ou même à en démontrer la parfaite
inconsistance. Nous voulons parler de l'instinct tel qu'on
l'a conçu jusqu'ici, c'est-à-dire d'un penchant naturel,
inné, immuable, impeccable, dont les manifestations in-
conscientes et pourtant adaptées au but sont dirigées en
vue de la conservation et de la propagation de l'espèce. Il
y a plus : une étude plus approfondie des faits nous démontre jusqu'à l'évidence que la plupart des phénomènes
attribués à l'instinct s'expliquent bien mieux de toute autre
manière ; soit par une véritable délibération, par une libre
option, soit par l'expérience, le dressage ou l'éducation,
soit par l'exercice ou l'imitation, soit enfin par une finesse
particulière des sens, surtout de l'odorat, soit par l'effet
de l'habitude, de l'organisation, soit par l'action réflexe,
etc., etc. Quand, par exemple, pour descendre de l'arbre et
échapper à la poursuite de l'ennemi, une chenille se sert
des fils, dont la nature l'a munie pour son métier de fileuse,
— quand les chenilles gardées dans une caisse déchirent
le papier collé d'ordinaire à l'intérieur de celle-ci, et l'ap-
proprient à leurs usages pour procéder à leur métamorphose en chrysalide, — quand un crapaud dévore, à cause

de leur goût appétissant, une énorme quantité de fourmis qu'il ne peut digérer, et cela au risque de la souffrance et de la maladie, — quand les abeilles absorbent du miel mélangé avec de l'eau-de-vie dont elles sont très friandes, quoique l'effet de cette nourriture soit de les engraisser au point de les rendre incapables de travailler, — quand les oiseaux qui bâtissent des nids dans le voisinage des hommes, prennent l'habitude d'utiliser pour leur construction des débris de l'industrie humaine, tels que des fils de laine ou de toile [1], — quand nous voyons, comme le constatent d'une manière certaine les observations de G. H. Schneider, les crabes, une fois en captivité, se blottir sous des lambeaux de toile et de papier à défaut des débris végétaux qui leur servent d'ordinaire pour cet usage et néanmoins, dès qu'ils ont le choix, donner toujours la préférence à ces derniers — ou les abeilles transporter leur miel dans les ruches toutes préparées en abandonnant celles qu'elles étaient en train de bâtir, — ou l'oiseau interrompre la construction de son nid dès qu'il en trouve un vide ou réussit à s'emparer d'un nid étranger, — ou, ce qui est dans un genre tout analogue, des fourmis s'organiser comme chez elles dans une fourmilière enlevée à d'autres et ne plus se préoccuper d'en bâtir une pour leur propre compte, — ou bien certaines communautés d'abeilles se dispenser du soin de recueillir elles-mêmes le miel en enlevant le butin de ruches étrangères, — ou enfin certains animaux imiter, dans un

---

[1] Le loriot d'Europe (*oriolus galbula*) en est arrivé, selon Pouchet, à ne plus pouvoir construire un nid sans le secours de certains débris de l'industrie humaine, tels que fils, tricots, lambeaux de cuir, voire même cordons, chaîne de montre, etc. Dans un bois situé près de Mayence, où les chasseurs laissent souvent toute sorte de débris (voir W. de Reichenau... *Oiseaux*, 1876, p. 62), cet oiseau est parvenu même à utiliser les morceaux de papier jonchant le sol ; il entrelace des fragments de lettres et de journaux, de longues fibres végétales, et s'en fait des matériaux pour son nid. On a observé les mêmes faits à propos de l'*oiseau de Baltimore* (Cassicus Baltimore) dans l'Amérique du Nord.

but de défense ou pour attirer leur proie, la voix et les
cris d'autres animaux se trouvant accidentellement dans
leur voisinage ; — dans tous ces cas et mille autres pareils,
dont l'énumération demanderait des volumes, l'instinct est
tout à fait insuffisant pour nous expliquer la cause d'une
telle conduite. Pourquoi les animaux auxquels on donne
la chasse redoutent-ils plus que les autres les hommes portant un fusil ? Pourquoi le chien de chasse se met-il à
trembler en voyant un fusil dirigé sur lui ? Pourquoi les
grands animaux ont-ils plus peur de l'homme que les petits ?
Pourquoi les vieux oiseaux bâtissent-ils mieux leur nid
que les jeunes ? Ce n'est point par instinct, mais bien par
expérience! Pourquoi le renard choisit-il le moment
où les maîtres et les serviteurs de la maison sont absents
ou à table pour voler les poules de la basse-cour ? Ce n'est
point par instinct, mais bien par *délibération !* Pourquoi
le chien enfouit-il les restes de son repas afin de le retrouver
plus tard ? Par *prévoyance* et non par instinct ! Ce n'est
point l'instinct non plus qui a enseigné aux chamois
(ainsi qu'à tant d'autres animaux) à poster des sentinelles,
afin d'être prévenus du danger, puisque les chasseurs de
chamois, contre lesquels cette précaution est uniquement
dirigée, sont bien postérieurs aux chamois eux-mêmes.

Il est convenu de considérer comme un trait essentiellement caractéristique de l'instinct son immuabilité et le
fait qu'il ne saurait jamais errer dans les actes et les mobiles qu'il dicte à l'animal. Or, des exemples nombreux
sont là pour nous prouver que non seulement l'instinct se
trompe, mais encore qu'il se modifie beaucoup, qu'il se
transforme sous l'influence de nouveaux milieux, de nouvelles conditions de la vie. Ainsi la mouche à viande,
dont les larves se nourrissent de viande pourrie, dépose
souvent ses œufs en grande quantité sur les feuilles de la

stapelia hirsuta, plante cultivée dans nos serres chaudes et qui exhale une forte odeur de viande pourrie. D'autres mouches de la même espèce prennent aussi, à cause de leur odeur, les plantes pourries pour de la charogne et y déposent leurs œufs, quoique dans les deux cas leurs embryons périssent faute de nourriture. Évidemment, dans ces cas-là, ce n'est point par l'instinct, mais par l'odeur, que l'insecte se laisse guider, ce qui n'a rien d'étonnant, si l'on veut bien considérer qu'il naquit et fut élevé au milieu de cette odeur. L'instinct se trompe de même, quand, comme nous le dit Brehm (*Vie des animaux*, 2ᵉ édition, IX, p. 16), les essaims d'insectes, dont les chenilles se nourrissent d'aiguilles de pin, déposent leurs œufs dans les troncs des chênes, parce que ces derniers se trouvent dans le voisinage des pins; ou, comme l'a vu Brehm le père (*Vie des oiseaux*, p. 247), quand un couple de serins abandonne son nid à demi construit, parce qu'il s'est aperçu durant son travail que la branche sur laquelle ce nid est commencé ne présente pas un espace suffisant; ou quand l'hirondelle prend la boue humide des rues pour de l'argile et en construit un nid qu'elle détruit plus tard; ou quand le grand scarabée aquatique s'abat avec un élan impétueux sur la couche luisante de la poirée putréfiée, la prenant pour de l'eau; ou quand les oiseaux essaient de boire à la vue des tessons luisants; ou quand les oisillons, qui ne savent pas encore se nourrir eux-mêmes, poussent des cris perçants à la vue de la pâtée dans l'espoir qu'elle viendra d'elle-même dans leur bec; ou quand les animaux qui paissent mangent des plantes vénéneuses qu'ils ne connaissent pas, etc., etc. « Dans la vallée de l'Aar, entre Michelbach et Langenschwalbach (Taunus), dit un célèbre naturaliste, le pasteur Snell (*Jardin zoologique*, vol. IV, p. 61), et dans les vallées adjacentes, croît en grande quantité une racine fétide, *helleborus foetidus*. Les brebis du lieu connaissent très bien les propriétés vénéneuses de cette plante et n'y touchent jamais, quoiqu'elles paissent constamment sur les montagnes et les pentes où croît celle-ci. Mais amène-t-on sur les hauteurs des brebis provenant d'un endroit où cette plante vénéneuse est inconnue, celles-ci la mangent aussitôt sans défiance et s'empoisonnent. On a perdu de cette manière une grande quantité de brebis achetées au dehors. Ce n'est donc point l'instinct qui préserve les brebis de ce poison ; elles mangent même plus volontiers les fleurs et les boutons de l'*helleborus*, dont l'effet leur est toujours mortel, que les feuilles, qui les rendent seulement malades. Ce fait est d'autant plus étonnant que cette brebis n'est pas un animal modifié par la domestication et que partout elle continue à vivre dans un état à demi sauvage. »

Selon le même observateur (*Jardin zoologique*, IV, p. 60 et suivantes), c'est l'expérience qui enseigne aux animaux à connaître la nourriture qui leur convient; ils sont guidés dans ce choix en partie par leurs parents, en partie par leurs propres essais ou leur goût. Quand le pasteur Snell se mit à jeter à ses pigeons avec de l'avoine des grains de seigles inconnus dans les environs, les pigeons becquetaient l'avoine, laissant de côté les grains de seigle. Mais quand peu à peu on les eut habitués malgré eux à cette nourriture, ils finirent par la préférer si bien à la première, que c'est l'avoine qu'ils négligeaient pour becqueter le seigle. Pour habituer les oiseaux à se nourrir en cage, il faut leur offrir une nourriture qui leur soit familière, autrement ils resteraient à jeun au sein de la plus grande abondance. Oui, ajoute le naturaliste, chaque individu de l'espèce animale fait aussi *ses expériences et ses découvertes pour ce qui concerne son alimentation.*

M. Snell cite à l'appui de son dire quantité de faits intéressants, et démontre en particulier que souvent les habitudes acquises de cette manière par des individus isolés, peuvent se propager par l'exemple et l'imitation.

Que l'instinct puisse se modifier essentiellement jusque dans sa manifestation la plus impérieuse, celle de l'instinct nutritif, nous le voyons par l'exemple emprunté au docteur F. C. Noll (*loc. cit.*, p. 18) à propos d'une espèce de perroquets nommés *nestor notabilis*, habitant les hauteurs alpestres de la Nouvelle-Zélande. La nouriture primitive de cet oiseau consistait en fleurs, en baies, tout au plus en insectes; mais une fois qu'il se fut régalé, chez les colons, de viande de boucherie et s'y fut habitué, il y prit un tel goût qu'il ne respecta plus même les peaux de mouton suspendues au séchoir et finit par arracher aux cuisses des brebis vivantes de si gros lambeaux de chair, que les malheureuses bêtes mouraient d'épuisement. Brehm (*Vie des animaux*, II, 4e édition, p. 169) raconte qu'une troupe de ces oiseaux, s'étant un jour abattue sur une brebis, ils la torturèrent littéralement jusqu'à la mort pour s'en régaler à l'aise. Snell (*loc. cit.*, pp. 77 et 79) cite quelques traits analogues : d'un cacadou noir de Java, lequel avait appris à tuer et à dépecer les marsouins; celui d'un couple de corbeaux dont la femelle s'était accoutumée, à l'exemple de la pie, à dépouiller les nids des autres oiseaux, tandis que le mâle n'avait pas adopté cette façon d'agir; celui enfin d'une grosse mésange, tenue par le narrateur en captivité, laquelle, à défaut de ténébrions, de morceaux de viande et d'autres choses composant son menu ordinaire, s'avisa de tuer un rouge-gorge, le mangea et dès lors se mit à tuer et à dévorer les petits oiseaux. Il fait aussi mention de l'aigle des Alpes (*gypaetus barbatus*), tantôt audacieux oiseau de proie et de carnage, tantôt sous l'influence de conditions différentes, vulgaire mangeur de charogne. Brehm (*loc. cit.* IV, p. 46) parle aussi de perroquets qui tueraient et dévoreraient soit leurs semblables, soit des petits oiseaux. Reclam (*Esprit et corps*, 1859, p. 300) eut l'occasion d'observer des écureuils et des lapins carnivores, rongeant comme des chiens les os qu'on leur jetait, quoique la nourriture herbivore ne leur manquât guère. Plus frappant encore est un fait cité par Darwin, celui de ce bœuf insulaire, qui, dans les îles où les pâturages étaient rares, avait fini par s'habituer à manger du poisson, ce qui concorde bien avec ce que Brehm (*loc. cit.* III, p. 440) nous dit de l'extrême nord de la Norvège, où l'on nourrit les bêtes à cornes avec des têtes de poissons cuits, et où l'on est obligé de préserver contre la voracité des vaches les échafaudages où l'on fait sécher la merluche, qui autrement serait dévorée. Dans certaines conditions les chevaux eux-mêmes peuvent devenir carnivores, comme le prouve le fait suivant observé à Saint-Iago, au Chili, par le docteur R. A. Philippi : deux chevaux de selle, appartenant à M. Nicolas Paulsen, dévoraient des poulets et des pigeons, happant ces derniers dans le creux même de leurs nids, si ceux-ci se trouvaient sur quelque haie vive, à leur portée.

Certains castors, surnommés castors terriers, nous fournissent un exemple de la modification de l'instinct. Les poursuites des chasseurs leur ayant rendu impossible, dans certains endroits, tels que la France et l'Allemagne, la vie en grandes sociétés, nous les avons vus se transformer d'animaux sociables en animaux solitaires. Au lieu de bâtir dans les fleuves ces grandes constructions pour lesquelles ils sont renommés en Amérique, ils se blottissent simplement dans des trous sur le rivage, se contentant tout au plus de se barricader avec des morceaux de bois. Voilà donc un animal amené par la force des circonstances à adopter, contrairement à l'instinct qu'on lui prête, la vie souterraine des cavernes, au lieu et place de l'existence industrieuse et sociale qu'il menait au grand air. De même, comme le raconte Radde (cité chez Brehm, *loc. cit.* II, p. 60), la zibeline est devenue dans les montagnes du Baïkal, grâce aux poursuites des chasseurs, un animal qui s'enfouit dans les trous et les conduits souterrains, tandis que dans les monts de Burejà elle recherche de préférence les creux des arbres, tout en évitant les crevasses des rochers. De même encore on voit les descendants des lapins, ayant vécu pendant plusieurs générations dans des endroits où ils ne pouvaient gratter la terre, perdre ce penchant impérieux qui les pousse à fouiller le sol pour s'y creuser des trous (Reclam, *loc. cit.*, p. 326). D'une autre part, Darwin nous raconte que les pigeons égyptiens, habitués au voisinage immédiat du Nil, ont appris, comme les oiseaux aquatiques, à se poser sur les eaux du fleuve et à y boire. Dans les endroits où il se sent encore le maître, le loup, comme l'observe Noll (*loc. cit.*), se montre un pillard audacieux et téméraire; mais il n'est plus qu'un rusé compère du moment où il se sent refoulé par la civilisation. Le merle noir (*turdus merula*), très craintif de sa nature, une fois enfermé dans le rayon d'une ville, s'apprivoise si bien qu'on le voit dans les jardins et les faubourgs faire son nid dans des endroits quotidiennement fréquentés par l'homme, utiliser pour la construction de ce nid des fragments de papier et venir avec les moineaux chercher sa nourriture sous les fenêtres des habitations humaines. Selon Pfannenschmied (*Publication mensuelle de la Société d'ornithologie et de protection des oiseaux de Saxe et de Thuringe*, mars 1876), un autre oiseau, fort craintif aussi, le ramier (*columba*

palumbus) niche dans la Frise orientale, à défaut d'endroits appropriés, dans le voisinage immédiat des habitations humaines et jusque dans les rues les plus fréquentées
d'Emden. Le docteur G. Jäger (voir sa *Défense de Darwin* contra *Wigand*, p. 240) observa chez un petit chat
âgé de six semaines un goût si vif pour les bains, goût
en général totalement étranger à nos chats domestiques,
que cet animal alla jusqu'à se fourrer un jour dans un
vase de nuit et qu'aucun ustensile contenant de l'eau n'é-
tait à l'abri de ses tentatives. Le même naturaliste a constaté en étudiant les larves des araignées de chênes, que
chaque année il en naît en grand nombre, qui sont tout
à fait dépourvues de l'instinct si puissant de la nutrition.
Elles errent au hasard autour des aliments et finissent
par mourir d'inanition. C'est ainsi que l'on rencontre des
mammifères ayant perdu l'instinct de l'allaitement : les
génisses, issues de vaches exclusivement réservées à la
production du lait, auxquelles on enlevait constamment
leurs petits à peine nés, naissent quelquefois totalement
dépourvues de l'instinct de l'allaitement.

Le goëland à manteau bleu, le *larus argentatus*, niche
en grande partie sur les arbres, mais à en croire Audubon
il le ferait contrairement à son instinct et ce ne serait
que les vieux oiseaux qui, à White Head Island et dans les
îles adjacentes, auraient adopté cette manière de nicher
après s'être aperçus que leurs nids étaient enlevés chaque
année par des pêcheurs dans les marais. Mais quant aux
oiseaux plus jeunes, ils continuent encore en partie à se
conformer à l'antique coutume. Des abeilles, transportées
aux Barbades, perdent d'elles-mêmes l'instinct de recueillir
le miel, car elles trouvent toute l'année une nourriture suffisante dans les plantations de canne à sucre ; mais elles conservent cet instinct à la Jamaïque, où la saison des pluies

les empêche de voler pendant des semaines (Perty, *Vie psychique des animaux*, 1879, p. 41).

Il est convenu que c'est l'instinct qui pousse le coucou à déposer ses œufs dans des nids étrangers. Comment se fait-il donc que le coucou américain ne possède point cet instinct et qu'il couve lui-même ses œufs? D'ailleurs il arrive à d'autres oiseaux encore de négliger leurs œufs et de chercher à les déposer dans des nids étrangers, afin de s'épargner l'ennui de couver. Qu'est-ce que l'instinct a à démêler avec le fait que l'autruche et d'autres oiseaux abandonnent au soleil le soin de couver leurs œufs dans la journée, se contentant de les réchauffer durant la nuit par la chaleur de leur corps? Notons que le même oiseau qui agit de cette façon au Sénégal, ne quitte ses œufs au cap de Bonne-Espérance, où la chaleur est moins forte, ni le jour ni la nuit. Comment se fait-il que dans nos climats tempérés les oies et les canards quittent de temps en temps leurs œufs sans prendre aucune mesure de précaution, tandis qu'ils ne le font jamais dans les régions polaires, sans les couvrir préalablement de plumes, afin de les garantir du froid? De la même manière, les rats musqués du Canada, transportés dans des climats plus chauds, renoncent, dit-on, à bâtir leurs jolis nids bien chauds, se contentant d'un simple trou creusé dans la terre, etc., etc.

Un des instincts les plus vantés est celui qui pousse les abeilles à miel à construire des alvéoles hexagonales, instinct qui s'explique d'ailleurs, comme nous le verrons plus tard, de la manière la plus naturelle. Mais le fait est qu'il est loin d'être aussi immuable qu'on le prétend, les abeilles tenant fort bien compte des circonstances dans la construction de ces alvéoles, dont elles modifient la forme convenue chaque fois qu'elles rencontrent des obstacles insurmontables. Darwin a observé plus d'une fois que des alvéoles, dont la construction avait été commencée dans un coin ou dans tout autre endroit défavorable, furent transportées ailleurs et reconstruites à nouveau jusqu'à ce que les ouvrières en fussent satisfaites. Des exemples analogues de modification ou d'amélioration dans l'art de construire, de sa dépendance du milieu, exemples qui évidemment contredisent la théorie de l'instinct, abondent dans le monde des insectes.

Dans son grand ouvrage sur les métamorphoses et les mœurs des insectes (Paris, 1868), Blanchard s'exprime de la manière suivante : « C'est l'instinct qui pousse les individus de la même espèce à exécuter toujours les mêmes travaux. Mais dans l'exécution de ces travaux des obstacles surgissent-ils, l'individu s'efforce de les éloigner : il fait choix du meilleur emplacement pour son domicile; il tâche d'obvier au hasard, de faire face au danger. D'autres fois il se laissse aller à la paresse, au point de ne pas bâtir lui-même d'habitation, trouvant plus commode de s'emparer d'un domicile étranger, en l'appropriant à ses besoins. L'insecte, dont il est convenu de considérer les actes comme mécaniques, donne à chaque instant la preuve qu'il tient compte de la situation dans laquelle il se trouve placé, qu'il fait constamment la part des circonstances accidentelles, impossibles à prévoir. Mais tenir compte d'une mauvaise situation, l'améliorer, faire un choix, tendre à un but tout en s'épargnant de l'ouvrage, être paresseux quand on est créé pour être actif, est-ce donc là de l'instinct? Sûrement non. »

C'est dans le même sens que parle E. Menault dans son excellent ouvrage sur l'intelligence des bêtes (Paris, 1872, p. 114) : « Comment? Des êtres doués de la faculté de sentir, de celle de se souvenir de leurs sensations, de les comparer, de les exprimer dans un langage plus ou

moins développé, mais toujours d'accord avec leurs sensations de joie, de tristesse, de colère et de passion, ces
êtres-là n'auraient pas d'intelligence? Pour Dieu ! qu'on
veuille donc bien me dire ce que c'est que l'intelligence ? »

Prenons aussi acte de ce que le célèbre naturaliste H. R.
Wallace, le collègue de Darwin, dit dans ses *Matériaux
pour la sélection naturelle*, à propos des modifications
et déviations que subit, sous la pression de diverses circonstances, l'instinct de nidification des oiseaux, un des plus
puissants de tous : « Le merle doré des États-Unis », dit
Wallace, « nous fournit l'exemple extraordinaire d'un
oiseau qui modifie la forme de son nid selon les circonstances. S'il le construit entre des branches solides et rigi-
des, il lui donne des parois flexibles ; si au contraire, comme
il arrive souvent, il le suspend aux souples branches du
saule pleureur, il s'ingénie à le rendre solide, afin que les
petits n'en tombent pas quand le vent agite les rameaux.
On a remarqué aussi dans les états du Sud, où le climat
est plus chaud, que les nids sont faits de matériaux plus
poreux et plus ténus que dans les froides contrées du Nord.
Le moineau de nos pays s'adapte de même aux circonstances. Quand il niche sur les arbres, ce que sans aucun
doute il faisait toujours primitivement, il construit un nid
en règles, en forme de coupole, afin de mieux abriter
ses petits. Mais quand il trouve un abri naturel sous un
toit de chaume ou dans une anfractuosité de quelque bâtiment, il se donne bien moins de peine et bâcle un nid à
la légère. Notre petit roitelet modifie aussi son nid selon
les milieux ; il le construit simplement en forme de coupe
là où il bénéficie de l'abri protecteur d'un épais feuillage,
tandis que, dans les endroits plus découverts, il donne à
son nid la forme parfaite d'une coupole ayant une entrée
latérale. »

Selon Brehm (*Tableaux du monde animal*, p. 158), le butor (*ardetta minuta*) construit d'ordinaire son nid sous de vieux chaumes de roseaux, ou bien entre les roseaux solides au-dessus de l'eau, ou bien enfin sur les rameaux pendants de quelque saule. Le nid est-il flottant sur l'eau même, comme cela arrive quelquefois, alors il n'est que lâchement attaché aux roseaux, afin de pouvoir *s'élever et s'abaisser avec le niveau de l'eau.*

Un exemple curieux d'une nouvelle modification des habitudes dites instinctives vient de se produire récemment à la Jamaïque. Wallace le raconte en ces termes : « Avant 1854 les hirondelles des palmiers (*tachornis phaenicobea*) nichaient exclusivement sur des palmiers dans certains districts de l'île. Puis une colonie de ces oiseaux s'établit sur deux cocotiers dans la Spanish Town et y resta jusqu'en 1857, où il arriva qu'un de ces arbres fut déraciné et l'autre perdit son feuillage. Au lieu de chercher d'autres palmiers, ces oiseaux expulsèrent des hirondelles dont le nid se trouvait sur la place de la *House of Assembly* et prirent possession de ce lieu, où ils établirent leur nid au bout du mur, dans un coin formé par l'architrave et la poutre transversale. Ils habitent encore cet endroit en nombre considérable. On a constaté qu'ils y construisent leurs nids avec beaucoup moins de soin que sur les palmiers où ceux-ci étaient plus exposés à être détruits. »

En général, tous les oiseaux qui font leurs nids dans les anfractuosités des habitations, des édifices, etc., modifient leur manière de construire en l'adaptant au changement des circonstances et généralement de façon à s'épargner de la peine et du travail. Sous ce rapport ils montrent plus de discernement, une conception plus claire des circonstances que l'homme sauvage ou à demi civilisé, qui

construit son habitation invariablement de la même manière dans les milieux et les circonstances les plus dissemblables. Ainsi les anciens constructeurs des palafittes
qui, vivant sur l'eau, avaient pris l'habitude de bâtir leurs
maisons sur des pilotis, continuèrent à le faire dans des
endroits secs, où ce mode de construction n'avait plus sa
raison d'être. De même, les maisons des indigènes dans
tout le continent américain, sont adaptées à un climat
froid, les Indiens étant originaires du nord. En un mot,
Wallace est amené par ses recherches à formuler l'arrêt
suivant : « Je ne crois pas que l'oiseau construise son nid
en vertu de l'instinct, ni que l'homme bâtisse sa maison
en vertu de la raison; je crois que les oiseaux se modifient et s'améliorent, quand ils se trouvent sous l'empire
des circonstances qui produisent ce résultat chez l'homme,
et que les hommes ne se modifient ni ne s'améliorent,
quand ils vivent dans des conditions semblables à celles
de la vie ordinaire des oiseaux. »

Insistons sur un fait déjà mentionné en passant et qui
se trouve en désaccord flagrant avec la théorie de l'instinct : certains oiseaux gîtent dans des trous ou s'emparent
des nids tout préparés au lieu de s'en construire eux-
mêmes, comme semblerait leur ordonner leur instinct.
Ainsi la *perruche trompeuse (fratercula arctica)* s'installe dans les trous creusés par le lapin, après en avoir
expulsé le propriétaire légitime, et ne se décide à bâtir
elle-même une construction souterraine que si elle échoue
dans ses tentatives. Au printemps, à son retour des pays
chauds, le grand martinet (*cypselus apus*) expulse les moineaux, les rouges-queues et les étourneaux de leurs domiciles respectifs et s'y installe en utilisant pour son propre
compte les matériaux réunis par ceux-ci pour les nids en
voie de construction. Les œufs et les petits encore déplu-

més des propriétaires expulsés sont jetés dehors sans miséricorde. Que l'art de bâtir les nids ne repose pas uniquement sur l'instinct, nous le voyons par le fait, dont il a été aussi question, que les vieux oiseaux construisent mieux leurs nids que les jeunes et par cet autre que les oiseaux élevés solitairement dans les cages n'en bâtissent guère ou bien en bâtissent de très imparfaits.

Ajoutons à cela que nombre d'observations et d'anecdotes généralement accréditées touchant l'instinct animal (anecdotes qui souvent se contredisent sans que personne prenne la peine de les contrôler) sont loin d'être concluantes. Un examen un peu attentif ne tarde pas à nous révéler la fausseté des unes et l'exagération des autres. Prenons un exemple connu de tous, l'instinct si vanté des poules et des canards, souvent invoqué comme une preuve décisive. Il est entendu que le poulet ayant une fois atteint sa pleine croissance dans l'œuf, brise la coquille, en sort et à peine sur pied se met à courir et à picoter le grain ou les insectes qui se trouvent à terre, autrement dit qu'il exécute une série de mouvements coordonnés très complexes et parfaitement adaptés au but sans y avoir été en aucune façon préparé soit par l'éducation, soit par l'exemple ou l'expérience. La même version a cours également pour le jeune canard, chargé en outre de nous fournir la preuve d'un instinct tout spécial, en vertu duquel, à peine éclos, il doit se précipiter dans l'eau et y nager d'emblée. Cet exploit serait invariablement exécuté par les cannetons couvés par des poules, auxquels par conséquent toute initiation maternelle à l'art de la natation ferait absolument défaut; les pauvres mères adoptives resteraient sur le rivage, toutes perplexes, en voyant leur progéniture échapper ainsi à leur surveillance.

Ces récits ont un air de vraisemblance qui les fait généralement accepter pour authentiques et indiscutables ; s'ils étaient tels en réalité, ils suffiraient amplement à prouver l'existence d'un instinct dans le sens ordinaire du mot. Mais en réalité les choses se passent tout autrement. Pour ce qui est de la sortie du poulet hors de l'œuf, ce n'est point un résultat amené par des actes volontaires du volatile, mais bien un phénomène tout mécanique, produit par une série de mouvements inconscients appelés actions réflexes, résultant de ce que, vingt-quatre ou trente-six heures avant son éclosion, le poulet commence à respirer dans l'intérieur même de la coquille, et exige finalement plus d'air qu'il n'en pénètre à travers les parois. Il s'ensuit pour lui un certain danger d'asphyxie et par contre de violents mouvements réflexes ; de son bec formé d'une substance cornée le poulet appuie fortement sur les parties intérieures de la coquille tandis que le corps entier s'allonge. A cause de la croissance toute naturelle du corps la pression va toujours en augmentant et la rupture de la paroi de la coque devient inévitable.

A sa sortie de l'œuf, le jeune animal ne songe à rien moins qu'à courir ou à picoter le grain. Couché sur le ventre, il reste près de deux heures dans cette posture prudente et ne mange ni ne becquète, alors même qu'on met son bec dans un boisseau plein de grains. Ensuite il se décide à tenter quelques timides essais de marche, en s'aidant de ses ailes comme de béquilles. Il se dresse sur ses pattes, tombe, puis se redresse pour retomber encore ; en somme, les efforts qu'il fait pour avancer aboutissent à *ramper* plutôt qu'à *courir*. Un bruit vient-il à frapper son oreille, par exemple le claquement d'un doigt sur une table, il se dirige du côté d'où part le bruit, ce qui ne saurait nous étonner si nous nous rappelons que,

même avant l'éclosion, l'organe de l'ouïe est déjà formé
chez le poussin jusqu'à un certain degré. Ce n'est qu'au
bout des six heures suivantes que le petit animal acquiert
assez d'adresse et de force pour pouvoir courir ; c'est alors
qu'il commence aussi à becqueter le sol, mais il le fait encore à l'aveugle, sans discernement, picotant tout ce qui
frappe son rayon visuel, soit les petites inégalités du terrain, soit les têtes d'épingles enfoncées dans le sol, les
grains de sable ou les perles de verre, jusqu'aux taches
blanchâtres produites sur une table ou une ardoise au
moyen de la craie. Du reste, les poules en agissent de même,
par suite de l'habitude prise de fouiller la terre de leur
bec, alors même qu'il n'y a rien à y picoter. De même que
les poulets, elles se laissent tromper par des taches de craie
et se mettent à les becqueter jusqu'à ce que l'expérience
leur démontre l'inutilité de leurs efforts. Même les poules
à qui on a enlevé les hémisphères cérébraux et qui, par
conséquent, sont privées de la conscience et de la sensibilité
consciente, continuent à enfoncer machinalement leur bec
dans le sol, sans rien attraper, ainsi que les nourrissons
à la mamelle portent machinalement à leur bouche tout
ce qu'ils peuvent atteindre. Il n'y a donc rien d'étonnant
à ce que les poussins fassent de même, surtout quand
l'exemple de leur mère picotant la terre du bec vient se
mettre de la partie. Que l'imitation des faits et gestes
maternels ainsi que le secours de cette mère guidant et
dirigeant les actes de sa progéniture jouent dans tout ceci
un rôle important, nous en voyons la preuve éclatante
dans le fait suivant: tous les phènomènes décrits ci-dessus,
depuis l'éclosion du poulet jusqu'au moment où il est de
force à courir et à manger tout seul, n'embrassent qu'une
période de cinq à huit heures, s'ils ont lieu en présence et
avec l'assistance de la mère, tandis qu'ils en exigent de

huit à seize dans le cas où le poussin est séparé de sa mère immédiatement après son éclosion.

Le canneton à sa naissance ne se comporte pas autrement que le poussin. Il lui arrive de même, dans ses premiers essais pour marcher, de tomber fréquemment sur le dos et de ne se relever qu'à grand'peine, si l'on ne vient à son secours. Lui aussi il ne picote ni ne mange tout d'abord, alors même qu'on enfonce son bec bien avant dans la pâtée la plus savoureuse. Pour ce qui est de l'élan irrésistible qui le précipiterait dans l'eau, c'est plutôt le contraire qui est vrai : il semble fort désireux d'en sortir une fois qu'il s'y trouve poussé de force. Il ne sait pas boire de lui-même et apprend lentement à le faire pendant qu'on lui tient le bec dans l'eau. Est-il obligé de boire dans une tasse, il s'y prend très maladroitement et cogne sans cesse du bec contre les parois sans réussir à boire. Une fois dressé à boire, il va donner du bec contre un objet luisant quelconque, le prenant pour de l'eau. Les observations faites par Mme Ruge, propriétaire dans le Schwerin, et qu'elle a bien voulu me communiquer, établissent que les *autres* oiseaux doivent aussi *apprendre* à boire. Mme Ruge a vu une mère tourterelle amener vers une cuve ses trois rejetons, déjà capables de voler, et là, s'évertuer à leur enseigner à boire avec beaucoup de peine. Le cours d'éducation, dont les détails sont décrits d'une manière charmante, dura près d'une heure.

De même que son confrère le poussin, le canneton se dirige de préférence du côté où il entend quelque bruit, par exemple, le son d'une voix ou bien le piaulement d'autres cannetons. C'est progressivement, à force de tituber et de tomber, qu'il apprend à marcher et, comme le poussin, il picote des épingles, des taches de craie, etc.

Une fois au grand air, il se comporte de la même manière.

L'amène-t-on près d'une mare, il s'en approche volontiers pour boire, mais n'y plonge point de lui-même. Poussé dans l'eau, il s'y débat et cherche à en sortir au plus vite ; à cette fin il exécute avec ses pattes des mouvements précipités, dont le résultat nécessaire est de le faire avancer et, l'animal ne pouvant se noyer, ces mouvements ont toute l'apparence de mouvements natatoires. Le docteur Stiebeling, de New-York, auteur de l'excellent ouvrage sur l'instinct des poules et des canards (New-York, 1872), dont nous avons extrait les faits ci-dessus mentionnés, les avait observés sur des volatiles déjà âgés d'un jour ou deux et sur d'autres (ceci est bien plus concluant encore) âgés déjà de *huit* jours et qui n'étaient pas sortis de la basse-cour. C'est donc peu à peu que ces petits animaux s'habituent à sentir le sol manquer sous leurs pattes. Les cannetons couvés par une poule emploient plus de temps à se familiariser avec l'eau que n'en demandent les cannetons couvés par une canne. Celle-ci, de même que tous les oiseaux aquatiques, place sa progéniture sur son dos et, une fois dans l'eau, elle y jette ses petits. Revenus à terre, les volatiles ont hâte de se secouer, de se débarrasser de l'eau dont ils sont ruisselants. De tels faits et cet autre, savoir que nous voyons les choses suivre exactement le même cours, alors que nous substituons le *lait* à l'eau, prouvent suffisamment qu'il ne saurait être sérieusement question d'un penchant inné du canard pour l'eau. D'ailleurs un certain attrait des cannetons pour l'élément, au sein duquel leurs parents et leurs ancêtres vivent de temps immémorial, ne saurait avoir en soi-même rien que de fort naturel.

Ce que nous venons de dire s'accorde complètement avec les observations qui nous ont été gracieusement communiquées par le notaire Julius Tapé, de Szegzard (Hongrie, district de Tolnear). Établi depuis des années sur les bords du Danube, il eut continuellement l'occasion d'étudier les mœurs des oies et de se convaincre que les oisons craignaient l'eau tant qu'ils n'avaient pas appris à nager et qu'ils ne s'y accoutumaient que lentement, sous l'influence des stratagèmes et des ruses de leurs parents. Dès que les petits sont de force à s'aventurer sur l'eau, les parents les conduisent à la rive. Le mâle avance le premier en criant ; la femelle vient à l'arrière-garde en poussant les oisons devant elle et en faisant, elle aussi, retentir l'air de ses cris. Après une leçon de natation fort courte, les jeunes sont vite ramenés sur la terre ferme et l'essai recommence ainsi chaque jour en se prolongeant graduellement jusqu'à ce que les élèves aillent à l'eau d'eux-mêmes. Le même observateur a constaté que, si les oies veulent faire la traversée à la nage d'une rive à l'autre, elles ne partent jamais d'un point directement *opposé* à celui où elles veulent débarquer, mais bien plus loin en amont du fleuve, et leur calcul est si juste que, si le vent ne s'en mêle, elles abordent presque exactement en face de la maison de leur maître. S'il arrive qu'un bateau à vapeur se trouve tout près, elles attendent patiemment son départ.

Donc, pour ce qui concerne ces animaux, il ne saurait plus être question de leur amour instinctif, soi-disant inné pour l'eau. Des récits du même genre et probablement bien fondés avaient cours autrefois au sujet de la tortue jeune. On disait qu'à peine sortie de l'œuf et du sable qui la recouvrait, elle se hâtait de courir à la mer et cela à différentes reprises, si on l'en empêchait, ou si on la chassait dans une direction opposée. Il y a une explication très naturelle de ce phénomène, qui peut être déterminé par les exhalaisons marines, facilement perçues par l'organe olfactif de la tortue, organe généralement plus affiné et

plus développé chez les animaux que chez l'homme. Or il
n'y a rien d'étonnant à ce qu'un jeune animal recherche
l'odeur d'un élément qui, depuis un temps immémorial, sert
de milieu ambiant à son espèce. Ceci ressortira d'une manière plus évidente encore, quand nous traiterons de l'instinct si célèbre des insectes à métamorphoses, déposant
toujours leurs œufs à l'endroit précis où, lors de son éclosion, la larve trouvera une nourriture appropriée à ses
besoins et cela sans que l'insecte connaisse les ressources
de l'endroit par sa propre expérience. C'est là incontestablement l'œuvre de l'odorat si développé chez l'insecte,
peut-être aussi un certain ressouvenir de l'existence antérieure de l'animal à l'état de chenille ou de larve. « Un essaim
de sphinx (*sphinx euphorbiae*) », dit Noll (*loc. cit.*, p. 15),
« reconnait la plante de l'euphorbe à sa forme, plus encore
à son odeur. Et pourquoi n'en serait-il point ainsi? N'est-ce
point la seule plante qu'il connaisse intimement? Autrefois,
dans sa jeunesse, ne s'est-il point posé sur elle, ne s'est-il
point nourri de ses sucs? Pourquoi ne s'en serait-il pas assimilé l'image? Son corps à lui n'est-il pas construit avec les
matériaux de la plante? N'en a-t-il pas absorbé les huiles
éthérées et les matières alcalines? La glande, qui chez la chenille du *papilio machaon,* vulgairement appelée queue d'hirondelle, se tuméfie derrière la tête dans les moments d'angoisse, ne répand-elle pas une forte odeur de feuilles de
chou, aliment dont la larve se nourrit? Il est connu que le
sang de quantité d'insectes, surtout celui des larves, conserve l'odeur des plantes dont ils font leur subsistance.
L'agile lépidoptère, qui se nourrit de miel, n'a certainement
point perdu le souvenir de son mode d'existence et d'alimentation dans la jeunesse; car si sa forme s'est métamorphosée, si ses viscères se sont différenciés de ses nerfs périphé-
riques à la suite de sa transformation en chrysalide, le

système ganglionnaire de sa moelle épinière est resté le même dans ses parties essentielles (fait prouvé dans les métamorphoses des insectes), susceptible par conséquent de conserver les souvenirs de la jeunesse, les plus vivaces de tous chez l'homme lui-même. » C'est ainsi qu'avec le seul secours de son odorat, la mite pénètre dans les armoires à habits qu'elle n'a jamais vus; et quand, pour nous préserver de ses ravages, nous imprégnons ces habits de matières fortement aromatisées, tels que le camphre et la térébenthine, nous n'avons d'autre but que celui de masquer l'odeur de la laine par une odeur plus âcre, de tromper l'odorat de la mite. Le sens olfactif atteint chez l'insecte une finesse inouïe et lui prête une perspicacité étonnante. Nous en voyons la preuve dans le fait suivant qui est bien connu : qu'on expose à la fenêtre d'un endroit habité la femelle d'un papillon de mite, et on verra les mâles, qui se trouvent souvent à la distance d'une heure de vol, y arriver en foule, attirés par son odeur. Il y a plus : si on tient la femelle dans une chambre close, les mâles, guidés par l'odorat, finissent par s'y introduire par la cheminée, comme l'a observé en Angleterre M. Davis en étudiant le *sphinx populi*. Le même observateur vit la fenêtre de son cabinet d'étude assiégée par un essaim de mâles des espèces *phalaena bucephala* et *P. salicis*, dont le flair avait perçu l'éclosion, chez lui, de femelles de leurs espèces. M. Lüders, bailli d'Altenbourg, raconte qu'ayant ouvert le tiroir d'une table dans lequel *une année* auparavant une femelle *dispar* avait été enfermée, il s'aperçut immédiatement après qu'un mâle *dispar* venait d'entrer par la fenêtre ouverte; l'expérience fut répétée plusieurs fois de suite avec le même résultat et la bestiole semblait ne prendre intérêt à aucun autre objet dans la chambre (voir Reclam, *loc. cit.*, pp. 312 et 313). Darwin (*Origine de*

l'homme, I, p. 278) cite, d'après Blanchard, parmi une
foule d'observations analogues, le fait suivant qui se passa
en Australie : M. Ferreaux, ayant mis un jour dans sa
poche une boîte renfermant la femelle d'une petite espèce
de *bombyx*, fut assailli par une telle quantité de mâles
bombyx, qu'il en apporta avec lui à la maison plus de
deux cents.

Il ressort de tout ce qui précède que nombre d'actes,
ayant toute l'apparence d'actes instinctifs, se trouvent,
quand on les examine mieux, n'être en fin de compte que
de jolies anecdotes, démenties par les faits ; tel est le cas
pour la poule et le canard. Nul doute que si, comme l'a
fait le docteur Stiebeling, pour l'instinct des animaux dont
nous venons de parler, on soumettait à une investigation
plus rigoureuse quantité de faits, fort concluants en apparence, on n'aboutît au même résultat. Mais pour cela
il faudrait prendre la peine d'observer et d'expérimenter
soi-même au lieu d'accepter docilement les contes d'autrui.
« Personne », dit Wallace, *loc. cit.*, « n'a essayé jusqu'à
présent de dérober les œufs d'un oiseau appartenant à une
de ces espèces qui construisent des nids compliqués, de
faire éclore ces œufs à l'aide de la vapeur ou par le cou-
vage d'une autre mère, puis de placer les jeunes oiseaux
dans une grande volière ou dans un hangar couvert où ils
eussent à leur portée toutes les facilités et tous les matériaux nécessaires pour bâtir un nid pareil à celui de leurs
parents, puis d'examiner quelle espèce de nid ils sauraient
bâtir. Si, maintenus rigoureusement dans ces conditions,
ils faisaient comme leurs parents, se servaient des mêmes
matériaux, faisaient choix de la même situation et bâtis-
saient leur nid sur le même plan et avec une perfection
égale, on en pourrait conclure qu'ils ont été guidés par
l'instinct. Jusqu'ici il n'y a dans tout cela que des faits

admis de confiance, comme je vais m'efforcer de le démontrer, et sans base suffisante. De même on n'a jamais essayé d'enlever de leurs rayons les chrysalides d'une ruche, de les séparer des autres abeilles, de les élever dans quelque lieu écarté, plein de fleurs, au sein d'une nourriture abondante, pour voir comment elles s'y prendraient pour bâtir leurs alvéoles et quelles formes elles leur donneraient. Avant d'avoir fait ces expériences on n'a pas le droit d'affirmer que les abeilles construisent leurs ruches sans l'avoir appris; on n'a pas le droit de nier la présence, dans un essaim d'abeilles de l'année courante, d'autres abeilles plus âgées, qui dirigent la construction d'un nouveau rayon et guident les travaux des jeunes, » etc., etc.

Que les abeilles et les fourmis reçoivent en réalité une instruction très variée, que les jeunes exécutent des travaux plus faciles, à eux particulièrement réservés, qu'ils aient pour ainsi dire d'autres instincts que les vieux, le lecteur aura plus d'une occasion de s'en convaincre dans le cours de ce livre. De même le *castor*, sur le merveilleux instinct constructeur duquel on a écrit tant de choses vraies et fausses, le castor acquiert une instruction variée. Les livres de psychologie animale auront beau ressasser sur tous les tons la fameuse histoire, cent fois invoquée et citée, du jeune castor enlevé à sa mère immédiatement après sa naissance, élevé artificiellement dans l'isolement, et qui pourtant, à l'aide de matériaux qu'on lui fournit, édifie dans sa cage une habitation selon toutes les règles de l'art architectural des castors, nous pouvons affirmer en toute sûreté de conscience, sans craindre d'être démenti par les faits, que l'histoire est fausse ou tout au moins singulièrement exagérée. Il est probable que, poussé par des aptitudes constructives, à lui transmises par l'hérédité, le jeune animal *cherche* à construire une habitation avec les matériaux qu'il a à sa disposition. L'exemple du jeune castor domestiqué par Cuvier et dont nous parle P. Flourens (*loc. cit.*, pp. 53 et 185) vient à l'appui de cette conjecture. Mais il est d'autant plus permis de douter que cette construction, faite sans le secours et la direction de ses collègues plus expérimentés, réalise l'idéal de l'art, qu'à en croire les chasseurs de castor, les jeunes ne restent pas moins de *trois* ans auprès de leurs parents afin d'acquérir l'instruction nécessaire. « Les jeunes, » dit à son tour Schmarda (*Vie psychique des animaux*, p. 207), cohabitent près de trois ans avec leurs parents qui les instruisent dans l'art de bâtir. D'ailleurs le castor, doué d'une intelligence indépendante de l'instinct, sait parfaitement, selon les circonstances, utiliser ses aptitudes constructives à la satisfaction de besoins fortuits. Voici ce que M. E. Menault (*loc. cit.*, p. 195) raconte d'un castor qui a vécu en captivité au Jardin des Plantes de Paris. Par une froide nuit d'hiver, quand la neige tombait à travers les barreaux de sa cage, l'animal se servit de rameaux d'arbres, de fruits et de légumes, dont il avait une provision, ainsi que de la neige amoncelée dans la cage, pour édifier un véritable abri contre les intempéries extérieures ; les branches d'arbres sortaient en dehors du grillage.

« De tous côtés, » dit Espinas, auteur d'un ouvrage connu sur les sociétés animales, « les esprits les moins favorablement disposés à l'égard des animaux, commencent à reconnaître que ces derniers agissent en vertu de mobiles individuels, susceptibles de se modifier d'après les circonstances. C'est là un des résultats les plus importants obtenus par la psychologie comparée dans la seconde moitié de notre siècle, et le temps n'est pas éloigné où ils ne seront plus contestés par personne. »

Il existe incontestablement beaucoup d'actes instinctifs ;

seulement chaque fois qu'ils ne sont pas, comme nous
venons de le démontrer, l'effet d'actions réflexes, de l'imitation, de l'habitude, de la délibération, de l'expérience, de
l'éducation; chaque fois qu'ils ne dépendent pas du développement raffiné d'un sens spécial ou de quelque autre
particularité de l'organisme, ils sont bien certainement le
résultat de penchants, d'aptitudes, d'habitudes reçues des
ancêtres par voie d'hérédité ou, pour nous servir de termes
anatomico-physiologiques, le résultat de certaines prédis-
positions héréditaires du cerveau et du système nerveux
à accomplir certaines fonctions psychiques, en un mot
un souvenir transmis par l'hérédité et solidement enregistré par la mémoire. Mais ces penchants et ces habitudes, peut-être aussi certaines représentations, ont été
lentement et graduellement acquis par les parents et les
ancêtres dans le cours de leur existence, et cela pendant
une longue durée de siècles. Avant d'en arriver à se transmettre avec une force croissante de génération en génération, ils ont dû se constituer lentement et se fortifier
par l'avantage qu'ils assuraient à leur possesseur dans
la lutte pour l'existence. A son tour l'éducation *artifi-*
cielle peut exercer sur ces penchants et ces aptitudes
l'influence qui, dans l'état de nature, appartient à la lutte
pour l'existence et à la sélection naturelle. C'est ainsi que
l'instinct, si connu et si souvent cité, des chiens de chasse
et d'arrêt n'est qu'une prolongation, obtenue par l'art et le
dressage, des courts arrêts, que fait tout animal chasseur
à la vue ou au flair du gibier, arrêts dont le but est en
partie de se donner le temps de rassembler ses forces, en
partie de calculer son élan de manière à tomber sur la
proie de tout son poids. Le jeune chien de chasse, qui est
venu au monde avec une telle prédisposition ou habitude
héritée de ses parents, doit néanmoins passer par un

dressage, une nourriture et des punitions appropriées avant de devenir un chien de chasse véritablement utile. Il en est de même de l'instinct ou des aptitudes des chiens de berger, de l'instinct du lévrier pour lever le lièvre ou de celui du terre-neuve pour sauver l'homme, ainsi que de l'affection et de l'attachement du chien, jadis sauvage (probablement loup ou chacal dans le passé), pour l'homme. L'instinct de *migration* des oiseaux s'est aussi lentement constitué, par la progression graduelle du froid du pôle vers l'équateur, et il se soutient par l'hérédité de génération en génération. C'est pour cela que les oiseaux de passage retenus en captivité, deviennent inquiets et frappent de la tête contre les barreaux de leur cage, quand arrive l'époque des migrations, quoiqu'il soit permis de douter que de très jeunes oiseaux, n'ayant pas encore fait de voyage et éloignés de tout commerce avec leurs congénères, agissent de même. S'il en est ainsi, comme l'a observé J. C. Noll (*loc. cit.*, p. 22) pour le rossignol, sans qu'il y ait eu la moindre communication avec le monde extérieur, ce n'est dans tous les cas que la manifestation du penchant migrateur hérité, qui domine l'oiseau vers l'époque où ses compagnons se mettent en voyage, penchant qui est le résultat d'une organisation cérébrale ou nerveuse innée, c'est-à-dire acquise par hérédité.

On a d'autant moins lieu de s'étonner en voyant de telles habitudes et de tels penchants chez les animanx, qu'on se rappelle qu'il en est de même chez l'homme. En effet, quantité de phénomènes intellectuels chez l'homme sont fort analogues à ceux des animaux, de sorte que les uns et les autres devraient s'expliquer d'une manière identique si l'on admettait l'existence de l'instinct. En réalité il n'y a point d'instinct dans l'ancienne acception du mot; il n'y a qu'une échelle graduée, ininterrompue, de qualités intellectuelles, commençant à l'animal le plus inférieur et aboutissant à l'homme le plus développé. « L'instinct, » dit Lindsay (*The physiology and pathology of mind in the lower animals*, 1871), n'est pas quelque chose de distinct de la raison, quelque chose qui soit en opposition avec elle, mais bien plutôt une partie essentielle de cette dernière. L'instinct et la raison ne sont que des degrés divers du développement, des manifestations différentes des mêmes facultés. Il s'agit de phénomènes s'élevant par gradation insensible, intimement liés entre eux, de sorte qu'il est impossible soit de tracer une ligne certaine de démarcation, soit de définir exactement le caractère de chacun d'eux. L'instinct, aussi bien que l'intelligence ou la raison (*reason*), se manifeste également chez l'homme et chez l'animal, quoique dans des modes et à des degrés divers. Il est parfois très difficile de distinguer les facultés héritées des facultés acquises ou de séparer le résultat de l'intuition de celui de l'expérience. *Ce qui chez les parents est une faculté ou qualité acquise deviendra souvent de l'instinct chez les générations suivantes* en vertu du sceau qu'y aura imprimé l'habitude. »

Le même écrivain dit ailleurs (*Insanity in the lower animals*) : « Pour ma part, je ne doute pas que nombre de faits compris sous le nom d'instinct chez l'animal, ne soient exactement ceux que l'on qualifie à juste titre de raison (*reason*) chez l'homme et que, d'autre part, ce qu'on appelle raison chez l'homme, ne soit aussi chez l'animal tout l'opposé de l'instinct, et doive par conséquent s'appeler d'un autre nom. Jusqu'à présent l'instinct humain a été fort peu étudié ; à dire vrai, qu'il soit appliqué à l'animal ou à l'homme, le mot instinct n'a été jusqu'ici qu'un *asylum ignorantiae*, un obstacle sérieux à toute recherche consciencieuse. »

« Qu'on ne nous parle point de l'aveugle instinct, » dit Michelet (*l'Oiseau*, p. 3). « Nous allons voir comment cet instinct très clairvoyant se modifie selon les circonstances, en d'autres termes comment cette lueur de raison ne diffère en rien par sa nature de la raison humaine. »

Dans son livre cité plus haut sur le castor américain et ses constructions (p. 275) C. H. Morgan se sert de termes plus décisifs encore : « Le mot *instinct*, dit-il, devrait être complètement abandonné quand il s'agit d'interpréter les actes intelligents des animaux. Création de la métaphysique, laquelle a essayé d'établir par là une séparation fondamentale entre l'activité intellectuelle de l'homme et celle de l'animal, ce mot est impuissant à nous rendre compte de l'intelligence des bêtes. Les animaux possèdent un principe intelligent, qui leur rend les mêmes services dont l'homme est redevable au sien. Comme nous sommes hors d'état de saisir une différence entre les phénomènes de sensibilité, de volonté, de mémoire et de raison (*reason*) chez l'animal et chez l'homme, nous en concluons naturellement qu'il n'y a qu'une différence de degré et non de genre. Aussi le bon sens droit et simple, qui représente à un degré bien plus supérieur qu'on ne le croit en général, le point culminant des connaissances humaines, n'a-t-il jamais goûté les spéculations de la métaphysique touchant les facultés intellectuelles de l'animal. Toujours, au contraire, il a été porté à reconnaître dans celui-ci l'existence d'un principe pensant, raisonnable (*a rational thinking principle*), analogue au même principe chez l'homme. »

Pour ce qni regarde l'instinct humain, en prenant ce mot dans l'acception limitée que nous avons essayé de définir, bien des exemples saisissants l'attestent : Qu'on pense seulement à ce penchant impérieux, d'apparence instinctive, pour la destruction et le meurtre de ses semblables, penchant implanté dans l'espèce humaine par les longues et sanglantes luttes des temps primitifs et maintenu dans l'individu par les durs conflits du combat pour l'existence, penchant qui, aujourd'hui encore, éclate avec une violence inouïe chez les peuples sauvages ou à demi civilisés et n'est que difficilement réprimé dans nos sociétés civilisées par la morale, les lois et la raison. Pourtant ce penchant n'est encore que trop vivace dans le cœur de beaucoup d'individus et, seules, les barrières artificielles de notre milieu social empêchent son libre essor, comme nous n'avons que trop souvent lieu de nous en convaincre par des faits atroces, par des explosions de férocité sauvage d'un caractère soit général, soit privé. Pour déraciner graduellement ce dangereux instinct de la nature humaine, legs d'une hérédité séculaire, pour créer un monde meilleur et plus heureux que le nôtre, il faut de longs siècles de paix, il faut des mœurs et des institutions politiques et sociales tendant au bonheur et au bien-être de tous ! Mais insister plus longuement sur ces importantes questions serait nous écarter trop du véritable sujet de ce livre. Qu'il nous soit permis seulement, avant d'y revenir, de signaler brièvement l'importance que présente l'étude de l'âme animale pour les *Sociétés protectrices des animaux*, heureusement si nombreuses de nos jours. Ces sociétés constituent sans contredit une des plus louables manifestations du sentiment d'humanité, si puissant à notre époque. Pourtant il est triste de penser que de semblables associations soient encore nécessaires de nos jours, alors que six cents ans avant le christianisme, la profonde religion de Bouddha avait proclamé les mêmes principes et prêché la bonté, la compassion au même degré pour l'animal et pour l'homme. Le bouddhisme est allé même jusqu'à établir des asiles pour les animaux ma-

lades, frères cadets de l'homme, en même temps qu'il ou-
vrait des hôpitaux pour celui-ci. C'est d'un point tout
opposé que partaient le christianisme et la philosophie chrétienne, en proclamant la séparation rigoureuse, le divorce
de l'âme et du corps, de l'homme et de la bête ; le résultat inévitable de ces principes fut de favoriser la dureté
et la cruauté à l'égard des animaux. Mieux éclairée aujourd'hui, la conscience humaine se soulève contre cette conception et rien ne le prouve mieux que l'existence même
des sociétés de protection. Celles-ci montrent, en effet,
clairement que loin de voir dans l'animal une simple machine sans âme, sans vie, uniquement guidée par des mobiles instinctifs, nous reconnaissons en lui un être, qui
nous tient de près, notre parent ; en un mot l'existence
de ces sociétés prouve que *l'homme de nos jours vaut
mieux que sa religion*.

Cependant les Sociétés protectrices des animaux auraient déjà pris plus de développement si nous avions
mieux connu les bêtes et leurs facultés intellectuelles.
Mais, hélas ! ces connaissances sont bien restreintes et
bien insuffisantes chez les gens cultivés aussi bien que chez
les ignorants ; cela tient en partie à ce que peu d'hommes
ont l'occasion d'étudier et d'observer eux-mêmes les animaux, en partie à ce que les théories absurdes des philosophes sur ce sujet ont plus ou moins faussé l'esprit de la
majorité. Quiconque a appris à conaître l'animal dans la
réalité et non par ouï-dire, aura de lui une toute autre opinion. Il verra, comme le dit si bien l'auteur des *Extraits
du journal d'un naturaliste en voyage* (1855), que
l'animal n'est qu'un HOMME DIFFÉRENT, et cela sous le rapport moral et intellectuel aussi bien que sous le rapport
physique ; que toutes les facultés mentales les plus élevées
de l'homme se retrouvent dans une certaine mesure chez

l'animal à l'état d'ébauche ou de germe. On ne saurait mieux exprimer cette vérité importante que ne l'a fait F. M. Trögel, en 1856, dans ses excellentes « Causeries sur la psychologie des animaux » (Leipzig, Düm). « Plus on observe, dit-il, par soi-même, plus l'œil de l'analyse pénètre jusqu'aux moindres détails, dans les manifestations toujours nouvelles et souvent si merveilleuses de la vie animale, et plus on se sent pénétré de cette grande vérité, savoir que les animaux, de même que l'homme, pensent, veulent et sentent. Quand de l'étude psychologique de l'homme on passe à l'étude de l'animal, on est tout étonné de retrouver chez celui-ci tout ce qu'on venait de découvrir dans les replis les plus secrets du cœur ou du cerveau humain. A chaque pas fait dans ce domaine inconnu, on tombe de surprise en surprise. L'esprit et la sottise, la ruse et la simplicité, le bon goût et le mauvais, la bonté du cœur et la méchanceté, la douceur et la dureté, l'emportement et le flegme, le sérieux et l'insouciance, la constance et la légèreté, la valeur et la couardise, le courage et la jactance, l'intrépidité et la timidité, la vérité et le mensonge, le penchant à l'abnégation, l'amour et la haine, la franchise et l'artifice, l'orgueil et la modestie, la reconnaissance et l'ingratitude, la finesse et la rudesse, la confiance et la méfiance, la sagesse et la folie, la compassion et la cruauté, la prodigalité et l'avarice, la sobriété et l'intempérance, l'espoir et le doute, l'égoïsme et la générosité, l'obéissance et l'insubordination, la tristesse et la joie, la colère et l'insensibilité, la paresse et l'activité laborieuse, en un mot les divers tempéraments, les passions, les propriétés bonnes ou mauvaises, de la nature humaine, surgissent successivement sur le vaste océan de la vie animale ; *et partout l'observateur retrouve l'image de notre vie sociale, industrielle, artistique, scientifique et politique.* »

Il n'y a aucune exagération dans ces véridiques paroles. Tout ce qui nous semble être le propre de l'homme, depuis l'organisation de l'état ou de la société dans ses moindres détails, jusqu'à notre architecture, notre économie domestique, l'art de faire la guerre, l'esclavage, le langage, etc., etc., tout cela se reproduit à un degré incroyable dans le monde animal. Nulle part nous n'en trouvons un exemple plus saisissant que chez ces petits animaux, qui le plus souvent échappent à nos regards, que nous écrasons par douzaines sous nos pieds en marchant, sans y prendre garde, et dont les instincts merveilleux ont été de nos jours remis en pleine lumière par Darwin. Qui de nos lecteurs n'a tenu un jour dans ses mains le célèbre livre sur l'*Origine des espèces* et n'a lu avec stupéfaction les pages sur l'instinct esclavagiste *des fourmis!* Ces faits pourtant, du moins les plus remarquables, étaient connus bien avant Darwin; ils ont été en particulier soigneusement étudiés et publiés par le génevois P. Huber au commencement de ce siècle. Tout en excitant un vif intérêt, ces communications n'ont pourtant pas rencontré de la part du monde civilisé l'accueil qu'elles méritaient, car les esprits en ce moment étaient encore, au sujet de l'intelligence animale, sous l'empire des préventions dont il a été si souvent question au cours de ce livre. Il n'en est plus ainsi de nos jours et les révélations de Darwin sur l'instinct esclavagiste ont éveillé un intérêt puissant, car il s'agissait là d'une institution ayant joué dans le développement de l'humanité un rôle important qui n'est pas encore complètement terminé. Mais avant d'aborder cette question, il est nécessaire d'entrer dans quelques détails sur ces curieux petits êtres, sur leurs mœurs, leurs coutumes, leurs institutions politiques, sociales et économiques.

CHAPITRE PREMIER

La fourmi et son genre de vie.

La place de la fourmi dans la nature en général et relativement aux autres animaux. — Intelligence, caractère et individualité. — Cerveau et système nerveux. — Comment se comportent les fourmis mutilées ou dont le cerveau est lésé. — Avantages physiques. — Propreté.

Sous le rapport psychique aussi bien que sous le rapport intellectuel, les *fourmis* occupent incontestablement le rang le plus élevé parmi les *insectes*. Cette place a du reste été souvent, quoiqu'à tort, revendiquée pour les *abeilles*, qui nous sont mieux connues et dont l'organisation sociale est d'ailleurs remarquable à tant de titres. On pourrait plutôt réclamer cette préséance en faveur des *termites* ou fourmis blanches des régions tropicales, inexactement classées parmi les fourmis. Le mode de vivre des termites est encore trop peu connu pour permettre d'établir une comparaison stricte, un rapprochement intime, entre leurs facultés intellectuelles et celles des fourmis. Les fourmis européennes, elles-mêmes, quoique ayant été étudiées par toute une série de naturalistes célèbres, sont encore loin d'être connues autant que le méritent ces curieux petits animaux dont l'organisation politique et sociale est si merveilleuse. Nul doute que les recherches ultérieures ne révèlent à leur sujet quantité de faits bien plus étonnants que ceux déjà signalés.

Plus d'un lecteur sera peut-être étonné de trouver à un degré aussi inférieur de la vie animale des forces ou

facultés intellectuelles si développées, et cette circonstance
est de nature à lui inspirer une certaine méfiance à l'égard
des faits et des récits se rattachant à ce sujet. Mais qu'il
n'oublie pas que les grandes classes ou divisions du règne
animal forment des séries *parallèles* et non *superposées*
l'une à l'autre; par conséquent le représentant le plus
élevé d'une série inférieure doit s'élever et s'élève en
réalité sous le rapport physique aussi bien que sous
le rapport intellectuel au-dessus d'un représentant inférieur ou moyen d'une série supérieure. Ainsi un radié
parfait est supérieur à un annelé imparfait, de même
qu'un annelé parfait est supérieur aux vertébrés inférieurs,
quoiqu'en général ces derniers forment le point culminant
de plénitude et de perfection atteint jusqu'ici par la vie
animale. Dans le fait il est permis d'affirmer sans hésitation que la fourmi, qui représente le type le plus élevé de
la division ou classe supérieure des articulés et des insectes,
s'élève par son organisation générale bien au-dessus des
classes inférieures des vertébrés, tels que poissons ou
amphibies, et par ses facultés intellectuelles se rapproche
même de l'ordre des mammifères supérieurs. Leuret, naturaliste et anatomiste célèbre, a dit des fourmis qu'elles
occupent le rang suprême dans la série des invertébrés, et
que même parmi les vertébrés, à l'exception pourtant des
singes et des éléphants, *aucun ne saurait être placé
au-dessus d'elles.* L'histoire de la fourmi, dit-il, est
celle de l'homme. Elle a un langage particulier; elle construit des habitations avec salles, chambres, anticham-
bres, cloisons, colonnes, poutres transversales, etc. Les
fourmis entreprennent des campagnes, se livrent de meurtrières batailles, font des prisonniers et des esclaves. Elles
domestiquent des vaches laitières et prennent le plus
grand soin de leur progéniture. Si nous n'étions pas plus

grands que les abeilles ou les fourmis, et si au contraire ces animaux avaient été de notre taille, elles nous auraient sûrement considérés comme de petites bêtes fort intelligentes à la vérité, mais leur étant incontestablement inférieures.

Le collègue et le compatriote de Leuret, le professeur Ch. Lespès, de Marseille, qui a beaucoup étudié les mœurs des fourmis, les déclare « dignes de toute notre sympathie » et affirme que l'étude de leurs mœurs est « une des plus attrayantes que l'on puisse imaginer ».

Le professeur A. Fée (*Études philos. sur l'instinct et l'intelligence des animaux*, 1853) place les *insectes* (les fourmis en première ligne) au degré le *plus élevé* de l'échelle animale quant à l'instinct et au *troisième* degré quant à l'intelligence.

Personne n'est plus compétent pour déterminer la place occupée par les fourmis dans la nature et tracer la gradation ascendante des êtres organisés que le docteur Auguste Forel, digne par son remarquable ouvrage sur les fourmis de la Suisse (1874) de marcher sur les traces de son célèbre prédécesseur et compatriote, Pierre Huber. En effet celui-ci a décrit le premier, en 1810, les mœurs et les aptitudes merveilleuses des fourmis [1] de sa patrie, et c'est à lui que se rattachent plus ou moins toutes les investigations postérieures. Dans son grand ouvrage sur les métamorphoses, les mœurs et les instincts des insectes (1868), le Français Blanchard appelle le livre de Huber une « Révélation. » Cet ouvrage reste en effet comme un modèle de patience, d'observation et de perspicacité ; l'exposé des faits porte dans ses moindres détails le cachet de la vérité uni à un charme pénétrant, et la simplicité de

---

[1] Pierre Huber : *Recherches sur les mœurs des fourmis indigènes.* Paris et Genève, 1810.

la narration ne nuit point à la sympathie que l'auteur ressent pour le petit monde étudié par lui avec tant d'amour.

Dans son chapitre sur les fourmis, Blanchard fait la remarque caractéristique, que si autrefois, à défaut d'observations satisfaisantes, l'imagination avait pu se donner carrière dans ces matières, il faut à présent rejeter scrupuleusement toute assertion contraire à la vérité, telle que nous la connaissons aujourd'hui.

Le docteur V. Gruber (*les Insectes*, Münich, 1879) appelle les fourmis les coryphées ou les « primates » du monde des arthropodes, et cela autant à cause de leur intelligence si développée qu'à cause de leur nombre immense et de leur devise : *Viribus unitis.*

De son côté Forel place si haut les fourmis qu'il leur assigne parmi les insectes la place occupée par l'homme entre les mammifères. Cette assertion est vraie surtout pour les fourmis des régions tropicales, quoique les observations de Forel ne portent que sur les fourmis de son pays. « Le rôle joué par les fourmis dans l'aménagement de la nature en Suisse, dit-il, est des plus modestes, si on le compare à celui qui leur est échu en partage dans les pays tropicaux. La puissance que leur union et leur intelligence donnent à ces petits animaux atteint là des proportions formidables et les récits des voyageurs sur ce sujet frisent le tragique. Les Brésiliens ont coutume de dire que les fourmis sont les véritables reines de leur pays et en réalité elles s'y sont arrogé un empire illimité. »

« Il est hors de doute, dit-il plus loin, que les fourmis soient les plus intelligents des insectes. Non seulement Huber, mais aussi Ebrard, Schwammerdam, Lepelletier et d'autres écrivains qui ont pris pour sujet de leurs méditations, les mœurs et les coutumes de ces insectes en les comparant à celles des abeilles, ont dû accorder la

palme aux fourmis. Leur manière de bâtir est, il est vrai,
moins artistique, mais elle varie davantage selon les
lieux et les matériaux, s'adapte mieux aux circonstances
et sait tirer parti de tout, tandis que celle des abeilles est
toujours identique. Les abeilles ne s'astreignent pas à une
grande sollicitude à l'égard de leurs larves, auxquelles
elles se contentent de porter la nourriture dans les alvéoles.
Les fourmis au contraire sont obligées de nourrir leur
progéniture en lui mettant les aliments dans la bouche,
et de l'entourer d'une sollicitude incessante, la transportant d'un lieu dans un autre selon les changements de
température et cela pendant plusieurs semaines, tandis que l'état de larve chez les abeilles ne dure que cinq
jours. Remarquons aussi que l'abeille sort toute seule du
cocon, tandis que la fourmi a, le plus souvent (vraisembla-
ment toujours), besoin pour cela de l'assistance de ses
compagnes. Enfin l'esclavage, la domestication des pucerons
et quantité d'autres faits semblables, tirés des mœurs des
fourmis, établissent la supériorité intellectuelle de celles-ci
sur les abeilles, dont les us et coutumes se distinguent
par une simplicité, une uniformité plus grandes. Mais ce
qui place les fourmis au-dessus de tous les autres animaux, c'est leur instinct social, qui s'élève jusqu'à une espèce
de raison collective et fait involontairement songer aux
petites communautés humaines des temps préhistoriques,
isolées les unes des autres et hostiles les unes aux autres.
De là on est amené à conjecturer que c'est l'union de
l'intelligence individuelle combinée chez les mammifères
supérieurs avec le développement de l'instinct de sociabilité, qui finalement a produit l'homme avec ses facultés multiples, conjecture plus amplement développée par
Darwin dans le troisième chapitre de son livre sur
l'homme. Aucun animal n'a fourni des preuves aussi

merveilleuses du penchant à la sociabilité que la fourmi.
Déjà Swammerdam (1637-1680) compare les sociétés des
fourmis aux premières communautés chrétiennes. Il est certain que les fourmis nous donnent l'exemple du socialisme
réalisé dans la pratique jusqu'à ses dernières conséquences. Le travail est, chez elles, complètement libre, éman-
cipé de toute contrainte. Elles n'ont ni chefs, ni supérieurs.
Chaque fourmi est prête à tout moment à sacrifier sa vie
à la communauté et cela de son plein gré, etc. »

« La ressemblance des sociétés de fourmis avec celles
des hommes est surtout frappante en ce qui touche aux
relations des colonies entre elles. Guerres, armistices,
alliances, pillages, enlèvements, surprises, tactiques,
ruses de guerre, rien de ce que nous sommes habitués à
voir parmi nous n'y manque. Les conclusions d'alliances
et les exécutions de prisonniers sont surtout remarquables, de même que les traités de paix conclus parfois entre
deux colonies ennemies à la suite de luttes souvent renouvelées, etc. »

Par certains traits de leur caractère moral, les fourmis
présentent aussi plus d'un point de ressemblance avec
l'homme. L'attachement dévoué, allant jusqu'à l'abnéga-
gation, de tous les membres d'une communauté pour le
groupe social et pour chaque individu, s'unit à un tempé-
rament ardent et à une haine invincible contre tout ce
qui est ennemi ou étranger. Ajoutez à cela l'amour du
travail, la persévérance, souvent aussi la cruauté. La
gourmandise leur est aussi propre, comme il sera démontré plus amplement dans le cours de cet ouvrage, et
le goût d'un morceau friand est poussé chez elles si loin
que c'est parfois l'unique moyen d'arrêter l'irréfrénable
ardeur belliqueuse dont elles sont animées. Rien n'est plus
intéressant que d'observer chez ces bestioles le conflit

intérieur entre ces deux passions. Quand on place sur le champ de bataille, entre deux espèces belligérantes, par exemple, les fourmis sanguines et les fourmis des prairies, du miel, dont elles sont fort friandes et pour l'amour duquel elles sont capables de mettre tout de côté, on voit immédiatement, sur les points où le combat est le plus meurtrier, des combattants isolés s'approcher du miel et en goûter, mais ils ne s'y attardent guère et s'empressent de se rejeter dans la mêlée. Puis à diverses reprises ces mêmes fourmis retournent deux ou trois fois sur leurs pas, présentant tous les signes de l'indécision et de l'agitation.

Chez certains genres (par exemple *lasius*, *tetramorium*) on peut voir la gourmandise l'emporter sur les instincts belliqueux. On peut aussi observer, dans des cas isolés, le combat qui se livre dans ces petites âmes entre la haine pour un ennemi acharné et l'amitié pour d'anciens compagnons, entre la pusillanimité et le dévouement pour la communauté. Ce sont les individus isolés qui nous font assister à ce spectacle. Telle fourmi se fera plutôt tuer que de lâcher la nymphe qu'elle porte ; telle autre abandonnera lâchement la sienne et se sauvera.

Il en est de même des différentes espèces ou races. Tandis que les unes sont timides et même poltronnes, d'autres se distinguent par une intrépidité et un courage, qui font d'elles un véritable épouvantail pour beaucoup d'animaux. « Rien n'est plus intéressant », dit Forel, « que de vider un sac plein de fourmis des prés dans une prairie à peine fauchée et d'observer comment elles s'emparent de ce nouveau territoire. Les grillons s'échappent aussitôt au plus vite en livrant leurs trous au pillage ; les cigales, les cri-cris, etc., cherchent à se sauver de divers côtés ; les araignées, les scarabées, les *staphylinus* abandonnent leur proie pour ne pas en devenir une elles-mêmes. Les animaux maladroits, ceux qui ont perdu leurs pattes, ou ceux à peine éclos sont impitoyablement mis à mort, dépecés par les fourmis. J'ai vu un jour une troupe de fourmis des prés, obligées par l'accroissement de leur colonie d'allonger leurs galeries, aboutir à un nid de guêpes (*vespa germanica*) enfoui dans le sol. Elles en bloquèrent immédiatement l'entrée et firent la chasse aux innombrables habitants, non sans perdre une grande quantité des leurs. Quand au printemps le hanneton s'apprête à sortir de dessous terre, on voit les fourmis se ruer en grande quantité sur l'orifice étroit, par lequel il s'efforce de sortir, et le mettre à mort. Les chenilles, les vers de terre, les cri-cris, les larves de tout genre deviennent de la même façon la proie de différentes espèces de *formica* : *myrmica, lasius, tetramorium, tapinoma*, etc. Même les insectes les plus agiles ne peuvent leur échapper ; j'ai vu souvent des papillons, des cousins, des mouches, etc., surpris dans le gazon par les fourmis et tués par elles.

Des animaux relativement grands ne sont pas à l'abri de leurs attaques et les redoutent fort. L'Anglais Moggridge raconte dans son intéressant ouvrage sur les fourmis glaneuses et les araignées tubicoles (Londres, 1873) des bords de la Méditerranée, que les lézards, très friands des mâles et des femelles ailés des fourmis, en poursuivent les essaims, tandis que ces derniers sont vaillamment protégés et défendus par les fourmis ouvrières. « Quand le nid se trouve sur le mur élevé d'une terrasse, comme il arrive souvent, » dit Moggridge, « on peut voir les lézards rampant sur les pierres ou cachés dans les crevasses, guetter d'un regard ardent les essaims de fourmis, puis les fourmis ouvrières se diriger tout

droit sur les lézards et leur marcher impunément sur
le nez, tandis que tout à côté, les mâles et les femelles
sont bel et bien dévorés. Les lézards montrent la crainte
que leur inspirent les ouvrières par la précipitation
avec laquelle, lors d'une attaque sur quelque partie éloignée de la colonie, ils franchissent leurs rangs, comme
si c'étaient des lignes de feu. Comme les ouvrières observées par moi dans ces cas n'étaient munies d'aucune
espèce de dard, je dois en conclure que leur courage,
leurs fortes mâchoires et leur enveloppe cornée leur assurent cette impunité. »

Nous montrerons plus tard combien les fourmis sont
dangereuses et redoutées dans les régions tropicales du
globe.

En général toutes ces qualités physiques et intellectuelles, propres à divers genres, espèces et individus,
constituent entre les fourmis une différence aussi grande
et plus grande même que celle qui existe entre diverses
races et individus de l'espèce humaine. Il y a, comme le
dit Forel, une plus grande différence entre une *plagio-
lepsis pygmaea* et une *campònatus ligniperdus* qu'entre une *souris* et un *tigre;* et une colonie de *lasius fuliginosus* est, en comparaison d'une colonie de *leptothorax tuberum*, ce qu'est Paris à un village ou à un
hameau. La force, la rapidité, la puissance de défense ou
d'attaque, le chiffre de la population de chaque colonie,
la lâcheté, l'époque et la fréquence des accouplements,
l'odorat, les mœurs belliqueuses, la manière de bâtir, le
choix de la localité, le genre de nourriture, l'accoutu-
mance au travail de jour ou de nuit, tout cela oscille,
comme nous l'apprend Moggridge, entre les limites les
plus larges. « La sanguinaire et belliqueuse cicindèle (*cicindela*), raconte plus loin le même auteur, se comporte

tout différemment selon qu'elle fait la chasse aux robustes fourmis glaneuses ou aux petites et chétives *formica erratica*. Elle saisit et dévore sans aucun effort celles-ci, tandis que peu s'en faut qu'elle ne redoute celles-là. J'ai vu ce scarabée dans le voisinage d'une file de fourmis glaneuses (*atta structor* ou *atta barbara*) se mettre aux aguets et attendre patiemment qu'une d'elles se fût un peu écartée du rang ; il ne bougeait qu'alors et, après l'avoir gobée, s'en retournait vite à sa place. Quand la cicindèle ne réussit pas à saisir fortement sa proie juste par le cou, elle la lâche immédiatement et elle en estropie deux ou trois avant de s'emparer d'une seule. »

« L'expérience aura sans doute enseigné aux scarabées que, dans le cas où une des fourmis attrapées réussissait à saisir de ses tenailles une des pattes de son ravisseur, rien au monde, pas même la mort, ne lui faisait lâcher prise. Aussi les cicindèles cherchent-elles à saisir la fourmi de façon qu'elle ne puisse faire usage de ses terribles mandibules. Peut-être est-ce pour éviter de pareilles attaques que les fourmis ont adopté l'habitude de n'avancer jamais qu'en longues files serrées. Au contraire, les colonies des petites *formica erratica* qui travaillent sous des conduits couverts, se reposent du soin de leur conservation sur leur abri protecteur aussi bien que sur leur agilité et leur grand nombre. » La fourmi la plus timide parmi les espèces *camponatus* est, selon Forel, la *camponatus mariginatus*, laquelle ose à peine défendre son nid, tandis que la *camponatus pubescens* est la plus courageuse et la plus forte. Les ouvrières les plus grosses de cette dernière espèce sont de taille à se mesurer avec les fameuses amazones (*polyergus rufescens*). Les fourmis glaneuses elles-mêmes ne résistent pas aux variétés les plus fortes des espèces *camponatus*. Forel détruisit un jour la cloison séparant le nid des *camponalus aethiops* de celui des *atta structor*. Ces dernières, épouvantées, ne firent presque pas de sérieuse résistance et, au bout d'un laps de temps fort court, tombèrent immolées par les tenailles de leurs ennemies. Mais les espèces les plus courageuses sont certainement les *amazones*, dont nous avons déjà parlé plus d'une fois et les *fourmis* sanguines (*formica sanguinea*) dont les merveilleux exploits de guerre et de pillage et les chasses à esclaves seront exposées avec plus de détails dans le cours de ce livre. Beaucoup d'espèces du genre *myrmica*, auquel appartiennent toutes les vraies fourmis glaneuses, sont aussi fort dangereuses, tandis que sous le rapport de l'intelligence celles appelées fourmis sanguines paraissent devoir occuper la première place. Il est enfin une fourmi pacifique et délicate, qui n'ose jamais attaquer, c'est la fourmi *botryomyrmex meridionalis*.

Le naturaliste anglais sir John Lubbock, qui a fait bien des recherches laborieuses et de patientes études sur le caractère et les mœurs des fourmis et en a publié le résultat dans le *Journ. of the Linnean Soc. Zool.* (XIIe et XIIIe volume), a constaté aussi de grandes différences dans la conduite des diverses espèces de fourmis aussi bien que dans celle d'individus isolés et cela au milieu de circonstances parfaitement semblables.

Comme il y a dans la seule Europe près de trente genres et plus de cent espèces, et sur le globe plus d'un millier d'espèces de fourmis, abstraction faite des races particulières, il est facile d'en conclure qu'il doit exister aussi d'innombrables différences de structure physique, de caractère, d'intelligence, de manière d'agir, d'aptitudes, de mœurs, différences dont l'énumération demanderait des volumes entiers. Nous ne nous occuperons ici que des espèces les plus remarquables, les plus curieuses et les mieux connues.

Que l'intelligence hors ligne des fourmis soit liée à un développement spécial du système nerveux et particulièrement de l'organe de la pensée, du cerveau, c'est là un fait qu'il est inutile de démontrer aux anatomistes et physiologistes. Mais il ne sera pas sans intérêt pour les profanes d'apprendre que le cerveau des fourmis est relativement le plus développé dans la classe des insectes, sans en excepter les plus intelligents de tous, les abeilles. D'après les tableaux comparés, dressés par Vitus Graber (*les Insectes*, 1re partie, p. 255), le volume du cerveau des abeilles par rapport au corps entier de l'animal serait de un deux-centième pour le cerveau tout entier et de un millième pour le cerveau antérieur ou « ganglion cérébroïde » ; la même relation chez les fourmis serait de un deux-cent-quatre-vingtième pour le cerveau et de un six-centième pour les ganglions antérieurs, tandis que le cerveau du hanneton, qui ne possède pas en général de ganglions antérieurs, ne représentera que la trois-millième partie de son corps. C'est à peu près le même rapport que celui qui existe entre l'homme et tel gros mammifère (cheval, taureau, etc.) qu'un pauvre développement cérébral courbe sous le joug d'un être physiquement bien plus faible et plus petit que lui. Il en est de même du puissant éléphant, quoique son cerveau dépasse de beaucoup par sa masse celui de l'homme. Néanmoins les ganglions cérébraux de la fourmi, ganglions qui remplacent chez les invertébrés le cerveau proprement dit des vertébrés, ne sont pas en réalité plus gros que le quart peut-être d'une tête d'épingle, ce qui d'ailleurs varie chez les diverses espèces. « A ce point de vue », dit Darwin, « le cerveau d'une fourmi est la plus merveilleuse particule de matière dans l'univers, plus merveilleuse peut-être que le cerveau de l'homme lui-même. » Ce fait est de nature à prouver « qu'une activité intellectuelle extraordinaire peut se manifester dans une masse extrêmement petite de substance nerveuse ». Ce n'est point seulement par la grosseur relative, mais aussi par la structure particulière que le cerveau de la fourmi est supérieur à celui de tous les autres insectes et offre le plus de ressemblance avec celui des abeilles et d'autres hyménoptères vivant en société. On est frappé avant tout par la vue de deux gros hémisphères placés en avant comme chez les animaux supérieurs. Si on enlève ces hémisphères d'avant en arrière on aperçoit les deux ganglions cérébroïdes de Dujardin, entourés d'une substance cellulaire corticale, qui donne à chaque hémisphère sa forme demi-sphéroïdale. Ces ganglions antérieurs ne sont chez aucun insecte aussi développés que chez la fourmi ; le plus souvent même ils n'existent qu'à l'état rudimentaire. Sous ces ganglions se retrouve cette conformation ganglionnaire primitive du cerveau, propre à *tous* les insectes. C'est une masse transversale, quelque peu sillonnée à la partie médiane, et recouvrant la partie inférieure des ganglions antérieurs. A droite et à gauche apparaissent les renflements ou couches optiques et, en avant et en dessous, les bulbes olfactifs.

Les ganglions cérébroïdes ne sont pas seulement, comme on l'avait conjecturé, l'organe central de la vision, mais ils se trouvent en rapport étroit avec l'intelligence. Ils sont énormes chez les fourmis du genre *formica*, qui comprend les espèces les plus intelligentes ; plus gros encore chez la fourmi la plus intelligente de toutes, chez la *formica sanguinea*, la fourmi sanguine, ainsi que chez les fourmis des prés (*formica pratensis*). Il est aussi à noter que les ouvrières asexuées surpassent les mâles et les femelles ailés autant par le développement de leur encéphale que par le degré de leur intelligence. C'est chez les mâles, membres les moins intelligents du groupe, que ces ganglions sont aussi le moins développés.

A Treviranus revient l'honneur d'avoir constaté que les hyménoptères vivant en société, les abeilles, les guêpes, aussi les fourmis, se distinguent de tous les autres insectes par un cerveau plus développé ; mais Dujardin découvrit, le premier, que ce développement remarquable du cerveau dépendait de la présence de ganglions particuliers, de forme allongée, qu'il décrivit et qui gardèrent son nom. Il prouva que ces ganglions cérébroïdes sont si bien en rapport direct avec le degré d'intelligence, qu'ils sont moins développés ou tout à fait atrophiés chez les insectes peu intelligents. Il les trouva très gros chez l'abeille, relativement plus gros encore chez la *formica rufa*, chez la fourmi ordinaire ou fourmi des bois, à laquelle se rattache la race ou variété des fourmis des prés.

Quand l'anatomie et la physiologie du système nerveux de ces insectes intelligents, des fourmis en particulier, se seront enrichies de nouvelles découvertes, et auront étendu le champ de leurs observations, il n'est pas douteux qu'elles ne nous revèlent bien d'autres faits intéressants [1].

---

[1] Depuis que ces lignes ont été écrites, l'auteur a eu connaissance des recherches sur le cerveau des fourmis, publiées par Rabl-Rückhard dans les *Archives d'anatomie, de physiologie et de médecine scientifique,* de Reichert et Reymonds (année 1875, 4ᵉ livraison, p. 480). Ces travaux confirment l'ensemble de tout ce qui vient d'être exposé, en donnant de plus amples détails. Les deux lobes cérébraux des fourmis seraient surmontés, selon R., de proéminences en forme de disque, identiques à celles dont l'existence a été constatée par Dujardin chez *tous* les hyménoptères intelligents, vivant en société (en particulier chez les abeilles), et que R. décrit comme des « lobes à sinuosités ou bourrelets parallèles, s'arrondissant en spirales ». Il tient ces sinuosités pour équivalentes aux circonvolutions des mammifères. Dans l'intérieur de ces renflements, on trouve encore certains « corps annulaires, composés

Les lésions cérébrales chez les fourmis provoquent les mêmes conséquences que chez les animaux supérieurs et l'allure des fourmis à cerveau endommagé est, à s'y méprendre, celle d'hommes ou de mammifères supérieurs placés dans la même situation ; l'analogie tout ou moins est frappante. En premier lieu, toute lésion cérébrale grave provoque des convulsions et un nombre indéfini de mouvements réflexes du corps. Puis succède un état de torpeur, accompagné d'actions réflexes multiples, avec absence de mouvements conscients, volontaires. Une fourmi, dont le cerveau vient d'être transpercé par les tenailles crochues d'une amazone, reste dans cet état comme clouée à sa place, debout sur ses six pattes ; de temps en temps un frisson général agite son corps et elle lève à intervalles égaux un de ses membres. Parfois elle fait quelques pas rapides et court, comme poussée en avant par un ressort invisible, en véritable automate, sans but ni direction. L'excite-t-on, elle fait un mouvement de recul, mais, à peine la laisse-t-on tranquille, qu'elle retombe dans son immobilité. Elle n'est plus capable d'actes consciemment dirigés vers un but. Elle ne cherche ni à fuir, ni à saisir, ni à retourner à son domicile, ni à se joindre à ses camarades, ni à se mettre en marche ; elle ne ressent plus ni la chaleur du soleil, ni le froid, elle ne connaît plus ni la crainte, ni le besoin de conservation. Ce n'est plus qu'un appareil à actions réflexes automatiques, ressemblant beaucoup à ces pigeons auxquels Flourens avait amputé un des hémisphères cérébraux. Le corps d'une fourmi décapitée se comporte de la même

---

d'une masse moléculaire excessivement ténue. » R. compare le cerveau des fourmis à un cerveau de vertébré, que traverserait l'œsophage, mais qui se distinguerait, par une structure supérieure, des autres ganglions. On trouve une description circonstanciée du cerveau des fourmis avec sa structure compliquée dans les tableaux de Leydig. *Anat.*, I, VIII, fig. 4, et une reproduction chez Vitus Graber (*loc. cit.*, I, p. 252).

manière. On a l'occasion d'observer dans les luttes incessantes des amazones avec d'autres fourmis, d'innombrables lésions cérébrales, le plus souvent partielles et qui donnent lieu aux phénomènes les plus curieux. Quelques-unes des blessées, en proie à un accès de rage folle, se jettent sur tout ce qui se trouve sur leur chemin, amis ou ennemis, indifféremment. D'autres circulent au milieu du carnage avec un laisser aller, une indifférence absolue. D'autres encore sont atteintes d'une prostration subite; pourtant elles reconnaissent leurs ennemis et s'approchent pour les mordre avec un sang-froid formant un contraste parfait avec leur allure ordinaire. Souvent aussi on les voit tourner sur elles-mêmes, ce qui correspond au manège bien connu d'un mammifère, à l'un des hémisphères cérébraux duquel on aurait enlevé son pédoncule.

Si vous sectionnez une fourmi par la moitié du thorax, de manière pourtant à laisser intacts les gros ganglions nerveux de l'avant-thorax, vous verrez, par le mode de fonctionnement de la partie cérébrale, que l'intelligence de l'insecte a conservé son intégrité parfaite. Les individus mutilés de cette manière cherchent à avancer avec les deux pattes qui leur restent et tendent vers leurs camarades les plus proches leurs antennes comme pour implorer assistance. Quand l'une de celles-ci s'arrête, on voit les antennes externes s'agiter en signe d'un vif sentiment de reconnaissance. Forel plaça deux corps de *F. rufibarbis* ainsi mutilés à côté l'un de l'autre. Ils se soutinrent de la façon ci-dessus décrite et essayèrent de se secourir mutuellement. Mais le tableau changea quand il leur eut adjoint un tronçon semblable d'une espèce ennemie (*F. sanguinea*) ; la lutte entre les estropiées s'engagea alors aussi vive et ardente qu'entre des fourmis bien portantes. On a vu de même dans les guerres humaines des blessés couchés à terre, après un combat acharné, chercher encore à se blesser et à se massacrer réciproquement.

En général il y a une grande différence entre le mode d'agir des fourmis qu'on a privées des yeux et des antennes et celui des fourmis qui ont souffert quelque grave lésion cérébrale. Celles-là manifestent de la volonté et de la conscience, celles-ci n'exécutent que des mouvements automatiques et réflexes.

Le cerveau si grand et si développé des fourmis leur serait d'un médiocre secours, comme il arrive aux dauphins vivant dans l'eau et affligés d'un corps pesant, si ce cerveau n'était lié à une organisation physique générale, également supérieure et bien agencée. Les fourmis possèdent surtout un excellent organe d'exploration du monde extérieur, dans leurs longues *antennes* mobiles et coudées, composées d'une tige et de neuf à douze segments ou articles se terminant chacun par un renflement. Enfin ces antennes sont reliées à la tête de l'insecte par une articulation mobile. L'animal sait tirer le plus grand parti de cet organe. On voit en effet ces antennes s'agiter continuellement et rapidement pour exécuter divers mouvements et attouchements. Ajoutons que les antennes sont traversées dans toute leur longueur par un gros nerf, qui vient former dans le dernier segment un renflement ganglionnaire considérable. Ce nerf semble constituer non seulement le sens tactile, mais aussi celui de l'odorat, extraordinairement développé chez la fourmi.

Les antennes sont douées d'une sensibilité extrême au moindre attouchement. Sont-elles amputées, l'insecte perd du coup la faculté de trouver sa route, de distinguer ses amis de ses ennemis ; il n'aperçoit même plus les aliments mis à sa portée. Il ne fait nulle attention au miel dont il est si friand, à moins que celui-ci n'arrive par

hasard à être en contact avec sa bouche; et alors il en
enduit ses pattes antérieures avec lesquelles il cherche à
tâter à défaut d'antennes. Il s'efforce aussi de faire servir
à ce but sa tête entière et surtout il tâtonne des babines,
mais pour n'aboutir qu'à un médiocre résultat. La construction des habitations, l'élevage des larves, etc., sont
des fonctions auxquelles renoncent les fourmis privées de
leurs antennes. Elles restent le plus souvent immobiles,
en repos, et présentent un spectacle aussi triste que celui
d'hommes privés de leurs sens les plus nécessaires.

Les deux pattes antérieures sont aussi des organes très
importants, servant surtout à la construction des fourmilières et à creuser la terre. Les fourmis auxquelles Forel
avait amputé les deux pattes antérieures, faisaient des
efforts infructueux pour fouiller le sol et élever des cloisons; elles ne réussirent pas à creuser une seule tranchée
convenable. Elles ne parvenaient pas non plus à essuyer la
terre dont elles étaient couvertes, ni à nettoyer leurs
larves. Pourtant elles firent des efforts infructueux pour
rendre ce service aux larves, mais ne réussirent qu'à les
salir davantage et finirent par les laisser choir, ce qui
causa leur mort. Les pattes antérieures des fourmis sont
en effet pourvues de saillies en guise de brosses, qui leur
servent d'instrument de nettoyage, à l'aide duquel elles
tâchent de tenir constamment en bon état de propreté leur
tête, leurs antennes, leurs babines, leurs tenailles et leur
thorax. A l'aide des pattes postérieures, également pourvues de brosses, mais à l'état plus rudimentaire, elles
nettoient leur abdomen. Les pattes elles-mêmes sont
essuyées en se frottant l'une contre l'autre et l'éperon est
à son tour nettoyé par le frottement de la patte entre la
labre et les mandibules.

« Il est très facile », dit Forel, « d'observer les amazones, quand au retour de quelque pillage, fatiguées, elles grimpent lentement sur la superficie de leur habitation. On les voit alors essuyer avec une patte l'antenne placée du même côté; on voit la patte se soulever jusqu'aux babines, pour revenir à l'antenne. Au bout de quelque temps la même manœuvre est exécutée du côté opposé. Les amazones ne négligent pas ces soins de propreté, même pendant les marches. Elles font un court arrêt, se cramponnent parfois au gazon à l'aide de deux de leurs pattes placées du même côté; puis, avec une hâte fiévreuse, elles se mettent à gratter avec la brosse de la patte antérieure opposée les deux pattes postérieures et l'abdomen; ceci dure de cinq à six secondes, après quoi elles se remettent en marche pour répéter bientôt la même manœuvre de l'autre côté du corps. Elles essuient aussi de temps en temps leurs antennes.

Cet amour remarquable de la propreté n'est pas, à ce qu'il semble, exclusif aux amazones, mais propre à *toutes* les fourmis. Le rev. H. C. Mc. Cook, naturaliste américain bien connu pour ses études sur les fourmis, affirme que les fourmis agricoles (*Agricultural ant.*), dont il avait capturé quelques-unes et dont il sera plus tard amplement question, sont les êtres les plus propres de la création. Chaque fois qu'elles ont dormi ou mangé, elles essuient soigneusement tout leur corps, et tous les individus se rendent réciproquement ce service. Les détails de ce curieux manège sont minutieusement décrits par l'observateur et rappellent beaucoup la toilette des chats. Un sentiment de bien-être semble être attaché à cette besogne; ce sont surtout leurs précieuses antennes qu'elles tâchent de tenir propres (*Proc. of the Acad. of Nat. Sc. of Philadelfia*, 2 avril 1879).

Le rôle des labres et des mandibules comme instrument

tactile semble moins important que celui des antennes.
Ces organes servent de préférence à chercher et à déguster la nourriture.

Les organes les plus importants après les antennes sont
les mâchoires inférieures bien garnies de dents, les pinces
et les mâchoires supérieures ou mandibules, auxquelles la
fourmi est redevable de sa force et de sa supériorité. Les
mandibules d'ailleurs ne sont pas un organe de manducation, comme on l'a cru souvent, mais une arme aussi bien
qu'un instrument de préhension. En effet les fourmis ne
font usage d'aucune nourriture solide, se contentant de
lécher ou de déguster avec la langue les substances
liquides ou molles, à peu près comme font les chiens. Les
mâchoires leur servent à dépecer la proie animale dont
elles ne dévorent que les parties molles. Ces mâchoires
sont particulièrement fortes et développées chez les espèces
esclavagistes et chez une caste spéciale, distincte des
ouvrières, n'existant que chez certaines espèces, et qu'on
désigne sous le nom de *soldats*.

Le *dard* ou *aiguillon* placé à l'extrémité de l'abdomen
n'a pas une moindre importance, mais les espèces *myrmica* et *ponera* en sont seules pourvues. Ce dard leur
sert à infliger des piqûres très·sensibles, ainsi qu'à dis-
tiller dans la blessure un liquide vénéneux, sécrété par
une glandule spéciale et produisant une inflammation. Là
où le dard fait défaut, c'est de l'abdomen lui-même que
jaillit le poison et qu'il se communique à la blessure produite par les pinces de l'animal. Quelques espèces s'ingénient jusqu'à lancer à leur agresseur le contenu de la
glandule vénéneuse à la distance de plusieurs pas. Le
poison lui-même n'est que de l'acide formique et aux
rayons du soleil on peut, comme l'a fait Taschenberg, le
voir jaillir en mince filet argenté de la protubérance for-

mée par l'abdomen de l'insecte dans ses accès de rage.

Un fait digne d'être noté, c'est que l'appareil digestif de la fourmi se divise en deux grandes sections, dont l'une, l'antérieure, semble de préférence être consacrée au service de la communauté; l'autre, la postérieure, à celui de l'individu. L'œsophage, élargi à la manière d'un gésier surtout dans la partie antérieure de l'abdomen de l'animal, lui permet d'absorber et de conserver une grande quantité d'aliments liquides; au besoin, la fourmi rejette ces aliments, et les restitue pour ainsi dire volontairement à la communauté; ils servent alors de pâture aux larves, à quelques camarades affamées, surtout aux mâles et aux femelles exonérées du soin de chercher leur nourriture ou, dans certaines espèces esclavagistes, aux oisives qui vivent dans un repos nonchalant.

CHAPITRE II

Partie historique.

Comme on l'a vu, ce n'est donc point uniquement à cause de la structure de son cerveau ou de son système nerveux, mais aussi en vertu de l'agencement tout entier de son corps, exceptionnellement robuste et agile, en vertu d'organes sensoriels tout spéciaux, de puissantes armes offensives et défensives et d'instruments adaptés aux travaux de construction et des mines, aux soins de propreté, en vertu enfin de son caractère intrépide en même temps que prévoyant et persévérant, que la fourmi se trouve admirablement propre à remplir son rôle dans la nature ; elle a des droits incontestables à la place hors ligne qu'elle occupe dans le monde animal, spécialement dans le monde des insectes et des arthropodes. Aussi nulle part et dans aucun temps les qualités exceptionnelles qui la distinguent ne sont restées ignorées et méconnues de l'homme. Dans son dictionnaire arabe-latin (4e vol., p. 339), Freitag sous le mot arabe indiquant *fourmi*, note ce fait curieux, que, dans certaines parties de l'*Arabie*, on place une fourmi dans la main du nouveau-né, afin que les vertus précieuses de l'animal passent dans la jeune âme de l'enfant. Dans les littératures de l'antiquité, on trouve plus d'un passage remarquable à propos de ces animaux et de leurs merveilleux agissements. Dans les Proverbes de Salomon, chap. VI, 6-8, il est dit : « Homme paresseux, va, regarde les fourmis et que le spectacle de leur activité t'améliore. Elles n'ont ni chefs, ni guides, ni surveillants et pourtant, dès l'été, elles se préoccupent de trouver de la nourriture et font leurs provisions à l'époque de la moisson. » — « Les fourmis ne sont pas un peuple puissant et pourtant, dès l'été, elles amassent de la nourriture pour l'avenir. »

La *Mischna* ou recueil des antiques lois traditionnelles et orales des Hébreux, qu'on commença à recueillir après la naissance du Christ par les soins de Hillel, la *Mischna*, pleine d'allusions à des us et coutumes depuis longtemps oubliés, fait mention des greniers de la fourmi à l'occasion de l'établissement du droit des glaneurs. « Les greniers d'abondance des fourmis, » y est-il dit expressément, « qu'on trouve au milieu des champs de blé sont la propriété du maître du champ ; mais pour ce qui est des greniers trouvés après le départ des moissonneurs, leur couche *supérieure* doit échoir aux pauvres et leur couche *inférieure* au maître. » Et plus loin : « Le rabbin Meir est d'avis que le tout doit appartenir aux pauvres, dans les cas douteux de glanage, le droit du glaneur devant toujours avoir la priorité. »

Ce verdict est évidemment basé sur l'opinion que les grains amassés par les fourmis dans le champ de blé *avant* la moisson, reviennent de droit au propriétaire du champ, tandis que ceux recueillis *après*, et placés par conséquent au-dessus des premiers, rentrent dans la part du glaneur. C'est pour cela que la couche supérieure est adjugée au pauvre, et l'inférieure au propriétaire.

Parmi les écrivains classiques, le poète grec Hésiode, dans son poème champêtre *les Travaux et les Jours*, parle de la saison où la fourmi prévoyante fait sa récolte, et Horace, dans ses *Satires* (I, 1, 33), plaisante la fourmi ménagère, pleine de sollicitude pour l'avenir, tâchant

d'avance d'y faire face. Cicéron (*De Nat. Deorum*, lib. III,
c. IX) dit de la fourmi : *In formica non modo sensus
sed etiam mens, ratio, memoria* (la fourmi n'est pas
seulement douée de la sensibilité des sens, mais aussi d'intelligence, de raison et de mémoire). Virgile, dans son
Énéide (IVe livre, 402), compare les Troyens fuyant les
murs de Troie, en emportant ce qu'ils avaient de plus
précieux, aux fourmis laborieuses et actives, charriant le
grain dans la fourmilière. Plaute, le comique latin,
introduit dans une de ses pièces intitulée *Trinummus*
(acte 2, scène 4) un esclave, auquel il fait dire pour s'excuser
d'avoir dissipé une somme d'argent qu'on lui avait confiée :
« Elle disparut dans un moment, comme les graines de
pavot qu'on jetterait aux fourmis. » Quiconque a été une
fois témoin de l'empressement vorace avec lequel les
fourmis se précipitent sur les grains jetés sur leur route,
appréciera la vérité de l'image.

Voici ce que Pline (*Hist. Nat.* liv. II) dit à son tour
des fourmis : « Non seulement elles sont douées de mémoire
et de prévoyance, mais on trouve aussi chez elles une
espèce de république... elles tiennent des assemblées où
elles se reconnaissent. Quel va et vient ! Avec quel empressement on s'aborde et on s'interroge mutuellement !...
Nous voyons les pierres usées par leurs allées et venues
et le terrain creusé de légers sillons indiquant la route
qu'elles suivent tous les jours pour se rendre à l'ouvrage :
exemple frappant de la puissance d'efforts faibles, mais
continus. »

Claudius Aelianus, qui vécut du temps de l'empereur
Adrien (l'an 221 de l'ère chrétienne), donne dans son
ouvrage sur la nature des bêtes (II, 25) la description
suivante des us et coutumes des fourmis : « En été, quand
après la moisson, les moissonneurs battent le blé, on voit

des essaims de fourmis pénétrer dans l'aire et commencer le pillage, soit isolément, soit par bandes. Elles choisissent de préférence les grains de froment ou de seigle et les portent immédiatement au logis. Les unes s'occupent exclusivement du soin de recueillir le butin, d'autres se chargent du transport. Elles s'entendent si bien qu'elles s'aident réciproquement, celles qui ne sont pas chargées faisant place aux autres. A leur retour à la fourmilière, après avoir garni leur grenier de provisions de froment et de seigle, les merveilleuses petites bêtes perforent chaque grain juste dans le milieu; ce qui en tombe sert comme farine aux fourmis et ce qui en reste n'est plus capable de germer. Ces excellentes ménagères en usent ainsi parce que, une fois l'époque des pluies arrivée, le grain aurait commencé à germer et la substance alimentaire qu'il contient eût été perdue. C'est ainsi que les fourmis réussissent dans ce cas comme dans tant d'autres à prendre leur bonne part des dons de la nature. »

Plus loin Aelianus fait un exposé fort intéressant de la manière dont se font la récolte et la conservation du grain. Les détails qu'il donne ont été en grande partie confirmés par les observateurs modernes. « Quand elles vont fourrager, les grosses fourmis se mettent à la tête, comme des généraux d'armée. Arrivées dans le champ où l'on moissonne, les jeunes bêtes s'arrêtent au pied de la tige de blé tandis que leurs compagnes plus âgées et les chefs montent sur l'épi et en jettent des portions au peuple qui attend en bas. Celui-ci épluche le grain et le dépouille de la menue paille. C'est ainsi que les fourmis s'emparent de la nourriture de l'homme, qui laboure et ensemence pour elles, et cela sans prendre la peine de battre et de vanner le blé. »

Cet auteur semble avoir entendu parler des mœurs des

fourmis dans les contrées tropicales (livre XVI, 15) : « Il est certain que la fourmi des Indes est aussi un être fort intelligent.... Elle laisse une ouverture à la superficie de son nid pour ses allées et venues, quand elle rentre chargée de grain. »

Aldrovandus, écrivain du seizième siècle, parle dans son livre sur les insectes (livre V) de fourmis qui emmagasinent le blé et en rongent la semence ; mais il n'est pas certain s'il tient le fait de sa propre obervation ou s'il le répète par ouï-dire.

Il y a une fable bien connue de La Fontaine, qu'il a d'ailleurs empruntée au fabuliste grec Ésope, sur la fourmi et la cigale. Voici le récit d'Ésope : « Par un jour d'hiver les fourmis étaient occupées à faire sécher au soleil leurs provisions mouillées par la pluie. Une cigale affamée, attirée par ce spectacle, s'approcha toute perplexe et leur en demanda une petite part. La fourmi lui posa cette question : Qu'as-tu donc fait en été, paresseuse que tu es, pour être obligée ainsi de mendier ton pain à présent ? La cigale répondit : J'ai vécu dans la joie, en chantant et en faisant les délices des passants. Oh ! oh ! fit la fourmi, dont la mine s'allongea ; danse donc en hiver puisque tu chantes en été ! Fais tes provisions pour l'avenir tandis qu'il en est temps et ne pense pas à t'amuser et à réjouir les passants. »

Les relations sociales des fourmis, leur faculté de communiquer entre elles n'étaient pas non plus ignorées des anciens, comme on le voit d'après le passage de Pline cité ci-dessus. Nous trouvons chez Plutarque (*De solertia Animalium*, chap. II) le récit suivant : « Un certain Cléanthe raconte avoir vu des fourmis sortir d'une fourmilière en portant le corps d'une compagne morte. Elles s'arrêtèrent avec leur fardeau à l'entrée d'une autre fourmilière dont la population sortit en masse à leur rencontre ; après un court colloque entre les nouvelles venues et les habitantes de céans, celles-ci rentrèrent au logis. Ce manège se renouvela à deux ou trois reprises jusqu'à ce qu'on eût apporté du fond de la fourmilière un ver qui évidemment servit de rançon pour le corps de la fourmi, car alors celles qui avaient apporté la morte la déposèrent et se retirèrent en emportant le ver. »

Quelque incroyable que puisse paraître ce récit, il est hors de doute que les abeilles et les fourmis en sont arrivées à enlever leurs morts et à leur donner la sépulture, comme nous le verrons plus loin.

Il est clair, d'après toutes ces citations, que l'habitude de perforer le germe, afin d'empêcher le grain de se gâter, était connue des anciens, de même qu'ils avaient observé comment les fourmis s'ingénient à diviser en morceaux ou en parcelles les fardeaux trop lourds pour leurs forces.

CHAPITRE III

République des fourmis.

Mâles et femelles. — Prédominance du sexe féminin. — Les essaims ou
essors nuptiaux. — Amputation des ailes. — Soins prodigués par les
ouvrières aux reines et à la progéniture. — Assistance dans l'éclosion
des nymphes. — Éducation des jeunes fourmis par les adultes. — Les
fourmis n'ont point de chefs. — Liberté et caractère volontaire du travail. — Travail des reines.

Ce qui dans l'antiquité excitait le plus l'admiration,
c'était l'habitude des fourmis des pays méridionaux de
récolter le grain et d'emmagasiner des provisions pour
l'hiver. En revanche d'autres qualités essentielles, communes à toutes les espèces, par exemple, leur merveilleuse
organisation sociale, semblent n'avoir été alors que peu
ou point connues : l'étude des animaux de grande taille
attirait bien plus l'attention. De la petitesse corporelle
d'un animal on est trop enclin à conclure à une organisation
rudimentaire, à une intelligence restreinte, et l'influence
exercée par ce préjugé sur la majorité des hommes n'est
que trop grande. Les dimensions gigantesques d'une baleine
ou d'un reptile appartenant aux époques géologiques fos-
siles attirent l'attention générale, tandis que cette attention ne s'éveille que bien difficilement quand elle est solli-
citée par les phénomènes les plus curieux de l'existence
d'une fourmi ou d'un moucheron. Et cependant ce sont les
qualités merveilleuses des êtres en apparence inférieurs,
qui mettent le philosophe sur la voie des plus précieuses
découvertes. Pourtant l'incroyable délicatesse des sens de

l'insecte devrait par cela seul attirer l'attention de l'observateur, en lui faisant pressentir une finesse corrélative des facultés intellectuelles. Car à quoi auraient servi des sens aussi raffinés à un être qui, en vertu de l'infériorité de son organisation intellectuelle, ne saurait en faire usage? Dans quel but les insectes et en particulier les fourmis, posséderaient-ils cette énorme force musculaire, qui leur permet de porter des fardeaux relativement vingt, trente, et jusqu'à cent fois plus pesants que ceux dont peuvent être chargés l'homme ou l'animal le plus grand?

Un auteur du siècle dernier, autrefois célèbre par ses écrits sur l'âme des animaux et qui sous quelques rapports a la réputation de rivaliser avec les contemporains, Herrmann Samuel Reimarus ne nous apprend rien ou presque rien sur les fourmis dans son fameux livre sur le penchant artistique des animaux (Hambourg, 1762). Il n'y fait mention qu'en passant dans le paragraphe 121 « d'une certaine république de fourmis découverte par le prof. Meyer » (*Recherche d'une doctrine nouvelle sur l'âme animale*. Halle, 1750). Il exprime d'ailleurs un certain doute à propos des déductions de son collègue. Ce qui ressort de cet écrit, au moins pour nous, c'est que déjà à cette époque l'organisation sociale des fourmis était connue et désignée sous le nom de *république*. Dans le fait les fourmis vivent en république au sens le plus large du mot, c'est-à-dire dans un état reposant sur de « larges bases démocratiques » comme on avait coutume de le dire en l'an 1848. C'est certainement un fait des plus significatifs que ce soit précisément la famille la plus intelligente de tous les insectes vivant en société qui ait adopté une organisation sociale, considérée aussi par les hommes comme étant relativement l'idéal le plus élevé, tandis qu'à un échelon plus bas nous trouvons chez l'abeille un penchant prononcé pour la forme de la monarchie constitutionnelle. On répète souvent que le gouvernement républicain, tout en étant, au point de vue théorique, l'expression la plus complète de l'idée de l'état, du principe de la justice ainsi que de celui de l'égalité universelle, est irréalisable à cause des faiblesses invétérées de la nature humaine, incapable de « se gouverner elle-même ». Si le fait est vrai, nous n'avons aucun droit, nous autres hommes, de dédaigner du haut de notre grandeur le petit peuple des fourmis, assez avancé et assez intelligent pour vivre selon les principes de liberté et d'égalité universelles.

Ce n'est pas tout. La république des fourmis n'est pas seulement une république *politique*, mais aussi une république *sociale* ou *socialiste*. Les fourmis ont par conséquent réalisé l'idéal rêvé par nos réformateurs les plus hardis, atteint le but suprême que s'est proposé le progrès humain, mis en pratique les utopies de Platon et de Thomas Morus. A messieurs les démocrates modernes, visant à organiser selon leurs idées ce que l'on appelle un « état ouvrier », on ne saurait donner un meilleur conseil que celui de prendre pour modèle, autant que faire se peut, les institutions politiques et sociales des fourmis. L'empire des fourmis est un « état ouvrier » dans le véritable sens du mot : les ouvrières asexuées, privées d'ailes, déchargées des soucis d'une famille, sont seules appelées à y jouer un rôle, tandis que les mâles et les femelles ailés, retenus prisonniers dans le nid, ne sont nourris et soignés qu'uniquement en vue de la propagation de l'espèce. L'expression « asexuée » convient peu, il est vrai, aux ouvriers ou plutôt aux ouvrières de cet état; celles-ci étant en réalité des femelles, dont l'organe sexuel est avorté, représentent parfaitement un état social où prédominerait complètement l'élément féminin. Ce sont, d'après le professeur Huber, des femelles dont les qualités morales se sont développées au préjudice des qualités physiques ou corporelles. Chaque fourmi ne possède pas de famille en propre, précisément parce que la république des fourmis a parfaitement réalisé le principe de l'éducation commune par l'état, établi encore par Platon dans sa république, principe dont l'application ne saurait être éludée dans tout « état ouvrier » bien organisé.

D'ailleurs l'ouvrière asexuée d'aujourd'hui a possédé des ailes autrefois et par conséquent ne se distinguait alors en rien d'une femelle parfaitement organisée, comme nous l'apprennent les découvertes toutes récentes du docteur Dewitz. Cet observateur en effet nous a révélé l'existence chez la fourmi, à l'état de chrysalide, d'ailes rudimentaires ou atrophiées.

Sous le rapport de l'intelligence, les mâles et les femelles (les premiers surtout) restent bien en arrière des ouvrières, et ne vivent que pour le plaisir ou, si l'on veut, la grande affaire de la reproduction. Retenus captifs au fond du nid, ils sont uniquement voués, comme nous l'avons dit, aux soucis de la propagation de l'espèce, destination dont ils ne peuvent d'ailleurs s'acquitter que sous le bon plaisir et sous le contrôle incessant du peuple ouvrier. Par les chaudes journées de soleil on les autorise volontiers à quitter le nid ou la fourmilière pour prendre l'air sur le haut de l'habitation, comme mesure de santé et de récréation. Mais là les fourmis sexuées sont surveillées par de nombreuses troupes d'ouvrières, sentinelles vigilantes qui les empêchent de s'envoler. Il existe une grande différence entre les deux sexes, toute au désavantage du sexe masculin, les mâles étant bien plus au-dessous des ouvrières que les femelles et cela sous le rapport de l'intelligence aussi bien que d'autres qualités morales. Rien que par le fait de la faiblesse de leurs mandibules, ils sont tout aussi inaptes à toute espèce de travail qu'impuissants à se défendre contre l'ennemi. Bien plus, Forel les croit hors d'état de distinguer les ouvrières de leur colonie de celles d'une colonie ennemie. Quand on détruit un nid, ils cherchent à se cacher dans tous les recoins et souvent ne savent plus retrouver la route de leurs galeries, ce dont les femelles s'acquittent parfaitement. Celles-ci sont déjà depuis longtemps en sûreté que nombre de mâles tournoient encore effarés sans savoir où se diriger. Souvent les ouvrières sont obligées de les ramener tous au logis.

Les femelles sont de même en état d'aider parfois les ouvrières dans leurs travaux, ce dont les mâles, beaucoup plus petits, sont totalement incapables. Forel a plus d'une fois surpris les premières traînant les larves ou les chrysalides. Dans une retraite elles comprennent qu'il faut suivre les ouvrières, ce que les mâles ne devinent presque jamais. Tout en n'égalant jamais les ouvrières, les femelles donnent parfois de vraies preuves de courage et d'intelligence ; le trait distinctif de leur caractère est un mélange de violence avec un certain manque de persévérance. Elles distinguent fort bien leurs amis de leurs ennemis. Elles sont presque deux fois aussi grosses que les mâles et généralement un peu plus grosses que les fourmis ouvrières.

On le voit, il règne chez les fourmis une supériorité incontestée du sexe *féminin* sur le sexe *masculin*, supériorité qui se manifeste de mille manières et se révèle d'une façon assez éclatante pour faire envie aux champions les plus hardis de la cause de l'émancipation féminine.

Quand les femelles, accompagnées de leurs indignes amants ou futurs époux, se promènent sur le toit de la fourmilière, elles sont, comme il a été dit plus haut, escortées par des ouvrières qui les gardent; pénétrées de l'importance de leurs fonctions, au moindre signe de danger, ces ouvrières emportent au fond de la fourmilière les objets de leur sollicitude. Après que ces promenades se sont répétées plusieurs jours de suite, commence, de l'aveu et du consentement de la population ouvrière, le grand *essor nuptial*, d'ordinaire par un bel après-midi de juillet ou d'août. L'ouverture du nid est élargie, agrandie d'avance pour la plus grande commodité des couples ailés et, bientôt après, le mouvement, qui se produit sur le toit de la fourmilière, prend des proportions inusitées. Une femelle commence par agiter ses ailes et s'élever dans l'air; une autre la suit; les mâles font de même pour les rattraper. Les ouvrières sentinelles, n'ayant point d'ailes, ne peuvent suivre l'exemple qui leur est donné, mais elles manifestent une agitation croissante et l'intéressante scène finit alors que l'essaim, semblable à un nuage épais, s'élève dans l'air, souvent à une hauteur considérable.

D'ordinaire on choisit pour l'essor nuptial une calme, chaude et belle journée d'été, de préférence le lendemain d'un orage, quand il n'y a plus lieu d'en redouter un de sitôt. Comme, par une journée pareille, ce n'est pas une seule colonie, mais plusieurs des environs qui célèbrent leurs noces, il se forme parfois des essaims si épais qu'ils obscurcissent l'air et peuvent être pris de loin pour une colonne de fumée due à un incendie lointain. Ces essaims dansent et tourbillonnent dans l'air pendant des heures entières autour de quelque objet très élevé, tel que la tour d'une église, la cime d'un grand arbre, le sommet d'une colline, et la fécondation des femelles par les mâles s'accomplit pendant le vol.

Les recherches de messieurs les naturalistes n'ont pas

encore établi si pendant cet essor voluptueux les heureux époux chantent ou non la chanson si connue :

> La vie éphémère court ici plus rapide
> Que la roue du char.
> Qui peut me dire si demain je serai
> Encore vivant?

Dans tous les cas cette chanson exprimerait parfaitement la situation, car ces joies si courtes ne tardent pas à être suivies du plus triste dénoûment. A peine la période des accouplements, dont la durée n'est que de quelques heures, est-elle terminée et l'essaim redescendu à terre, que les malheureux époux, incapables de pourvoir à leur subsistance, périssent misérablement. Ils périssent soit faute de nourriture, soit parce qu'ils deviennent la proie des oiseaux et des araignées, qui leur donnent la chasse. Beaucoup sont tués par des fourmis ennemies. Le moment de l'essor nuptial une fois passé, les ouvrières ou neutres de leur propre colonie n'éprouvent plus pour les époux aucune espèce d'intérêt et ne s'en préoccupent guère ; elles semblent comprendre que les mâles ont terminé leur mission et ne seraient plus désormais dans la colonie que des bouches inutiles. C'est un principe fort égoïste en apparence, mais au fond essentiellement républicain, c'est-à-dire démocratique et social, que le principe : « Celui qui ne travaille pas ne doit pas manger. » Nous en verrons une application encore plus rigide chez les abeilles.

Le sort de la grande majorité des femelles à leur retour n'est pas de beaucoup préférable à celui de leurs époux, car elles sont en trop grand nombre pour pouvoir être toutes utilisées. Quelques-unes parviennent à se creuser un trou, un refuge dans le sol humide, à l'endroit même où elles sont retombées à terre, et deviennent alors les

mères-fondatrices de colonies futures. Elles n'ont plus besoin pour l'accomplissement de cette nouvelle tâche des
ailes qui leur avaient été indispensables au moment de
l'accouplement; aussi un instinct merveilleux, si l'on veut
bien employer ce mot, leur enseigne à se dépouiller volontairement de cet organe désormais inutile et même nuisible. Du bout recourbé et crochu de leurs pattes elles saisissent une aile après l'autre et la tordent jusqu'à ce
qu'elles se l'arrachent, ce qui leur réussit d'autant plus
facilement que les ailes ne sont rattachées au corps que
par une articulation fort lâche. L'opération ne semble leur
occasionner aucune douleur, et, quand elle est une fois
accomplie, les femelles fécondées montent au rang de
« reines », qui pour beaucoup d'entre elles ne se borne
pas à un vain titre, car les ouvrières du nid natal qui ont
besoin de leurs œufs, après les avoir retrouvées et ramenées dans la fourmilière, ne les laissent manquer de rien,
et elles n'ont pour toute fonction que la grosse affaire de
la ponte.

C'est ainsi à peu près que se passent les choses, à en
croire la plupart des écrivains qui se sont occupés des
mœurs des fourmis; mais Forel est d'un avis contraire.
Il prétend que l'on choisit pour reines futures du nid les
femelles qui n'ont point fait partie de l'essaim nuptial et
dont la fécondation a été consommée soit dans l'intérieur
du nid, soit sur le toit. Selon lui, les femelles qui ont
essaimé ne retournent *jamais* dans leur demeure, pour
laquelle elles manifestent même un certain éloignement.
Aussi les ouvrières ont-elles soin de garder dans le nid
un certain nombre de femelles, fécondées sur le toit de
de celui-ci ou dans son voisinage immédiat *avant* l'époque
des accouplements en essaims, et de les transformer en
reines-mères de la colonie. De cette façon un autre but

essentiel est atteint, celui de conserver la pureté du sang dans la colonie, car jamais *étranger* mâle ne s'aventure même sur le toit d'un autre nid, tandis que des accouplements nombreux d'individus appartenant à diverses colonies, accouplements échappant à tout contrôle, s'effectuent au sein des essaims voltigeants.

Les femelles ramenées au logis s'habituent facilement à la captivité et ne cherchent point à s'envoler. Parfois il n'y en a qu'une dans le nid ; d'autres fois on en trouve vingt, trente et même davantage. A celles-là est épargnée la peine de se dépouiller de leurs ailes, les ouvrières s'empressent de les leur briser ou de les leur enlever avec les dents.

Quand on pense que l'essaim nuptial s'éloigne parfois beaucoup de sa fourmilière et que des essaims différents se mêlent ensemble, on admet difficilement que, retombée sur le sol, chaque femelle sache retrouver son nid et on est tout disposé à accepter la donnée de Forel, d'autant plus que la conduite des ouvrières, telle qu'il la décrit, atteindrait parfaitement un but aussi important que bien défini. Ces reines, formées sous la surveillance immédiate des ouvrières et avec leur concours, suffisant amplement aux besoins de la colonie, il n'est nullement besoin d'en chercher d'autres. Ce sont celles-là que les ouvrières soigneront, essuieront, brosseront, nourriront et assisteront de leur mieux pendant la ponte [1].

[1] Un critique expert de la traduction hollandaise de cet ouvrage a élevé dans le *Weekblad*, revue pédagogique de Grœninger, 16 juin 1877, certaines objections contre les interprétations de Forel, celle-ci surtout que, dans ce cas, « l'essor nuptial » ci-dessus décrit n'aurait aucun but. Se basant sur la pernicieuse influence d'une sélection trop restreinte, il croit, qu'il est d'une importance essentielle pour les fourmis *de ne point conserver la pureté de sang dans la colonie, de le mélanger,* au contraire, *avec un sang étranger.* Il envisage les individus femelles n'ayant point quitté la colonie, et selon lui fécondées *après* le vol nuptial, comme des *corps de réserve,* auxquels les ouvrières

Généralement chaque reine a sa cour, composée de dix ouvrières au plus, qui s'occupent d'elle sans relâche et lui prodiguent, à elle ainsi qu'à ses œufs, tous les soins imaginables. Pourtant ce n'est point toujours le cas, ni chez *toutes* les espèces. Ainsi Forel a vu que, chez les espèces *leptothorax*, les reines vivaient à peu près comme les autres, montrant seulement moins d'adresse que les ouvrières. D'autres espèces établissent leurs reines dans les plus vastes et les plus belles chambres de leur demeure et ressentent un tel amour pour le corps de celles-ci, qu'elles ne se décident que difficilement à le mutiler. C'est chez le genre *lasius* que Forel a trouvé l'attachement le plus vif pour les reines. Ces dernières y sont toujours entourées d'une suite nombreuse d'ouvrières, qui les escortent partout, les couvrent quelquefois de leurs corps, de manière à les rendre invisibles, les nourrissent et recueillent enfin les œufs pondus par elles. En revanche, les reines semblent privées de la liberté, dont jouissent les ouvrières. Ce titre n'est donc qu'un vain mot, ce qui du reste est logique. dans une république. Dans le fait, la dignité royale des fourmis consiste moins à commander qu'à obéir et les soins empressés, la sollicitude dont elles sont l'objet, s'adressent bien moins à leurs personnes qu'à leur future postérité.

Le souci de cette postérité forme la préoccupation absorbante, le but suprême vers lequel est dirigée l'activité de la population ouvrière des fourmilières. Il est curieux de voir ce puissant instinct social développé de préférence

---

n'ont recours qu'en cas de nécessité, alors qu'elles n'ont réussi à mettre la main sur aucune des reines de l'essaim. Les premières ne seraient que l'exception et, en règle générale, les reines seraient recrutées parmi les femelles ayant participé à l'essaim. A l'en croire, les *termites* auraient aussi de pareils corps de réserve (il en sera amplement parlé plus tard). — *Note de l'auteur.*

chez les animaux que l'absence d'organes reproducteurs rend impropres à créer une famille et qui, par conséquent, ont remplacé la famille individuelle par la famille collective ou la société. Avant tout c'est sur les *œufs* pondus par les reines que se porte leur sollicitude la plus vive ; selon les observations de Huber, ces œufs *croissent* d'une façon merveilleuse et presque inexplicable avant l'éclosion des *larves*. Comme les ouvrières, après avoir rassemblé les œufs en paquets, se mettent à les lécher sans relâche, il est vraisemblable que c'est là la cause du phénomène : la croissance des œufs s'effectuerait par voie d'*endosmose*, c'est-à-dire par absorption du dehors de la substance nutritive. Si on éloigne les ouvrières, les œufs devenus trop secs, s'altèrent. Il est donc clair que le processus de salivation, auquel celles-ci se livrent avec zèle, est nécessaire à la conservation de la vie de l'œuf. Au bout de quatorze jours environ, pendant lesquels les ouvrières transportent les œufs tour à tour dans les étages supérieurs ou inférieurs de l'habitation, les préservant avec soin des excès de froid, de chaleur ou d'humidité, arrive le moment de l'éclosion, et de petites larves ou vers blancs, à peine perceptibles, sans yeux ni pieds, apparaissent au jour. Sans la sollicitude empressée et les soins incessants, dont, bien plus encore que les œufs, ils deviennent l'objet de la part des ouvrières, ces petits êtres ne pourraient vivre. Leurs protectrices leur prodiguent tous les soins des nourrices pour leurs poupons et, comme le dit Blanchard, on ne saurait trouver de nourrices plus attentives, plus vigilantes, plus dévouées à leurs fonctions que ne le sont celles-ci. Les larves peuvent à peine bouger, à plus forte raison changer de place. Encore moins sauraient-elles se nourrir elles-mêmes, en sorte que l'entretien de leur existence repose complètement sur les nourrices, qui leur introduisent les aliments dans la bouche, à peu près comme les oiseaux le font pour leurs petits. L'avidité bien connue, avec laquelle les fourmis ouvrières recherchent toutes les substances alimentaires, les sucs en particulier, prend sa source moins dans leurs propres besoins que dans ceux des nourrissons confiés à leurs soins. Pour alimenter ceux-ci, elles emploient le procédé dont elles se servent pour procurer des aliments à leurs reines ou à leurs camarades : elles restituent dans l'appareil buccal des larves les sucs alimentaires emmagasinés dans leur propre estomac et toujours de bouche à bouche. Il ne reste plus aux larves qu'à déguster avec la langue le suc ainsi bénévolement accordé, et, pour manifester leurs besoins nutritifs, elles n'ont qu'à avancer leurs petites têtes brunes, d'ordinaire légèrement tendues. Pendant l'appâtement elles restent couchées sur le dos, et comme les jeunes fourmis, déjà écloses depuis quelque temps, sont, elles aussi, nourries par les plus âgées, ainsi que nous le verrons plus tard, on peut se figurer aisément ce que chaque individu réclame de soins, de peines et de sollicitude avant d'atteindre son développement complet.

Poursuivons. Les ouvrières lèchent et essuient les larves, quand il arrive à celles-ci de se barbouiller avec de la terre, les transportent selon les circonstances de chambre en chambre, comme elles font des œufs, les font enfin *sortir à l'air*, en les divisant par groupes d'après l'âge et la grosseur, ce qui fait involontairement songer à une école avec ses classes graduées selon l'âge des élèves.

« Rien n'est aussi intéressant », dit Blanchard, « que de suivre les fourmis dans les soins infatigables qu'elles prodiguent à leurs larves. Elles les essuient en les frottant, en les brossant de leurs lèvres ; le matin elles les postent dans les étages supérieurs du nid afin de les faire jouir d'une douce chaleur, et plus tard elles les font redescendre dans les chambres d'en bas pour les préserver des rayons brûlants du soleil de midi. Ces déplacements se répètent plus ou moins souvent, selon les variations atmosphériques. On est étonné de voir la tendre sollicitude avec laquelle elles tiennent le corps fragile et mou des larves dans leurs mâchoires robustes. Jamais il n'arrive aux larves aucun accident dans ces longs parcours; on ne les voit jamais ni blessées, ni écrasées contre les murs solides de l'habitation. »

Quand les larves ont grandi, ce qui a lieu le plus souvent dans le courant du même été, mais quelquefois aussi n'arrive qu'au printemps suivant, elles filent leur cocon afin d'effectuer leur transformation en véritables fourmis. C'est le stade de *chrysalide* ou *nymphe*, appelé vulgairement « œufs de fourmis ». Leur forme ovale, leur surface polie et luisante les font prendre bien à tort, par la majorité des hommes, pour les véritables œufs des fourmis. Elles sont très recherchées comme excellent aliment pour les oiseaux chanteurs tenus en cage.

La nymphe n'a besoin, il est vrai, d'aucune nourriture, mais elle continue néanmoins à être, comme la larve, portée de place en place, léchée, nettoyée par les ouvrières, promenée par elles hors du logis par les belles journées afin qu'elle absorbe de l'air et de la lumière. Quand les rayons du soleil tombent sur le nid, les ouvrières occupées au dehors le font savoir par un signal aux ouvrières de l'intérieur, afin que celles-ci aient à transporter au plus vite les larves et les nymphes sur le toit de l'habitation ; de là elles les font rentrer au bout de quelque temps pour les porter dans l'étage supérieur où il fait plus chaud encore. Elles portent dans leurs solides mâchoires ces gros paquets comme des chats emportant leurs petits ; lors des attaques de la fourmilière par les colonies ennemies, elles cherchent à les défendre au péril de leur propre vie ou à les sauver par la fuite. Si l'on pratique une ouverture dans le bâtiment, on aperçoit avant tout une quantité grouillante de larves et de nymphes apportées à l'étage supérieur. Bien vite après on voit accourir à leur secours les fourmis ouvrières qui se trouvent le plus près. Chacune se saisit d'une larve ou d'une chrysalide et l'emporte. Un moment plus tard se présente une centaine de neutres, appelés des profondeurs du nid par un signal d'alarme ; les nouvelles arrivées se saisissent du reste des nymphes et des larves et s'empressent de les cacher dans les chambres inférieures. Ce premier devoir, le plus important de tous, accompli, on cherche sans plus tarder à remédier au dommage essuyé par le bâtiment, ce dont on s'acquitte si rapidement et avec tant d'adresse que d'ordinaire au bout d'une heure il ne reste plus trace de l'avarie.

Ainsi, quoique la nymphe n'ait plus besoin d'être nourrie, elle ne saurait se passer pour vivre du secours des ouvrières. Tout au moins Forel n'a-t-il pu réussir à garder les nymphes en vie sans ce concours précieux. Mais c'est surtout au moment important où la nymphe quitte son cocon ou enveloppe, pour commencer l'existence d'une vraie fourmi, que l'assistance des ouvrières lui devient indispensable. Quoique le fait soit nié par plusieurs observateurs, il semble pourtant certain que la nymphe ne sait pas se débarrasser elle-même de son enveloppe et périt si on ne vient à son secours[1]. Elle tente, il est vrai, plus d'un effort pour en sortir, mais n'y réussit pas généralement et ne parvient à dégager que certaines parties de son corps. Les ouvrières, à

---

[1] Mc. Cook a vu toujours périr les chrysalides qu'il tenait éloignées du contact des neutres, d'où il conclut que le secours de ces dernières leur est indispensable. *Transact. of the Am. Entom. Soc.* Déc. 1876.

l'aide de leurs mâchoires tranchantes, fendent l'enveloppe
tissée, la gaine de la chrysalide, et en retirent avec précaution le jeune animal. D'autres fois elles aident tout au
moins à dégager les pattes et les ailes. Chose étrange, les
ouvrières ne tiennent pas rigoureusement compte pour cette
opération du moment précis de la maturité des nymphes ;
elles l'effectuent tantôt plus tôt, tantôt plus tard, « suivant
leur convenance », pour employer l'expression dont se sert
Forel en mentionnant ce fait, qui tendrait à prouver que
ce n'est point par un infaillible instinct que les ouvrières
se laissent guider dans la besogne. Tout naturellement les
nymphes périssent lors d'une délivrance ou *prématurée*,
ou *tardive*.

Déjà dégagé de son fourreau, l'insecte reste encore recouvert d'une pellicule, d'une sorte de chemise, qui doit être
enlevée à son tour. Quand on voit avec quelle adresse et
quelle délicatesse on procède à cette opération, et comment
le jeune animal est ensuite lavé, nettoyé et appâté, on ne
saurait s'empêcher de songer aux soins des nourrices pour
les enfants.

Les enveloppes vides ou tissus sont jetés hors du nid
près duquel on peut les voir entassés longtemps après.
Certaines espèces les emportent au contraire loin du nid,
ou les utilisent comme matériaux de construction de l'habitation.

Quoique complètement délivrée de son fourreau, la
nymphe ou jeune fourmi ne devient point tout d'un coup une
fourmi parfaite, armée de toute la prévoyance d'une vieille
fourmi, comme cela devrait être en vertu de la théorie de
l'instinct ; elle a encore besoin des soins et de la direction
de ses sœurs aînées. Dans les premiers temps, celles-ci continuent à lui administrer la pâtée, puis elles se mettent
à la conduire dans tous les coins et recoins du logis, en

s'efforçant peu à peu de la familiariser avec les travaux
du ménage, surtout avec les soins exigés par les larves.
C'est seulement plus tard, quand sa peau, molle à l'origine,
a eu le temps de durcir, qu'on lui enseigne à distinguer un
ami d'un ennemi, à se battre, ce qui lui donne conscience
de faire partie intégrante d'un certain groupe, d'une certaine colonie. Quand on observe une colonie attaquée ou
assiégée par une autre, on ne tarde pas à s'apercevoir que
les *jeunes* fourmis, facilement reconnaissables à leur
teinte plus claire, ne prennent jamais part au combat;
elles s'entendent seulement à suivre les leurs dans la
retraite ou à emporter les larves du champ de bataille.

Pour établir d'une manière irréfutable l'existence de
ces phénomènes, Forel entreprit l'expérience suivante. Il
plaça sous un globe en cristal des *jeunes* fourmis de trois
espèces différentes, en leur adjoignant des chrysalides
appartenant à six espèces; il va de soi que les espèces
choisies étaient toutes plus ou moins ennemies. De la terre
humide avec un petit morceau de verre dessus complétait
l'appareil. Aussitôt les jeunes fourmis se mirent en devoir
de traîner leurs nymphes sous le morceau de verre et de
les y établir paisiblement sans chercher à se mordre entre
elles. Une seule, un peu plus âgée et de teinte plus foncée
que ses compagnes, appartenant à l'espèce *rufibarbis*, se
sépara des autres et traîna sa nymphe un peu à l'écart.
Forel essaya à plusieurs reprises de la rapprocher du
groupe; elle revint chaque fois dans son coin, jusqu'à ce
que, convaincue de l'impossibilité d'éviter ses ennemis,
elle se décida à se joindre à eux. Le moment venu pour
les nymphes de dépouiller leur enveloppe, les jeunes fourmis les y aidèrent en déchirant leur tissu, service, qu'elles
rendirent à toutes indistinctement en y mettant pourtant,
comme l'observe Forel, plus de zèle et de sollicitude, quand

il s'agissait d'une chrysalide de leur propre espèce. Seules les nymphes de *f. aethiops* furent tant soit peu négligées, ce qui les fit périr. Forel avait donc formé une colonie artificielle de fourmis, composée de cinq espèces différentes, vivant dans le plus parfait accord.

Dix jours plus tard, quand la plupart des jeunes fourmis commençaient à prendre une teinte plus foncée, Forel, obligé de partir, installa sa colonie en liberté dans la lézarde d'un mur. Pour agrandir l'association, il y adjoignit quelques ouvrières prises dans des colonies étrangères, quoique appartenant aux mêmes espèces que les premières. Mais celles-ci ne voulurent pas des nouvelles venues ; elles les repoussèrent de leurs mandibules, puis, les saisissant les traînèrent au dehors, où elles les laissèrent. Ces fourmis, artificiellement réunies, avaient ainsi fondé une colonie indépendante.

L'éducation donnée aux jeunes fourmis par leurs compagnes plus âgées marche d'un pas rapide. Forel a vu que chez quelques espèces, les jeunes étaient plus ou moins en état de reconnaître leurs ennemis au bout de trois ou quatre jours. A cause de sa brièveté même, ce stade préparatoire a échappé complètement à l'œil de beaucoup d'observateurs, convaincus que les fourmis débutaient dans la vie, armées de pied en cap, avec un bagage complet de connaissances et d'intelligence. C'est le contraire qui est vrai, et le fait d'une instruction préalablement reçue ressortira mieux encore quand nous traiterons plus tard en détail de la construction des fourmilières.

La supériorité naturelle que l'âge, la force, l'expérience assurent aux fourmis plus âgées sur leurs compagnes, semble du reste constituer l'unique privilège de l'individu dans cette république où règnent la liberté et l'égalité. Les observateurs les plus véridiques sont obligés de souscrire à l'opinion de Salomon, déjà citée par nous, savoir que les fourmis, de même que les sociétés de guêpes, d'abeilles, etc., n'ont ni chefs, ni grands, ni directeurs et qu'en somme elles n'en vont pas plus mal. Le sentiment du devoir suffit à les maintenir dans l'ordre et à leur faire accomplir leur tâche. Certains observateurs, tel que Ebrard, par exemple, ont pourtant parlé de chefs, mais Forel assure que ce sont là uniquement des créations de leur imagination. Il cite à l'appui l'opinion de Huber, lequel a démontré que les fourmis n'ont jamais de chefs, que les esclaves eux-mêmes n'ont jamais à souffrir d'aucune contrainte de la part de leurs maîtres, et se déclare prêt à soutenir la même opinion, n'ayant jamais vu une fourmi exercer une autorité quelconque sur ses camarades. Une ouvrière de grosses proportions sera, il est vrai, de préférence à une petite, l'objet de l'attention des autres, mais cela uniquement à cause de sa taille, et si les grosses fourmis marchent en tête d'un corps d'armée en campagne, ce n'est que pour protéger celui-ci, tâche à laquelle les petits individus sont moins propres. Mais s'agit-il d'un changement d'habitation, on ne remarque aucune différence dans l'activité déployée par les ouvrières de diverse taille, seulement les plus petites semblent être plus laborieuses, les grosses plus belliqueuses, plus propres à la guerre. Les guerriers ou soldats eux-mêmes, qui forment, comme nous l'avons déjà dit, une classe à part, distincte des autres neutres, chez certaines espèces européennes et chez presque toutes les espèces tropicales, les soldats, disons-nous, ne semblent jouir d'aucune autorité : leur rôle est de servir la communauté, non de lui commander. Mc. Cook (*loc. cit.*, nov. 1877, p. 178) affirme de son côté la parfaite indépendance personnelle de chaque individu de la république des fourmis, et dit qu'il ne saurait y être question ni de chefs, ni de grands, ni de commandants. On se demande à bon droit pourquoi un « self-government » poussé aussi loin que celui de ces petits républicains, ne serait pas possible parmi les hommes ? Pourquoi supposer que dans une société complètement libre, l'homme ne travaillera pas à moins d'y être absolument contraint ? L'exemple des fourmis est là pour nous prouver que l'existence d'une société ainsi organisée est tout à fait compatible avec le travail volontaire de tous.

FOURMI ROUSSE, *F. RUFA.*

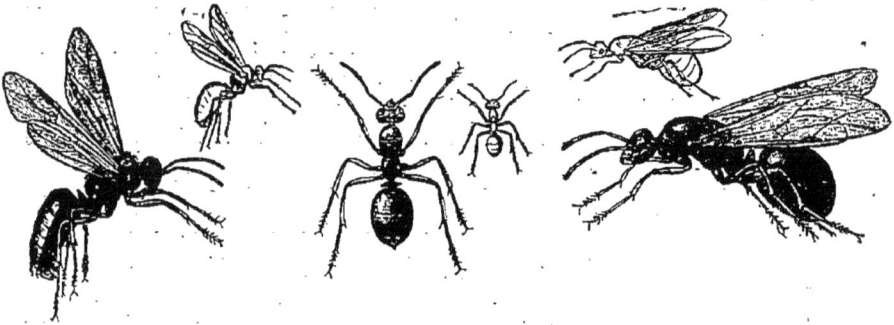

Mâle.   Ouvrière.   Femelle.

Quant aux fourmis-reines, nous avons déjà observé qu'elles ne jouissent d'aucune espèce d'autorité. Leur titre est justifié seulement parce qu'elles ne prennent aucune part aux travaux exécutés par la société, n'ont d'autre fonction que de pondre les œufs et pour le reste vivent dans un *dolce far niente*, dans une oisiveté opulente, d'où la pensée et le travail sont bannis. Elles se rapprochent des rois humains par ce fait qu'elles aussi se font nourrir par leurs quasi-sujets, mais elles s'en distinguent par le trait suivant, tout à leur honneur : dans des cas particuliers, quand la nécessité le commande, elles mettent la main à l'œuvre et ne dédaignent pas d'accomplir les mêmes travaux que leurs concitoyens. L'exemple le plus

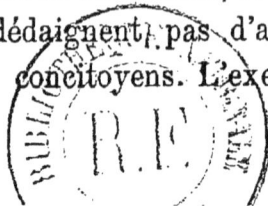

frappant de ce genre nous est cité par Lespès. Il a observé dans le midi de la France une petite espèce de fourmis, dont les sociétés peu nombreuses se composaient d'environ soixante membres et parmi lesquels on ne comptait pas moins de vingt reines. Celles-ci travaillaient comme les autres. Voilà un phénomène tout à fait anormal, donnant dans tous les cas un étrange démenti à la fameuse théorie d'un but poursuivi par les lois de la nature. Ici le chiffre disproportionné des reines s'atténue un peu par la renonciation volontaire au privilège d'oisiveté, puisque, au mépris de leur dignité royale, elles prennent part aux travaux de leur peuple. Qui a jamais vu chose pareille chez les *hommes?* Combien, chez ces derniers, il existe d'anomalies sociales analogues à celles que nous venons de mentionner chez les fourmis? Que l'on songe aux innombrables petits princes de l'Afrique, ou à l'état politique de l'Allemagne d'autrefois, où plusieurs centaines de princes, comtes, évêques et archevêques souverains ou indépendants, se partageaient quelques millions d'hommes. Que l'on songe aux beaux temps de la chevalerie romantique, où chaque noble faisant sonner ses éperons commandait à une foule plus ou moins nombreuse de serfs ou de subordonnés. Mais a-t-on jamais vu un seul de ces tyranneaux s'élever jusqu'au noble dévouement d'une reine-fourmi et concourir de ses propres mains aux travaux de ses sujets? C'est bien le cas ou jamais de se rappeler que la *raison* est le partage exclusif de l'homme, et que l'animal (selon l'opinion des philosophes) n'est guidé que par l'*instinct ! ! !*

CHAPITRE IV

Construction des fourmilières.

Variété d'architecture et adaptation aux circonstances. — Intelligence
déployée pendant la construction et le transport des matériaux. —
Comment les issues du nid sont pratiquées, fermées et gardées. — Travaux de défense du nid. — Changement de domicile. — Architecture
des espèces tropicales et américaines.

Mais revenons à notre laborieux petit peuple de fourmis,
dont l'activité infatigable ne se borne pas uniquement à
l'affaire capitale que nous venons d'esquisser, l'élevage de
la progéniture, mais s'étend à d'autres devoirs, à d'autres
occupations, dont l'importance n'est pas moindre.

En première ligne se présente l'affaire compliquée de la
construction des habitations. Celles-ci consistent souvent
en vingt, quarante étages superposés et bâtis en partie
sur, en partie *sous* le sol. Ces constructions laissent relativement bien en arrière les édifices les plus hauts élevés
par les hommes. Les fourmilières, dont l'aspect extérieur ne laisse pas pressentir la merveilleuse complication et la commodité de l'aménagement intérieur, s'é-
lèvent fréquemment à la hauteur d'un mètre au-dessus du
sol et plongent tout autant dans ses profondeurs, occupant une circonférence de deux à trois mètres. On emploie
pour leur construction toute espèce de matériaux susceptibles de servir à cet usage, tels que bois, terre, pierres,
feuilles, tiges et aiguilles de pins, et ces divers matériaux
sont groupés et utilisés d'une façon fort habile. Avant

de poser les fondements de l'habitation, on se met à creuser
le sol, dans un certain rayon; après quoi on commence la
construction même de l'édifice, à l'aide de la terre fraîchement remuée et des matériaux ci-dessus énumérés. Ce n'est
généralement que plus tard qu'on étend et élargit le bâtiment, selon les besoins de la communauté et selon les
circonstances. Chaque étage est soutenu par des piliers,
des colonnes et des poutres transversales en bois et en
argile, dont la solidité est chaque fois soigneusement mise
à l'épreuve. Ces poutres sont parfois d'une grosseur et d'une
dimension considérables. Forel en a vu de 13 centimètres
de longueur sur 1 millimètre 1/2 de diamètre ; d'autres
de 5 centimètres de longueur sur 3 1/2 de diamètre, et de
plus grosses encore, qu'une fourmi est pourtant capable
de transporter à elle seule. La longueur de ces poutres
permet la construction de vastes locaux ou chambres dans
l'intérieur de la fourmilière. On les emploie surtout utile-
ment au centre du labyrinthe, formant une grande salle
dont le toit est soutenu par un échafaudage de poutres
transversales. Tout autour sont disposées quantité de
pièces et de galeries, séparées entre elles par des cloisons
mitoyennes et divisées en étages. C'est la partie inférieure
de l'édifice, que l'on bâtit avec le plus de précision et de
solidité. Il est difficile d'assister à un spectacle plus intéressant qu'à celui de fourmis traînant leurs poutres, et
surmontant tous les obstacles imprévus qui surgissent sur
leur route. D'ordinaire, deux ou trois ouvrières associent
leurs efforts, après avoir employé préalablement quelque
temps à se consulter sur la meilleure manière de mener à
bout la tâche. Au commencement l'une tire dans une direction, l'autre dans la direction opposée, ou bien toutes
les deux poussent dans la même direction ; mais voilà
qu'une touffe d'herbe, la racine d'une plante ou tout

autre obstacle imprévu surgissent sous leurs pas et para-
lysent leurs efforts. Elles ne tardent pas à reconnaître leur
méprise et, en se concertant, finissent par obtenir un
meilleur résultat.

« Quand on aperçoit l'amas confus de petits fragments de bois que les fourmis entassent », dit Blanchard, « on est disposé à le prendre pour l'œuvre du
hasard. Mais, par un examen plus minutieux, on ne tarde
pas à se convaincre que ces petits fragments de bois sont
agencés avec une dextérité étonnante, qu'ils forment des
chambres, des galeries, des logettes et des corridors faci-
litant les communications entre les parties isolées de
l'édifice. Les vides entre les poutres sont remplis de terre,
de grains, de feuilles sèches ; les fissures calfeutrées, les
inégalités du terrain nivelées ; des colonnes et des piliers
en terre glaise s'y dressent, etc... En un mot, ces animaux se comportent en tout comme d'habiles architectes ».

En dépit de leur habileté, ces petits constructeurs sont
pourtant sujets à l'erreur, ni plus ni moins que messieurs
les architectes humains ; parfois aussi ils ont à subir la
maladresse de quelque ouvrière. Mais ils réparent facilement le dommage. Les murs mal construits sont abattus
sur l'heure et d'autres élevés à leur place. Les ouvrières
qui ont fait de la mauvaise besogne sont réprimandées par
les autres, remises sur la bonne voie et obligées de recommencer leur travail sous la direction d'une compagne.
P. Huber (*loc. cit.*) raconte tout cela :

« Après avoir observé l'esprit dans lequel étaient construites ces fourmilières, je sentis que le seul moyen de
pénétrer dans les véritables secrets de leur organisation,
était de suivre individuellement la conduite des ouvrières
occupées à les élever. Mes journaux sont remplis d'observations de ce genre : je vais en extraire quelques-unes,

qui m'ont paru intéressantes. Je décrirai donc ici les manœuvres d'une seule fourmi, que j'ai pu suivre assez
longtemps pour satisfaire ma curiosité :

« Un jour de pluie, je vis une ouvrière creuser le sol
auprès d'un trou, qui servait de porte à la fourmilière :
elle accumulait les brins qu'elle avait détachés, et en faisait de petites pelotes, qu'elle portait çà et là sur le nid ;
elle revenait constamment à la même place et paraissait
avoir un dessein marqué, car elle travaillait avec ardeur
et persévérance. Je découvris d'abord en cet endroit un
léger sillon tracé dans l'épaisseur du terrain ; il était en
ligne droite et pouvait représenter l'ébauche d'un sentier
ou d'une galerie : l'ouvrière, dont tous les mouvements se
faisaient sous mes yeux, lui donna plus de profondeur,
l'élargit, en nettoya les bords, et je vis enfin, à n'en
pas douter, qu'elle avait eu l'intention d'établir une avenue
conduisant d'une certaine case à l'ouverture du souterrain. Ce sentier, long de deux à trois pouces, formé par
une seule ouvrière, se trouva d'une régularité parfaite,
car l'architecte n'avait pas laissé dans cette partie un seul
atome de trop.

« Le travail de cette fourmi était si suivi et si bien
entendu, que je devinais presque toujours ce qu'elle voulait faire, et le fragment qu'elle allait enlever.

« A côté de l'ouverture où ce sentier aboutissait, en
était une seconde, à laquelle il fallait aussi parvenir par
quelque chemin : la même fourmi exécuta seule cette nouvelle entreprise ; elle sillonna encore l'épaisseur du sol et
ouvrit un autre sentier parallèlement au premier, de sorte
qu'ils laissaient entre eux un petit mur de trois à quatre
lignes de hauteur.

« Les fourmis qui tracent le plan d'un mur, d'une case,
d'une galerie, etc., travaillant chacune de leur côté, il

leur arrive quelquefois de ne pas faire coïncider exactement les parties d'un même objet, ou d'objets différents ; ces exemples ne sont pas rares, mais ils ne les embarrassent point : en voici un où l'on verra que l'ouvrière découvrit l'erreur et sut la réparer.

« Là s'élevait un mur d'attente : il semblait placé de manière à devoir soutenir une voûte encore incomplète, jetée depuis le bord opposé d'une grande case; mais l'ouvrière qui l'avait commencée lui avait donné trop peu d'élévation pour le mur sur lequel elle devait reposer : si elle eût été continuée sur le même plan, elle aurait infailliblement rencontré cette cloison à mi-hauteur, et c'était ce qu'il fallait éviter. Cette remarque critique m'occupait justement, lorsqu'une fourmi arrivée sur la place, après avoir visité ces ouvrages, parut être frappée de la même difficulté, car elle commença aussitôt à détruire la voûte ébauchée, releva le mur sur lequel elle reposait et fit une nouvelle voûte, sous mes yeux, avec les débris de l'ancienne.

« C'est surtout lorsque les fourmis commencent quelque entreprise, que l'on croirait voir une idée naître dans leur esprit, et se réaliser par l'exécution. Ainsi quand l'une d'elles découvre sur le nid deux brins d'herbe qui se croisent et peuvent favoriser la formation d'une loge ou quelques petites poutres qui en dessinent les angles et les côtés, on la voit examiner les parties de cet ensemble, puis placer, avec beaucoup de suite et d'adresse, des parcelles de terre dans les vides et le long des tiges ; prendre de toutes parts les matériaux à sa convenance, quelquefois même sans ménager l'ouvrage que d'autres ont ébauché, tant elle est dominée par l'idée qu'elle a conçue et qu'elle suit sans distraction. Elle va, vient, retourne, jusqu'à ce que son plan soit devenu sensible pour d'autres fourmis. »

Ebrard (*Études de mœurs*, Genève, 1864, p. 3) dit
aussi de son côté :

« Le sol était humide et les travaux en pleine activité.
Il y avait de perpétuelles allées et venues parmi les
fourmis sorties de leur logis souterrain, en train de traîner
de côté et d'autre de petites mottes de terre pour leur
édifice. Ne pouvant éparpiller mon attention, je fixai mon
regard sur le plus haut des piliers en voie de construction,
où une seule fourmi était occupée. L'ouvrage semblait
passablement avancé. Quoique le restant se dégageât déjà
nettement sur la marge supérieure du mur, il y avait
encore pourtant un espace d'environ 12 à 15 millimètres à
couvrir. C'eût été bien le cas, pour étayer l'argile, d'avoir
recours à ces piliers, à ces cloisons, à ces débris de feuilles
sèches, dont beaucoup d'espèces de fourmis se servent
dans leurs constructions. Mais l'emploi de ces moyens
n'était pas dans les habitudes de l'espèce observée.
(*F. fusca*, fourmi gris-noir.)

« Pourtant notre fourmi sut se tirer d'affaire. Pendant
un moment elle sembla vouloir abandonner son ouvrage,
mais ce ne fut que pour s'approcher d'une graminée
croissant dans le voisinage, et en parcourir l'une après
l'autre les longues feuilles effilées. Elle en choisit une, la
plus proche, en chargea l'extrémité avec de l'argile humide et cela jusqu'à ce que sa pointe s'inclinât directement vers l'espace à couvrir. Malheureusement le bout
extérieur de la feuille, qui fléchissait le plus, menaça de se
casser. Pour obvier à cet inconvénient, la fourmi rongea
la feuille à sa racine même jusqu'à ce que celle-ci, inclinée
de toute sa longueur, recouvrît le vide. Mais cela ne suffisant pas encore, la fourmi entassa de l'argile humide
entre la racine de la plante et la naissance de la feuille
jusqu'à ce qu'elle eût obtenu l'inflexion désirée. Une fois

ce but atteint, elle amoncela sur la feuille détachée les matériaux nécessaires à la construction de la voûte. »

Les fourmis de jardin (*lasius niger*), noires ou d'un brun noirâtre, forment une des espèces les plus industrieuses. Elles élèvent des constructions étagées, mais, selon Huber, sans suivre en cela un plan uniforme. Il semble, au contraire, que la nature leur ait accordé une certaine latitude et qu'elles puissent, selon les circonstances, modifier leur plan primitif. Les grands locaux ou salles sont toujours étayés par de petites colonnes, quelquefois aussi par de vrais piliers de voûte. Certaines chambres n'ont qu'une seule entrée, ou communication avec les appartements de dessous. D'autres, très vastes, sont perforées de tous côtés et forment une espèce de carrefour où viennent converger toutes les routes. Si on ouvre un pareil nid, on trouve les chambres et les grandes salles remplies de fourmis d'âge mûr, tandis que les nymphes et les larves sont de préférence gardées dans les pièces d'en haut, conformément d'ailleurs à l'état de la température et aux heures de la journée. Huber affirme que les fourmis sont excessivement sensibles aux variations de la température et connaissent très bien quel degré de chaleur convient à leurs petits. Les nombreux étages superposés de leurs habitations leur permettent facilement d'obtenir la modification désirée. Pendant les inondations des étages inférieurs, après de fortes pluies, toute la société cherche un refuge en haut.

L'art de la maçonnerie et de l'architecture chez les fourmis est décrit en détail par Huber de la manière suivante :

« Chaque fourmi portait entre ses dents une petite motte de terre, qu'elle avait formée en ratissant le fond des souterrains avec le bout de ses mandibules. Puis, de ses mâchoires denticulées, elle partageait les mottes, les plaçait l'une sur l'autre, les raffermissait avec ses pattes antérieures en les pressant légèrement l'une contre l'autre. Chacun de ces actes était accompagné d'un mouvement d'antennes, chaque parcelle de terre était palpée par elle. Le travail avançait rapidement.

« Ce n'est qu'après avoir tracé un plan général et jeté çà et là les fondements des piliers et des murs futurs, qu'on aborde la bâtisse. On voit souvent deux petits murs, destinés à former une galerie, s'élever à une légère distance l'un de l'autre. Quand ils ont atteint la hauteur de quatre à cinq lignes, on cherche à les réunir au moyen d'un plafond de forme cintrée ; pour cela, au sommet de chaque mur, on façonne un bord en argile humide et on le pousse jusqu'à ce qu'il aille rejoindre celui du côté opposé. Les galeries construites de cette manière atteignent parfois la largeur d'un quart de pouce.

« Ici, quelques cloisons verticales forment l'ébauche d'une loge, destinée avec divers corridors attenants à servir de pièce de communication. Là, s'élèvera un salon en règle, soutenu par de nombreux piliers. Plus loin, on reconnaît le dessin d'un de ces carrefours, auquel aboutissent de nombreuses galeries et dont il a déjà été question. Ces pièces sont les plus vastes ; elles ont parfois plus de deux pouces de largeur, et néanmoins les fourmis n'éprouvent aucune difficulté à les surmonter d'une voûte. C'était dans les angles formés par la rencontre des murs, puis le long de leurs bords supérieurs, qu'elles en plaçaient les premiers éléments ; et du sommet de chaque pilier s'étendait, comme d'autant de centres, une couche de terre horizontale et un peu bombée, qui allait se joindre à d'autres parties de la même voûte, partant de différents points de la grande place publique.

« Le nombre des petits maçons arrivant de toutes parts, avec des particules de mortier dans la gueule, l'ordre qu'ils observent, l'accord qui règne entre eux, l'habileté avec laquelle ils savent profiter d'une pluie survenue pour agrandir leur bâtisse, tout cela offre un spectacle des plus intéressants à un amateur de la nature.

« Parfois je craignais de voir leurs édifices s'écrouler sous leur propre poids ou ne pas résister à une forte pluie. Je ne tardais pas à me tranquilliser en voyant avec quelle solidité les diverses parties adhéraient entre elles, et en observant que la pluie ne servait qu'à augmenter la cohésion des particules de terre. Il arrivait parfois qu'une très forte averse détruisait quelques pièces mal voûtées, mais on les rebâtissait sur l'heure.

« Un étage entier est souvent élevé dans l'espace de sept à huit heures, et les voûtes des pièces isolées finissent par former un plafond général. A peine un étage est-il terminé qu'on commence, surtout si le temps est favorable, à en bâtir un autre au-dessus. Un vent trop sec enraye les travaux. J'ai vu un jour s'écrouler un édifice en voie de construction, à cause d'un violent vent du nord qui l'avait séché trop vite. Quand les fourmis s'aperçurent de l'inutilité de leurs travaux, loin de s'obstiner à bâtir, elles détruisirent elles-mêmes les chambres et les murs qui n'avaient pas encore de voûte et en distribuèrent les débris à la surface de l'étage supérieur ! ! ! »

Tous ces faits sont confirmés par Forel, avec une restriction pourtant : il prétend qu'il est assez rare de trouver un nid indépendant, isolé, où ces divers règlements soient connus et appliqués rigoureusement. Les nids de *f. fusca*, entre autres, se distinguent, selon lui, par l'absence de tout ordre régulier, chaque ouvrière travaillant indépendamment des autres, pour son propre compte.

Toute espèce de matériaux (terre, tiges d'herbes, coquilles, feuilles, racines), ainsi que tout point d'appui extérieur leur est prétexte à bâtir. Aussi voit-on surgir souvent, près de la grosse coupole du nid, plusieurs petites coupoles ou tourelles, qui disparaissent en automne.

En général, il ne faut pas croire que tous les nids des fourmis soient construits conformément au même plan ou ne s'en écartent guère, comme il arriverait évidemment, si les petits architectes étaient guidés par un instinct inné. Ces nids présentent, au contraire, des dissemblances très considérables, selon les circonstances, la saison, le genre ou l'espèce, etc. Il y a plus : *la même* espèce bâtit souvent fort diversement, selon les particularités de la localité, du climat, des circonstances. Ainsi *dans les plaines* on ne trouve jamais la *lasius acervorum* parmi les pierres, tandis que dans les montagnes elle montre le même penchant à y bâtir son nid que les espèces *myrmica*. Ce fait seul, abstraction faite des autres, suffirait à établir la supériorité de l'intelligence des fourmis sur celle des abeilles, qui, on le sait, construisent généralement leurs alvéoles d'après un schéma uniforme et le plus souvent immuable.

« Le trait caractéristique de l'art architectural des fourmis, » dit Forel, « consiste dans le manque presque absolu d'un plan immuable, qui est propre aux autres espèces, telles que guêpes, abeilles, etc. Les fourmis s'entendent à merveille à modifier, selon les circonstances, leurs constructions, en général bien moins parfaites, et à tirer parti de chaque avantage. Au surplus, chaque ouvrière travaille pour son propre compte, en suivant un plan particulier ; et parfois elle n'est aidée par ses compagnes que quand celles-ci ont compris et adopté son plan. Naturellement il se produit de fréquents conflits :

l'une détruit ce que l'autre a érigé. Ceci nous donne la clef de la construction de leurs labyrinthes. En général, c'est la même ouvrière qui, après avoir trouvé le mode le plus profitable de construction ou montré le plus de persistance, réussit, non sans lutte et rivalité, à faire adopter son idée par la plupart de ses compagnes et finalement par la colonie entière. Mais à peine a-t-elle atteint son but, qu'une autre se présente, et comme celle-ci traîne à sa suite ses partisans, la première se perd vite dans la foule. »

Espinas (*Sociétés animales*) a observé de même que chaque fourmi se trace un plan particulier et le poursuit seule jusqu'à ce qu'elle ait fait adopter son idée par quelques camarades ; puis celles-ci se joignent à elle, et toutes coopèrent à la même œuvre.

Cette observation met en pleine lumière le principe vraiment *républicain*, qui régit la vie des fourmis, et prouve que l'individu y jouit d'une liberté bien plus grande que chez les *abeilles*, assujetties à un schéma rigide. La même remarque avait déjà été faite par Huber, qui résume ses études sur les fourmis maçonnes, en particulier de l'espèce *f. fusca*, dans les termes suivants, applicables également à l'art constructeur de *toutes* les fourmis :

« D'après ces observations et mille autres semblables, je me suis assuré que chaque fourmi agit indépendamment de ses compagnes. La première qui conçoit un plan d'une exécution facile en trace aussitôt l'esquisse ; les autres n'ont plus qu'à continuer ce qu'elle a commencé : celles-ci jugent, par l'inspection des premiers travaux, de ceux qu'elles doivent entreprendre ; elles savent toutes ébaucher, continuer, polir ou retoucher leur ouvrage, selon l'occasion ; l'eau leur fournit le ciment dont elles ont besoin ; le soleil et l'air durcissent la matière de leurs édifices ;

elles n'ont d'autre ciseau que leurs dents, d'autres compas que leurs antennes, et de truelles que leurs pattes de devant, dont elles se servent d'une manière admirable pour appuyer et consolider leur terre mouillée.

« Ce sont là les moyens matériels et mécaniques qui leur sont donnés pour bâtir ; elles auraient donc pu, en suivant un instinct purement machinal, exécuter avec exactitude un plan géométrique et invariable ; construire des murs égaux, des voûtes dont la courbure, calculée d'avance, n'aurait exigé qu'une obéissance servile, et nous n'aurions été que médiocrement surpris de leur industrie ; mais pour élever ces dômes irréguliers, composés de tant d'étages, pour distribuer d'une manière commode et variée les appartements qu'ils contiennent, et saisir les temps les plus favorables à leurs travaux ; mais surtout pour savoir se conduire selon les circonstances, profiter des points d'appui qui se présentent, et juger de l'avantage de telles ou telles opérations, ne fallait-il pas qu'elles fussent douées de facultés assez rapprochées de l'intelligence, et que, loin de les traiter en automates, la nature leur laissât entrevoir le but des travaux auxquels elles sont destinées ? »

Pour ce qui touche spécialement à la construction des habitations, Forel n'énumère pas moins de *six* à *sept* genres différents d'architecture, selon que les nids sont *creusés* ou *maçonnés*, qu'ils sont situés *sous des pierres plates* ou *dans du bois*, ou dans des *troncs d'arbres*, ou *sous leur écorce*, dans un *mur* ou un *rocher*, ou dans des *maisons*, etc. Ces différents modes de construction ont à leur tour leurs subdivisions et leurs transitions, et les différents genres se fusionnent entre eux. Ce qu'on rencontre le plus fréquemment, ce sont les constructions en argile humide, décrites ci-dessus, et édifiées à l'aide des

mandibules et des pattes antérieures. Quand il leur arrive
d'employer, pour les travaux, du sable ou de la terre
sèche, les fourmis grattent la terre avec leurs pattes de
devant, et la jettent à travers leurs quatre pattes de derrière écartées et soulevées, de la même manière que le
font les chiens qui grattent le sol. Si on leur enlève les
pattes de devant, ou l'extrémité de celles-ci, elles deviennent incapables de fouiller la terre, comme nous l'avons
déjà observé. Elles font, il est vrai, des efforts infructueux
dans ce but, mais n'y aboutissent guère, et n'arrivent
qu'à se salir elles-mêmes et leurs larves, sans plus réussir
à se nettoyer. Découragées, elles finissent par y renoncer
et à rester seulement sur la superficie du sol. En général,
on se tromperait beaucoup en s'imaginant que ces petits
animaux grattent, creusent, bâtissent et maçonnent en
vertu d'un instinct nécessaire et immuable, inné dans leurs
petites âmes, comme le disent les philosophes, partisans
de l'instinct. S'il en était ainsi, on ne verrait jamais certaines espèces de fourmis occuper des nids étrangers, dont
elles s'accommodent tant bien que mal, quoique, comme le
fait remarquer Forel, ces nids ne soient quelquefois guère
adaptés à leurs corps. Elles en modifient un peu l'architecture, surtout à l'extérieur, mais au fond on reconnaît
toujours, en détruisant un nid, quels en ont été les véritables constructeurs. Il n'est pas rare qu'une habitation
de fourmis change ainsi d'habitants deux, trois, quatre
fois et davantage ; tantôt il y a eu abandon volontaire,
tantôt on a cédé à la force. Nous verrons plus tard qu'il
y a aussi des espèces qui ne bâtissent point, et abandonnent
ce soin à leurs esclaves.

Mais ce qui est plus concluant encore contre la théorie
de l'instinct, ce sont les divers genres de construction
employés tour à tour par la même espèce, selon les diverses

circonstances. « Beaucoup de nids ou de portions de nids, » dit Forel, « ne sont que provisoires, tandis que d'autres sont destinés à durer des années. Dans plusieurs, les diverses parties se distinguent par une architecture différente. Le plan de l'édifice subit des modifications selon que le nid est destiné à une grande ou à une petite population. L'aspect extérieur du nid présente de même des formes variées, selon qu'il est clos, n'ayant qu'une seule issue cachée, ou qu'il a beaucoup d'ouvertures extérieures, et ceci ne s'applique pas seulement aux diverses espèces, mais aussi à la même espèce selon le chiffre de la population. On voit chez des *f. fusca* de grands nids très peuplés, ouverts de tous côtés, et chez des *f. sanguinea* de petits nids tout à fait clos, quoique le contraire soit la règle. »

Quand les nids sont bâtis dans un endroit quelque peu dangereux, par exemple dans le voisinage d'une rue, d'une route, dans une cour, ou tout simplement quand la terre est dure, aucun signe extérieur ne trahit parfois l'existence des fourmilières creusées dans le sol. La terre remuée est emportée très loin, et deux ou trois petites issues cachées suffisent pour livrer passage aux habitants. Pourtant, dans d'autres endroits, les mêmes espèces pratiquent, dans leurs nids, de nombreuses ouvertures surnommées cratères, entourées de terre tassée, qui facilitent les relations avec le monde extérieur. Le sol est parfois si remué et entassé autour de ces cratères, que le tout présente à l'œil l'aspect d'une coupole, quoique dans le fait il n'existe rien de semblable. D'ailleurs, les fourmis, qui, à l'ordinaire, construisent des nids en *maçonnerie*, s'entendent fort bien, le cas échéant, à creuser dans le sol des nids *souterrains* et vice versa. Les espèces pusillanimes, par exemple la *myrmecina latreillei*, donnent à leurs nids une issue si étroite, que c'est à grand'peine qu'une d'elles peut y faire place à une autre, cela dans le but évident de se garantir ainsi contre les invasions d'espèces ennemies, tandis que les *f. fusca* cherchent à se préserver des attaques des espèces esclavagistes, en plaçant l'entrée de leur nid dans un endroit très éloigné, et la reliant par une longue galerie souterraine et sinueuse. Ces nids rappellent donc les repaires cachés de nos voleurs, ou les châteaux-forts du moyen âge, où il y avait toujours quelque cachette servant de refuge. On trouve souvent deux genres de passage dans l'intérieur du nid, un plus régulier et plus large, destiné à tous les sexes, l'autre étroit et petit, souvent à peine visible, réservé aux seules ouvrières.

Les nids situés sous les pierres plates ont, plus que les autres, besoin d'être garantis, car il arrive que la pierre, une fois contre-minée, tombe par son propre poids, et cause de graves dégâts. Afin de les prévenir, les fourmis élèvent de gros piliers et des murs solides entre les pièces et les galeries, et ces appuis sont d'autant plus forts que les pierres sont plus pesantes. Le choix qu'elles font de ces pierres est des plus judicieux : elles ne doivent être ni trop grandes, ni trop petites, ni trop grosses, ni trop minces ; le dernier point est essentiel, afin d'éviter un refroidissement ou un échauffement trop rapide. Le nid est en partie miné, en partie maçonné. C'est parmi les nids de ce genre que l'on rencontre le plus de *nids doubles*, consistant en deux ou trois nids, bâtis et habités par des espèces tout à fait différentes. Celles-ci vivent tranquillement les unes à côté des autres, leurs habitations respectives étant séparées par de forts murs mitoyens, qui traversent le nid de haut en bas dans toute sa largeur. Mais les pierres à peine enlevées, l'inimitié, ou tout au moins l'antipathie réciproque, ne tarde pas à éclater, et rien n'est plus comique

que de voir la hâte avec laquelle chaque espèce s'empresse de mettre sa progéniture à l'abri dans les pièces inférieures.

Les habitations les plus élégantes, dont la construction, du reste, ne diffère pas essentiellement de celles qui viennent d'être décrites, sont aménagées par certaines espèces dans du bois, de préférence dans de vieux troncs d'arbres. Les fourmis cherchent avant tout à conserver à la fibre ligneuse sa direction naturelle, mais, pour tout le reste, elles font les arrangements les plus divers, selon les exigences de la situation. Les murs et les colonnes ou poutres suivent toujours une direction parallèle à celle de la fibre ligneuse ; à l'extérieur, court un mur d'enceinte d'au moins un centimètre d'épaisseur, qui n'est percé que de quelques ouvertures, destinées à servir d'entrées à la fourmilière. Une fissure plus large se produit-elle par hasard, les habitants s'empressent de rentrer au plus vite et de boucher les chambres et les galeries découvertes avec des parcelles de vermoulure et d'autres matériaux du même genre. Il arrive souvent aux fourmis de s'approprier, pour leurs constructions, des creux préparés par d'autres fourmis ou d'autres insectes, surtout par les larves des scarabées des bois.

« Que l'on se représente, dit Huber, l'intérieur d'un arbre entièrement sculpté, des étages sans nombre plus ou moins horizontaux, dont les planchers et les plafonds à cinq ou six lignes de distance l'un de l'autre, et aussi minces qu'une carte à jouer, sont supportés tantôt par des cloisons verticales qui forment une infinité de cases, tantôt par une multitude de petites colonnes assez légères, qui laissent voir entre elles la profondeur d'un étage presque entier ; le tout, d'un bois noirâtre et enfumé, et l'on aura une idée assez juste des cités de ces fourmis. »

Nous trouvons des observations très intéressantes sur une des espèces de fourmis sculpteuses en bois de l'Amérique (*Camponatus* ou *Formica Pensylvanicus, charpentière de la Pensylvanie*), chez le Rev. H. E. Mc. Cook (*Transact. of the Amer. Entomol. Soc.*, Dec. 1876). Il décrit tout un vaste système de galeries, de passages, de chambres, de salles et de voûtes, que les fourmis avaient logés dans le manche d'un gros marteau de forge, et ajoute que des nids semblables, aménagés dans les arbres, atteignent parfois une étendue de six pieds de long.

Forel a observé une grande variété dans la manière de bâtir chez la *f. truncicola*. Elle s'entend en maçonnerie comme la fourmi sanguine, et sait se servir de longues poutres comme la fourmi des prés. Elle sait aussi bien élever de grandes et de petites coupoles que cacher son nid sous une pierre. Elle s'entend encore à se nicher dans les creux des vieux arbres, et à utiliser les couches concentriques du bois pour y établir des loges spacieuses.

La fourmi architecte sait tout aussi bien se guider d'après les circonstances dans le choix de ses matériaux; tous lui sont bons, s'ils peuvent la conduire à son but. A défaut de poutres, elle a recours à n'importe quelle pièce ronde, ce qui du reste nuit à la solidité de l'édifice. Les communications de la Société des sciences naturelles de Berne, de l'année 1874 (p. 149), racontent qu'une fourmi perce-bois (*f. fuliginosa*), à défaut de bois, transforma un tas de feuilles de châtaignes, amoncelées dans une ruche, en une habitation toute semblable à une construction ligneuse, avec ses étages, ses chambres et ses galeries de communication. Cette espèce est non seulement habile à sculpter le bois, mais, à l'aide d'une sécrétion glandulaire, elle pétrit les parcelles vermoulues ou la poussière du bois, et en forme des murs, des colonnes, etc. Elle est reconnaissable à sa couleur d'un noir luisant, à sa grosse tête recourbée et comme séparée du corps, et à ses pattes d'un rouge jaunâtre. Ses édifices défient, au dire de Blanchard, toute description.

La tâche des espèces logeant dans les murs et les rochers est plus facile, puisqu'elles utilisent les fentes et les fissures naturelles de ceux-ci, et n'ont que la peine d'achever l'œuvre de la nature avec un peu de terre et de sable. Ce n'est que le tracé des routes reliant les diverses parties du nid qui présente de grandes difficultés.

A propos de la manière dont les fourmis s'adaptent aux circonstances dans la construction de leur logis, ainsi que de l'intelligence remarquable et de l'activité déployées par elles dans ces occupations, citons les observations si caractéristiques et présentées avec tant de charme par J. F. Moggridge (*Harvesting ants and Trapdoor spiders.* London, 1873, page 43 et suivantes) :

« Le 28 décembre, je déposai dans un grand flacon de verre, partiellement rempli de terre de jardin, une colonie de fourmis, dont j'avais fait la capture avec leurs reines dépouillées d'ailes et une quantité de larves. Les fourmis se mirent incontinent à creuser dans la terre des galeries et des appartements pour les larves. Ceci commença à peu près vers les quatre heures de l'après-midi, et vers les neuf heures du soir, je constatai que mes fourmis avaient creusé huit trous profonds, conduisant à des galeries souterraines ; elles les avaient entourés circulairement de remblais de terre remuée et amoncelée, présentant la forme d'un cratère.

« Le matin suivant, je trouvai déjà dix trous de creusés, et les remblais, considérablement agrandis, prouvaient que les fourmis avaient dû travailler toute la nuit. La quantité de travail accompli dans un temps si court était

vraiment surprenante, si l'on pense que dix-huit heures
auparavant, il n'y avait rien de fait, et que les fourmis et
les larves venaient d'être transportées dans un endroit à
elles parfaitement inconnu, borné par des murs en cristal.

« Il est évident que les fourmis firent preuve, dans cette
occasion, d'une intelligence d'autant plus remarquable,
qu'elles avaient su concevoir dans un bref délai un plan
permettant d'utiliser le nombre superflu d'ouvrières, dont
elles disposaient, et cela sans que celles-ci fussent réciproquement gênées dans leurs travaux. Car la terre, ou plutôt l'étendue de terrain contenue dans la bouteille, ne formait naturellement que la dixième partie de l'espace requis
d'ordinaire pour les fondements d'un nid, tandis que le
nombre des ouvrières représentait dans tous les cas au
moins le tiers des ouvrières ordinaires de la colonie. Si on
n'avait donc pratiqué qu'une ou deux ouvertures dans le
sol, les ouvrières auraient été trop entassées, et la plupart
n'auraient pu être employées aux travaux souterrains.
Les nombreuses ouvertures facilitèrent la chose, et contri-
buèrent aux rapides progrès des travaux. Mais au bout de
quelques jours, alors que les travaux essentiels furent
terminés, le nombre des orifices fut réduit jusqu'à trois,
et finalement il n'en resta qu'un. Néanmoins les travaux ordinaires allaient leur train, et le niveau du terrain
s'exhaussa graduellement de trois pouces au dessus du
niveau primitif. Ce n'est que dix-neuf jours après le
commencement de leur captivité que les fourmis se formèrent en longues files pour le transport du grain mis à
leur portée; j'en conclus que cet espace de temps leur
avait été nécessaire pour commencer et mener à bien la
construction de leurs greniers. »

Moggridge observa à cette occasion, comment les fourmis
s'y prenaient pour se débarrasser des petites racines, qui

obstruaient leurs galeries, ainsi que des plantes, qui poussaient sur la surface extérieure du nid. Deux d'entre elles s'associèrent pour cette tâche, et tandis que l'une tirait à elle l'extrémité libre de la racine, l'autre en rongeait les filaments à l'endroit où la tension était la plus forte. Il y a quantité d'exemples semblables d'adresse mécanique jointe à un degré supérieur de jugement et de calcul, exemples fournis soit par des individus isolés, soit par des fourmis prises en masse, et ce n'est pas une mince tâche que de les réunir et de les grouper en faisceau. Bingley (*Animal biography*, 6ᵉ éd., London, 1824, t. IV, p. 173) nous parle d'un observateur de Cambridge, dont l'attention fut un jour attirée par une fourmi traînant un petit morceau de bois de construction. Ses camarades étaient dans le voisinage, occupées chacune à sa besogne. Arrivée avec son fardeau au pied d'un petit talus, la fourmi n'eut plus la force de le lui faire franchir. Deux ou trois de ses camarades, s'étant aperçues de son embarras, vinrent immédiatement à son secours et l'aidèrent à hisser le fragment de bois en le soutenant par en bas. L'obstacle une fois franchi et le morceau hissé sur le talus, elles s'en retournèrent sur-le-champ vaquer à leurs affaires. Mais voilà que la première fourmi retombe dans un nouvel embarras : le petit morceau de bois, dont un bout était considérablement plus large que l'autre, s'accrocha fort malencontreusement entre deux autres parcelles de bois. Après quelques efforts infructueux pour l'en dégager, la fourmi fit ce qu'aurait fait à sa place un être doué de raison : elle retourna sur ses pas, se mit à tirer la pièce de bois en arrière, la retourna du côté pointu et traîna son fardeau avec la plus grande facilité. »

Deux faits analogues ont été brièvement racontés à l'auteur de ce livre.

M. F. Moll, de Worms, eut l'occasion d'observer un jour une fourmi des bois portant transversalement entre ses labres l'écale d'un bourgeon de hêtre, dont les étroites fissures laissaient passer une racine noueuse. Ne pouvant, malgré ses efforts, s'accommoder de ce mode de transport, elle fit quelques pas en arrière, déposa l'écale par terre, puis la ressaisit par son extrémité pointue et parvint ainsi à la traîner facilement. Un homme aurait-il agi autrement ?

Le docteur Louis Nagel, de Schmölle, a bien voulu nous communiquer le fait suivant :

« Traversant, par une journée d'été, une charmante vallée, pleine de fleurs, le narrateur s'arrêta sur le penchant septentrional d'un rocher à pic, exposé au midi, près d'un vieux tronc de chêne creux. Toute une nuée de fourmis s'agitait autour, les unes traînant sur la montagne des matériaux de construction, les autres, après s'être déchargées de leurs fardeaux, redescendant pour en chercher de nouveaux. Il aperçut alors une fourmi chargée d'un morceau de bois, qui ne pouvait arriver à bon port ; chaque fois qu'elle avait gagné quelque avantage, elle lâchait pied et perdait du terrain. Une autre fourmi s'étant avisée de son embarras, s'empressa d'aller au secours de son amie ; elle saisit le côté opposé du morceau de bois, qui ne fut hissé qu'à force d'efforts réunis. »

Voici un fait plus compliqué, mais par cela même plus intéressant encore, observé par un marchand de Liegnitz, M. Albert Peiser :

« Par un bel après-midi d'automne, pendant la guerre de 1866, je me promenais, en compagnie de quelques amis, dans une vieille forêt de pins. Une fourmilière, habitée par les petites et noires fourmis des bois, fixa bientôt toute mon attention, ce qui ne saurait manquer d'arriver à tout observateur voué depuis longtemps à l'étude de ce monde curieux, et s'étant appliqué à pénétrer l'ordre, l'organisation cachés derrière ce désordre apparent. Au milieu des continuelles allées et venues de ces petits animaux, je ne tardai pas à remarquer six ou huit fourmis occupées à déloger une chenille d'un vert clair ayant au moins deux pouces de longueur, et qui, dans sa terreur, s'était cramponnée à une branche sèche. L'entreprise semblait difficile, sinon impossible ; la chenille, bien supérieure en force à ses petits adversaires, ne semblait pas du tout disposée à leur obéir et se cramponnait de plus belle. J'appelai mes compagnons, qui s'étaient un peu éloignés, et quel que fût notre désir de délivrer la pauvre chenille des mains de ses ennemies, le drame était tellement poignant que nous ne pûmes nous décider à intervenir. A peine les fourmis se furent-elles aperçues de l'inutilité de leurs efforts, qu'elles se ruèrent subitement sur la chenille avec acharnement, et, comme mues par une seule volonté, la renversèrent sur le dos. Dès lors, la chenille ne pouvant plus s'accrocher à quoi que ce soit, dut subir sa destinée. Traînée par les unes, poussée par les autres, la victime arriva à l'une des ouvertures de la fourmilière, et de là tomba dans l'Orcus, où nous la vîmes s'engloutir lentement et disparaître à jamais. »

E. Menault (*L'Intelligence des animaux*, Paris, 1872, p. 6), se promenant un jour avec un naturaliste de ses amis, M. H. Delafoy, aperçut un certain nombre de fourmis travaillant à faire passer, par l'ouverture de leur nid, l'aile d'un hanneton. Les tentatives, réitérées de diverses manières, échouaient toujours, l'ouverture étant trop étroite. Alors les laborieuses petites bêtes se mirent à l'élargir activement, et cela sans se lasser, jusqu'à ce que la capture pût y pénétrer. Une autre fois, Menault vit une seule fourmi traîner vers le nid, à travers un terrain peu favorable, la patte d'un scarabée doré. Ce n'est que dans le voisinage du nid qu'elle fut aidée par le concours de ses sœurs, et grâce à des efforts réunis, la proie fut vite déposée en sûreté.

La manière dont les fourmis s'y prennent pour pratiquer des issues à leurs nids, les fermer ou les surveiller à l'occasion, n'est pas un phénomène moins intéressant à observer. D'ordinaire il y a, au sommet de la construction, un certain nombre de petits orifices, que les ouvrières bouchent soigneusement la nuit, ou pendant les pluies, ou bien à l'approche de quelque danger, quitte à les rouvrir plus tard s'il en est besoin. D'autres fois, les issues sont latérales, et percées de manière à rester inaperçues. Quelquefois il n'y a qu'une entrée principale avec quelques petites issues supplémentaires. Dans d'autres cas, on n'aperçoit aucune issue, car celle-ci se trouve placée, comme il a été dit, à une très grande distance, et ne communique avec le nid que par un tunnel souterrain.

« Si on observe un nid des fourmis jaunes-rouges à diverses heures de la journée », dit Blanchard, « on reste surpris des changements qui s'y succèdent sans interruption. Si l'on vient de grand matin, tout semble dormir dans l'habitation. On n'y remarque aucun mouvement. Tout au plus quelques petites fissures font-elles présumer que les habitants ont pu sortir par là. Bientôt quelques-uns d'entre eux apparaissent sur la coupole, et se mettent à courir tout à l'entour. Peu à peu il en surgit davantage ; on voit les fourmis portant de divers côtés des morceaux de bois, à mesure qu'elles débouchent des issues du nid. Si le temps est beau, on ouvre quelques ouvertures spacieuses, communiquant avec les principales pièces du nid, et dès ce moment la population entre en pleine activité. A la tombée de la nuit, les diligents insectes ferment les

issues ; ils veulent reposer en sûreté, à l'abri de toute invasion étrangère. De même, si la pluie tombe, les portes
sont immédiatement closes. Tout le monde se met si assi-
dûment à la besogne, que le but est atteint au bout de
quelques instants. » Ces merveilleuses coutumes, si faciles
à observer, n'ont été pourtant décrites pour la première
fois que par Pierre Huber, qui appela sur elles l'attention.
Il donna beaucoup de détails sur la manière dont les
fourmis apportent les poutres pour couvrir et fermer leurs
galeries, et pour en boucher les issues ; il raconta comment,
sur les points où le labeur est le plus fiévreux, elles vont
traînant sans cesse de petits morceaux de bois. Il s'écrie enfin :
« N'est-ce point en petit le travail de nos charpentiers,
quand ils élèvent le fronton d'une maison ? La nature
semble nous avoir précédés dans toutes les découvertes
dont nous nous glorifions. » Huber a raison. Si des observateurs habiles avaient existé parmi les hommes primitifs,
les connaissances, que les peuples civilisés ont mis des
milliers d'années à acquérir, auraient marché d'un pas
bien plus rapide.

Forel soutient que toutes les espèces de fourmis, sans
distinction, tiennent leurs habitations plus ou moins bien
closes, et ne les ouvrent qu'autant que cela est nécessaire
pour leurs travaux et pour l'essor des mâles et des femelles. En outre, on les ferme, quand il pleut ou quand il
fait très froid.

On se sert, pour cet usage, de matériaux de tout genre,
qui se trouvent sous la main : terre, feuilles, morceaux de bois, grains, petites pierres, etc. Perty (*Sur la
vie psychique des animaux*, 1876, p. 336 de la 2e édit.)
cite, d'après Henning, le fait suivant relevé par un observateur anglais, sur des fourmis barricadant, avec une mince
ardoise, l'ouverture de leur nid contre la pluie. Une cin-

quantaine environ de ces insectes sont toujours occupés
soit à boucher, soit à déboucher les ouvertures. Si l'observation est exacte, elle sert à prouver que, dans certains
cas, les fourmis s'entendent admirablement à organiser
jusqu'à la besogne de l'ouverture et de la clôture de leurs
portes, de façon à s'épargner une peine inutile.

Quelquefois les issues sont gardées par des *sentinelles*,
s'acquittant de leur devoir de diverses manières. Forel a
vu un nid de *colobopsis truncata*, dont les orifices ronds
et exigus étaient gardés par des soldats, et cela de façon
que les grosses têtes cylindriques de ceux-ci bouchaient les
ouvertures aussi complètement qu'un bouchon le goulot
d'une bouteille. Pour se garantir des invasions des espèces
esclavagistes *strongylognathus*, le même observateur a vu
la *myrmecina latreillei* placer près de chacun des petits
orifices de son nid, des ouvrières, qui les obstruaient soit
avec leur tête, soit avec leur abdomen. Les espèces *camponatus* protègent aussi leurs nids en faisant passer leurs
têtes par les issues, tandis que leurs antennes sont repliées en arrière. Chaque ennemi qui s'approche reçoit
donc soit un rude choc, imprimé de tout le poids du corps,
soit une morsure. Mc. Cook constate que dans les nids
des fourmis bâtisseuses de coupoles de la Pensylvanie, dont
il vient d'être question, il y a toujours des *sentinelles* spéciales aux aguets à l'intérieur des portes, prêtes, à la
moindre apparence de danger, à en surgir, pour se précipiter sur l'ennemi; il est curieux, dit-il, de voir avec
quelle rapidité l'alarme se propage dans le nid, et comment les habitants se précipitent en masse à la défense de
leur foyer. C'est avec le même courage et la même habileté que les espèces *lasius* protègent contre les attaques
ou les sièges leurs grands nids solides, à vaste circonférence, tandis que d'autres espèces timides et pusillanimes

cherchent à s'enfuir au plus vite avec leurs larves, leurs
nymphes et leurs reines fécondées. C'est, nous le raconte
Forel, un vrai camp barricadé. Les galeries sont bouchées
l'une après l'autre et protégées extérieurement, afin
que l'agresseur ne puisse s'avancer que pas à pas. A
moins que celui-ci ne soit formidable par le nombre, la
lutte, par suite de cette tactique, peut se prolonger longtemps. Pendant ce temps, d'autres ouvrières sont occupées
à creuser des contre-mines, afin de faciliter la fuite, si la
nécessité l'impose. Mais le plus souvent ces passages souterrains sont préparés à l'avance, en sorte que l'on voit
parfois, au moment où la lutte dure encore sur un endroit,
une nouvelle coupole des *lasius* s'élever dans quelque point
éloigné, fait qui s'explique facilement par l'étendue des
voies de communication souterraine.

En dehors de ces changements forcés de domicile, il s'en
produit assez fréquemment de volontaires, dont les raisons
sont en grande partie encore inconnues. Une telle émigration n'a pas lieu cependant sans des délibérations et des
conciliabules préalables. Voici ce que raconte Lespès à propos d'événements de ce genre :

« Les fourmis changent quelquefois d'habitations, soit
parce que celles qu'elles occupent sont placées beaucoup
trop dans l'ombre, soit parce que l'humidité y est trop
grande, soit pour quelque autre raison inconnue. On voit
alors une fourmi s'approcher d'une autre et lui tenir un
discours, en lui donnant du bout de ses antennes de légères
tapes sur la tête. Celle-ci, les pattes ramassées, semble
attendre ce qui va suivre. Sa sœur à la fin la prend entre
ses labres et la porte dans l'endroit qu'elle a jugé convenable pour la construction d'un nouveau domicile. Au bout
de quelque temps les deux fourmis reviennent et procèdent
de la même manière avec leurs autres compagnes; enfin

·on se décide à transporter les larves et les nymphes dans
le nouvel emplacement. » Lespès remarque à cette occasion que certaines espèces semblent posséder un langage
plus riche que d'autres, car elles sont en état de communiquer à leurs camarades le projet d'un changement de
domicile, sans être obligées de les transporter sur les
lieux mêmes. D'ailleurs, nous aurons l'occasion de revenir
encore sur le langage des fourmis et les divers moyens
qu'elles possèdent de communiquer entre elles.

Quelque compliqués et variés que soient les genres
d'architecture des fourmis européennes, elles semblent
sous ce rapport être dépassées par leurs sœurs des régions
tropicales, plus grosses et beaucoup plus nombreuses comme
individus, aussi bien que comme espèces ; mais malheureusement nous ne possédons encore sur leur compte que peu
de détails authentiques et précis. Plusieurs plateaux de
l'Amérique du Sud sont, d'après Lund, tout hérissés de
constructions élevées par les fourmis, et ces constructions
ont parfois une circonférence de 30 à 40 pieds à la surface
du sol, tout en plongeant jusqu'à 200 pieds dans ses
profondeurs. Stockes trouva dans le nord-ouest de l'Australie des fourmilières pyramidales de 13 pieds de haut, et
bâties si solidement qu'un homme pouvait monter sur elles
sans les écraser. Les constructions de la *myrmica texana*
(Texas) ont, d'après Buckley, jusqu'à 100 pieds de long, et
les pièces séparées, fort vastes, pénètrent à 10 et à 18 pieds
dans la profondeur du sol. La terre, qui en a été rejetée,
forme tout autour un parfait cratère. L'entrée du nid se
trouve placée très loin, au bout d'un long canal souterrain,
à travers lequel les ouvrières transportent dans leur cité
souterraine le grain, les feuilles et les fruits. L'*isan* du
Paraguay, vraisemblablement une des espèces du genre
Atta, bâtit, d'après Rengger, des nids en argile de

20 pieds de diamètre et de plusieurs pieds de hauteur ;
ces nids plongent bien avant sous la terre, et sont percés
de plus d'une cinquantaine de portes. De ces portes partent
autant de routes solidement construites, ayant souvent un
parcours d'un quart d'heure, sillonnées par une multitude de fourmis chargées de matériaux de construction
et de parcelles de butin.

Bingley (*loc. cit.*, p. 180) raconte que, lors de l'expédition du capitaine Cook dans la Nouvelle-Galles du Sud, on
eut l'occasion d'observer une fourmi verte, vivant sur les
arbres, et dont le nid est arrangé de la manière suivante,
qui est fort extraordinaire. Cette fourmi, en effet, se sert
de ses appendices pointus pour plier un grand nombre
de feuilles si près l'une de l'autre, que celles-ci forment
une espèce de sac dont elle fixe les parties à l'aide d'une
colle préparée par elle-même. Les observateurs avaient vu
des milliers de ces petites bêtes, usant de toutes leurs
forces pour tenir ensemble ces feuilles, tandis qu'une
multitude d'autres apportaient la colle. Dès qu'on dérangeait les petits artistes, les feuilles se redressaient brus-
quement pour reprendre leur position primitive. Finalement
les observateurs furent punis du dérangement occasionné,
car les fourmis les assaillirent et les piquèrent cruellement.
Ainsi firent deux autres espèces, observées à la même
occasion, et dont l'une construisait son nid comme la
fourmi européenne perce-bois en le sculptant dans les
jeunes *branches*, tandis que l'autre nichait dans les
racines d'un arbre plein de sève.

CHAPITRE V

Construction des routes.

Routes couvertes et découvertes. — Insectes construisant des murs de clôture. — Perfectionnement par l'expérience. — Établissement des stations et des succursales. — Les « cités des fourmis » dans la Pensylvanie. — Travail nocturne des fourmis. — Fourmis chasseresses de l'Afrique occidentale. — La *sa-uba* ou fourmi à parasol du Brésil, de l'Amérique centrale et du Texas.

Mais c'est dans la construction de leurs routes, plus encore que dans celle des habitations, que les fourmis déploient le plus d'habileté, de prévoyance, de perspicacité, et savent utiliser, avec une rare présence d'esprit, les circonstances favorables, ou détourner les obstacles naturels. A cause des occupations multiples qui les appellent au dehors, ces routes sont pour elles de la plus haute importance. Elles consistent tantôt en canaux souterrains, tantôt en sentiers ou chaussées à découvert, tantôt en galeries ou tunnels couverts ; le tracé de ces routes, loin d'être partout le même, comme tel eût été le cas si ces animaux suivaient simplement leur instinct, est au contraire fort divers et fort varié, selon les besoins de la situation et des circonstances. Les canaux souterrains servent tantôt de moyens de communication entre les diverses colonies des fourmis, tantôt à déguiser l'entrée du nid, tantôt à relier entre elles les diverses parties d'une habitation très étendue, tantôt simplement de route vers un endroit où se trouve la nourriture, par exemple des plantes au suc sucré ou les feuilles préférées par les pu-

cerons, qui servent aux fourmis de vaches laitières.
D'ailleurs, les routes de tout genre servent, le cas échéant,
à atteindre ces buts divers. Les fourmis s'entendent à
merveille pour choisir la voie la plus courte, ainsi que la
manière la plus commode et la mieux adaptée à l'accomplissement de leurs projets. Trouvent-elles à leur portée
un terrain tout préparé, où elles puissent circuler à une
assez grande distance sans être dérangées, par exemple le
pied d'un mur, d'une palissade ou le rebord d'une allée,
vite elles l'utilisent, et ne cherchent plus à se frayer une
autre route. Si tel n'est point le cas, elles tracent une
voie bien dessinée, qu'elles débarrassent de tous les obstacles, en particulier des feuilles sèches. C'est ainsi qu'elles
construisent, dans les clairières des bois, de vraies chaussées, conduisant d'un nid à un autre, et pour cela elles
commencent avant tout par couper ras les tiges herbeuses.
Ensuite elles durcissent le sol à l'aide de sable et de ciment,
élèvent dessus une chaussée exhaussée, et se mettent à
circuler. Dans les bois, où la construction d'une route
est plus facile par elle-même, mais où la chute continuelle
des feuilles et d'autres obstacles du même genre viennent
obstruer fréquemment la voie, les fourmis donnent à
celle-ci une largeur considérable, parfois de deux décimètres, mais une profondeur moins prononcée que pour
celles tracées dans les prairies, car si le percement de ces
dernières présente, comme nous venons de le dire, de plus
grandes difficultés, elles sont, en revanche, plus solides,
et comme telles, n'ont qu'une largeur de quatre à six
centimètres. Ce n'est point comme on pourrait le croire,
de l'ouverture de leurs nids, que les fourmis font partir
leurs routes. Voici comment elles s'y prennent : à la construction d'un nouveau nid, par exemple, elles se dissé-
minent sur toutes les lignes où elles veulent tracer des

routes, et commencent le travail sur différents points
simultanément, ni plus ni moins que le font les hommes
pour le tracé d'une voie ferrée, d'une chaussée, etc. Ces
routes se prolongent parfois à quatre-vingts et cent pas
du nid, et il y en a quelquefois huit à dix qui partent
d'un grand nid. Les fourmis perce-bois ne tracent point
généralement de route, la traversée d'un arbre à un
autre n'offrant aucune difficulté.

Les voies *couvertes*, galeries ou tunnels, sont d'ordinaire exécutées par ces espèces de fourmis, qui, voulant
jouir en paix de la possession de leurs vaches laitières, les
pucerons, cherchent à les dérober aux yeux des autres
fourmis ainsi qu'à ceux de leurs innombrables ennemis.
Mais la route arrive-t-elle à un endroit isolé, où il n'y a
pas de danger d'être découvert, aussitôt la construction
de la voûte est interrompue, et la route reste découverte.
Forel a vu une route semblable (de deux centimètres de
largeur, et d'un centimètre de hauteur) tout entière
construite en terre voûtée, et montant sur un mur
pour redescendre de l'autre côté, le tout afin d'assurer la
sécurité du passage d'une cour dans un jardin. De temps
en temps, le long de la tige de la plante, sur laquelle
résident les pucerons, courent des galeries en maçonnerie qui forment, parmi les feuilles, de vrais petits
réduits pour ces derniers. Le *lasius brunneus*, la fourmi
brune, ne vit que de l'entretien d'énormes *coccus*, et les
abrite sous un toit d'écorce pourrie. Quant aux pucerons
des plantes, aux gallinsectes en particulier, les fourmis
vont jusqu'à les enclore de murs. Cette prison est d'ordinaire d'une grandeur passable, et des ouvertures y sont
pratiquées, à travers lesquelles vont et viennent les
maîtres, tandis qu'il est défendu aux captifs de les franchir. Forel vit un jour, sur la branche d'un chêne, un

semblable réceptacle en forme de cocon, de la longueur
d'un centimètre et demi, contenant des pucerons, auxquels
les fourmis prodiguaient les soins les plus assidus. Le fait
sera mentionné plus loin, dans le chapitre intitulé : « Élevage des bestiaux et laitage. »

A propos de la construction des tunnels, Forel eut plus
d'une occasion de remarquer à quel point les fourmis
savent profiter de l'expérience pour perfectionner leurs
travaux, et il est incontestable qu'il doit en être de même
de leurs autres occupations. Il enferma un jour une colonie
de fourmis des gazons (*t. caespitum*) dans une arène
bâtie en poussière de plâtre séché, ce qui rendait l'évasion
impossible aux captives, le plâtre s'émiettant sous leurs
pas, et les faisant retomber. Ceci dura quatorze jours,
jusqu'à ce qne l'idée vint aux fourmis d'effectuer leur délivrance à l'aide d'un tunnel creusé dans le plâtre. Plusieurs tentatives échouèrent à cause de là friabilité de la
masse poreuse, mais enfin, après bien des efforts infructueux, les petites bêtes réussirent à perforer le mur dans
toute son épaisseur. En imprimant une légère secousse
au plâtre, Forel produisait des éboulements dans les tunnels. Mais les ouvrières se perfectionnaient de plus en
plus ; au bout d'un temps très court, elles rétablissaient
les tunnels à l'endroit même où ils avaient été endommagés.
Forel finit par les laisser en paix, et elles se sauvèrent avec
leurs larves et leurs nymphes.

Plus intéressantes encore que les routes, sont les *stations* établies sur le parcours des grandes voies, sous
terre, pour servir d'abri aux provisions et aux ouvrières.
Ce sont de petits nids où se réfugient les fourmis fatiguées
ou brûlées par les rayons ardents du soleil ; ces stations
servent en même temps d'abris bien clos pour la nuit à
celles qui se sont attardées en route. C'est encore là

qu'elles cherchent un refuge, quand elles sont surprises par une ondée. Le plus souvent, ce ne sont que des trous creusés dans la terre, mais quelquefois les stations ont la forme parfaite d'un petit nid à coupole, qui, peu à peu, en s'agrandissant, finit par devenir un nid véritable. Nous dirons plus loin comment les espèces qui s'occupent de la récolte du grain établissent, sous leurs routes, de véritables dépôts pour leurs provisions.

Outre les stations, on trouve encore, dans le voisinage des grands nids, des *succursales* ou *dépendances* où se déverse le trop plein de la population. Mais il arrive plus souvent, dans des occasions pareilles, qu'on élève de nouveaux nids dans le voisinage des vieux, et peu à peu, cette extension sur un même emplacement finit par acquérir des proportions énormes. Forel découvrit dans une clairière, sur le mont Tendre, une colonie de *f. exsecta*, composée de plus de deux cents nids, et occupant une circonférence de 150 à 200 mètres carrés. Une colonie semblable, un peu plus petite, de *f. pressilabris*, se trouve sur le mont Salève, près de Genève. L'espace entier est couvert d'arbustes rabougris, sur lesquels les fourmis élèvent leurs pucerons. Tous les membres d'une telle colonie, même ceux appartenant aux nids les plus éloignés, se connaissent entre eux, et ne laissent approcher aucun étranger. Ceci, de même que le grand nombre des habitants qui sont étroitement unis, donne une force extraordinaire à la colonie. On peut très bien, à l'exemple de Huber, comparer ces nids aux villes d'un même royaume, ou mieux encore d'une même république. L'état entier se soulève lors de l'attaque d'un intrus, et les nombreuses communications extérieures et intérieures entre les divers nids rendent possible une concentration rapide des forces des combattants sur certains points, exactement comme on utilise les voies ferrées nombreuses et habilement tracées dans les états humains.

Tout cela pourtant est bien au-dessous de la description de la « Cité des fourmis[1] », découverte par le Rév. Mc. Cook dans les monts Alléghaniens de l'Amériqne du nord, et si remarquablement décrite par lui dans le *Transact. of the Amer. Entomol. Soc. Now.*, 1877.

Pour en revenir aux routes couvertes ou tunnels, ajoutons qu'en dehors des usages ci-dessus mentionnés, ils ont encore un but spécial, celui de garantir contre les rayons de soleil. Autant les fourmis aiment le printemps et l'automne, et savent en utiliser la chaleur pour l'élevage de leur progéniture, autant elles évitent avec soin l'ardent soleil de midi des mois d'été, dont l'effet est de dessécher rapidement leurs petits corps. Aussi s'arrangent-elles de manière à ne travailler par les chaudes journées que le matin et le soir, en en réservant le milieu à la sieste. Elles agissent en cela précisément comme le font les hommes, quand la température est trop élevée, ou dans

---

[1] Cette cité, édifiée et habitée par les *f. exsectoïdes* (Forel) ou fourmis américaines, qui bâtissent leurs habitations en forme de tertre (*mound-making ant*), se trouve sur le flanc oriental du mont Boush, en Pensylvanie, non loin de Mollidaybourg et ne consiste pas en moins de 1,600-1,700 colonies ou nids séparés qui s'élèvent en forme de tertres coniques, à la hauteur de 2-5 pieds sur une circonférence de 10-58 pieds, et occupent ainsi un espace de près de 50 acres. *Sous* chaque nid s'étend un vaste réseau de routes et de communications souterraines, conduisant à des arbres et à des végétaux alimentaires, dont le plus voisin se trouve parfois éloigné de soixante pieds. M. Cook a calculé que ces merveilleuses constructions sont, relativement à la grosseur de leurs architectes, *mille* fois plus grandes que les édifices les plus gigantesques des hommes. Les habitants de *tous* ces nids sont unis par les liens de la plus forte amitié ; ils ne se font jamais la guerre et peuvent être considérés, à juste titre, comme une grande communauté républicaine ou une espèce de république fédérative. Les dommages causés à ces nids en forme de tertre sont immédiatement réparés, grâce à la combinaison des efforts. Les petits animaux que l'on jette sur le toit du nid, par exemple les grosses araignées, les serpents et autres, sont dépecés avec le même empressement et rongés jusqu'au squelette.

les pays du midi. Lespès a surtout observé ces mœurs chez les *atta barbara*, une des espèces de fourmis-glaneuses, que l'on trouve sur le rivage de la Méditerranée. Moggridge a constaté le même fait (*loc. cit.*). Lespès a vu aussi les fourmis travailler la nuit par un beau clair de lune, tandis que Moggridge les a surprises travaillant même « par une nuit sans lune ni étoiles ». Ces faits, ainsi que les observations de Gould, Huber, Kirby, Katzeburg, Forel et autres, tranchent la question, si souvent agitée depuis Aristote, sur le travail nocturne des fourmis. Aristote le premier a avancé le fait, souvent constaté depuis, du travail nocturne des fourmis à l'époque de la pleine lune, fait qui depuis a été établi de la manière la plus évidente. Forel observa une colonie de fourmis des prés, qui, durant les fortes chaleurs du mois de juillet, ne sortaient point du nid tout le long du jour ; le soir arrivé, elles en surgissaient par milliers, couvraient toutes les routes, et se mettaient en quête des pucerons éparpillés sur les arbres. Par une nuit très sombre, s'étant muni d'une lanterne, il les trouva établies sur les arbres et les buissons, en compagnie de leurs bien aimés enfants adoptifs. Cette activité continua toute la nuit, et ne se ralentit pas encore le lendemain matin. Forel eut occasion de faire la même observation à propos d'autres espèces, ainsi que sur celles qu'il gardait dans son *vivarium*. Pendant les chaleurs, il vit constamment les habitantes de celui-ci sur pied toute la nuit, tandis que par les temps froids elles dormaient. On peut constater, au printemps, un phénomène tout opposé : à cette époque les fourmis quittent leurs nids entre huit et neuf heures du matin, pour y rentrer déjà entre cinq et six heures du soir. C'est à l'aide de leurs antennes que celles qui travaillent par les nuits sombres semblent se diriger, tandis que les espèces, dont les antennes sont relativement petites et les yeux plus développés (telles que les espèces *polyergus rufescens*, *f. rufa* et autres), préfèrent généralement le jour à la nuit. Aussi leurs mouvements sont-ils plus lents et plus réfléchis la nuit, plus rapides et plus impétueux le jour. Mc. Cook (*loc. cit.*) put aussi observer ses fourmis travaillant de jour comme de nuit; mais la gelée et le froid les plongeaient dans un état de stupeur et paralysaient toute occupation, tout effort. Il ne les vit jamais sortir en hiver; elles se tenaient constamment blotties dans la partie la plus chaude et la plus close du nid. D'ailleurs le travail nocturne des fourmis ne présente en soi rien d'extraordinaire, puisqu'elles sont habituées à se livrer à leurs occupations dans l'intérieur du nid au sein de la plus parfaite obscurité. Ce genre de travail est surtout une nécessité pour les fourmis maçonnes, car de cette manière leurs murs, ne séchant pas trop rapidement, gagnent en solidité. Les fourmis qui ne maçonnent pas préfèrent les travaux de jour. Par les journées humides et voilées, ou lorsqu'il pleut, on voit les maçonnes travailler le jour. Quand il arrive aux petites ouvrières d'être soudainement frappées, par un soleil de midi, au milieu des occupations qui les retiennent sur une route, ou quand celle-ci, tracée d'ordinaire dans l'ombre, débouche sur un endroit trop exposé au soleil, elles cherchent à remédier à l'inconvénient en couvrant la route, au moins partiellement, d'une voûte faite d'un mélange de terre et de salive; ou bien, si les circonstances sont propices, en creusant dans le sol un petit tunnel, à l'abri duquel elles peuvent circuler en toute sécurité.

Cette manière de procéder dans la construction des routes est surtout usitée par la fourmi de l'Afrique occidentale, surnommée fourmi-chasseresse (*annomma-arcens*).

Cette fourmi, très sensible aux rayons ardents du soleil d'Afrique, ne se hasarde à la surface du sol que la nuit ou quand le ciel est voilé. Elle n'a point de domicile fixe, n'élève aucune construction artificielle et cherche un refuge soit dans les racines creuses de quelque arbre, soit sous la voûte de quelque rocher, soit dans tout autre endroit à l'ombre. Les fourmis de cette espèce s'avancent en deux grosses files ou colonnes serrées, cheminant dans l'ordre le plus parfait à travers les bois de l'Afrique, et s'attaquant sans discernement à tout être vivant qui se trouve sur leur chemin. Aussi est-ce un des fléaux les plus redoutés dans le pays. Les ouvrières, chargées de porter soit les larves, soit les aliments, sont placées au milieu de la colonne, tandis qu'aux deux bouts et sur les flancs s'avancent les *soldats* ou officiers, c'est-à-dire les individus à grosses têtes et à tenailles formidables. Ceux-ci ne portent aucun fardeau, mais surveillent l'ordre et la sécurité de la marche, vont à la découverte, rabattent les fugitifs, les traînards et font face à tout agresseur. Les hommes ou les animaux ne se décident qu'à grand'peine à les affronter.

L'appât d'un riche butin ou toute autre circonstance imprévue forcent-ils la colonne à s'attarder en route jusqu'à une heure avancée de la matinée, les voyageuses construisent à la hâte, au-dessus du sentier, une espèce de voûte en terre ou en boue cimentée avec de la salive. Mais ce travail est bien vite abandonné si elles réussissent à trouver une herbe assez haute pour leur servir de refuge assuré contre les rayons meurtriers du soleil.

La chasse et le pillage sont les principales occupations de ces terribles fourmis, et leur nom indique assez qu'elles s'attaquent à tout être vivant. Les grands animaux eux-mêmes n'échappent point à leurs atteintes, et, à en croire les indigènes, le boa, avant d'engloutir la proie qu'il vient d'étouffer entre ses terribles anneaux, explore les environs à la distance d'un quart de lieue au moins, afin de s'assurer qu'il n'y a pas d'armée de fourmis-chasseresses en marche, et s'il en découvre une, il s'enfuit en leur abandonnant son butin. Celles-ci commencent par en sucer les liquides et en emportent la chair, lambeau par lambeau, dans leurs réduits. Si elles envahissent, la nuit, une habitation humaine, il ne reste aux habitants qu'à prendre la fuite et à abandonner temporairement leur logis, ce qu'ils font du reste d'autant plus volontiers que les fourmis se chargent de le débarrasser à fond de tous les hôtes intrus, tels que rats, souris, serpents, lézards, blattes, araignées, punaises, etc. Il est vrai que les cochons, les poules, que l'on a oubliés ou qu'on n'a pas eu le temps d'emmener, tombent immolés à leur tour. Quant aux habitants, ils ne reviennent au logis qu'après le départ des pillards. Quand les trous, qui servent d'asile à cette espèce de fourmi, sont inondés à l'époque des pluies tropicales, elles se forment en masse serrée, compacte, au milieu de laquelle elles placent leur progéniture, ainsi que les individus plus faibles, et, de cette façon, elles flottent sur l'eau jusqu'à ce qu'elles atteignent un endroit sec. Pour traverser les petites flaques d'eau, elles forment de leurs files compactes une espèce de pont vivant, de chaîne aux anneaux serrés par où passe le gros de l'armée. C'est à l'aide de chaînes semblables qu'elles descendent souvent des arbres.

On trouve dans l'Amérique du sud une semblable espèce de fourmi surnommée *vagabonde-chasseresse* ou fourmi *fourrageuse*, qui a des mœurs semblables ; le naturaliste anglais Bates vient de nous en entretenir dans son *Voyage au fleuve de l'Amazone*, et il en sera encore question dans le cours de cet ouvrage.

C'est ici le lieu de parler d'une autre espèce de fourmi inconnue en Europe et présentant un intérêt tout particulier. C'est la *fourmi-visiteuse* ou *fourmi qui s'avance en file*, *myrmica* ou *atta* ou *oecodoma cephalotes*, connue aussi sous le nom de *sa-uba ;* elle habite le Brésil. On l'appelle communément fourmi *à parasol*, parce qu'elle s'avance d'ordinaire en immense colonne serrée, tandis que chaque individu tient verticalement entre ses mâchoires un morceau de feuille arrondi de la grandeur d'un *silbergroschen*. Les *sa-uba* ne se servent pas, d'ailleurs, de ces feuilles comme on l'avait cru longtemps, en guise de parasol, mais bien pour en faire un toit à leurs vastes habitations en forme de coupole. La *sa-uba* est aussi un terrible fléau dévastateur, car elle dépouille de leurs feuilles les arbres les plus précieux, surtout le caféier et l'oranger, et, par son grand nombre, rend l'agriculture presque impossible dans certains endroits. Lund raconte que, s'étant approché un jour d'un arbre en pleine frondaison, il entendit un bruit semblable à celui d'une forte averse, quoique le ciel fût serein. Il s'avança et aperçut sur le pétiole de chaque feuille une fourmi, qui travaillait de toutes ses forces. Le pétiole une fois coupé, la feuille tombait à terre. Une scène bien plus curieuse encore se passait au pied de l'arbre : le sol grouillait de fourmis qui s'emparaient des feuilles au fur et à mesure de leur chute et les mettaient en pièces. Au bout d'une heure tout était terminé : l'arbre dépouillé, les feuilles lacérées, les morceaux enlevés. Le célèbre voyageur Dampier (d'après Bingley, *loc. cit.*, p. 179) aperçut un jour une semblable colonne de fourmis à parasol, où l'on ne distinguait, selon son expression, qu'un flot mouvant de feuilles cachant complètement les porteurs. Pourtant la colonne avançait très vite et tout le sentier en paraissait vert.

Voici ce que M. le docteur Fr. Ellendorf, de Wiedenbrück, qui a séjourné pendant de longues années en qualité de consul dans l'Amérique centrale, nous écrit, à propos de ces animaux merveilleux : « Il faut compter parmi les espèces les plus intéressantes des fourmis les fourmis *à parasol*. Je les ai souvent rencontrées au commencement de la belle saison à Costa-Rica, quand elles envahissaient par millions les plantations de café ou se mettaient à la recherche de leur troupeau bien-aimé, chacune portant au-dessus de sa tête un petit éventail vert. Il m'est arrivé mainte fois de contempler longuement le spectacle de leur infatigable activité, et un jour j'attachai mon mulet sur la route pour suivre lentement à pied leur longue file et arriver à leur habitation. Mais au bout d'une demi-heure de marche rien ne se présentait encore, et je dus m'en retourner, car le temps me manquait. Quelques années plus tard, je trouvai une meilleure occasion et plus de loisir pour les observer. A l'entrée de la belle saison, l'herbe ne tarde pas à être brûlée sur les montagnes par les rayons du soleil tropical; c'est alors que commencent les incursions de ces petits animaux dans les plantations de café. Que de travail et de persévérance dépensent ces fourmis pour pourvoir à leurs besoins ! Il leur eût été impossible de se frayer un passage à travers l'herbe, quelque courte qu'elle fût, avec un fardeau sur la tête. C'est pourquoi de leurs mâchoires tranchantes elles coupent l'herbe au ras du sol sur une largeur de cinq pouces et la rejettent sur les deux bords. Une route se forme de cette manière, route qui, à force d'être sillonnée nuit et jour par des millions et des millions de fourmis, devient tout unie et plane.

« A peine arrivées dans les plantations de café, elles grimpent sur les arbres et, au bout d'un quart d'heure, chacune d'elles a taillé dans une feuille, avec ses tenailles, un morceau demi-sphérique d'un demi-pouce de long, avec lequel elle s'en revient, le maintenant fortement à l'aide de ses mandibules au-dessus de sa tête. Quand, du haut d'une éminence on embrasse du regard la route, sur laquelle s'avancent ces millions de petites bêtes en masse compacte, avec leurs étendards verts sur la tête, on croirait voir un énorme serpent vert rampant lentement sur le sol ; et ce tableau, se découpant sur un fond d'un gris jaunâtre, est d'autant plus vivant que tous ces drapeaux sont agités par de légères ondulations.

« Après la guerre de Nicaragua, j'habitai longtemps la petite ville de Rivas. Dans une excursion entreprise dans le but de capturer des papillons, je rencontrai une de ces colonnes chargées et profitai de l'occasion pour mieux étudier les mœurs de l'animal.

« Je voulus voir avant tout comment elles agiraient en face d'un obstacle, que je dresserais sur leur route. Des deux côtés de leur étroit sentier croissait une herbe drue et haute, à travers laquelle il leur était impossible de s'ouvrir un passage avec leur fardeau sur la tête. Je posai donc en travers du sentier une branche sèche, grosse d'environ un pied et je l'enfonçai dans le sol assez solidement pour que les fourmis ne pussent passer en dessous. Les premières venues ne manquèrent pas de le tenter. Se glissant sous la branche autant que possible, elles essayèrent ensuite de grimper par dessus, mais échouèrent dans cette tentative, rendue plus difficile encore par le fardeau qu'elles portaient sur la tête. Sur ces entrefaites, d'autres fourmis non chargées survinrent du côté opposé ; celles-ci réussirent à gravir sur la branche, mais alors se produisit une telle cohue, que les fourmis non chargées furent obligées de se laisser glisser sur celles qui l'étaient, et la plus épouvantable confusion s'ensuivit. Faisant quelques pas le long de la colonne, j'aperçus les fourmis porte-étendard rangées en file serrée, attendant les ordres qui leur viendraient de la tête de la file. Revenu vers l'obstacle, je vis, à mon grand étonnement, que la colonne avait, sur une longueur de plusieurs pieds, déposé la feuille, chaque fourmi suivant l'exemple de sa voisine. Ensuite et simultanément, des deux côtés, on se mit avec acharnement à miner le sol sous la branche et la besogne allait si rondement, qu'au bout d'une demi-heure, à peu près, un tunnel était achevé. Alors chaque fourmi reprit sa charge et le défilé continua dans le plus grand ordre. La route menait à une plantation de cacao, et là je ne tardai pas à découvrir la fourmilière, que dès lors je visitai tous les jours. Un jour que j'y retournais, je rencontrai à une assez grande distance de l'édifice une colonne compacte qui en venait, et dont tous les membres portaient des feuilles, des scarabées, des nymphes, des papillons, etc. L'activité semblait croître à mesure qu'on approchait de l'habitation. Il était clair que les fourmis allaient abandonner leur ancienne demeure, et je me décidai à suivre la colonne pour découvrir le nouveau domicile. Elle s'écarta bientôt de l'ancienne route et s'engagea dans une nouvelle, frayée dans l'herbe et conduisant à un endroit frais et élevé. Sur la grande route, l'herbe était coupée ras et des milliers de fourmis travaillaient à la prolonger jusqu'à la nouvelle demeure. A l'endroit même où l'on élevait la nouvelle construction, l'animation était au comble. Des ouvrières de tous genres s'y pressaient : architectes, maçons, charpentiers, sapeurs, manœuvres. Quantité de travailleurs étaient occupés à creuser un trou dans le sol ; ils emportaient de petites mottes de terre et les entassaient pour en faire un remblai. D'autres apportaient des fragments d'herbe, de paille, de ramilles et les déposaient dans le voisinage. Curieux de découvrir la raison qui les poussait à abandonner leur ancien domicile, une fois le déménagement effectué, je remuai le terrain à l'aide d'une pioche. A la profondeur d'un pied et demi, je trouvai les nids d'une grosse espèce de hamster, terreur des plantations de cacao, et dont les routes souterraines mettent à nu les racines des plus gros arbres. Il est vraisemblable que ces mineurs avaient endommagé la fourmilière. Malheureusement, obligé de m'absenter le lendemain pour aller à San Juan del Sur, je ne pus suivre le progrès du nouvel établissement. Quand je revins au bout de quelques jours, je le trouvai achevé et la nouvelle colonie était de nouveau occupée à fourrager dans les plantations de café. »

C'est H. W. Bates (*The naturalist on the river Amazonas*, London, 1863) qui nous fournit les détails les plus précieux sur ces fourmis merveilleuses. A l'entendre, lui aussi, la *sa-uba* serait le fléau redouté du Brésil et rendrait l'agriculture tout à fait impossible dans certaines localités. Les ouvrières de cette espèce peuvent être rangées en trois catégories différentes, et leur grosseur varie de deux à sept lignes. Les coupoles de leurs nids s'élèvent parfois sur une circonférence de plus de 40 mètres, presque à deux pieds du sol, et protègent les issues de leurs galeries souterraines. Ces issues semblent être ordinairement bouchées, pour ne s'ouvrir qu'à des occasions spéciales. L'intérieur du nid contient un vaste espace creusé, de quatre à cinq pouces de diamètre.

L'habitude, depuis longtemps connue, des sa-uba de découper et d'emporter une énorme quantité de feuilles, fait ressembler leurs colonnes à de grandes masses de feuilles mouvantes. On trouve, dans le voisinage de leurs nids, des amas de petits morceaux de feuilles déchiquetées en ronds et qui disparaissent régulièrement le lendemain. Bates les a vues souvent à l'œuvre, pratiquant, à l'aide de leurs mandibules tranchantes, une incision sur le côté extérieur de la feuille, puis, d'un brusque mouvement, détachant le morceau découpé qui ne tenait plus que par un côté. Parfois ce fragment de feuille était jeté aux camarades, postées en bas, mais le plus souvent chacune décampait avec son morceau. C'est aux arbres cultivés que ces fourmis s'attaquent de préférence. Les feuilles leur servent à couvrir les toits de leurs habitations et à garantir leur progéniture contre les pluies tropicales. Tandis qu'une partie des travailleuses est occupée à apporter les feuilles, une autre les entasse à l'endroit de leur destination et les recouvre de couches de terre apportée par petites mottes du fond même du nid.

Le Rév. Mc. Cook (*loc. cit.*, 1879, p. 34) étudia les mêmes fourmis au Texas, où elles sont connues sous le nom de *fourmis brésiliennes* ou *fourmis coupeuses* (*cutting ant.*). En les regardant défiler avec leurs drapeaux déployés au-dessus de leurs têtes, il croyait voir une procession d'enfants lilliputiens des écoles du dimanche. Chaque fois que ces fourmis quittent le nid, on en ouvre les issues, que l'on referme soigneusement ensuite à l'aide de branches sèches, de feuilles et d'ingrédients semblables. Les gros ouvrages incombent aux individus plus gros, les travaux plus faciles sont réservés aux individus ou « castes » de plus petite taille. L'ouverture et la fermeture des portes a lieu ordinairement soir et matin, à certaines heures et dans un certain ordre. Cook constata aussi une certaine division du travail dans le déchiquetage et l'arrangement des feuilles ; les « soldats » n'y jouent d'autre rôle que celui de sentinelles ou de chefs. Ce sont les arbres à écorce molle, qui sont préférés par ces sagaces petites bêtes, et les feuilles de ces arbres, réduites à l'aide de leurs mandibules et de leur salive en une espèce de pâte analogue à celle dont on fait le papier, servent à la construction des nids ou des cellules isolées destinées aux jeunes. Peut-être se nourrissent-elles aussi du suc de ces feuilles. Les soins à donner aux larves, ainsi que la tâche de creuser le sol, retombent d'ordinaire à la charge des individus plus petits, de la caste surnommée les « mineurs », tandis que les individus de grosse taille sont occupés au dehors et chargés de l'ouverture et de la fermeture des portes, besogne dans laquelle ils sont, du reste, aidés par les individus petits. Ces membres plus petits de la colonie se distinguent, au dire de Cook, par leur courage et apportent parfois un secours efficace aux soldats à grosse tête.

Les travaux souterrains exécutés par cette remarquable espèce sont des plus variés. Le Rév. Hamlet Clark écrit de Rio-Janeiro que la *sa-uba* locale a creusé sous le lit du Parahyba, à l'endroit où ce fleuve présente la largeur de la Tamise à Londres, un tunnel en règle, conduisant à un magasin situé sur le bord opposé. Bates raconte que dans les moulins à riz de Magoary, dans le voisinage de Para, les fourmis parvinrent à perforer la voûte d'un grand réservoir d'eau, et, avant qu'on eût eu le temps de réparer les dégâts, le réservoir s'était vidé. Un jardinier français, homme entreprenant, employé au Jardin botanique de Para, épuisa tous les moyens pour exterminer la *sa-uba*. Il mit le feu aux principales entrées du nid et introduisit, à l'aide d'un soufflet, de la fumée de soufre dans leurs galeries. Quel fut l'étonnement de Bates, quand il vit la fumée envahir subitement un rayon de soixante aunes au moins et révéler par là toute l'étendue des constructions souterraines de la *sa-uba!*

Pour ce qui regarde les fourmis introduites et installées dans les maisons, on cherche, au Brésil, à les exterminer d'une manière analogue, en remplissant leurs nids de fumée après en avoir préalablement bouché toutes les issues. Dès que les fourmis s'aperçoivent du danger, elles saisissent leurs œufs, leurs larves et leurs nymphes et cherchent à s'enfuir. Mais, après s'être convaincues que toutes les issues sont closes, elles changent immédiatement de plan et, déposant leur fardeau à terre, elles commencent à creuser au plus vite une nouvelle galerie. Celle-ci bouchée à son tour, l'ouvrage recommence sur un autre point jusqu'à ce qu'elles aient toutes péri.

Mc. Cook (*loc. cit.*) a vu, dans le voisinage d'Austin (Texas), un nid de *sa-uba* de douze pieds de diamètre et de quinze pieds de profondeur, d'où partaient, dans la direction de différents arbres du voisinage, des tunnels de plus de cent pieds de long et de deux à six pieds de profondeur.

En dehors des dégâts occasionnés aux arbres et au sol, les *sa-uba* sont encore très redoutées des habitants pour les dommages qu'elles causent en pillant, la nuit, les provisions de légumes et de farine. Dans les commencements, Bates ne prêta aucune foi aux récits, qui couraient à ce sujet, mais il eut bientôt lieu de se convaincre à ses propres dépens de leur parfaite véracité. Pendant son séjour dans un village indien du Tapajos, son domestique vint un jour le réveiller avant l'aube pour l'avertir que des rats mettaient au pillage ses provisions de manioc. Comme à cette époque ce produit était cher et rare, il se leva avec empressement ; la rumeur produite par les voleurs lui parut pourtant ressembler peu au bruit que peuvent occasionner les rats. Il apporta de la lumière et aperçut une large colonne de fourmis *sa-uba*, composée de milliers d'individus, occupés tous à emporter précipitamment, par-dessous la porte, le contenu des paniers. Chacun était chargé d'un grain de manioc, qui, parfois, était plus grand et plus pesant que son ravisseur; il était amusant de voir les plus petits ployer littéralement sous le fardeau. Le dessus des paniers était tout noir de fourmis, et des centaines étaient occupées à percer les feuilles sèches qui les recouvraient. C'était là ce qui produisait la rumeur. Le serviteur assurait que, dans le courant de la nuit, elles videraient les deux paniers, si on n'y mettait obstacle. On chercha donc à les écraser avec des sabots, mais, à mesure qu'on les tuait, il en surgissait d'autres; Bates finit par les exterminer en mettant le feu à de la poudre disséminée sur le sol. Cook (*loc. cit.*) vit aussi la fourmi coupeuse du Texas mettre au pillage un magasin de grain, dont elle transportait le contenu dans son nid.

Bates avoue ne pouvoir comprendre à quoi pouvaient servir aux fourmis les grains durs et secs du manioc. Il eût été fixé sur ce point, s'il avait connu aussi bien que nous les connaissons maintenant, grâce aux intéressantes recherches de son compatriote, J.-F. Moggridge, les curieuses coutumes des fourmis glaneuses.

CHAPITRE VI

Fourmis glaneuses.

Division du travail. — Amas de débris devant le nid. — Arrêt de la germination et drèche des céréales. — Guerres pour les graines et pillages. — Manière de manger. — Tentatives d'alimentation artificielle. — Erreurs dans le choix des aliments ainsi que dans l'appréciation de la température. — Fourmis glaneuses dans les climats chauds et sous les tropiques.

Nous avons déjà raconté, dans la partie historique de ce travail, que la coutume des fourmis méridionales de rassembler le grain et d'emmagasiner les substances alimentaires était généralement connue dans l'antiquité. Le fait fut accepté jusqu'à ce que les observateurs postérieurs (Swammerdam, Gould, Christ, Latreille et autres) l'eussent contesté, en déclarant que tout ce que l'on disait des fourmis glaneuses était une pure fable. Ce fut P. Huber, qui se prononça le plus énergiquement contre cette tradition, en s'appuyant d'ailleurs sur d'excellentes raisons. Il constata premièrement, que l'appareil buccal des fourmis n'est point constitué pour la manducation de corps solides et qu'elles ne peuvent se nourrir que de matières molles ou de sucs liquides. Secondement, l'emmagasinement des provisions d'hiver est pour elles chose superflue, car elles sont sujettes, dans la saison froide, à une espèce de sommeil hivernal durant lequel elles n'ont besoin d'aucune nourriture. S'il leur arrive, ajoutait Huber, de se réveiller par les journées chaudes de l'hiver, elles trouvent toujours dans leur voisinage des pucerons, revivifiés, comme elles, par les chauds rayons du soleil, et aux dépens desquels elles peuvent subsister. Pour ce qui est des mandibules solides, dont les fourmis sont pourvues, elles leur servent, comme nous l'avons déjà dit, d'armes défensives et d'instruments de travail et non d'organes de manducation.

Ces arguments du célèbre naturaliste réduisirent pendant quelque temps au silence toutes les contradictions, d'autant plus qu'on n'avait jamais vu les fourmis des pays septentrionaux faire des provisions de grains, tout en observant qu'elles ramassaient à l'occasion des grains isolés pour les utiliser, de même que tant d'autres objets trouvés à terre, à la construction de leurs nids. Quant à l'opinion sur l'état de torpeur des fourmis en hiver, elle devait être déjà généralement répandue du temps de Shakspeare, puisque le grand poète fait dire dans le *Roi Lear*, par son fou, à Kent (acte II, scène I) : « Nous allons t'envoyer à l'école chez une fourmi, afin que tu apprennes qu'on ne travaille point en hiver. » Mais quoique les données de Huber soient parfaitement justes, la conclusion qu'il en tire n'en est pas moins erronée. Il a échappé à Huber, ainsi qu'aux autres observateurs, qui, avant lui encore, avaient élevé les mêmes objections, que la tradition antique vient de la Grèce et de l'Orient, où les mœurs des fourmis doivent différer de celles des fourmis du Nord, à cause de la différence du climat. D'ailleurs, dans le Nord même, il ne manque pas de fourmis glaneuses, et si Huber eût mieux cherché, il eût trouvé la solution de l'énigme dans la petite espèce *salève* des environs de Genève, citée par Forel. Des deux principales espèces européennes de fourmis glaneuses (*aphaeno-gaster*, ou *atta structor* et *atta barbara*), la première se trouve dans la Suisse même. Bien réellement, elle récolte différentes graines, et s'en sert pour son alimentation, une fois que leur amidon s'est, sous l'influence de la germination, transformé partiellement en matière sucrée. Si ces deux espèces sont rares dans le Nord, elles sont, en revanche, très fréquentes dans l'Europe centrale, et surtout sur les rivages de la Méditerranée, où Lespès et Moggridge les ont étudiées et décrites minutieusement. A cause de la chaleur du climat, elles ne sont point sujettes au sommeil hivernal (ce qui, du reste, est aussi le cas pour les fourmis du Nord, si on les tient en hiver dans des chambres closes), et ont, par conséquent, besoin de provisions d'hiver, qu'elles conservent au fond du nid, dans des caves ou chambrettes spécialement destinées à cet usage. Lespès a vu souvent devant leurs nids de petits amas de déchets de son, rejetés au dehors après la consommation des grains ramollis par la germination et par la chaleur humide du nid. Le petit germe tout au moins, dit Lespès, qui constitue la partie la plus délicate et la plus sucrée du grain, était toujours enlevé. La présence de ces amas de déchets a été de même constatée par Moggridge.

Selon Lespès, nous voyons appliqué à la récolte du grain ce principe puissant de l'économie des forces, qui joue un rôle si considérable dans la vie industrielle et économique de l'homme, et que nous avons constaté dans tous les travaux des fourmis (travaux des mines, maçonnage, transport des feuilles et des parcelles de terre, éducation de la progéniture, etc.); c'est un des traits essentiels de leur activité. La division du travail est poussée si loin, que si la route du nid au principal dépôt des provisions est trop longue, on établit plusieurs entrepôts, soit sous de grosses feuilles, soit sous des pierres ou dans d'autres endroits appropriés, où ils sont desservis par des détachements spéciaux d'ouvrières. Lespès a trouvé jusqu'à deux ou trois de ces entrepôts sur la même route. Une observation faite par Moggridge, tout à fait analogue à celle de Bates, que nous avons déjà citée, concerne les fourmis qui rassemblent des feuilles, et va mettre ce fait encore plus en lumière. Moggridge a vu des fourmis grimper sur un épi chargé de grains, puis secouer ou jeter en bas les semences, soigneusement recueillies et emportées dans les greniers par leurs compagnes qui attendaient au pied. Mais celles-ci ne les transportaient que jusqu'à l'entrée du nid, où d'autres venaient les prendre pour les porter dans l'intérieur même. Moggridge essaya un jour de tromper les pillards, en mettant à leur portée des petites perles de la couleur et de la grosseur des céréales. D'abord l'artifice réussit, les fourmis se laissèrent prendre à l'apparence, et ramassèrent les perles, mais elles ne tardèrent pas à s'apercevoir de l'erreur, et dorénavant les dédaignèrent.

Mais laissons Moggridge nous retracer lui-même, dans un bref récit, ses intéressantes observations :

« J'avais à peine mis le pied sur la *garrigue*, nom sous lequel on désigne par là (Menton) ce genre de terrain sauvage, que je rencontrai une longue colonne de fourmis formée de deux files, dont chacune suivait une direction opposée. Les unes avaient la gueule chargée, d'autres ne portaient rien.

« Il n'était pas difficile de trouver le nid, auquel devaient appartenir ces deux courants ascendant et descendant. La longueur de la file était de 24 aunes à peu près. Des centaines de fourmis étaient déjà disséminées, parmi les plantes, sur la terrasse vers laquelle se dirigeait la file, et occupées à assortir les matériaux, tandis que d'autres étaient retenues par les soins domestiques au fond du nid.

« Mais ce qui est vraiment étonnant, c'est de voir les fourmis s'emparer, non seulement des grains déjà mûrs, mais aussi rechercher les capsules encore vertes, dont l'enveloppe crevée annonce que les grains vont se détacher de la plante mère. Voici comment elles s'y prennent : une fourmi monte sur la tige d'une plante chargée de fruits, de la *capsella bursa pastoris*, par exemple, et cherche une silique encore verte, mais bien pleine, placée au milieu de la tige, tandis que celles des côtés sont prêtes, à la moindre secousse, à laisser tomber leurs graines. Alors, la saisissant de ses fortes mandibules, et se servant de ses pattes postérieures comme de point d'appui solide ou de pivot, elle se met à en tirer et tordre le pédicule jusqu'à ce qu'elle l'ait cassé. Après quoi elle descend à grand'peine, chargée de son lourd fardeau, dont le poids considérable l'écrase, et rejoint ses compagnes sur la route du nid. Quelquefois deux fourmis réunissent leurs efforts, et tandis que l'une ronge le pédicule, l'autre l'arrache en le tordant. J'ai vu encore plus souvent qu'après avoir détaché des capsules à graines, les fourmis les laissaient tomber à terre, où leurs compagnes s'en emparaient et les emportaient, ce qui est complètement d'accord avec le récit que nous tenons d'Aelien.

« Ce ne sont pas seulement les graines, mais encore quantité d'objets tels que des insectes morts, des fragments de coquilles, des corolles, des morceaux de bois ou des feuilles déchiquetées, qui sont charriés ainsi dans les nids. Mais je n'ai jamais vu ces espèces porter, des pucerons.

« Il arrive souvent à une fourmi de faire un mauvais choix, et d'apprendre, à son retour, que ce qu'elle avait apporté avec tant de peine ne peut servir à aucun usage. La chose lui ayant été démontrée dans le nid, on l'oblige à porter dehors son acquisition.

« Je me suis souvent amusé à répandre, dans le voisinage du nid, du chènevis, des grains de millet ou d'avoine, et à observer l'émoi avec lequel elles emportaient ces fardeaux trop pesants pour elles. Il n'est pas moins intéressant de voir, les jours suivants, les pelures de ces semences accumulées en tas au dehors du nid. Quelquefois, après des averses, on y trouve quelques semences dont les germes ont été rongés.

« Souvent on reconnait les nids de la fourmi *atta barbara* à la quantité de plantes, qui croissent autour de ces déchets, car ce sont des plantes cultivées, étrangères aux garrigues. Elles proviennent des semences apportées par les fourmis, et tombées là par hasard.

« Ces déchets, que l'on trouve toujours dans le voisinage de leurs nids, consistent en partie en parcelles de terre jetées hors du nid, mais principalement en débris végétaux, c'est-à-dire en menue paille, en gousses, en capsules vides et autres choses semblables, dont la présence aurait trop encombré l'intérieur du nid. Pendant qu'une légion d'ouvrières est occupée à se procurer et à apporter les objets nécessaires, d'autres sont employées à classer et à trier ces matériaux, à éplucher les gousses, et une fois celles-ci vidées, à en débarrasser le nid. Aussi ces amas de débris atteignent-ils parfois, dans les endroits écartés, des proportions considérables. »

En octobre 1873, Moggridge trouva, auprès de l'entrée d'un nid de la fourmi *a. structor*, de ces amas de déchets, de forme arrondie, ayant vingt-sept pouces de diamètre et deux pouces d'épaisseur, et dont la composition laissait supposer qu'une grande quantité de graines devait se trouver dans le nid. Dans le fait, en ouvrant quelques nids et en les examinant de plus près, Moggridge trouva des masses de semences soigneusement cachées dans des pièces éloignées. Le sol de ces caves à grain était bien cimenté et se distinguait par son aspect du terrain environ-

nant. Les pièces elles-mêmes étaient de différentes formes
et de différentes grandeurs, la plupart de la grosseur
d'une montre. Dans chacune se trouvait environ cinq
grammes de semences, et la quantité entière contenue dans
un nid, qui souvent se composait de quatre-vingts à cent
pièces, pouvait être évaluée à une livre et plus. Ces semences provenaient parfois de plantes très différentes, et
Moggridge trouva, par exemple, dans un des nids qu'il
avait ouvert, des graines de douze différentes espèces de
plantes, appartenant pour le moins à sept familles distinctes; mais ce sont les graines des céréales cultivées,
contenant le plus de matière alimentaire, qui sont de préférence recherchées par les fourmis.

Mais ce qui surprit le plus Moggridge, c'est le procédé
encore imparfaitement connu, employé par les fourmis
pour empêcher le grain de germer et de croître. Les semences ne sauraient rester longtemps sous terre, dans
l'intérieur humide et chaud du nid, sans commencer à germer, à s'épanouir en herbes et en plantes, ce qui ferait
manquer le but auquel tendent les fourmis. Et pourtant,
c'est à peine si, dans vingt et un nids fouillés par lui, Moggridge trouva parmi des milliers de grains quelques échan-
tillons qui eussent germé; encore près de la moitié de
ceux-ci étaient-ils entamés de manière à en enrayer la croissance.

Il est donc hors de doute que les fourmis, à l'aide d'un
procédé mystérieux, enrayent la germination du grain,
tout au moins pour quelque temps, c'est-à-dire pour des
semaines et des mois. Malgré des recherches et des observations maintes fois répétées, Moggridge ne put parvenir
à obtenir la solution du problème. Ce qui est certain, c'est
qu'il lui suffisait d'empêcher les fourmis de pénétrer dans
un des greniers, pour constater que les semences commen-

çaient à germer; ce ne sont donc pas les circonstances extérieures, mais bien la volonté des fourmis qui met obstacle à la germination. De même dans les parties abandonnées ou isolées du nid, les graines se développent aussi en herbes.

Peut-être les fourmis savent-elles enrayer le développement du germe, en bouchant mécaniquement, à l'aide d'une substance gluante, l'orifice germinatif de la semence, à travers lequel l'humidité pénètre dans l'intérieur. Une fois l'époque arrivée où les graines sont employées comme aliment, cette substance est enlevée, et le grain amolli à dessein, retrouve sa puissance germinative. Mais comme une croissance plus avancée ne manquerait pas d'en altérer les qualités nutritives, les fourmis s'empressent de ronger, de rogner le germe nouvellement poussé; ce n'est qu'après avoir fait subir aux graines cette transformation qu'elles les sèchent au soleil, après quoi elles les emmagasinent de nouveau. S'il arrive que le grain soit mouillé par la pluie, on emploie le même procédé pour le sécher.

Le résultat de la germination est de modifier la semence et notamment les grains des céréales, de façon que l'amidon qui y est contenu se transforme en matière sucrée et en gomme. En même temps l'enveloppe dure éclate, le grain tout entier gonfle et devient mou. Quand les choses en sont arrivées au point désiré par les fourmis, celles-ci dévorent les parties molles du grain, surtout les substances sucrées dont elles sont très friandes, ou bien elles en nourrissent au printemps les larves, élevées par elles avec tant de sollicitude. Pour ce qui regarde les enveloppes ou pelures, elles les rejettent sous la forme de *son*, et c'est là ce qui constitue l'élément essentiel des déchets ci-dessus mentionnés.

Ce procédé est tout à fait identique à celui dont se sert le brasseur pour obtenir la drèche ou *malter* l'orge et le blé. Il n'est donc pas douteux que les fourmis ne soient versées dans une des branches les plus importantes du savoir ou de l'industrie humaine, qu'elles ne l'aient connue et pratiquée, selon toute vraisemblance, bien avant que l'homme soit apparu sur la surface terrestre. Ce n'est certes pas « l'instinct », mais l'*expérience*, qui a pu leur enseigner quelque chose de semblable. L'adaptation à un but prémédité d'expériences, dues au hasard, ne saurait être que la suite d'un acte conscient, réfléchi, dont la trace, se transmettant par l'hérédité chez certaines races, a fini par constituer une aptitude intellectuelle.

Pourtant les fourmis sont trop intelligentes pour se laisser gouverner par ces aptitudes intellectuelles héritées, au point de ne pouvoir abandonner à propos la fatigante corvée du glanage et de dédaigner d'augmenter leurs provisions, soit par le pillage des provisions ou des greniers des hommes, soit par le vol, ou comme on le dit aujourd'hui, par l'annexion des greniers de leurs semblables. Moggridge vit, dans la principale rue de Mentone, une colonie florissante de l'espèce *atta structor*, qui s'était établie fort commodément à la porte d'un marchand de blé, où elle n'avait que la peine de ramasser les grains éparpillés d'avoine et de froment. Un autre nid, situé dans une autre partie de la ville, avait pour principale ressource les grains de millet, que des oiseaux tenus en cage laissaient tomber dans la rue. Moggridge réussit aussi à découvrir certains passages secrets conduisant des nids isolés, vrais réceptacles de voleurs, à des greniers de blé situés dans le voisinage ; le percement de pareils conduits souterrains est d'autant plus admissible que les espèces étudiées par Moggridge sont en état, comme il l'a démontré, d'ouvrir des galeries et des passages jusque dans la pierre dure (grès).

Mais c'est surtout aux dépens de leurs propres sœurs, que les fourmis glaneuses, de même que les hommes, trouvent agréable et commode de se livrer au vol et au pillage. Peut-être y sont-elles poussées par cet instinct belliqueux et farouche, qui caractérise la plupart de leurs espèces. C'est l'*atta barbara*, luisante et noire comme le jais, qui se distingue le plus par des exploits de ce genre ; elle entreprend des campagnes de pillage, qui durent des jours et des semaines. Moggridge suivit une expédition de ce genre, qui se prolongea depuis le 18 janvier jusqu'au 4 mars ; durant cet espace de temps, il assista, à chaque visite, à des scènes de violence et de pillage. Les nids étaient éloignés de quinze pieds environ l'un de l'autre, et chaque grain devenait l'objet d'une lutte acharnée. L'emplacement était toujours jonché de morts et de blessés. C'était le plus souvent l'abdomen qui était séparé du corps. Mais le thorax encore vivant, qui ne se composait quelquefois que de la tête et de quelques pattes, tenait le grain fortement embrassé, et essayait de se dérober *avec* sa proie aux atteintes du vainqueur. C'était seulement quand un combattant réussissait à blesser ou à briser les antennes de son adversaire que celui-ci se trouvait réduit à une complète impuissance.

Moggridge ne tarda pas à s'apercevoir que c'étaient les habitants du nid situé sur la hauteur, qui pillaient les greniers d'un nid d'en bas, tandis que les habitants de ce dernier s'efforçaient à leur tour de reconquérir sur les voleurs les semences enlevées ou de mettre leurs provisions au pillage. Pourtant les pillages, qui avaient inauguré la lutte, étaient toujours plus lucratifs, et c'étaient des files entières de voleurs chargés de butin, qui rentraient dans le nid d'en haut, tandis que, relativement, une petite portion de semences pénétrait dans celui d'en

bas. Encore n'y arrivait-elle qu'accidentellement. Souvent,
en regagnant leur nid inférieur, alors qu'elles avaient surmonté la plupart des difficultés de la route, les fourmis
se voyaient attaquées par quelque détachement de voleurs,
qui, embusqués sur leur passage, les dépouillaient encore
une fois de leur bien et l'emportaient de nouveau dans le
nid supérieur. Après le 4 mars, Moggridge vit cesser les
hostilités, pourtant le nid pillé n'était pas abandonné;
mais en repassant en octobre de la même année par le
même endroit, il le trouva complètement vide et morne,
tandis que le nid des voleurs était débordant de vie et ses
greniers d'abondance pleins jusqu'aux bords. Dans un
autre cas, après trente et un jours de lutte, le nid pillé
fut finalement abandonné, et en l'ouvrant Moggridge
trouva les greniers complètement vides.

Les fourmis glaneuses ont recours, en cas de nécessité, à
toute espèce de nourriture, pourvu qu'elle soit à leur portée; elles s'emparent surtout d'insectes morts. Moggridge
ayant un jour placé à dessein une sauterelle morte à l'entrée d'un nid, la vit ramassée et traînée à l'intérieur.
Comme elle était trop grosse pour passer par l'ouverture,
on chercha, sans y réussir, à la dépecer. Quelques fourmis
parvinrent seulement à lui tirer en arrière les ailes et les
pattes, tandis que d'autres rongeaient tout autour les
muscles qui présentaient le plus de résistance. On réussit
ainsi à l'introduire dans la fourmilière. Le lendemain,
Moggridge aperçut les ailes de l'animal dans le tas au
déchet. Les fourmis glaneuses retenues en captivité dévorent volontiers les cousins ainsi que les larves des abeilles
et des guêpes, mais ne cherchent jamais à s'emparer de
pucerons ou d'autres animaux semblables, tant recherchés
par les autres espèces.

De même, elles ne semblent guère goûter ces sucs su-

crés ou exsudations résineuses des plantes, dont la plupart
des fourmis sont si friandes. En revanche, M. les vit ronger les os d'un lézard mort, et fut témoin d'une lutte
engagée par deux individus de grosseur moyenne, appartenant à l'espèce *atta barbara*, avec une grosse chenille
grise, longue d'un pouce, qui faisait de vains efforts pour
se débarrasser de ses petits bourreaux. M. emporta le
groupe entier à la maison, et le conserva dans de l'esprit-
de-vin. Mais la mort elle-même n'eut pas le pouvoir de
faire lâcher prise aux deux brigands.

A l'aide de l'éclairage artificiel, Moggridge examina
comment ces petites bêtes, tenues en captivité, s'y prenaient pour ronger le grain ou plutôt son contenu. Dans
un groupe de fourmis, il en découvrit une, qui tenait solidement une petite masse blanche et ronde. Cette masse
avait l'apparence des particules farineuses du grain de
mil; deux ou trois fourmis l'ébréchaient de leurs mandibules tranchantes et la portaient à leur bouche. Ceci se
répéta à plusieurs reprises, après quoi, elles cédèrent la
place à leurs camarades.

Il s'ensuit que les fourmis glaneuses peuvent se nourrir
de substances solides, en quoi elles diffèrent des autres
fourmis qui, comme nous l'avons dit, ne vivent que de
substances molles ou liquides. Pourtant, elles n'absorbent
que la farine molle, un peu moite, des grains dont la germination a été arrêtée, et qui ont été soumis à l'assèchement,
dédaignant la farine plus dure et plus sèche des grains
ordinaires non ramollis. C'est dans ses recherches sur la
nutrition artificielle des fourmis, que Moggridge a fait ces
intéressantes observations. Les fourmis glaneuses ne font
une exception que pour les résidus gras et huileux du chènevis, qu'elles rongent dans tous les sens, sans qu'il ait été
préalablement ramolli par l'eau. Dans les circonstances

ordinaires, l'enveloppe dure du chènevis et de la plupart des autres grains rend la chose impossible; mais, par la germination, l'enveloppe du grain éclate et les fourmis peuvent en dévorer la substance amollie et modifiée. En général, l'appareil buccal des fourmis n'est approprié, comme nous l'avons déjà dit, qu'à l'absorption des substances molles ou liquides; cependant elles peuvent très bien râcler ou gratter de petites particules de farine, à l'aide de leurs mâchoires supérieures, dures et garnies de dents.

Que les fourmis soient sujettes à l'erreur et à l'illusion, en dépit de cet instinct inné qu'elles tiennent de leur créateur, instinct qui devrait les guider infailliblement, aussi bien dans le choix de leur nourriture que dans d'autres cas, M. l'a constaté plus d'une fois. Nous avons déjà vu comment elles prennent des perles en porcelaine pour du grain; mais voici qui est moins excusable : elles emportent dans l'intérieur de leur nid les petites noix de galle, d'une petite espèce de *cynips* (mouche de galle); ces noix ont l'apparence d'œufs, et ressemblent beaucoup aux semences de *fumaria capreolata* (une espèce de fumeterre); elles les joignent à leur provision, bien convaincues que ce sont de véritables graines. Pour ce qui regarde la *température*, elles tombent aussi souvent dans l'erreur, et il est parfaitement faux, malgré l'assertion d'Ébrard, qu'elles puissent en prévoir les variations. Elles rentrent toutes au logis et en ferment les issues, quand il pleut, mais c'est là tout. Forel a vu souvent la *p. rufescens* ou bien la *f. sanguinea* interrompre leur chasse à esclaves à cause de fortes averses, et d'autres encore, qui, sur le point de sortir, rentraient dans leur logis en voyant le ciel s'obscurcir et se remettaient en campagne, quand elles voyaient le soleil triompher des nuages. Elles n'avaient donc pas su prévoir qu'il ne pleuvrait pas en dépit du ciel sombre? Un corps d'amazones est parfois surpris par une averse accompagnée d'orage, à trente pas du nid; il s'en retourne sans avoir atteint son but, et rentre dans le nid dans un grand désordre au moment où le plus gros de l'averse est passé. Les fourmis sanguines en expédition ne se laissent point démonter par la pluie et poursuivent néanmoins leur chemin. Les pluies subites surprennent les fourmis, mais celles qui viennent lentement sont prévues et évitées. Plus tard, nous verrons comment il arrive aux colonnes de fourmis, revenant du pillage avec leur butin, de se tromper de route.

Puisque plusieurs espèces de fourmis de l'Europe méridionale rassemblent le grain et l'emmagasinent, il est plus naturel encore que la chose se pratique dans les contrées chaudes et tropicales du globe. Nous avons déjà parlé de l'activité étonnante déployée dans ce but par la sa-uba du Brésil. Mais outre cette espèce, il y a un nombre considérable de fourmis tropicales glaneuses, dont, d'après Moggridge, le chiffre moyen des espèces pour le monde entier monterait à *dix-neuf*. Le docteur Delacoux (*Rev. Zool.*, mai 1848, p. 1849) parle d'une fourmi géante de la Nouvelle-Grenade, surnommée *arieros* par les indigènes, et qui lui vida tout un sac de blé dans le courant d'une seule nuit. Voici ce que nous raconte le lieutenant général Syxes (*Descr. of New Indian Ants in Transact. of the Ent. Soc.*, 1836, p. 103) sur le compte de l'espèce *oecodoma* ou *atta providens*, habitant l'Inde, dont elle dévaste les jardins et les champs, en mettant sans miséricorde les grains au pillage : « Dans mes promenades matinales, je voyais une quantité de petits tas de graines de *panicum*, dispersés sur divers points de terrains vagues. Chaque tas devait bien contenir une poignée de grains. Un plus ample examen me montra que c'était l'œuvre des

fourmis ci-dessus mentionnées. Elles apportaient de leurs
habitations souterraines les semences mouillées par les
pluies et les faisaient sécher au soleil. Chacune était chargée
d'un grain et, comme celui-ci était souvent trop lourd, on
en voyait beaucoup glissant de haut en bas sur la surface
schisteuse et polie de l'ouverture cylindrique du nid.
Mais jamais elles ne lâchaient leur fardeau et revenaient
à la charge jusqu'à ce que leurs efforts fussent couronnés
de succès. » Les mêmes faits furent souvent observés par
le docteur Jerdon (*Madras Journ. Lit. and Sc.*, 1851,
p. 46), auquel les fourmis avaient volé plus d'un paquet
de graines conservées dans sa chambre, avant qu'il s'en
fût avisé.

Le 7 novembre 1866, M. Horne eut l'occasion d'étudier,
dans le voisinage de Mainpuri (*Hardwicke's Science
Gossip*, n° 89, p. 109), une espèce de fourmi indienne
(*pseudomyrma rufo-nigra, Jerdon*), qui avait des
mœurs identiques. Une longue file de ces animaux, traînant des semences, lui indiqua la route d'un nid souterrain
à cinq ou six issues, et placé au milieu d'un terrain de
dix-huit pouces de diamètre, terrain solide, nivelé, tenu
dans un état de grande propreté comme celui d'une aire.
Plus de treize routes, toutes parfaitement aplanies et
sarclées, rayonnaient de ce point dans diverses directions
et tout autour, à la distance de trente à quarante aunes,
on pouvait suivre de l'œil les sinuosités du terrain, jusqu'à ce qu'elles allassent se perdre dans l'herbe. De gros
tas de déchets, consistant principalement en glumes, capsules, etc., de grain, étaient accumulés dans le voisinage
du nid, mais on avait eu soin de les reléguer de côté.

Dans les temps de disette, au dire des indigènes, ces
nids sont mis au pillage et les tas de déchets eux-mêmes,
mélangés d'un peu de grain, servent d'aliments. C'est en

novembre, au commencement de la saison froide, que
Horne a fait ces observations, à l'époque précisément où
commencent les privations. Le docteur Buchanan White
(*Trans. of the Entom. Soc.*, 1872, part. I) a fait le 3 juin
1866, à Capri, des observations de même genre. « La persévé-
rence », dit-il, « avec laquelle chaque fourmi traîne un fardeau dépassant souvent quatre fois la longueur de son corps,
est digne d'admiration. De temps en temps, trois ou quatre
d'entre elles se réunissent pour transporter un poids trop
lourd. A côté des nids se trouvent entassés des tas de
déchets de toute sorte, consistant en cosses vides, en
petites branches, en coquilles vidées d'escargots et de lima-
çons ; dans un nid que j'ouvris, je trouvai une quantité de
graines. »

Que les fourmis glaneuses existent en Palestine, nous en
voyons la preuve dans les lois et règlements des anciens
Juifs, cités dans la partie historique de ce livre. D'ailleurs
M. F. Smith vient d'y constater l'existence de l'espèce
atta barbara, et les informations recueillies par M. Moggridge ne permettent pas de douter que les greniers d'abondance des fourmis indigènes de la Palestine ne soient
organisés sur un pied bien plus vaste que les plus considérables de ceux trouvés par lui dans le voisinage de
Mentone.

CHAPITRE VII

La fourmi agricole.

Mais les plus remarquables de toutes les fourmis glaneuses sont celles du Mexique. C'est la *myrmica* ou
atta malefaciens seu barbata, autrement dite *fourmi
agricole*. Quelque invraisemblable que cela puisse paraître,
cette grosse fourmi brune, non contente de rassembler le
grain, l'*ensemence* et le *moissonne*, quand il est parvenu
à sa maturité, c'est-à-dire qu'elle pratique en fait l'agriculture, prenant, en agronome prévoyant, des dispositions
adaptées aux diverses saisons. Parmi d'autres observateurs,
le docteur Lincecum, du Texas, et sa fille ont étudié
pendant dix ans les mœurs de ces curieuses bêtes, dans le
voisinage de leur maison ; et le célèbre Charles Darwin
a communiqué les faits recueillis à ce sujet à la Société
linnéenne de Londres [1].

Citons textuellement la lettre du docteur insérée dans
ce rapport :

« L'espèce que j'appelle « agricole » est une grosse
fourmi brune. Elle habite des cités pour ainsi dire pavées
et, en véritable agriculteur actif, prévoyant et habile, sait
prendre à temps les dispositions adaptées aux diverses
époques de l'année. En un mot, elle est douée d'une habileté,
d'un jugement, d'une patience infatigables, de façon à pouvoir lutter avantageusement contre les mécomptes acci-

---

[1] Voir *Journ. of the Proceedings of the Linnean Soc. of London*,
vol. VI, p. 29. Comparer aussi Buckley : *Proceedings of the Academy
of nat. sc. of Philadelphia*, 1860, p. 44.

dentels, qui peuvent surgir dans la lutte pour l'existence.

« Quand elle a choisi l'emplacement de son domicile, si le terrain est un sol ordinaire, sec, elle creuse un trou, autour duquel elle entasse de la terre à la hauteur de trois à six pouces, et construit un remblai circulaire, bas, qui monte en pente douce du centre jusqu'au bord extérieur, éloigné parfois de l'entrée de près de trois à quatre pieds. Si la localité choisie est un sol bas, humide et mou, sujet à l'inondation, quand même il serait tout à fait sec au moment où la fourmi se met à l'œuvre, elle exhausse le remblai en forme de cône assez pointu, de quinze à vingt pouces et davantage, et place l'entrée près du sommet.

« Dans les deux cas, la fourmi sarcle le terrain autour du remblai, en enlève tout ce qui pourrait l'encombrer, en aplanit et nivelle la surface à la distance de trois ou quatre pieds de la porte de la cité, et cela lui donne l'apparence d'une belle place pavée, ce qu'il est en réalité. Aucune végétation, à l'exception d'une seule espèce de graminée, n'est tolérée dans l'intérieur de cette cour pavée. Après avoir semé cette plante tout autour, à la distance de deux ou trois pieds du milieu du remblai, l'insecte la cultive et la soigne avec la plus grande sollicitude, en rongeant toutes les plantes et herbes qui poussent par hasard dans l'enceinte, ou qui croissent à la distance d'un à deux pieds en dehors de ce rayon cultivé. La graminée ensemencée s'épanouit toute luxuriante et donne une riche moisson de petites semences blanches, dures comme le caillou, qui au microscope ressemblent beaucoup au riz ordinaire. On la récolte soigneusement, quand elle est mûre, et les ouvrières l'emportent en bottes dans les greniers, où on la sépare de la paille et où on l'emmagasine. Quant à la paille, elle est rejetée par-dessus les confins de la cour pavée.

« Si, par hasard, le temps humide arrive plus tôt que
d'ordinaire, les provisions mouillées courent le risque de
germer et d'être gâtées. Dans ce cas, aux premiers beaux
jours, les fourmis transportent le grain humide et avarié
et le font sécher au soleil; après quoi, elles emportent les
grains intacts, les emmagasinent de nouveau et abandonnent les avariés.

. « Non loin de ma maison, sur une éminence d'une certaine hauteur, se trouve au milieu d'un verger une couche
rocheuse. Dans le sable, qui la recouvre en partie, fleurit
une belle cité de fourmis agricoles, selon toute apparence
depuis une haute antiquité. Mes observations sur leurs us
et coutumes se bornent aux dernières douze années, pendant lesquelles des haies séparaient les fourmis agricoles
du bétail. Les cités en dehors de la clôture, aussi bien que
celles de l'intérieur, étaient, dans une certaine saison,
plantées de riz de fourmi. La graminée s'y épanouissait
vers les premiers jours de novembre de chaque année.
Dans la dernière année pourtant, le nombre des fermes
et du bétail ayant considérablement augmenté, et celui-ci
consommant une bien plus grande quantité d'herbage que
par le passé (ce qui empêchait les semailles de mûrir), je
remarquai que les fourmis agricoles se mirent à bâtir leurs
cités le long des sentiers ruraux, des allées des jardins et
enfin dans le voisinage de la grande porte là où elles espé-
raient n'être point molestées par le bétail.

« On ne saurait révoquer en doute que cette espèce particulière de graminée, dont il vient d'être question, ne
soit plantée à dessein. Pendant le temps de sa croissance
on extirpe soigneusement, comme le ferait un bon labou-
. reur, toutes les autres plantes et herbes. Quand le grain
est mûr, on s'applique à couper le brin sec et à l'emporter.
La cour pavée est délaissée jusqu'à l'automne suivant, où

le même « riz de fourmi » apparaît, planté de la même manière circulaire, et provoque de la part des agriculteurs la même sollicitude, qu'ils avaient déployée à l'occasion des semailles précédentes, et ainsi d'année en année. Je *sais* qu'il en est ainsi, chaque fois que le ménage agricole des fourmis est à l'abri des ravages des animaux herbivores. »

Buckley (*loc. cit.*) rapporte encore, que la fille de Lincecum allait tous les jours dans son jardin, pour voir les fourmis faire leurs provisions de céréales, lesquelles montaient parfois à plus d'un demi-boisseau.

CHAPITRE VIII

Domestication du bétail et production du lait.

Relation entre les fourmis et les pucerons. — Fondation des colonies de pucerons. — Lutte pour les pucerons et le sucre. — Fourmis à sucre. — Les myrmécophiles ou amis des fourmis. — Gourmandise des fourmis. — Myrmécophiles hors de l'Europe. — *Myrmecocystus mexicanus,* ou fourmis « vaches-laitières ». — Passion des fourmis pour le miel. — Ruses employées pour piller les ruches. — Moyens ingénieux pour se procurer des aliments. — Odorat.

Ainsi cet intelligent petit animal a déjà atteint un degré de culture conforme aux conditions de son existence, degré auquel l'homme, comme on le sait, ne s'élève que lentement en traversant les échelons inférieurs de la vie de chasseur et de pasteur. Mais ce n'est pas assez, les occupations, qui d'ordinaire accompagnent l'agriculture, telles que l'*élevage des bestiaux* et la *production du laitage*, forment aussi des industries exploitées par les fourmis, d'une façon qui fait autant d'honneur à leur goût qu'à leur sagacité. Elles ont choisi pour leurs vaches laitières, sinon les seuls animaux propres à cet usage, tout au moins les plus nombreux, les plus faciles à atteindre, les *aphides* ou *pucerons,* dont le gros abdomen secrète goutte à goutte une subtance sucrée, fort recherchée par les fourmis. Les fourmis ne sont pas *seules* à être sollicitées par cette gourmandise : les mouches, les guêpes, les abeilles aiment aussi ce suc et cherchent à se le procurer. On peut souvent, en automne, voir les saules et les osiers tout cou-

verts de pucerons, de fourmis ainsi que d'autres insectes
en quête des premiers. Mais parmi ceux-ci aucun ne sait
mieux s'y prendre que la fourmi : elle caresse le puceron
de ses fines antennes jusqu'à ce qu'il laisse écouler quelques gouttes du liquide convoité. Cette opération doit se
pratiquer d'une manière particulièrement délicate, cajo-

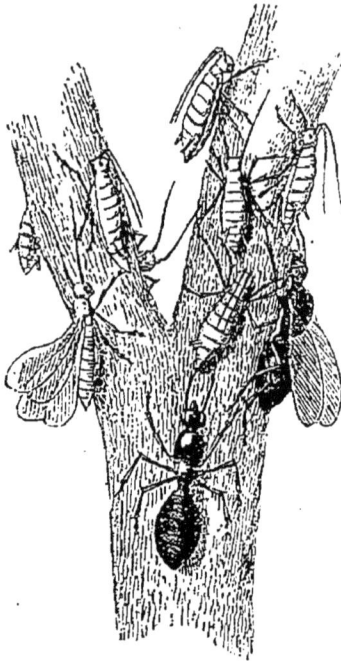

Les fourmis trayant leurs pucerons.

lante, agréable au puceron, car Darwin, imitant la fourmi,
chercha inutilement à obtenir le lait de la petite bête en
caressant son corps à l'aide d'un cheveu fin. « J'éloignai », raconte Darwin (*Origine des espèces*, p. 221),
« toutes les fourmis d'un groupe composé de douze pucerons posés sur un pied d'oseille et empêchai pendant
quelques heures leur retour. Au bout de ce temps, je pré-
sumai que les pucerons devaient éprouver le besoin d'être
traits. Je les observai pendant quelque temps à l'aide d'une

loupe, mais aucun ne laissait écouler son liquide spontanément. Alors je les caressai et les chatouillai avec un cheveu, comme le font les fourmis avec leurs antennes, aucun résultat ne s'ensuivit. Je laissai alors approcher une fourmi. Son zèle à ne plus se laisser éloigner des pucerons montrait assez, qu'elle avait immédiatement eu conscience du riche butin qui l'attendait. Elle se mit à frôler de ses antennes l'abdomen d'un puceron, puis d'un autre; sous cet attouchement, l'abdomen de chaque puceron se souleva et laissa écouler quelques gouttes transparentes d'un liquide sucré, immédiatement absorbé par la fourmi. »

Les relations des fourmis et des pucerons sont connues depuis assez longtemps. Linné a déjà appelé ces dernières les vaches des fourmis (*aphis formicarum vacca*), quoiqu'il ignorât que celles-ci transportassent les pucerons dans l'intérieur de leurs habitations, où elles les traitent en véritables vaches laitières. C'est à ce fait que Huber fait allusion en disant : « Une colonie de fourmis est d'autant plus riche qu'elle possède plus de pucerons. C'est là son bétail de bœufs, de vaches, de chèvres. Qui aurait pu supposer que les fourmis fussent un peuple pasteur? » C'est ainsi que la *lasius brunneus*, ou fourmi brune, qui abandonne rarement son nid, vit presque exclusivement, d'après Forel, aux dépens de gros pucerons d'écorce, qu'elle entretient et élève dans des loges et des cases creusées dans l'écorce elle-même. Elle manifeste la plus grande sollicitude pour ces animaux : si on ouvre le nid, elle les emporte ou les emmène, s'ils sont trop grands pour être portés, dans les galeries encore intactes. Les pucerons ont de très longs groins qu'ils enfoncent bien avant dans l'écorce de l'arbre, du suc duquel ils se nourrissent, et qu'ils ont ensuite beaucoup de difficulté à retirer. Rien n'est plus comique à voir que les égards avec lesquels les fourmis cherchent à dégager les pauvres bêtes, en les tiraillant en arrière, lorsque le nid se trouve exposé à quelque danger. Le groin demande à être dégagé très lentement, autrement il court risque d'être endommagé. La *lasius flavus*, fourmi jaune, se nourrit aussi exclusivement du suc des pucerons des feuilles ou plutôt des pucerons des racines, qu'elle garde dans son nid placé d'ordinaire dans le voisinage des racines des arbres. Quand on ouvre celui-ci, elle en emporte ses bien-aimées vaches laitières avec la même sollicitude que ses propres larves, fait que Forel a eu souvent l'occasion d'observer. Beaucoup d'espèces, nous l'avons déjà dit, construisent pour leur bétail des galeries et des abris en terre sur les arbres et les plantes, afin de les garantir autant que possible contre toute espèce d'accidents. D'autres, au contraire, ont trouvé moyen de les élever au fond de leurs habitations en en recueillant les œufs en automne. L'amour qu'elles portent à leurs enfants adoptifs ne les empêche pourtant point de les dévorer avec la peau et les poils en temps de disette, à défaut de toute autre alimentation.

« Elles soignent leurs œufs », dit Schmarda (*Vie psychique des animaux*, 1846), « comme les leurs propres ». D'après le même auteur, la sollicitude, que ces fourmis portent à la sûreté des pucerons, s'étend si loin, qu'elles élèvent, pour les protéger, une espèce d'enceinte en terre autour des plantes (en particulier de l'euphorbe) dont ceux-ci se nourrissent. Huber trouva un jour, sur la tige de l'euphorbe une petite logette en forme de boule, dont l'intérieur nivelé contenait une famille de pucerons, que les fourmis pouvaient venir traire en toute sécurité, protégées qu'elles étaient contre la pluie, les rayons du soleil et les fourmis étrangères. Par une issue étroite, pratiquée dans la partie inférieure, les fourmis pouvaient circuler librement jusqu'à la fourmilière voisine. Huber trouva encore une étable du même genre arrangée sur une petite branche de mauve, à cinq pieds au-dessus de la terre. Les feuilles radicales du plantain commun, vers lesquelles les pucerons qui vivent sur cette plante reviennent en août, alors que les fleurs et les pétioles sont desséchés, sont enclavées par les fourmis dans une espèce de maçonnerie en terre humide, et constituent de petits réduits où la production du laitage peut s'effectuer sans encombre.

A force de caresses et de câlinerie, les fourmis parviennent à obtenir des pucerons une secrétion de liquide sucré plus abondante qu'ils n'en donnent habituellement. C'est pour cette raison que les plantes et les arbres recherchés par les fourmis sont souvent détériorés. Les fourmis ne sont pas, comme on le croit généralement, la cause directe du dégât; elles n'y contribuent qu'indirectement : premièrement, en multipliant, grâce à leurs soins, les pucerons nuisibles à la plante; secondement, parce que plus ceux-ci abandonnent aux fourmis de sucs nutritifs, plus ils doivent en puiser dans la plante. Ils l'auraient fait tout aussi bien, s'il n'y avait point eu de fourmis, mais dans une moindre mesure. Abandonnés à eux-mêmes, les pucerons se délivrent de leur liquide secrété par une espèce de ruade; mais si les fourmis sont tout près, ils attendent patiemment qu'elles viennent les soulager de leur fardeau. On voit alors les gouttes tomber rapidement l'une après l'autre, tandis qu'en temps ordinaire, le puceron peut rester longtemps tranquille sans rien secréter. La fourmi loge autant de liquide que possible dans son abdomen, avec la faculté d'en céder plus tard le superflu par régurgitation ou vomissement, à ses camarades ou aux larves, comme nous avons déjà eu occasion de le dire.

Les *gallinsectes*, tels que les *chermes*, *coccus*, qui vivent sur les arbres, et notamment la cochenille, peuvent être utilisés par les fourmis de la même manière; ces animaux leur fournissent, conjointement avec les pucerons, dont nous venons de parler, la plus notable partie de leur alimentation dans nos contrées. D'ailleurs, sous ce rapport, il existe une grande variété parmi les différentes espèces : les fourmis glaneuses, par exemple dédaignent complètement les pucerons. Certaines espèces (*leptothorax*, *colobopsis*), lèchent le suc des arbres et des fleurs; d'autres, telles que *pheidole*, *tapinoma*, *tetramorium*, etc., sont carnivores et préfèrent la chair putréfiée, les insectes morts, aux substances sucrées des végétaux. Les fourmis domestiquent aussi les gallinsectes et gardent ce bétail dans leurs habitations; aussi M. Cook (*loc. cit.*), en examinant leurs nids y trouva autant de coccus que de pucerons, logés dans des pièces séparées. Le même naturaliste eut l'occasion de voir une certaine espèce de fourmi noire (*f. subsericea*) transformer en vache laitière la chenille d'un papillon appartenant à la tribu des lycénides, et qui secrétait par une glande de l'abdomen un certain liquide sucré.

Quand on voit un grand nombre de fourmis monter et descendre le long d'un tronc d'arbre, on peut être sûr que celui-ci sert de domicile aux pucerons. C'est seulement à cause des gallinsectes et des pucerons qu'elles visitent les arbres fruitiers, ne touchant jamais pour leur part aux fruits intacts. Plus d'une fois on a essayé d'entraver l'activité de ces sagaces petites bêtes, tantôt pour mettre à l'épreuve leur intelligence, tantôt pour préserver les arbres des dommages qu'elles leur causent. La tâche est moins facile qu'on ne le suppose. Elles se laissent, il est vrai, effrayer facilement par l'aspect de quelque objet étrange et inconnu ; mais cela ne dure guère : elles ne tardent pas, soit à comprendre qu'il n'y a pas de danger réel, soit à surmonter l'obstacle. On a essayé, par exemple, de tracer à la craie une raie autour du tronc d'un arbre, préféré par les fourmis ; les premières arrivées reculèrent d'effroi. Mais d'autres, plus intelligentes, décidèrent après ample examen que le fait ne présentait rien de redoutable et, suivant leur exemple, toutes les autres franchirent la raie. Le professeur Leuckart, de Giessen, leur opposa des obstacles plus sérieux, qui, même à première vue, semble- raient insurmontables. Il eut l'idée d'entourer le tronc de l'arbre d'une large couche de feuilles de tabac. Quand les fourmis qui descendaient furent parvenues à l'obstacle, elles s'empressèrent de revenir sur leurs pas, puis se lais- sèrent tomber de la branche à terre. La chose fut moins facile pour celles qui montaient : s'étant convaincues qu'elles ne pourraient franchir la bande qu'au péril de leur vie, elles reculèrent. Bientôt après Leuckart les vit revenir portant chacune une parcelle de terre dans leurs mandibules. Cette terre fut jetée sur la bande de tabac et on en apporta assez pour former une véritable route, sur laquelle les fourmis purent circuler en toute liberté.

On trouve des faits du même genre cités dans un fragment sur les fourmis, faisant partie de l'*Histoire naturelle des insectes*, de Réaumur (1734-1742). Le célèbre natura- liste déclare les tenir du fameux cardinal Fleury (1653- 1743), grand admirateur des fourmis. Celui-ci raconta à Réaumur comment, pour le préserver des fourmis, il avait enduit de glu le tronc d'un arbre, et comment les fourmis avaient réussi à franchir l'obstacle en y accumulant des parcelles de terre, du gravier, etc. Le même observateur put voir un certain nombre de fourmis tourner de la ma- nière suivante l'obstacle, qu'on avait cru leur opposer, en

isolant les pieds d'une caisse d'orangers à l'aide de récipients pleins d'eau ; elles apportèrent de petites parcelles
de bois et construisirent un pont, sur lequel elles pas-
sèrent.

Dans un autre cas, tout semblable à celui que nous
venons de citer, elles trouvèrent un moyen plus ingénieux
encore de se tirer d'affaire.

Le peintre G. Theuerkauf, de Berlin (*Wasserthorstr.*
49), nous écrivait le 18 novembre 1875 :

« Un érable, qui croissait dans les terrains du fabricant
Vollbaum, d'Elbing (domicilié à présent à Dantzig), dépé-
rissait littéralement par le fait des pucerons et des fourmis. Pour obvier à ce mal, le propriétaire enduisit l'arbre
de goudron, à la hauteur d'un pied au-dessus du sol. Les
premières fourmis qui voulurent dépasser le cercle y restèrent naturellement collées. Mais que firent les suivantes?
Elles remontèrent sur l'arbre et y prirent les pucerons,
qu'elles posèrent l'un après l'autre sur le goudron ; elles
se construisirent ainsi un pont vivant sur lequel elles tra-
versèrent sans aucun danger le cercle goudronné.

« Vollbaum, sous les yeux de qui la chose se passa et
qui en fut le narrateur, se porte garant de l'authenticité
du fait. »

Abstraction faite de l'ingéniosité qui se révèle dans cette
manière d'obvier aux obstacles, nous nous demandons :
que devient, dans ce cas, le penchant inné et l'amour instinctif pour les pucerons, que les philosophes de l'instinct
se croient obligés de reconnaître chez les fourmis ? En effet,
nous voyons celles-ci vouer à une mort terrible leurs
chers enfants adoptifs, dès que cela leur semble nécessaire !

Nous devons à M. l'inspecteur des constructions D. Nottebohm, de Carlsruhe, une observation non moins intéres-

sante que la précédente sur les relations des fourmis et des pucerons et sur l'intelligence qu'y déploient les premières. Dans une lettre du 24 mai 1876, intitulée : *Les fourmis fondatrices des colonies de pucerons*, M. Nottebohm raconte ce qui suit :

« Des deux jeunes frênes, également forts, plantés dans mon jardin de Kattowitch, dans la haute Silésie, l'un prospéra admirablement et au bout de cinq ou six ans forma un véritable berceau, tandis que l'autre, assailli chaque année par des millions de pucerons, nuisibles à l'éclosion des feuilles et des jeunes pousses, se trouvait complètement arrêté dans son développement. Comme j'attribuais ceci uniquement à l'action malfaisante des pucerons, je me décidai à les exterminer. Au mois de mars de l'année suivante, je pris la peine de nettoyer et de laver soigneusement avec une vergette les petites branches, les pousses et les bourgeons à peine éclos ; l'arbre, dès lors en bonne santé, donna des feuilles et des pousses plus vigoureuses, et de la fin de mai au commencement de juin fut libre des atteintes des pucerons. Ma joie fut de courte durée. Par une belle matinée de soleil, j'aperçus une multitude de fourmis courant sur le tronc de l'arbre ; cela éveilla mon attention et m'amena à me livrer à un examen plus approfondi. A ma grande stupéfaction, je pus me convaincre que quantité de fourmis étaient occupées à transporter des pucerons, un à un, le long du tronc jusqu'au sommet de l'arbre, et que déjà les premières pousses et les feuilles étaient couvertes de ces colonies. Au bout de quelques semaines, le mal était tout aussi grand que par le passé. L'arbre se trouvait isolé, sur un terrain découvert et offrait aux innombrables fourmis de l'endroit un excellent emplacement pour une colonnie de pucerons. La première étant détruite, les fourmis l'avaient rétablie en y

apportant de nouveaux colons des régions éloignées et en
en parsemant les jeunes feuilles. »

· Là où la nature ne se montre pas favorable à l'existence
et à la prospérité de ce bétail chéri, les fourmis y remé-
dient par des soins tout particuliers conformes aux circonstances. Parfois, elles choisissent pour se procurer leurs
animaux domestiques le moyen le plus court, quoique le
plus dangereux : elles entrent en lutte ouverte avec leurs
concitoyennes ou voisines, procédé que nous avons déjà eu
l'occasion de voir mis en œuvre par les fourmis glaneuses
et que nous aurons à constater chez bien d'autres espèces.
Forel a vu une colonie de *formica exsecta* (qu'il avait
apportée du mont Tendre et établie sur la lisière d'un petit
bois près de Vaux), attaquer intrépidement deux nids de
lasius niger et de *lasius flavus*. Après avoir exterminé beaucoup d'ennemis, les assaillants se précipitèrent
sur les buissons, qui croissaient en cet endroit, et y
firent une chasse acharnée aux fourmis, afin de s'emparer
de leurs pucerons. Puis on chercha à répéter la même
manœuvre sur un chêne occupé par la *camponatus ligniperdus*, et où ces grosses, fortes et belliqueuses fourmis élevaient leurs pucerons. Les *f. exsecta* firent des
efforts inouïs pour atteindre leur but, mais inutilement.
Repoussées par leurs terribles ennemies, et détruites par
centaines, elles furent obligées de renoncer à leur entreprise. Elles prirent leur revanche en s'emparant d'une
grande quantité de trous à grillons, dont elles pourchassèrent les habitants. Selon Forel, l'usage de presque toutes
les espèces de fourmis est de chercher à se procurer ainsi
une habitation provisoire. Trois ou quatre d'entre elles
font invasion dans le domicile du grillon, qui cherche à son
tour à les chasser en les mordant et en les empoignant.
Mais les fourmis se précipitent sur lui, et, le tenant solide-

ment par les pattes, éjaculent sur lui leur poison. Alors le grillon se rend, abandonne son nid, trop heureux d'en sortir vivant. Son habitation devient alors la propriété des fourmis. Du sucre jeté sur leur route allume entre elles, aussi bien que la possession des pucerons, des luttes acharnées. Forel jeta un jour un petit morceau de sucre entre deux colonnes de *lasius emarginatus* et de *tetramorium caespitum* (fourmis de gazon), qui, après avoir longtemps combattu entre elles, commençaient à battre en retraite, car le soleil dardait d'aplomb. La guerre se ralluma de plus belle. Les *emarginatus* furent écrasées et pourchassées jusqu'à leur nid, tandis que les vainqueurs s'emparaient du sucre. On trouve dans l'Amérique du Sud une fourmi, *myrmica* ou *atta saccharum*, qui ne se nourrit que de sucre ou plutôt du suc de la canne à sucre. Elle cause des dégâts considérables dans les plantations, en s'attaquant aux racines de la plante. On l'appelle *fourmi à sucre*.

A l'occasion de la domestication des pucerons, M. Cook (*loc. cit.*, p. 275 et suivantes) relate une observation des plus intéressantes à propos des fourmis bâtisseuses de coupoles (*f. exsectoïdes*) de l'Amérique, dont nous avons déjà décrit les édifices variés. Après avoir minutieusement raconté leur manière de faire, il ajoute que parmi les ouvrières, s'en revenant au nid, du pied de l'arbre où se passait l'opération, il y en avait bien moins ayant le ventre plein que parmi celles qui descendaient encore le long de l'arbre. Un examen plus minutieux révéla le fait suivant : à la racine de l'arbre, à l'issue des galeries souterraines, un grand nombre de fourmis se trouvaient réunies, et en passant devant elles, celles qui s'en revenaient de l'arbre cédaient (comme elles le font pour les larves) une partie de la nourriture, emmagasinée dans leur abdomen, à ces

« pensionnaires » d'un nouveau genre, comme les a surnommées le naturaliste. Plus tard, le même fait fut souvent relevé par M. Cook, notamment chez les fourmis des
bois de la Pensylvanie ci-dessus mentionnées. Les individus composant la « garde » de la reine sont aussi nourris
de la même manière. Selon notre naturaliste, ce serait
dans le principe de « la division du travail », si développé
dans la république des fourmis, qu'il faudrait chercher
l'explication du phénomène. Les citoyens occupés aux
constructions ou aux soins domestiques abandonnent le
souci de recueillir la nourriture pour eux-mêmes, aussi
bien que pour les mineurs et les faibles de la communauté, à leurs compagnons, aux sentiments de reconnaissance et de solidarité, auxquels ils font appel de temps à
autre pour le plus grand bien de l'association.

Les pucerons et les gallinsectes ne forment point,
comme nous l'avons dit, l'unique *bétail* des fourmis. On
trouve aussi dans leurs nids un nombre considérable
d'autres insectes, que l'on a réunis sous le nom général
de *myrmécophiles* ou amis des fourmis, quoiqu'ils diffèrent beaucoup entre eux selon les espèces, les pays et
les milieux. Le trait caractéristique, commun à tous les
myrmécophiles, c'est qu'ils ont la faculté d'élaborer dans
l'intérieur de leurs corps une substance sucrée, léchée
avec délices par les fourmis. Pour s'en procurer, ces dernières ne s'épargnent ni peine, ni souci et traitent leurs
doux amis avec une tendresse, une sollicitude, une prévoyance, qui pourraient servir de modèle à l'amitié, si
elles n'étaient dictées par un intérêt aussi égoïste. Les
myrmécophiles sont le plus souvent aveugles, car, vivant
dans l'obscurité continuelle des nids, ils n'ont pas besoin
d'yeux ou plutôt parce que l'organe de la vue se trouve
chez eux atrophié, faute d'usage. Incapables, pour cette

raison, de se procurer des aliments, ils sont complètement à la merci des fourmis, leurs maîtresses et protectrices, autant que les animaux domestiques, les chiens par
exemple, le sont à celle de l'homme. Malheureusement les
myrmécophiles, parmi lesquels on compte aussi les *parasites* des fourmis et dont le chiffre approximatif monte,
selon Lespès, à près de *trois cents* différentes espèces, sont
encore fort peu connus. A en croire l'auteur que nous
venons de citer, les relations les plus curieuses existent
surtout entre les fourmis et une certaine espèce aveugle de
coléoptères, le clavigère, qui a d'énormes antennes au lieu
d'yeux et à peine un vestige d'ailes. Les mouvements du
clavigère sont lents et son appareil buccal organisé de
façon à ne recevoir que des aliments liquides. Il est incapable de se nourrir lui-même, et les fourmis lui donnent la
pâtée, tout à fait comme elles le font entre elles, de bouche
à bouche. Pour reconnaître ce bienfait, le scarabée secrète
chaque fois un liquide savoureux, que les fourmis absorbent
en pressant de leurs mandibules, autant que possible
quoique avec ménagement, les parties secrétantes. A peine
une fourmi a-t-elle satisfait la faim ou la soif d'un clavigère,
qui la sollicite par un mouvement d'antennes, qu'elle se
rattrape en suçant le corps de celui-ci. Il s'agit donc d'une
gourmandise raffinée, car les fourmis abandonnent au
scarabée tout autant et même plus de matériaux alimentaires, qu'elles n'en reçoivent de lui. L'hypothèse est
d'autant plus plausible que les fourmis sont connues pour
leur gourmandise. Si on leur donne par exemple du *miel*,
dont elles sont très friandes, elles laisseront tout de côté,
jusqu'à leurs larves, pour s'en gorger, chose qu'elles ne
feront pas pour quelque autre substance moins prisée,
par exemple, le suc contenu dans le corps d'un insecte.

Les espèces *claviger* restent toujours dans les nids. En

revanche, le *staphylinus*, espèce de gros scarabée (*lome-chusa ; atemeles*), pourvu d'yeux, également étudié par Lespès, mène une existence des plus variées. Il a des ailes, dont il peut faire usage, et passe la plus grande partie de la journée au dehors. Aussi bien que le clavigère, il est incapable de pourvoir à sa nourriture, et quand il est poussé par la faim, il rentre dans le nid, afin de se faire alimenter par les fourmis. Lespès vit un jour un individu de cette espèce, appâté par une fourmi, qu'il avertissait de ses besoins en la touchant de ses antennes. Le repas achevé, le *staphylinus* bien élevé présenta à son tour son abdomen à sa bienfaitrice, afin de lui payer sa dette de reconnaissance.

Ce scarabée se conduit à la manière des enfants vagabonds, toujours hors du logis, où ils ne rentrent qu'à l'heure du dîner. A son aspect extérieur, on ne supposerait pourtant pas sa parfaite inaptitude à se procurer sa nourriture.

E. Schröder (*Jardin zoologique*, 1867, p. 227) vit un exemplaire de *lomechusa strumosa* nourri et trait par des fourmis fauves; pendant tout le temps que dura cet échange, le corps de l'animal était agité d'un tremblement convulsif.

Une autre espèce de *staphylinus*, *myrmedonia*, est l'ennemie des fourmis, dans les nids desquelles elle ne se hasarde qu'en hiver, quand celles-ci sont engourdies par le froid. En été, elle serait immédiatement mise en pièces. Ce *staphylinus* se tient généralement dans le voisinage des routes fréquentées par les fourmis et attaque les individus isolés pour ouvrir leur abdomen rempli d'un liquide sucré.

Forel considère *tous* les myrmécophiles, dont le nombre est évalué par Taschenberg à *trois cents* pour l'Allemagne seulement, comme des parasites (écornifleurs)

directs ou indirects, et par conséquent comme des faits
accidentels dans l'économie sociale des fourmis. Il en a
trouvé une grande quantité dans leurs nids, surtout des
scarabées, mais n'a jamais pu constater les rapports
intimes qui doivent relier ceux-ci aux fourmis. Comme
nous allons le voir, ces scarabées ne sont pas toujours
leurs *amis*. Forel en a vu un, passablement gros (*hister
quadrimaculatus, l.*), apparaître subitement au milieu
d'une multitude de fourmis des prés, revenant d'une bataille avec les fourmis sanguines, et enfoncer sa tête dans
le cou d'une nymphe. Les fourmis se précipitèrent coura-
geusement sur l'agresseur, et le couvrant de morsures et
de venin, cherchèrent à lui arracher sa proie. Mais le
corselet dur du scarabée rendit tous leurs efforts inutiles;
sûr de l'impunité, il ne se laissa point déconcerter. Enfonçant résolûment la tête et les deux pattes antérieures dans
la nymphe, il se servit des quatre pattes libres pour
opérer sa retraite et disparut avec sa proie. Pourtant
Forel vit une autre fois une espèce de *hister*, coupable
d'une tentative semblable contre les *f. caespitum* (fourmis des gazons), succomber sous les piqûres.

En dehors des scarabées, Forel trouva dans les fourmilières un nombre considérable de grosses larves annelées,
longues et blanches, auxquelles les fourmis prodiguaient
les mêmes soins qu'à leurs propres larves, et qu'il considère
comme celles d'une espèce inconnue de scarabées, ayant
un mode spécial d'éclosion et de transformation en chrysalide. Peut-être les fourmis les confondent-elles avec leurs
propres larves; peut-être y a-t-il là une cause plus profonde qui nous échappe.

En même temps que de petits insectes sauteurs ou
podurelles et des *lépisma*, ainsi qu'une petite espèce de
scarabées (*coluocera attae*), Moggridge trouva souvent,

dans les nids des fourmis glaneuses, des larves de scara-
béides coureurs, auxquelles les fourmis montraient également une grande sollicitude, sollicitude que Moggridge soup-
çonne d'ailleurs d'être fort intéressée, car elle aurait pour
mobile unique le désir de profiter des passages frayés par
cette espèce de larve. Un certain petit grillon (*gryllus
myrmecophilus*) se trouve aussi parfois dans quelques
nids des fourmis de France et d'Italie.

Les myrmécophiles des autres parties du monde sont
encore moins connus que ceux d'Europe, tout en n'étant
guère moins nombreux. Bates (*loc. cit.*) trouva dans les
nids de la sa-uba une espèce toute particulière de serpent
(*amphisbaena*). Jules Fröbel assista un jour, au Mexique,
à la translation de domicile d'une colonie de fourmis. Plusieurs petits scarabées, ressemblant beaucoup à nos *coc-
cinella semi punctata*, marchaient dans les rangs. Un
d'eux faisait-il mine de vouloir s'écarter de son chemin, il
y était immédiatement ramené par les fourmis, qui marchaient à côté de lui (*De l'Amérique*, Leipzig, 1875, I,
275). « Au Brésil, les pucerons sont remplacés par les larves
et les nymphes des cicadiens, surtout par celles des *cerco-
pis* et des *membracis*, qui se tiennent sur les tiges des
plantes qu'elles sucent, en secrétant de temps en temps
par l'abdomen quelques gouttes d'un liquide sucré. Ce suc
est alors humé avec délices par les fourmis (*f. attelaboides*),
qui prodiguent aux cicadiens les mêmes soins et la même
sollicitude, dont les nôtres font preuve vis-à-vis des pucerons ; en outre, elles les assistent au moment de leur métamorphose. Quand les pucerons, jusqu'alors inconnus, apparurent dans les jardins de Rio Janeiro, les fourmis ne
tardèrent pas à découvrir les utiles propriétés des nouveaux
venus. » (Perty, *Vie psychique des animaux,* 2ᵉ édition,
p. 315.) « D'après Audubon, il y a dans les bois du Brésil

certaines punaises, que les fourmis réduisent en esclavage.
Quand ces fourmis veulent rapporter à la maison les feuilles
qu'elles ont détachées des arbres, le transport s'effectue à
l'aide d'une colonne de ces punaises; celles-ci marchent
par paires, flanquées des deux côtés par les fourmis, qui
maintiennent le bon ordre. Chaque punaise est chargée
d'une feuille. A force de morsures, les fourmis ramènent
les récalcitrantes dans les rangs et hâtent la marche
des traînardes. Ces services rendus, les punaises sont
enfermées au fond du nid, où elles reçoivent une maigre
pitance. » (Perty, *loc. cit.*, p. 329 et 330.)

L'espèce, qui a le plus perfectionné l'élevage du bétail
et la production du lait, habite le même pays que sa remarquable sœur vouée à l'agriculture. C'est la *myrmecocystus mexicanus*, découverte, il y a trente ans de cela,
par un naturaliste belge, Wesmaël. Cette espèce possède
dans son propre sein des individus asexués, formant une
caste particulière, qui remplit le rôle des pucerons ou des
myrmécophiles; ces individus logent tant de miel dans
leur abdomen dilaté, que celui-ci finit par prendre la forme
d'un petit flacon rond, qui pourrait être exposé au marché comme article de commerce.

« Ces fourmis », raconte Blanchard (*loc. cit.*), « très
nombreuses dans les environs de la ville de Dolorès et connues dans le pays sous le nom de *basileras*, vivent dans
des habitations souterraines, dont aucun signe extérieur
ne trahit l'existence. Dans la première époque de leur vie,
leur abdomen est de forme ordinaire. Peu à peu, par l'ac-
cumulation dans une de ses parties d'un liquide sirupeux,
cet abdomen se dilate d'une manière extraordinaire et
finit par ressembler à un flacon. Ces fourmis, surnommées
fourmis à miel, sont alors incapables de bouger et restent
suspendues dans une parfaite immobilité sur les toits de

leurs fourmilières. Les femmes et les enfants du pays
fouillent les nids des *basileras* et sucent les petites bêtes.
Pour les servir à table, on leur enlève la tête et le thorax et
il ne reste sur l'assiette que les petites bulles pleines de miel.

« Ces fourmis à miel sont nourries d'une manière particulière par leurs sœurs asexuées, qui les trayent ensuite.
Elles ne quittent jamais le nid et sont, par conséquent,
dans toute la force du terme, bien plus que les clavigères,
de vraies vaches d'étable. » Vraisemblablement la gourmandise et la passion sans frein des fourmis pour le miel
jouent le principal rôle dans ce phénomène.

D'après le docteur Krüger (*Rapport de la Société
pour la propagation des sciences naturelles*, Hambourg, vol. II, 1876), la communauté entière se compose
de *trois* sortes d'animaux, peut-être de sexes différents,
dont les uns sont les pères nourriciers et les protecteurs
de ceux qui ne quittent jamais le nid et élaborent le miel,
et auxquels ils fournissent continuellement du pollen et
des pétales de fleurs saturés de miel; une troisième caste
d'individus, gros et forts, aux solides mâchoires, a la mission de garder le nid militairement. Placés devant lui sur
un double rang, ceux-ci détachent des patrouilles dans
diverses directions et ne quittent leurs files que pour
tuer les étrangers ou les ennemis qui approchent. Il y a,
par conséquent, parmi ces fourmis des *charretiers*, des
fabricants et des *guerriers*.

Le goût prononcé des fourmis pour le miel en fait des
ennemies dangereuses pour les ruches, où elles s'introduisent à l'aide de toutes sortes de ruses raffinées. Dans ses
Sociétés animales, Karl Vogt a raconté une histoire, fort
répandue depuis, d'une ruche appartenant à un de ses
amis et où des fourmis s'étaient introduites. Pour leur en
couper le chemin, on plaça, comme on a l'habitude de le faire

pour les garde-manger, dans les pays où les fourmis abondent, les quatre pieds de la ruche dans des écuelles pleines d'eau. Les fourmis s'ingénièrent à trouver une autre voie pour pénétrer auprès de la friandise convoitée et se servirent d'une perche en fer, qui, à quelques pas de là, fixait la ruche à un mur. On enleva la perche, mais les fourmis ne se laissèrent pas décourager : elles grimpèrent sur un tilleul, dont les branches s'étendaient au-dessus de la ruche, et de là se laissèrent tomber, agissant dans cette occasion exactement comme leurs camarades avec les garde-manger dont les pieds étaient plongés dans l'eau, et où pourtant celles-ci s'introduisaient en se laissant tomber du plafond. Pour rendre la chose impossible à l'avenir, on coupa les branches de tilleul, mais au bout de quelque temps les fourmis s'étaient de nouveau introduites dans la ruche. Un examen plus minutieux révéla que l'eau avait séché dans un des récipients où l'on avait posé les pieds de la ruche, et qu'une légion de fourmis en avaient immédiatement profité. Néanmoins elles s'étaient trouvées dans un grand embarras, le pied de la ruche ne descendant qu'à un demi-pouce au moins du fond du récipient placé à terre. On vit alors les fourmis se toucher mutuellement du bout de leurs antennes, qu'elles agitaient rapidement ; il était évident qu'elles tenaient un conciliabule, auquel une fourmi plus grosse mit fin en les tirant toutes d'embarras. Elle se haussa de toute sa longueur sur ses pattes de derrière, et s'évertua si bien qu'elle atteignit avec ses pattes de devant l'une des extrémités saillantes du pied en bois, auquel elle se cramponna. Dès que cela lui eut réussi, ses camarades montèrent sur elle, la saisirent fortement et formèrent ainsi une espèce de petit pont vivant, qui facilita le passage du reste de la troupe. Les fourmis noires des Indes orientales, observées par Sykes, se comportèrent d'une manière bien plus ingénieuse encore. « Dans la maison de Sykes, on avait l'habitude de placer le dessert sur la table d'une véranda fermée, en le recouvrant d'une serviette et en isolant les pieds de la table à l'aide de récipients pleins d'eau. Mais les fourmis les traversaient à gué, ou, si l'eau était trop profonde, s'accrochant l'une à l'autre de leurs pattes crochues, elles parvenaient à atteindre le pied de la table et à se glisser jusqu'aux sucreries chinoises. On avait beau en tuer tous les jours des centaines, il en surgissait des milliers le lendemain. Sykes enduisit les pieds de la table de térébenthine ; au bout de quelques jours les fourmis n'en arrivèrent pas moins à la portée des fruits succulents. Le coin de la table n'était éloigné du mur que d'un pouce ; se cramponnant avec force au mur, de leurs pattes postérieures, les grosses fourmis allongeaient leurs pattes antérieures vers la table, et beaucoup d'entre elles réussissaient à l'atteindre. Sykes éloigna la table du mur, mais les fourmis grimpèrent plus haut sur le mur, de manière à se trouver à peu près à un pied au-dessus des fruits et de là, prenant leur élan, elles venaient s'abattre sur l'objet de leur convoitise. (Perty, *loc. cit.*, p. 341.)

Les fourmis ne sont pas moins friandes de sirops et de liquides sirupeux que de sucre, de miel et de fruits sucrés. L'habileté extraordinaire, déployée par elles pour s'emparer des substances de ce genre, fait dire aux partisans de l'instinct, que « l'instinct qui les guide touche aux limites de la raison humaine ». En vérité c'est de la raison pure et simple, arrivant parfois jusqu'à vaincre et à déjouer les finesses de l'esprit humain, qui cherche inutilement à se défendre contre leurs entreprises. Quand une fourmi a déniché un pareil trésor, elle obéit avant tout à la loi impérieuse de l'égoïsme et dévore toute la quantité que son corps peut contenir, au point de se rendre malade parfois. Puis elle songe à ses devoirs envers ses concitoyens,

ou plutôt ses concitoyennes, et quelque temps après revient
sur les lieux accompagnée d'une multitude de compagnes,
qui, à leur tour, s'en donnent à cœur joie.

Le docteur Franklin (cité par Bingley, *loc. cit.*, IV,
p. 176), voulant mettre à l'épreuve l'intelligence des
fourmis, plaça un pot de confitures dans une chambre
écartée. Les fourmis y apparurent immédiatement en
masse et se gorgèrent de confitures. Franklin les chassa
et, à l'aide d'un cordon, suspendit le pot au plafond de la
chambre, de manière, croyait-il, à ce qu'aucune fourmi ne
pût y atteindre. Une d'entre elles était restée par hasard
dans le vase. Après s'être suffisamment repue de miel,
elle chercha à s'évader. Ce ne fut qu'après de longs efforts
qu'elle réussit à trouver le cordon, à l'aide duquel elle
effectua heureusement son retour. Ensuite, courant sur
le plafond et le mur, elle atteignit le sol. A peine une
heure s'était écoulée depuis sa descente, qu'on vit apparaître une masse de fourmis; toutes se mirent en devoir
de grimper sur le mur et le long du plafond dans la direction du cordon, qui les conduisit droit au pot de confitures.
Elles répétèrent cette manœuvre jusqu'à ce que le pot fût
à sec.

Un fait semblable, à l'appui duquel on peut citer cent
autres exemples du même genre, fait naturellement naître
deux questions, qu'on ne saurait éviter, si on aborde l'analyse psychologique de l'animal.

Premièrement : Comment les fourmis arrivent-elles
à découvrir la route, parfois très longue, conduisant d'un
endroit riche en matières alimentaires jusqu'à leur nid,
puisqu'elles sont hors d'état de la voir?

Secondement : Par quel moyen se communiquent-elles
l'une à l'autre une découverte si précieuse et persuadent-
elles à leurs camarades de les suivre?

CHAPITRE IX

Faculté de se faire comprendre ou langage.

Odorat. — Langage mimique et langage s'adressant à l'ouïe.

Quant à la première question, il n'est pas douteux que sa solution ne se trouve dans le sens de l'*odorat*, aussi affiné chez la fourmi que celui de la *vue* semble faible. Le premier est chez elle si sensible, qu'il lui suffit de flairer l'approche d'une main humaine sur sa route, pour mettre sa circonspection en éveil. Lespès raconte que, si l'on pose pour un moment la main sur un sentier tracé par les fourmis, alors qu'il est libre, et qu'on s'éloigne ensuite, on voit s'arrêter, toute effarée, la première fourmi, qui arrive à cet endroit ; le plus souvent elle bat précipitamment en retraite. Surviennent une seconde, une troisième fourmi : toutes se comportent de la même façon. Enfin, il s'en présente une plus courageuse ou à odorat moins fin, qui franchit l'obstacle. A peine a-t-elle effectué cette traversée sans danger, que toutes imitent son exemple. Forel a relevé le même trait chez les *lasius emarginatus*. Il suffit de poser pour un moment son doigt sur leur route, quand aucune d'elles ne s'y trouve, pour voir les premières arrivées s'arrêter subitement, agiter leurs antennes et opérer prudemment la retraite. Peu après, il en arrive une foule : visiblement agitées, ces fourmis parcourent et examinent les lieux et ne traversent point le passage suspect, avant de s'être dûment convaincues qu'il n'offre aucun danger.

Forel recommande de se boucher le nez et la bouche, quand on fait des expériences sur les fourmis, car il suffit du moindre souffle de l'haleine humaine pour les épouvanter et faire manquer l'expérience. Forel gardait dans un vivarium, entouré d'un mur élevé, en plâtre, une colonie de fourmis (*strongylognathus testaceus*), avec une provision de miel. Une colonie de *camponatus herculaneus* était logée dans la même chambre ; il négligea exprès de la nourrir, pour voir ce que feraient les fourmis dans cette occurrence. Les *camponatus* se mirent à courir dans toutes les directions et, à l'aide de leur odorat, découvrirent bientôt le miel, quoiqu'elles ne pussent ni le voir, ni franchir le mur qui les en séparait. Elles perforèrent le mur de plâtre, que Forel répara inutilement à plusieurs reprises, et volèrent le miel tant qu'on n'eut pas donné au mur une solidité défiant tous leurs efforts. Une seule fourmi réussit, on ne sait comment, à y pénétrer et se gorgea si bien de miel qu'elle ne fut plus en état de revenir. Forel la trouva le lendemain adossée à la paroi intérieure du mur, incapable de repasser par l'ouverture qui lui avait livré passage. Ainsi, voilà donc une fourmi chez laquelle « l'instinct » de la conservation n'a pu triompher de la gourmandise !!! Des pots de confitures ou de sucreries, placés dans l'eau, sont littéralement bloqués par une multitude de fourmis, qui ont flairé le sucre et cherchent inutilement le moyen de s'emparer de ces trésors.

Quant au problème consistant à retrouver ou à reconnaître une route une fois parcourue, il est bien facilité par l'odeur âcre et forte qu'elles exhalent par elles-mêmes.

Pour ce qui est du second point, *de la faculté de communiquer entre elles* ou *du langage*, ce sont leurs antennes, organes fort sensibles, pourvus de nerfs solides, qui jouent dans ce cas le rôle principal. On voit deux four-

mis, qui causent entre elles, se tenir en face l'une de
l'autre ; leurs têtes se touchent et, de leurs antennes en mouvement, elles s'effleurent réciproquement, se donnent de
petites tapes sur la tête, etc. Qu'elles soient en état de se
faire part, de cette manière, de mille et mille choses d'un
caractère tout à fait précis, c'est là un fait qui se démontre par des exemples nombreux, dont plusieurs ont déjà
été cités. « Plus d'une fois », raconte l'Anglais Jesse (*Gleanings*, vol. I, p. 14), « il m'est arrivé de déposer une petite chenille verte dans le voisinage d'un nid de fourmis.
A peine y était-elle, qu'une fourmi venait l'empoigner et
faisait d'inutiles efforts pour la traîner vers le nid. Ne
pouvant y parvenir, elle faisait appel à une de ses camarades, avec laquelle elle avait un colloque animé, dont
les antennes faisaient les principaux frais ; à la suite dudit
colloque, toutes les deux s'acheminaient vers la chenille
et, réunissant leurs efforts, parvenaient à la transporter
au nid. J'ai de même observé, plus d'une fois, deux
fourmis se rencontrant sur la route de leur nid. Elles
s'arrêtaient en face l'une de l'autre, se touchaient réciproquement du bout de leurs antennes, ayant tout l'air
d'avoir une conversation dont le sujet, j'ai lieu de le
croire, roulait sur la question suivante : quel était le meilleur endroit pour se procurer des provisions ? »

Hague (cité par Landois, *Langage des animaux*,
1874, p. 129) raconte, dans une lettre adressée à
Ch. Darwin, qu'il tua un jour avec son doigt un certain
nombre de fourmis, ayant pris l'habitude de sortir chaque
jour d'une fente du mur, pour visiter des fleurs placées
sur la cheminée, et qu'on ne parvenait même pas à chasser à coups de balai. Cet acte de violence eut pour résultat de déterminer les fourmis, arrivées immédiatement
après, à rebrousser chemin ; en outre, elles cherchaient

à entraîner les camarades, qui les suivaient et qui n'étaient pas encore averties du danger. Une courte conversation eut lieu entre les premières arrivées et les survenantes ; pourtant ces dernières ne se décidèrent pas à une retraite immédiate, désireuses qu'elles étaient de se convaincre des faits par elles-mêmes.

C'est de la même manière que les fourmis en guerre tiennent leurs conciliabules, quand elles veulent reprendre la lutte, et se font part mutuellement de leur décision. Quand une fourmi affamée a besoin de nourriture, elle le fait aussi savoir à ses camarades par un mouvement d'antennes. Les larves, sans initiative, sont averties de la même manière, d'avoir à ouvrir la bouche pour recevoir la pâtée. La sympathie ou l'antipathie mutuelles s'expriment également par ce langage.

Landois (*loc. cit.*) soutient, en s'appuyant sur ses propres observations, que les fourmis ne possèdent point seulement un langage mimique, mais bien aussi un langage sonore, quoique celui-ci ne soit pas perceptible à l'oreille de l'homme, ce que sir John Lubbock (*Journ. Linn. Soc. Zool.*, XIV, p. 265 et suivantes) se croit en droit de nier d'après ses recherches. Un jour, par exemple, Landois jeta un *diadème* (araignée) vivant au milieu d'une fourmilière très peuplée. En un moment, l'alarme se répandit avec une rapidité, que Landois ne saurait expliquer que par des moyens de communication *acoustique*. Une multitude de fourmis se précipitèrent sur l'araignée, et il s'engagea une bataille acharnée, qui finit pas la défaite de l'intrus.

Landois a réussi à constater l'existence, chez la fourmi, d'un appareil tonique ou organe de modulation, de vibration, placé sur l'abdomen ; il est surtout prononcé chez les espèces *ponera*. Le son vibratoire émis par la *ponera* peut être perçu par l'oreille humaine, mais celui des autres fourmis ne saurait l'être.

Le langage, ou faculté de communiquer ses impressions, est développé à un degré divers chez les diverses espèces ou genres. Déjà nous avons dit qu'à l'occasion, par exemple, d'un changement de domicile, telle fourmi en prend une autre entre ses mâchoires et la transporte sur le lieu choisi pour la nouvelle habitation, tandis que telle autre, d'une autre espèce, n'a pas besoin de recourir à un procédé aussi palpable, parce qu'elle peut se faire comprendre au moyen de gestes et de signes.

C'est la découverte d'un nouveau dépôt de vivres, qui fournit l'occasion la plus fréquente à des communications détaillées et à des colloques variés, ayant toujours lieu de la manière décrite ci-dessus. Lubbock (*loc. cit.*) assista à la découverte d'un pareil trésor, faite par une fourmi, et à la manière dont elle convoqua ses compagnes, qui, à leur tour, en amenèrent d'autres et ainsi de suite. Pourtant toutes les espèces ne se comportent pas, dans ce cas, d'une manière identique, et quelques-unes (par exemple certains individus de l'espèce *form. fusca*) exploitèrent durant tout un jour une trouvaille de vivres exclusivement à leur profit. Ces égoïstes ressemblent davantage aux hommes, qui, d'ordinaire, cachent autant que possible les sources de bien-être, qu'ils ont la chance de découvrir !

Grâce à des recherches ingénieuses, le même naturaliste a solidement démontré que les communications échangées entre les fourmis n'ont pas uniquement un caractère général, mais aussi un caractère concret, c'est-à-dire embrassant des faits et des détails très précis. C'est ainsi qu'à la suite d'une indication donnée par les chefs de l'expédition, les fourmis se portent en bien plus grand nombre vers les endroits où il y a *beaucoup* de larves, que vers ceux où il y en a *peu*. Des ruses préméditées elles-mêmes viennent échouer devant la sagacité de ces petits animaux.

Des renseignements fort intéressants sur la faculté, que possèdent les fourmis de communiquer entre elles, nous ont été fournis par un consul en Amérique, M. le docteur Fr. Ellendorf, de Wiedenbrück, dont quelques excellentes observations ont déjà été citées.

« J'habitai longtemps, » m'écrit-il, « l'île Omotèpe, sur le lac de Nicaragua, et là j'eus ample occasion d'observer quotidiennement, et à toute heure, ces petits animaux, devenus mes compagnons inséparables. A peine ouvrais-je mon rancho, qu'elles y étaient déjà, d'abord en petit nombre, puis en foule toujours grossissante, jusqu'à ce qu'elles en eussent envahi tous les coins.

« Je ne tardai pas à comprendre à quel point ces bestioles savaient communiquer entre elles. Un jour, j'avais suspendu, pour la faire sécher, la dépouille d'un oiseau, et le lendemain matin je ne trouvai sur le sol qu'un monceau de plumes. Or, à la distance de cent quatre-vingts pas, je découvris un nid de fourmis ; c'étaient elles qui avaient dévoré la peau de l'oiseau, festin auquel elles avaient été évidemment conviées par quelques-unes de leurs camarades, qui avaient éventé le trésor et la route qui y menait. Pour me convaincre du fait, je fixai auprès de ma table un bâton avec une traverse, à l'extrémité de laquelle je suspendis, à l'aide d'un cordon, un oiseau mort. Peu de temps après, je vis une fourmi s'acheminer le long du cordon vers l'appât. Toute pensive, elle allait, s'arrêtant de temps en temps, et tâtonnant constamment avec ses antennes. Après s'être attardée pendant une minute, elle rebroussa chemin et descendit à terre le long de la ficelle et du bâton. Une fois sur le sol, elle se mit à courir dans toutes les directions, comme en quête de quelqu'un. Tout à coup elle rencontra une de ses sœurs, et toutes deux s'arrêtèrent court. La première toucha l'autre à plusieurs reprises du bout de ses antennes, puis en aborda de la même manière une seconde, une troisième, enfin se laissa glisser au dehors, à travers le grillage de bambou, où je ne pus plus la suivre. Mais son absence ne fut pas longue : bientôt après, je vis une fourmi, puis une seconde, une troisième, puis une foule d'autres assiéger le cordon. Une demi-heure ne s'était pas écoulée que l'oiseau en était couvert, et au bout de vingt-quatre heures, la chair était rongée jusqu'aux os.

« Le lendemain, j'eus recours à la même manœuvre. Seulement je déposai un petit morceau de sucre auprès du bâton, afin de voir si la première qui découvrirait l'animal en donnerait avis aux camarades occupées à dévorer le sucre. Je n'attendis pas longtemps : une d'entre elles courait déjà le long du cordon vers l'oiseau. Elle le tâta de ses antennes, puis descendit à terre. Après avoir couru quelque temps tout autour, elle vint se mêler au groupe rassemblé près du sucre. Naturellement je ne réussis plus à la distinguer dans la foule, mais je remarquai un grand mouvement dans la masse. Bientôt la moitié des fourmis abandonna le sucre, et au bout de quelque temps, l'oiseau était littéralement couvert de fourmis.

« Il ressort clairement de tout ceci que la première découvreuse avait averti les autres !

« Le jour suivant, je suspendis, avec un cordon, un oiseau mort à la poutre transversale du rancho, de façon à ce qu'il ballotât dans l'air. Jusqu'au soir, je ne vis point apparaître de parasites, mais le lendemain matin, le cadavre était à moitié dévoré. Il est probable que, pendant la nuit, une fourmi avait, dans ses pérégrinations, découvert le cadavre, et en avait averti ses compagnes.

« Ce n'est pas une chose facile que de préserver les victuailles de l'atteinte de ces animaux, même en les tenant soigneusement enfermées. Le moyen ordinairement employé, c'est d'isoler les pieds de la table ou du buffet, où se trouvent les vivres, au moyen de récipients pleins d'eau. Je ne manquais pas d'y avoir recours, pourtant, le lendemain, je trouvais des milliers de fourmis dans le buffet. C'était pour moi un problème. Comment avaient-elles réussi à traverser l'eau ? Je résolus de pénétrer ce mystère. Bientôt j'aperçus, dans un des récipients, un brin de paille posé transversalement et allant du bord du vase au pied de l'armoire. Elles s'en étaient servies comme d'un pont. Des centaines de cadavres flottaient dans l'eau, probablement à cause du désordre, qui avait régné au commencement de la traversée, quand celles qui retournaient chargées de butin se heurtaient à celles qui montaient. Mais pour le moment, l'ordre le plus parfait régnait ; celles qui descendaient suivaient invariablement un côté du brin de paille, celles qui montaient, le côté opposé. J'éloignai la tige à environ un pouce du pied du buffet, et une épouvantable confusion s'ensuivit. En un clin d'œil, la partie du pied du buffet, qui s'élevait immédiatement au-dessus de l'eau, fut couverte de centaines de fourmis, agitant leurs antennes avec terreur et cherchant à replacer le pont ; il en venait toujours davantage, comme si les compagnes qui se trouvaient à l'intérieur du buffet eussent été averties de la catastrophe. Du côté opposé, de nouvelles arrivées couraient le long du brin de paille, mais comme celui-ci ne touchait plus le pied de l'armoire, le plus grand émoi éclata aussi parmi elles. La clef de la mésaventure ne tarda pourtant pas à être découverte : en concertant les efforts individuels, on poussa et on tira la tige jusqu'à ce qu'elle vînt de nouveau toucher le bois, et le retour s'effectua sans encombre. »

Citons encore une observation fort intéressante du père franciscain, Vincent Gredler, établi à Botzen. Nous la trouvons dans le *Jardin zoologique*, XV, p. 434.

Un frère du couvent du père Gredler avait pris l'habitude, depuis des mois, de déposer régulièrement, sur l'entablement de sa fenêtre donnant dans le jardin, des vivres pour les fourmis. Suivant les conseils de Gredler, il essaya, à l'aide d'un cordon, de suspendre cette amorce, consistant en sucre pilé déposé dans un vieil encrier, à une poutre transversale de sa fenêtre, où elle flottait librement. Quelques fourmis furent adjointes à l'appât. Elles trouvèrent facilement une issue le long du cordon, et retournèrent vers les leurs chargées de parcelles de sucre. Peu de temps après, toute une file était organisée et parcourait la nouvelle route depuis l'entablement de la fenêtre jusqu'au dépôt de sucre. Ceci continua pendant quelque temps sans nouvel incident. Un beau jour, la colonne s'arrêta à l'endroit du premier dépôt, sur l'entablement de la fenêtre et y recueillit sa pâture sans plus poursuivre sa route vers le dépôt de sucre. Un examen minutieux révéla alors, qu'une douzaine d'adroits et zélés maraudeurs, logés dans l'encrier, transportaient les parcelles de sucre sur les bords du récipient et de là les jetaient aux camarades qui étaient en bas !

Procédé tout semblable à celui des fourmis glaneuses, dont une partie monte sur l'épi, en détache les grains et les jette en bas à l'autre moitié qui les ramasse !

CHAPITRE X

Esclavage.

L'amazone et ses esclaves. — Ses expéditions guerrières, ses chasses à esclaves et ses pillages. — Sa manière de combattre. — Subordination des esclaves. — Erreurs et bévues commises dans la recherche de la route. — Envoi des émissaires. — Délibérations. — Opinions diverses. — Guerres avec les fourmis sanguines. — Luttes intestines des amazones. — La fourmi sanguine et ses mœurs. — Sa tactique. — Sa grande intelligence. — Ses chasses à esclaves et ses sièges des nids ennemis. — Le *strongylognathus* ou caricature de l'amazone. — Les espèces esclaves (*fusca, cunicularia, rufa*, etc.). — Soins donnés aux malades chez les *pratensis* et les *atta*. — Exercices gymnastiques et jeux de la *f. pratensis*.

Tout ce que nous avons raconté jusqu'à présent sur les fourmis, leur manière d'agir, les particularités de leur caractère, leur constitution sociale, la construction des habitations et des routes, leurs greniers d'approvisionnements, leurs occupations agricoles, la fabrication de la drèche, la domestication des animaux et la production du laitage; sur leur adresse à se procurer de la nourriture, sur la division du travail adoptée par elles, sur leurs différentes manières de communiquer entre elles, etc., tout cela présente certainement un grand intérêt et suffit bien à exciter notre attention et notre admiration. Mais tout ce que nous venons de dire touchant la vie intellectuelle de ces animaux doit être psychologiquement relégué au second plan, si nous nous rappelons que les fourmis possèdent depuis un temps immémorial une institution politique et sociale, qui a joué et joue encore un rôle important dans l'histoire des hommes et de leur civilisation. A dire vrai, au premier coup d'œil, cette institution semble peu en harmonie avec les tendances sociales et démocratiques des fourmis. Mais rappelons-nous bien que l'*esclavage* a existé dans nos républiques de l'antiquité et que, non seulement il allait de pair avec leurs constitutions politiques, mais en formait même une des bases essentielles. Nous n'avons donc nullement le droit de reprocher aux fourmis l'existence de l'esclavage, comme contraire à l'esprit démocratique, d'autant moins que, chez elles, la forme de cette institution est plus douce encore qu'elle ne l'était dans la Grèce ou l'ancienne Rome. Là, on le sait, les affranchis et les esclaves arrivaient souvent aux plus hauts emplois de l'État, les esclaves grecs devenaient les instituteurs et les directeurs de la jeunesse romaine et l'esclavage, quelque détestable qu'il soit en lui-même comme institution, ne contribua pas peu alors au progrès de la civilisation. *L'esclavage chez les fourmis*, comme on va le voir, *se distingue par un caractère bien plus humain que celui des hommes.* Jamais les fourmis ne se permettent de réduire en esclavage des adultes de leur espèce, des individus ayant atteint à la plénitude de leur conscience de fourmi, tandis que le marchand d'esclaves humains n'a jamais de tels scrupules. Les fourmis-brigands n'enlèvent que des larves et des nymphes, qu'elles élèvent au fond de leurs nids pour en faire des esclaves; ces dernières n'ont donc jamais connu les douceurs de la liberté, et n'ont point conscience de l'avoir perdue. Seules les fourmis très jeunes, à peine âgées d'un ou de deux jours, reconnaissables à leur couleur claire, n'ayant point par conséquent dépassé l'âge de l'enfance, et étrangères au sentiment « royal de la dignité masculine (dans ce cas il faudrait dire féminine) », seules, ces jeunes fourmis sont parfois réduites en esclavage, condition à laquelle elles s'habituent avec une grande facilité. Aussi les esclaves des fourmis ne semblent-elles guère ressentir la perte ou plutôt la privation de la liberté; elles prennent part volontairement, sans la moindre contrainte, à tous les travaux jugés par leurs maîtres nécessaires au maintien de la colonie, tels que la construction des habitations, les soins donnés aux pucerons, la garde et l'appâtement des larves, etc., et, le cas échéant, elles marchent avec leurs ravisseurs contre les individus de leur propre espèce. Elles sont bien plutôt traitées en amies, en sœurs, en aides qu'en véritables esclaves. Aussi ne cherchent-elles jamais à échapper par la fuite à leur situation, quoique pourtant Forel ait assisté une fois à une rébellion d'esclaves, comme nous le raconterons plus tard. Telle est au moins la règle pour les espèces étudiées en Suisse par Huber et les autres; pour ce qui regarde celles des colonies méridionales de l'Angleterre, les observateurs ont constaté que les esclaves n'y quittent jamais le nid et n'osent le quitter, ce qui en fait des esclaves domestiques dans toute la force du terme.

On connaît jusqu'à présent, en Europe, *trois* espèces esclavagistes (*f. rufescens*, *f. sanguinea* et *strongylognathus*), dont les deux premières seules ont été étudiées avec détail. La plus intéressante de toutes est celle citée plus d'une fois, la célèbre et fameuse *amazone* (*formica* ou *polyergus rufescens*), dont les merveilleux faits et gestes ont été, pour la première fois, étudiés et décrits par Huber. C'est une fourmi grosse, robuste, très vivace, d'un rouge luisant, qui agit exactement comme les puissants le font parmi les hommes, c'est-à-dire qu'elle ne travaille guère et fait exécuter toutes les corvées par ses serviteurs, esclaves ou manœuvres. Bien plus, elle ne daigne pas même manger elle-même, et se fait nourrir par ses esclaves, ni plus ni moins que le grand dalaï-lama du

Thibet, dans la bouche duquel les serviteurs introduisent les aliments, car se servir soi-même serait au-dessous de la dignité d'un si grand personnage. Les amazones auraient-elles la même idée? ou bien pensent-elles, comme certains hommes, que le travail est une honte? Non; pour excuser sa conduite, la fourmi peut invoquer une raison majeure, une justification meilleure et plus réelle que celle de ses prédécesseurs, ou plutôt imitateurs humains. Le fait est qu'elle ne *peut* pas manger *elle-même*, ni exécuter les travaux habituels à une fourmi, et cela à cause de ses mâchoires longues, étroites et fortes, qui ne sont point disposées, comme chez les autres espèces, en rangées dentelées, mais s'avancent en pointes aiguës, de manière à constituer de véritables tenailles. Ces tenailles, dont le but spécial est de servir d'arme défensive et offensive, sont fort bien appropriées pour transpercer la tête ou le cerveau d'un adversaire, mais en revanche, elles rendent l'amazone tout à fait impropre au travail ou à la préhension des aliments, si bien qu'elle est à la complète merci de ses esclaves! Privée de leurs secours, elle est obligée de jeûner, et toute la colonie périrait si elle manquait de soins et d'une convenable administration des aliments.

Huber enferma dans une boîte un certain nombre de ces fourmis (trente à peu près) avec leurs larves, leurs nymphes, un peu de terre, et les approvisionna d'une quantité suffisante de nourriture. Au bout de quelques jours, une partie était affamée, ou tout au moins à jeûn, car, d'après les expériences de Forel, les fourmis peuvent subsister pendant quatre semaines sans nourriture, à condition que l'air et le sol soient suffisamment humides. Les amazones captives n'étaient en état ni de manger elles-mêmes, ni de soigner leur progéniture, ni de travailler à la terre. Alors Huber leur adjoignit une seule fourmi de l'espèce esclave, qui, au bout de quelque temps, mit tout en train ; elle nourrit les jeunes et les vieilles avec du miel mis à leur disposition, se mit à bâtir des cellules pour les larves et les nymphes, nettoya celles-ci, etc.

Dans le but de contrôler cette curieuse expérience, Lespès déposa un jour un morceau de sucre mouillé auprès d'un nid d'amazones. Il fut bien vite déniché par une fourmi de l'espèce esclave (*f. fusca* ou fourmi gris-noir), qui en suça autant qu'elle put, et regagna le nid. Bientôt d'autres amateurs parurent, et le morceau friand fut bien vite dégusté. Enfin, Lespès vit s'avancer les amazones. Au commencement, elles coururent dans différentes directions sans toucher au sucre, puis se mirent à tirer par les pattes les esclaves oublieuses de leurs devoirs, afin d'éveiller leur attention et de leur rappeler qu'elles voulaient être servies. Elles furent obéies, et tout le monde sembla satisfait.

Forel ne vit jamais une amazone manger elle-même. Dès qu'une d'elles a faim, elle frappe de ses antennes la tête d'une esclave, afin que celle-ci lui apporte une parcelle de nourriture ou lui en cède de son propre fonds, en la lui introduisant de bouche à bouche. Les autres hypothèses de Huber ont été également confirmées par Forel. Il avait enfermé dans un bol de cristal, rempli de terre, une douzaine d'amazones avec leurs larves, leurs nymphes, et une abondante nourriture (insectes morts, larves d'insectes, viande, miel, sucre). Les amazones ne bougèrent pas et se tassèrent toutes dans un coin. Quand Forel eut poussé l'une d'elles vers le miel, elle s'y prit d'une manière si maladroite, qu'elle en enduisit ses antennes et ses pattes, après quoi elle retourna dans son coin. Sa manière d'agir, dans ce cas, formait le contraste le plus parfait avec celle des autres fourmis. En général les autres amazones évitaient le miel au lieu d'en manger. Et pourtant, elles s'approchèrent plus d'une fois des autres aliments, mais sans y toucher. Ceci dura plusieurs jours, sans que les provisions fussent entamées. Deux des amazones moururent; les autres, grâce à l'humidité de l'air, restèrent en vie. Les larves maigrissaient à vue d'œil. Dès qu'une amazone s'en approchait, elles se tournaient vers elle pour réclamer de la nourriture; mais celle-ci se contentait de les effleurer légèrement de ses antennes, comme pour leur faire comprendre qu'elle était hors d'état de les satisfaire. Au bout de sept jours, tout était encore dans le même état. Forel enleva les parcelles de viande et les insectes morts, qui devenaient nuisibles, et fit entrer dans le bol une esclave, appartenant, cette fois-ci, à l'espèce de *f. rufibarbis* ou *cunicularia*, une variété de *f. fusca*. En un clin d'œil, elle fut assaillie par les amazones, réclamant toutes de la nourriture. La nouvelle venue commença par repousser ses persécuteurs, mais dès qu'elle eut découvert le miel, elle s'en remplit le ventre pendant une dizaine de minutes, après quoi elle se mit à le leur administrer à la ronde. Immobile, elle laissait tomber de sa bouche, une à une, des gouttes claires et transparentes de la grosseur d'une tête de fourmi, gouttes qui étaient immédiatement happées par celle des amazones qui, de ses pattes et de ses antennes, s'appuyait en ce moment sur son amie. L'esclave dévora de cette manière toute la provision de miel, dont une bonne part échut à ses maîtres. Ensuite, elle se mit à donner ses soins aux nymphes, les larves étant pendant ce temps toutes mortes d'inanition. Le jour suivant, Forel lui donna une compagne, et à elles deux, elles se mirent en devoir de construire des logettes pour les nymphes et pour les maîtres. M. W. M. K. (*Nature*, 1879, n° 1) fit des observations tout à fait analogues. Il plaça dans

une boîte trente amazones avec quatre larves et du
miel, et, au bout de deux jours, trouva mortes cinq
d'entre elles. Il adjoignit aux survivantes trois esclaves ;
celles-ci se mirent immédiatement à l'œuvre, nourrirent
les amazones, firent l'office de sage-femme auprès de deux
larves en train d'éclore, et, au bout de quelques heures,
firent régner l'ordre le plus parfait dans la colonie. Jamais
le naturaliste ne vit aucune de ces fainéantes manger
seule. De même, Lubbock (*loc. cit.*) ne réussit à conserver en vie une *polyergus* captivée par lui, qu'en laissant
entrer auprès d'elle quotidiennement, pendant une heure,
une esclave, qui la nourrissait et la soignait.

Ce fait montre suffisamment la dépendance absolue de
l'amazone vis-à-vis de ses esclaves. Elle pousse cette dépendance jusqu'à se faire transporter par celles-ci, malgré
l'infériorité de ces dernières sous le rapport de la taille et
de la force. Cela n'empêche point pourtant les amazones,
lors d'un changement de domicile ou dans toute autre occurrence extrême, de charger leurs esclaves sur leur dos et
de les emporter, sachant parfaitement qu'elles ne sauraient se passer de leurs secours pour vivre. Huber a été
témoin d'un fait de ce genre : il vit un corps d'amazones
occuper un nid abandonné par des *f. fusca*, et chacune
d'elles y transporta une esclave. Tous les travaux et soins de
ménage restent absolument à la charge de celles-ci, tandis
que l'amazone ne connaît que la guerre ou l'oisiveté. Si
on dérange un nid d'amazones, placé d'ordinaire sous des
pierres plates, on voit les maîtres s'en échapper sans se
préoccuper du reste, tandis que, mues par un noble dévouement, les esclaves se saisissent des larves et des nymphes
et cherchent à les sauver. Les amazones sont des flibus-
tiers ou des brigands dans toute la force du terme; leur
activité entière se porte vers le pillage et la capture des

esclaves. Aussi les asexuées de cette espèce se distinguent
par un courage personnel, qu'on trouverait, s'il ne s'agissait d'une fourmi, digne de toute admiration, courage qui
les pousse, selon l'expression de Forel, à des exploits prodi-
gieux. Une amazone assaillie par une nuée d'ennemies ne
cherchera pas à fuir, comme le ferait à sa place toute
autre fourmi. Mais poussant des estocades tantôt à gauche,
tantôt à droite, elle transpercera les têtes d'une dizaine ou
d'une quinzaine d'adversaires, avant de succomber sous
le nombre. Du reste, l'amazone ne déploie cette témérité
que dans des circonstances où elle se sent perdue de toutes
les manières ; quand elle combat dans les rangs et avec
l'espoir de la victoire, son courage a un caractère raisonné ;
chaque combattante alors ne se laisse pas isoler sans nécessité du gros de l'armée et même, au besoin, elle se décide
à battre en retraite. C'est seulement quand le combat devient acharné et qu'il dure depuis longtemps, que l'amazone entre dans un accès d'aveugle fureur, qui lui fait tout
oublier et trouver de la volupté à massacrer et à mordre
avec rage. Rien n'échappe alors à ses morsures, ni larves,
ni nymphes, ni même les morceaux de bois. Forel en vit
tuer des esclaves à elles, qui cherchaient à les calmer, et
parfois elles tournent leur rage l'une contre l'autre. Généralement les esclaves réussissent à les apaiser, et c'est alors
seulement qu'elles sont en état de retrouver leur route,
chose à laquelle elles ne réussissent point dans leur accès
de fureur, durant lequel elles courent de côté et d'autre
comme frappées de folie. Une vingtaine d'amazones suffisent d'ordinaire pour mettre en fuite un corps d'ennemis
cinquante fois plus nombreux. Forel a vu un petit détachement d'amazones, composé de moins de cent individus, se
séparer en chemin d'un corps important de pillards, pour
aller attaquer un grand nid de *f. rufibarbis*. Arrivées

devant celui-ci, elles s'arrêtèrent pendant un moment comme effrayées de leur propre audace et semblèrent tenir conseil. Ensuite elles se jetèrent au milieu de leurs innombrables ennemis, sous le nombre desquels elles semblèrent disparaître. On en vit quelques-unes pénétrer dans le nid, malgré les efforts des colonnes ennemies pour les repousser. Forel n'espérait plus revoir une seule d'entre elles. Les fourmis attaquées ne semblaient point trop inquiètes, vu la faiblesse numérique des assaillants, et c'est à peine si elles cherchaient par-ci, par-là, à sauver quelques nymphes. Dans le fait, les agresseurs ne pouvaient, malgré tout leur courage, réussir à grand'chose; un tiers à peine put échapper, chargé de butin. Deux ou trois amazones furent faites prisonnières; le reste trouva son salut dans son petit nombre même, car les habitants du nid couraient furieux tout autour sans parvenir à concentrer leurs forces disséminées. Elles ne furent poursuivies dans leur retraite qu'à la distance de deux ou trois décimètres.

Ce qui rend les amazones si redoutables aux autres fourmis, ce n'est point seulement leur audace, mais plus encore leur manière de combattre. Elles ne se contentent point d'enlever à l'ennemi les pattes, les antennes, ou de mettre son corps en pièces, comme le font les autres espèces, chose qui leur serait d'ailleurs impossible à cause de la conformation toute particulière et ci-dessus décrite de leurs mandibules. Elles empoignent la tête de l'adversaire et la transpercent de leurs redoutables tenailles aiguës à l'endroit même où se trouve le cerveau. Le plus souvent la manœuvre réussit et est suivie d'une mort immédiate. Pourtant Forel a vu un jour une grosse fourmi du genre *atta structor*, blessée de cette manière et dont la tête, d'une solidité extraordinaire, opposait une résistance inat-

tendue aux coups de son ennemie. L'amazone fut obligée
de lâcher prise sans avoir atteint son but; Forel remarqua
pourtant que la blessée était hors d'état de remuer ses
mandibules mutilées par les morsures, et qui flottaient
toutes pendantes. Cependant elle pouvait courir encore.

Ce qui offre surtout un vif intérêt, c'est la description
des campagnes et des chasses à esclaves, entreprises de
temps en temps par les amazones dans le but de se procurer le plus grand nombre possible de nymphes des
espèces esclaves, qu'elles dressent à la servitude au fond
de leurs nids. Ces pillages, de même qu'en général les
guerres et les combats des fourmis, dont il sera plus longuement question plus tard, ressemblent d'une manière
si frappante aux guerres et aux luttes des hommes, qu'on
se demande si ce sont les fourmis qui imitent les hommes,
ou les hommes qui imitent les fourmis? Pour le philosophe
placé au-dessus des luttes des partis, et embrassant le
monde dans son ensemble, cet état de choses, de quelque
côté qu'il se manifeste, semble également digne de blâme
et de pitié. L'animal a pourtant vis-à-vis de l'homme le
mérite de ne combattre que dans l'intérêt de sa conservation; c'est, au contraire, le plus souvent par ses passions
inférieures que l'homme se laisse entraîner à ces luttes
meurtrières et éternelles, qui mettent sans cesse en péril
la vie, le travail et la propriété. L'humanité ne se dégagera
de la demi-animalité, dans laquelle elle est encore plongée,
et n'arrivera à accomplir sa mission, que le jour où la
paix éternelle et la fraternité des peuples, ayant pour but
le bonheur universel, auront remplacé le triste état actuel
des choses.

Lespès décrit, dans les termes suivants, une campagne
d'amazones dont il a suivi les péripéties :

« Ces expéditions n'ont lieu qu'à la fin de l'été et en

automne. Vers cette époque, les individus ailés des espèces esclaves (*f. fusca* et *cunicularia*) ont déjà quitté les nids, les amazones se gardant bien de se charger de bouches inutiles. Les brigands quittent leur camp vers les trois ou quatre heures de l'après-midi, par un temps pur et serein. D'abord il n'y a point d'ordre dans leurs mouvements, mais du moment où toutes les forces sont rassemblées, une colonne régulière se forme. Cette colonne avance avec rapidité, et, chaque jour, prend une direction nouvelle. Les rangs sont étroitement serrés, et les amazones, qui marchent en tête, semblent chercher quelque chose à terre. D'ailleurs, cette tête de colonne change continuellement dans sa composition, les chefs de file, arrêtés à tout moment, étant remplacés par d'autres. Ce qu'elles cherchent à terre avec tant d'attention, c'est la piste de l'espèce qu'elles se préparent à attaquer, et l'odorat leur sert de guide sûr. Elles flairent le sol, comme des chiens de chasse cherchant la piste du gibier, et quand elles l'ont trouvée, elles s'avancent avec impétuosité, entraînant toute la colonne sur leurs pas. Les plus petits corps d'armée que j'aie observés se composaient, pour le moins, de quelques centaines d'individus ; mais j'en ai vu aussi d'autres quatre fois plus nombreux. Les fourmis formaient alors des colonnes de cinq mètres de long et de quinze centimètres de large.

« Après une marche, qui dure quelquefois une heure entière, voici la colonne arrivée au nid de l'espèce esclave. La *f. cunicularia*, la plus forte de toutes, oppose en vain une résistance sérieuse. Les amazones forcent facilement l'entrée du nid, d'où elles reparaissent au bout d'un moment, tandis qu'en même temps les assiégées en surgissent en masse. Ce sont les larves et les nymphes, qui sont l'objet principal du conflit ; les amazones cherchent à les

enlever, et les autres essaient de les dérober à leurs poursuites, ou du moins d'en sauver le plus grand nombre
possible. Pour cela, sachant parfaitement que les amazones
ne grimpent point, elles gagnent avant tout, avec leur
précieuse charge, les plantes et les buissons du voisinage,
où elles sont à l'abri de leurs atteintes. Puis elles se
mettent à poursuivre les ravisseurs, s'efforçant à leur tour
de leur enlever le plus de butin possible. Ces derniers ne
se souciant guère de rendre gorge, détalent au plus vite.

« Pour leur retour, les amazones ne prennent pas la
voie la plus directe, mais invariablement celle qu'elles ont
suivie en arrivant, et vers laquelle elles sont guidées par
l'odorat. Rentrées dans leurs foyers, elles abandonnent
leurs captures aux soins des esclaves, et ne s'en préoccupent plus. Quelques jours après, les nymphes ou chrysalides dépouillent leur enveloppe sans garder aucun
souvenir de leur enfance, et se mettent incontinent à
participer à tous les travaux sans y être amenées par la
contrainte. »

Mais il leur faut du temps pour s'accoutumer aux guerres
et aux chasses à esclaves, dont leurs maîtres font leur
unique occupation. D'après les observations de Forel,
elles tenteraient, au commencement, de vains efforts pour
les en détourner. Ce n'est que peu à peu qu'elles s'habituent à considérer ces hauts faits comme tout naturels,
et loin de s'y opposer, font mauvais accueil à leurs maîtres,
s'il leur arrive, après une campagne, de rentrer au logis
les mains *vides*. Espinas (*Sociétés animales*) a confirmé
par ses propres études une observation déjà faite par Huber,
et suivant laquelle les amazones, qui ne rapportent point
de butin en rentrant d'une expédition, seraient mal accueillies par leurs ouvrières gris foncé, et même parfois
molestées. Tout en se permettant avec leurs maîtres ces

libertés, ou plutôt ces insolences, qui touchent de bien près à l'insubordination et à la révolte, les esclaves encourent de grandes punitions, quand il leur arrive de dépasser les bornes. Pendant quelque temps l'amazone tolère la conduite par trop indiscrète de sa subordonnée ; mais elle finit par·perdre patience et par saisir dans ses terribles tenailles la tête de l'impudente créature, ce qui, naturellement, fait rentrer celle-ci dans le devoir. Si elle tarde à le faire, sa mort est certaine. Forel aperçut un jour une amazone, *agacée* par six ou sept esclaves qui l'irritaient, la tiraient par les pattes, etc. Elle mit fin au jeu en saisissant une de ses persécutrices, et en lui transperçant la tête. Ce sont les temps de grande sécheresse, qui provoquent souvent des rébellions chez les esclaves, les amazones leur demandant alors trop souvent à boire, et celles-ci se trouvant hors d'état de satisfaire à ces exigences réitérées. On les voit alors irritées et inquiètes, très disposées à faire un mauvais parti à leurs maîtres, si elles se sentent de force à s'attaquer à eux.

Pour en revenir à leurs expéditions, Lespès a négligé de dire, qu'on ne les entreprend jamais sans mûre délibération et conciliabules préalables, sans s'être livré à une enquête minutieuse sur l'emplacement des nids ennemis, parfois très difficiles à trouver, enquête confiée d'ordinaire à des émissaires spéciaux. Forel a vu souvent soit des individus isolés, soit de petits détachements quitter le nid à différentes heures de la journée, et parcourir les environs dans tous les sens. Ces émissaires servent plus tard de guides à l'expédition. Il a vu aussi ces fourmis, au nombre de quatre ou cinq, examiner un nid de *f. fusca*, déniché par elles, en étudier soigneusement les issues et les alentours. Ce dernier point est essentiel, les issues étant quelquefois si bien masquées, qu'il est difficile de les trouver du côté extérieur, ce qui fait parfois échouer les expéditions, en dépit de toutes les mesures prises à l'avance. C'est ainsi que dans l'après-midi du 29 juin 1873, Forel vit un grand corps d'amazones (il y en avait près de quinze cents), partir pour une expédition, vers les cinq heures, et rentrer quelque temps après sans avoir rien trouvé. Une autre fois, il les vit s'acharner longtemps à chercher l'entrée d'un nid des *fusca*, dont les coupoles n'avaient aucune ouverture et qui ne communiquait avec le monde extérieur que par un canal souterrain, allant aboutir à un endroit très éloigné. Une autre fois encore, plus d'une heure s'écoula avant que les amazones aient pu découvrir l'issue d'un nid souterrain de *f. fusca*. Enfin Forel vit, un jour, les chefs, avant d'entreprendre une expédition, se promener longtemps sur la surface de la fourmilière, comme s'ils tenaient conseil. Quelques-uns d'entre eux rentrèrent précipitamment dans le nid, d'où surgit bientôt une foule de guerriers; de leurs antennes ils se donnaient mutuellement de petits coups sur la tête. Les uns se décidèrent à rester dans le nid, les autres se formèrent en file, sans que les esclaves prêtassent la moindre attention à ce qui se passait autour d'elles. Le perpétuel renouvellement de la tête de file, observé déjà par Lespès, provient de ce que les chefs, qui guident la colonne au commencement, s'attardent pour surveiller l'arrière-garde, pour lui imprimer la direction voulue, pour encourager les irrésolus. Pendant ce temps, ils sont remplacés par d'autres. De temps en temps la colonne s'arrête, soit pour se laisser rejoindre par l'arrière-garde, soit parce que les opinions se partagent sur la direction à suivre, soit parce que le pays est inconnu. Forel a vu plus d'une fois le corps d'armée se tromper complètement de route, cas observé une seule et unique fois par Huber.

Forel évalue le nombre des guerriers composant un pareil corps à un chiffre variant d'une centaine jusqu'à deux mille. L'armée parcourt, en moyenne, un mètre par minute, mais sa rapidité varie beaucoup selon les circonstances ; elle avance plus lentement à son retour, quand elle est chargée de butin. Si la route conduisant au nid ennemi est très longue, l'armée éprouve parfois un tel épuisement physique, qu'elle abandonne tout projet d'attaque et revient sur ses pas, comme Forel l'a observé une fois en la voyant rebrousser chemin, après avoir parcouru une route de deux cent quarante pas de longueur, le tout en trois heures. Il semble aussi qu'à la vue d'un nid ennemi, les brigands se sentent parfois saisis d'un découragement qui les empêche de commencer l'attaque. Quand on tarde à découvrir un nid, l'armée entière fait halte ; on lance des détachements isolés pour faire des reconnaissances, et, au bout de quelque temps, ceux-ci reviennent l'un après l'autre vers le corps principal. Forel a étudié les mouvements d'une de ces armées : le premier jour, il la vit s'avancer lentement, cherchant, temporisant, tâtonnant, faisant des zigzags et des haltes fréquentes ; le jour suivant, désormais sûre de sa route, elle marcha rapidement, sans hésitation vers son but. Il semble qu'une seule fourmi, quand même elle connaîtrait parfaitement la route, ne suffise pas pour guider une armée et qu'un grand nombre d'entre elles se consacrent à cette fonction. Des erreurs topographiques sont surtout fréquentes, pendant le retour, quand les fourmis, chargées de butin, ne peuvent pas facilement communiquer entre elles. On en voit alors quelques-unes errer longtemps dans toutes les directions, jusqu'à ce qu'elles arrivent à un endroit connu, d'où elles marchent droit au logis. Il y en a qui ne reviennent pas du tout. Ces mésaventures arrivent surtout quand les ravisseurs, après avoir pénétré dans un nid ennemi, n'en sor-

tent pas par l'issue qui leur avait livré passage, mais par
une autre, plus éloignée, par exemple, par quelque conduit
souterrain. Se trouvant tout à coup dans un pays inconnu,
les fourmis ne s'y orientent plus et ne savent point s'y diriger ; à force de recherches et de courses désordonnées, une
partie d'entre elles réussissent à retrouver la route, qu'elles
reconnaissent immédiatement par le flair. Mais il n'arrive

Retour des fourmis amazones après la bataille.

jamais que les individus faisant partie d'une colonne non
chargée s'égarent.

Certaines autres espèces de fourmis (*f. fusca, rufa,
sanguinea*) savent mieux que les amazones se tirer d'affaire
en pareille occurrence. Celles qui se sont égarées déposent
leur fardeau, cherchent à s'orienter et ne reprennent leur
charge qu'une fois bien sûres de leur fait.

Si le butin enlevé dans un nid attaqué est trop abondant pour être emporté à la fois, les voleurs reviennent à
plusieurs reprises afin d'achever leur œuvre. Profitant de
ces intervalles, les malheureux pillés cherchent de leur

mieux à boucher les issues de leur nid avec de la terre, mais les voleurs l'en arrachent et poursuivent leur œuvre de pillage. Quand tout est consommé, les vaincus, dont la résistance a été généralement faible, rapportent dans le nid la progéniture qu'ils ont réussi à sauver.

Les amazones doivent user de précautions infinies en emportant les larves et les nymphes, afin de ne pas les blesser avec leurs tenailles tranchantes, tâche facilitée aux autres fourmis par leurs mâchoires dentées. Mais parfois, au milieu de l'entrain de la lutte, elles oublient de prendre ces précautions et tuent ainsi leur fardeau vivant. Aussi ne peuvent-elles pas transporter les nymphes trop grandes, ce dont s'acquittent parfaitement leurs esclaves plus faibles et plus petites qu'elles. Forel a décrit d'une manière fort amusante les efforts inutiles et comiques qu'elles font en pareil cas (*loc. cit.*, p. 295).

Comme nous l'avons déjà dit plus haut, les fourmis n'ont point de chef proprement dit. Pourtant il est hors de doute que chaque expédition, chaque changement de direction dans les marches ou toute autre résolution nouvelle, prise dans le cours d'une campagne, viennent toujours d'un certain groupe dirigeant, dont les membres s'entendent entre eux au moyen de mouvements d'antennes et qui entraînent les indécis à leur suite. Cependant ceux-ci ne les suivent pas toujours au premier appel ; il faut souvent que les membres du groupe dirigeant leur distribuent à la ronde, avec leurs antennes, de petites tapes sur la tête. La tête de la colonne n'avance pas tant que les chefs de file ne se sont pas convaincus, d'un coup d'œil, que le gros de l'armée les suit. De là ce changement continuel dans la composition de la tête de colonne, et dont nous avons déjà parlé. Deux têtes de colonnes se forment-elles, la plus faible cède d'ordinaire le pas à la plus forte et se fond en elle.

Quel exemple digne d'imitation pour les hommes, dont on peut dire en général : *Tot capita, tot sensus* (autant de têtes, autant d'opinions), chez lesquels ce conflit d'opinions et d'intérêts fait souvent échouer les entreprises les plus importantes et les plus utiles !

Forel a surpris, un jour, des amazones sur la superficie d'un nid de *f. fusca*, explorant et sondant le terrain dans toutes les directions sans pouvoir en trouver l'entrée. Enfin une d'elles découvrit un tout petit orifice, de la grosseur à peine d'une tête d'épingle, à travers lequel les agresseurs s'introduisirent. Mais, comme, à cause de l'exiguïté de l'issue, la manœuvre allait trop lentement, on continua à en chercher une autre et on finit par la trouver à quelque distance : toute l'armée y passa successivement. Tout était tranquille. Au bout de cinq minutes, Forel vit émerger par chacune des deux issues une colonne chargée de butin. Chaque membre avait son fardeau. Une fois hors du nid, les deux colonnes se réunirent et reprirent ensemble la route de leur nid.

Voici comment se passa une expédition d'amazones, dirigée contre les *f. rufibarbis*, une variété des *f. fusca* ou fourmis noir cendré :

La tête de la file s'aperçut qu'elle avait atteint, plus tôt qu'elle ne l'avait supposé, le voisinage du nid ennemi. Elle fit halte immédiatement et dépêcha une nuée d'émissaires, qui avec une célérité étonnante amenèrent le gros et l'arrière-garde de l'armée. En moins de 30 secondes, toutes les forces étaient réunies, et on se rua en masse sur la coupole du nid ennemi. C'était le moment ou jamais, car les *rufibarbis*, averties de l'approche d'une armée ennemie, avaient mis à profit les courts instants perdus par les agresseurs, et trouvé le temps de couvrir les coupoles d'un corps nombreux de défenseurs. Une mêlée épouvantable eut lieu : pendant que les forces principales des amazones faisaient irruption dans le nid, les assiégées en sortaient en foule par toutes les issues, leurs larves et leurs nymphes dans la gueule, cherchant à gagner les buissons et les plantes du voisinage pour y déposer leur fardeau ; après quoi, elles coururent sus aux assaillants. Considérant l'affaire comme perdue, ceux-ci se mirent à battre en retraite. Enflammées par leur succès, les *rufibarbis* poursuivirent les agresseurs, afin de leur enlever les quelques nymphes capturées. Tirant les amazones par les pattes, elles essayèrent de leur arracher les nymphes, mais celles-ci, étendant lentement leurs tenailles par-dessus leurs captures, atteignaient la tête de leurs adversaires, et transperçaient toutes celles qui n'avaient pas le temps de se retirer. Parfois, la *rufibarbis* réussissait à se saisir de la nymphe et à s'enfuir avec elle, au moment où l'amazone relâchait un peu son étreinte. Cela arrivait surtout, quand une compagne, accourant au secours de l'assaillante, empoignait le ravisseur par les pattes, et le forçait à lâcher sa proie, afin de faire face au nouvel adversaire. Il arrive parfois aux voleurs d'emporter et de traîner des cocons vides, mais ils les abandonnent bien vite sur la route aussitôt la méprise reconnue. Revenons au conflit. Pour cette fois, la victoire des *rufibarbis* était si décisive, que l'arrière-garde de l'armée en retraite courut les plus grands dangers et se vit obligée de restituer à l'ennemi la plus grosse partie de son butin. Un grand nombre des fugitives furent tuées par les vainqueurs, qui, de leur côté, perdirent pas mal de monde. Pourtant quelques amazones se ruèrent comme égarées sur les rangs ennemis, où, par un miracle d'audace et de courage, elles s'ouvrirent un passage, retournèrent au nid des *rufibarbis*, et en enlevèrent quelques nymphes. Mais la plupart abandonnèrent leur proie pour voler au secours des camarades écrasées par les *rufibarbis*. Dix minutes après le commencement de la retraite, toutes les amazones avaient quitté le nid, et comme elles sont plus agiles que leurs ennemies, elles ne furent poursuivies que jusqu'à la moitié de leur route. Il n'avait fallu qu'un bien court espace de temps pour consommer ce désastre!

Dans un autre cas raconté par Forel, où quelques amazones femelles avaient aussi pris part à l'expédition et tué quantité d'ennemies, le nid attaqué fut complètement mis au pillage. Cette fois-ci encore, la retraite fut périlleuse et troublée sans cesse par les attaques d'un ennemi supérieur en forces. Des deux côtés il y eut beaucoup de morts.

En dépit du courage éclatant dont nous venons de donner des preuves, le succès d'une expédition est quelquefois compromis par la diversité des opinions de ceux qui y sont engagés. C'est au moins ce que l'observation suivante tendrait à prouver. Une colonne, qui vient de se mettre en campagne, se divise, après s'être éloignée de dix pas à peine de son nid. Une partie revient sur ses pas, l'autre poursuit son chemin, mais au bout de quelque temps, hésitante, elle rebrousse aussi chemin. Rentrée au logis, elle trouve celles qui sont revenues les premières sur le point de se remettre en marche, mais pour une *autre* direction. Elle se joint à elles, et voilà l'armée réunie de nouveau s'épuisant en marches, contre-marches et haltes, après quoi, elle rentre au nid. Le tout fait l'effet d'une promenade. Mais, selon toute vraisemblance, les différents meneurs avaient en vue des nids différents, tandis que d'autres étaient complètement opposés à l'expédition. Peut-être aussi s'agissait-il seulement d'une manœuvre.

En revanche, une fois en campagne, les obstacles extérieurs n'arrêtent point les amazones. Forel les vit traverser une flaque d'urine où beaucoup se noyèrent, et fran-

chir ensuite une chaussée poudreuse, d'où le vent les
balaya en grande quantité. Quand elles reviennent chargées de leurs captures, ni le vent, ni la poussière, ni l'eau
n'ont la puissance de leur faire lâcher leur butin. C'est au
prix de grandes fatigues qu'elles rentrent chez elles, pour
en ressortir à la recherche de nouvelles captures, quoique
beaucoup paient ces expéditions de leur vie.

Les scènes et les incidents de ces campagnes sont aussi
variés et nombreux que ceux qui illustrent les guerres et
les pillages des hommes, et, s'il ne s'agissait de fourmis,
ils pourraient être chantés en strophes d'épopée guerrière,
ou bien racontés en style de rapports d'état-major. Une colonne d'amazones revient, afin d'achever sa besogne, dans
un nid à moitié dévalisé, mais le long de la route ses rangs
se sont un peu éclaircis. Les chefs de file, peu nombreux
dès le commencement, ont été tués ou faits prisonniers par
les *rufibarbis*, qui ont eu le temps de se rallier. Intimidé,
le reste de l'avant-garde s'arrête, pour attendre le gros
de l'armée. Celui-ci arrivé, les *rufibarbis* sont attaquées
et culbutées, les prisonniers délivrés, et on fait une riche
capture de nymphes.

Les *rufibarbis* conservent jusque dans la servitude
leur caractère belliqueux. Quand des fourmis ennemies
approchent du nid dont elles font partie en qualité d'esclaves, elles les repoussent bravement, tandis que les esclaves noir cendré (*f. fusca*) se contentent d'appeler les
maîtres et ne se mêlent que très rarement au combat.
Elles prennent en revanche une part des plus actives au
pillage d'un nid conquis ou d'une armée vaincue par leurs
maîtres. Forel en a vu aussi quelques-unes enlever leurs
maîtres, égarés par l'ardeur de la lutte, et les emporter
dans le nid.

L'ennemie la plus terrible des amazones, c'est la *fourmi*

sanguine (f. sanguinea). Elle aussi entretient des esclaves, et dans ce but, attaque parfois des nids envahis déjà par les amazones. Cela produit des conflits épouvantables entre les brigands. Inférieure aux amazones en force physique et en vertus belliqueuses, la *sanguinea* les surpasse par son intelligence; sous ce rapport Forel la place au-dessus de toutes les espèces connues. Lorsque, par exemple, Forel vidait à proximité d'un nid d'amazones, un sac contenant un nid d'ure espèce esclave, les amazones, prenant évidemment l'amas informe de fourmis, de larves, de nymphes, de terre et de matériaux de construction pour les coupoles d'un nid ennemi, se donnaient une peine infinie (quoique bien inutile) pour en trouver l'entrée. L'ardeur, avec laquelle elles se livraient à cette recherche, leur faisait même négliger la chose essentielle, c'est-à-dire l'enlèvement des nymphes, tandis que dans des cas semblables, les fourmis sanguines ne se laissent point égarer par l'apparence, et s'empressent de mettre le tas entier au pillage.

Le 3 août 1869, Forel établit près d'un nid de cette dernière espèce un appareil contenant un nid artificiel d'amazones avec leurs esclaves noir cendré (*f. fusca*). Ces dernières, ayant mis le nez dehors, furent assaillies par les fourmis sanguines et tuées en grand nombre. L'affaire ayant lieu presque à la porte du nid des amazones, une douzaine d'entre elles en sortirent et se précipitèrent entre les combattants. Mais elles disparurent littéralement dans la foule des *sanguinea*, dont le nombre semblait croître à chaque moment. Sur ces entrefaites, de nouveaux combattants sortirent du nid des amazones, et parvinrent, malgré leur infériorité numérique, à refouler les fourmis sanguines jusqu'à la porte de leur nid. A cette occasion, Forel vit une amazone tenir tête à douze ou quinze adversaires. Ce premier succès ne satisfit point les amazones : poursuivant jusqu'au fond de leur nid leurs ennemis, qui semblaient en proie à une véritable panique, elles en pourchassèrent les habitants et se livrèrent à un pillage effréné. Le nombre des nymphes rapporté de cette expédition par les amazones était si considérable, que les issues de leur nid, débordant de butin, s'en trouvaient obstruées. Près de trente amazones avaient péri, la plupart par le venin de leurs ennemies, pendant que quantité de cadavres de fourmis sanguines jonchaient le terrain. Parmi les nymphes enlevées, celles qui appartenaient aux fourmis sanguines furent jetées dehors ou mangées par les esclaves; celles de l'espèce esclave furent confiées aux soins de leurs sœurs en esclavage et élevées dans le nid des amazones. Ce n'est qu'au bout de quelques jours que les fourmis vaincues, qui s'étaient tenues pendant tout ce temps blotties dans l'herbe, revinrent dans leur nid.

Une autre fois, Forel vit les deux espèces esclavagistes se rencontrer pendant une expédition. Une armée d'amazones s'avançait avec un certain désordre, quand Forel découvrit à quelques décimètres de là, sur les tiges des plantes et des buissons, une quantité de *rufibarbis* tenant leurs nymphes dans la gueule. Ceci le mena à la découverte d'un nid de *rufibarbis*, qui venait d'être pillé par des fourmis sanguines et sur les coupoles duquel on apercevait encore un grand nombre de voleurs. L'armée des amazones survint sur ces entrefaites; elle culbuta les fourmis sanguines, qui se dispersèrent de tous côtés, mais elle ne trouva rien dans le nid vide. Les vainqueurs poursuivirent les vaincus avec acharnement, mais sans grand résultat, ceux-ci s'étant disséminés et cachés dans l'herbe.

Un jour (le 12 août), les habitants d'un nid d'amazones se chauffaient paisiblement au soleil; on les voyait conti-

nuellement se suspendre aux tiges d'herbes qui croissaient
sur la fourmilière, quand tout à coup, à un signal donné,
il y eut un remue-ménage général. Seules, les fourmis les
plus éloignées semblaient n'avoir rien entendu, mais à la
vue du va-et-vient, elles s'empressèrent d'accourir. La
colonne formée, on se dirigea vers un nid des *fusca,* mais
avant qu'il fût atteint, Forel avait vidé au-dessus de celui-ci un sac plein de fourmis sanguines et y avait ouvert une brèche. Les fourmis sanguines s'y précipitèrent, tandis que les *fusca* cherchaient à s'échapper pour
se cacher. Les premières amazones apparurent en ce moment. Elles reculèrent en apercevant les fourmis sanguines et attendirent le gros de l'armée, qui, sur un avis reçu,
arriva en grande diligence. Une fois les forces réunies, les
intelligents petits brigands se ruèrent sur l'ennemi. Celui-
ci se rallia et réussit à repousser la première attaque.
Alors, serrant leurs rangs, les amazones en firent une seconde, dont le résultat fut de les amener sur les coupoles,
au sein même de l'ennemi. Ce dernier fut culbuté, ainsi
que quelques fourmis des prés, que Forel lui adjoignit en ce
moment. Après leur victoire, les vainqueurs ne restèrent
qu'un moment sur les coupoles, afin de se mettre en quête
d'un butin plus considérable. Un certain nombre d'amazones, qui semblaient affolées de colère, ne revinrent pas
avec le gros de l'armée, mais continuèrent, dans leur rage
aveugle, à massacrer les vaincues et les fugitives des trois
espèces (*fusca, pratensis* et *sanguinea*).

Un jour, les *rufibarbis* pillées, poussées à un véritable
désespoir, poursuivirent les ravisseurs jusqu'à leur nid,
que ceux-ci se virent obligés de défendre à leur tour. Les
rufibarbis se firent tuer par centaines, et on aurait dit
vraiment qu'elles cherchaient la mort. Quelques amazones
perdirent aussi la vie sous les morsures de leurs ennemies,

Il y avait, dans le nid, des esclaves de l'espèce *rufibarbis*, qui, dans cette occasion, se battirent avec acharnement contre leurs compatriotes. En outre, il s'y trouvait aussi des esclaves de l'espèce *fusca*, en sorte que la population du nid était composée de *trois* espèces de fourmis.

Le même nid est parfois pillé à plus d'une reprise, soit le même jour, soit à différentes époques, et cela jusqu'à ce qu'il n'y reste plus rien ou jusqu'à ce que les habitants dépouillés aient pris de meilleures mesures préventives. Une colonne, qui s'en retournait un jour à un nid déjà saccagé, rebroussa chemin à la moitié de la route, sans avoir rencontré d'obstacles sérieux ; elle ne le fit évidemment que parce qu'elle apprit de l'arrière-garde, rencontrée sur sa route, que le nid était complètement dévasté et qu'il n'y avait plus rien à y prendre (Forel, *loc. cit.*, p. 318). Les brigands se portèrent alors vers un autre nid *rufibarbis*, situé dans le voisinage, et le mirent au pillage après avoir tué la moitié de ses habitants. Le nid une fois abandonné par les voleurs, les *rufibarbis* survivantes y revinrent et y élevèrent une nouvelle progéniture, ce qui, treize jours plus tard, permit aux amazones d'emporter une riche proie.

Parfois, quand un point donné n'offre pas assez d'occupation pour tout le corps d'armée, celui-ci se sépare en deux divisions. Si l'une d'elles parvient à trouver quelque chose et que l'autre ne découvre rien, les deux divisions se fondent de nouveau ensemble. Si l'on dresse un obstacle sur leur route, elles font tous leurs efforts pour le surmonter, · et dans ce cas il arrive presque toujours que quelques-unes d'entre elles s'éloignent du corps principal, s'égarent et ne retrouvent qu'avec peine la route conduisant au nid.

En cherchant à déterminer à peu près le nombre de ces expéditions, Forel a trouvé que, dans l'espace de trente jours, une colonie d'amazones étudiée par lui n'avait pas entrepris moins de quarante-quatre campagnes, dont vingt-huit avaient été couronnées d'un plein succès, neuf avaient réalisé un résultat partiel et les autres n'avaient abouti à rien. A quatre reprises, l'armée s'était divisée en deux corps. La moitié des chasses à esclaves s'était faite aux dépens des *rufibarbis*, l'autre moitié à ceux des *fusca*. Une expédition heureuse rapportait, en moyenne, à la colonie un millier de larves et de nymphes. En général, on peut évaluer le chiffre d'esclaves-aspirantes, enlevées par une puissante colonie dans le cours d'un été propice, à 40,000 individus !

Les guerres les plus acharnées sont naturellement celles que les amazones se font quelquefois entre elles. Elles s'entredéchirent avec une incroyable fureur ; on voit rouler par terre cinq ou six individus si fortement cramponnés à l'aide de leurs tenailles, qu'ils ne forment plus qu'une masse compacte, dans laquelle il est impossible de distinguer l'ami de l'ennemi. De même chez les hommes, les guerres civiles sont les plus sanguinaires et les plus impitoyables.

Les mœurs de la *f. sanguinea* ou fourmi sanguine, la seconde parmi les espèces esclavagistes d'Europe, offrent une grande analogie avec celles de l'amazone. Il existe pourtant entre elles une différence essentielle, savoir que la fourmi sanguine ne dépend point de ses esclaves au même degré que l'amazone, puisqu'elle est capable de travailler et de manger elle-même. Elle cherche à se procurer des esclaves plutôt pour avoir des aides que des serviteurs, et n'a pas besoin, par conséquent, d'un aussi grand nombre de celles-ci que l'amazone. A la rigueur elle peut s'en passer, et Forel a trouvé plus d'un nid de *f. sanguinea* où il n'y avait point d'esclaves, par exemple au défilé de Maloggia,

au pied du mont Tendre, etc. Aussi les incursions des fourmis sanguines sont-elles moins fréquentes que celles des
amazones, chaque colonie n'entreprenant que deux ou trois
campagnes dans le cours de l'année.

Ici encore, c'est aux *fusca*, aux *rufibarbis* ou *cunicularia*, qu'échoit le plus souvent le rôle d'esclaves,
aidant leurs maîtres dans la construction des habitations
et des routes, dans les soins que réclament les larves et
les nymphes, etc. Pourtant il arrive aussi à d'autres espèces d'être réduites en esclavage.

Les fourmis sanguines sont, elles aussi, friandes de
miel, et dépècent les insectes vivants afin de se régaler de
leur sang. Elles ne dédaignent pas non plus les nymphes
esclaves, qu'elles apportent, et vont parfois jusqu'à dévorer
leurs propres œufs, leurs larves et leurs nymphes, ainsi
que d'autres espèces de fourmis, qu'elles n'ont point l'habitude de réduire en esclavage. Elles savent parfaitement
distinguer, parmi les nymphes capturées, celles des mâles
et des femelles de celles des ouvrières, et tuent les premières, tout en laissant la vie aux secondes. Une guêpe
vivante, que Forel leur abandonna, fut immédiatement
saisie par quatre ouvrières, couverte de venin et étran-
glée. Son corps fut ensuite dépecé. Un jour, Forel réunit,
dans un même appareil, des amazones, des fourmis sanguines, et quatre ou cinq autres espèces, et les laissa
grandir ensemble. Les amazones ne révélaient, par quoi
que ce soit, leur férocité habituelle ; elles se tenaient bien
tranquilles, et, comme il arrive d'ordinaire quand on les
élève ensemble, toutes se conduisaient très bien à l'égard
les unes des autres, se passaient mutuellement du miel, etc.
Quand Forel les eut mises en liberté, elles restèrent ensemble et se transportèrent réciproquement au nouveau
domicile. Un curieux événement se produisit alors. Une

petite *sanguinea* voulut s'emparer d'une amazone pour la transporter. Durant le trajet, la fourmi portée tâche ordinairement de se plier en rond sur la tête de celle qui la porte, afin de lui alléger le fardeau. Mais comme l'amazone n'avait pas exécuté, ou n'avait pas voulu exécuter cette manœuvre, la *sanguinea* se contenta de saisir sa charge par la patte et de la traîner ainsi vers le nouveau nid. Celle-ci se cabra, mais comme elle n'alla pas jusqu'à mordre, les choses continuèrent tout doucement. Au bout de quelque temps, la fourmi sanguine lâcha sa camarade pour aller reconnaître la route. L'amazone, toute agitée, se mit à courir par-ci, par-là. Une *rufa*, ou fourmi des bois, appartenant à la même association, passant là par hasard, et voyant ce manège de l'amazone, voulut la transporter plus loin. L'amazone s'y opposa derechef, et comme les fourmis des bois ne brillent pas en général par l'habileté, celle-ci ne sut pas s'y prendre pour parvenir à son but. La *sanguinea* revint sur ces entrefaites, et toucha la *rufa* à plusieurs reprises de ses antennes. L'explication dut être satisfaisante, car la dernière lâcha prise et céda l'amazone à sa première porteuse, qui la mena à bon port, jusqu'au nid.

Cette amitié, artificiellement créée entre des espèces diverses et naturellement hostiles entre elles, montre jusqu'à l'évidence, à quel point l'éducation et les premières impressions de l'enfance et de la jeunesse peuvent modifier le caractère inné et « l'instinct » donné.

Dans sa manière de combattre, la *sanguinea* révèle une prévoyance et un raffinement tout particuliers. Quand elle a affaire à un ennemi de force égale, elle ne lui fait jamais face, mais cherche à l'aborder de côté. Elle s'avance généralement en petits détachements, qui dépêchent devant eux des éclaireurs et des espions, soit pour rallier l'ar-

rière-garde, soit pour étudier les mouvements et les côtés
faibles de l'adversaire. Si c'est un corps compact de robustes et grosses fourmis des prés (*f. pratensis*), que les
sanguinea ont devant elles, elles cherchent à l'effrayer
par des attaques imprévues et des surprises. Elles lancent
des détachements sur les flancs et l'arrière-garde de l'ennemi, et fondent ensuite avec une impétuosité incroyable
sur le centre de l'armée. Pourtant elles ne tardent pas à
se replier, si elles trouvent une résistance sérieuse. Elles
savent donc unir le courage à la prudence, et s'entendent
aussi bien que les hommes à « opérer la retraite, en ral-
liant leurs forces », comme on le dit en termes techniques.
En général, elles atteignent leur but, car, effrayées par
des attaques de flancs, les fourmis des prés reculent. C'est
dans de pareils moments que se révèle toute l'intelligence
dont les fourmis de l'espèce *sanguinea* sont douées. Elles
savent admirablement saisir le moment où l'ennemi est
sur le point de prendre la fuite et se communiquer ces
symptômes les unes aux autres avec une rapidité incroyable.
Elles se ruent sur leurs adversaires, tuent à droite et à
gauche, comme l'amazone, et arrachent les nymphes à
leurs ennemis. Consternées, les *pratensis*, fussent-elles
cent contre une, ne songent à faire aucune résistance.
Forel a vu des *pratensis* battues se réfugier en masse,
avec leurs nymphes, sous les larges feuilles du plantain.
A l'approche d'une seule *sanguinea*, elles s'enfuyaient
toutes, abandonnant leurs protégées. En général, aucune
autre espèce ne montre une ardeur égale à celle de la *sanguinea* pour s'emparer de nymphes étrangères; les enlever
semble être le but unique de leurs invasions. Tandis que
la fourmi des bois, par exemple, se met en fureur contre
ses ennemis et tue ses prisonniers, la *sanguinea* ne fait
rien de semblable. Sa victoire est due moins au nombre

des tués qu'à la terreur qu'elle cherche à répandre dans le camp ennemi. Forel a vu souvent la même *sanguinea* arracher l'une après l'autre les nymphes à l'ennemi, sans le molester autrement, et sans pouvoir emporter toutes ses captures. Agit-elle ainsi pour répandre la terreur ou pour empêcher l'ennemi d'enlever les nymphes ? Il est probable qu'elle vise aux deux buts.

« Dans le genre *formica*, considéré comme le plus intelligent de tous les genres de fourmis », dit Forel (*loc. cit.*, p. 443), « c'est à la *sanguinea*, sans contredit, qu'appartient la première place. On ne voit chez aucune autre espèce une telle aptitude à modifier ses coutumes, une telle faculté d'adaptation aux circonstances. Elle prend des esclaves chez quantité d'espèces, combat avec une tactique merveilleuse, construit son nid de la manière la plus variée, selon l'endroit où elle se trouve, emploie contre ses divers ennemis (*l. niger*, *f. pratensis*, *f. fusca*), des plans d'attaques tout différents », etc...

Les chasses à esclaves des *sanguinea* ont été décrites encore par Huber d'une manière inimitable. Charles Darwin a pris aussi la peine d'étudier le mode d'esclavage pratiqué chez cette espèce et nous allons laisser la parole au célèbre naturaliste.

« J'ai ouvert », dit-il dans son livre sur l'*Origine des espèces*, « quatorze fourmilières occupées par les *sanguinea*, et trouvé dans toutes quelques esclaves. Les mâles et les femelles des espèces esclaves (*f. fusca*) ne prospèrent que dans leurs propres nids, et on n'en trouve jamais dans ceux des *sanguinea*. Les esclaves sont noires, et à peine de moitié aussi grosses que leurs maîtres, en sorte qu'on est frappé de la différence de leur aspect. Si la fourmilière n'est que légèrement ébranlée, les esclaves en sortent et, montrant autant de courage que leurs

15

maîtres, se préparent à la défense ; mais si le choc a été assez violent pour que les larves et les nymphes soient à découvert, les esclaves ainsi que les maîtres s'empressent avant tout de mettre la progéniture à l'abri, dans un endroit sûr. Ce trait prouve que les esclaves se sentent de la maison.

« Un heureux hasard me fit assister à une migration des *f. sanguinea* d'une fourmilière à une autre. C'était un spectacle fort intéressant que celui des maîtres transportant, avec sollicitude, leurs esclaves entre leurs mandibules, au lieu d'être portés par elles, comme c'est le cas pour la *f. rufescens*[1]. Un autre jour mon attention fut attirée par deux douzaines de fourmis d'espèce esclavagiste, qui examinaient soigneusement un endroit, tout en étant évidemment en quête de nourriture. Mais elles furent repoussées par une colonie indépendante d'espèce esclave (*f. fusca*), occupant les lieux, et deux ou trois d'entre elles allèrent jusqu'à se suspendre à la patte d'une *f. sanguinea*. Celle-ci tua sans miséricorde ces petits agresseurs, et traîna leurs cadavres jusqu'à son nid, éloigné de vingt-neuf aunes, afin de les manger ; mais elle ne réussit pas à enlever des nymphes pour s'en faire des esclaves. Alors je pris, dans une autre fourmilière de *f. fusca*, un petit nombre de nymphes, et les déposai dans un endroit dénudé non loin du champ de bataille. Elles furent avidement saisies et emportées par les tyrans, qui s'imaginèrent peut-être l'avoir finalement emporté dans la lutte.

« En même temps, je déposai dans l'endroit en question un groupe de nymphes des *f. flava* (fourmis jaunes), avec plusieurs fourmis adultes de la même espèce, attachées encore à quelques débris de leur nid. Cette espèce est

---

[1] Pas toujours. — *Note de l'auteur*.

quelquefois, quoique rarement, réduite en esclavage.
Malgré sa petite taille, elle est très courageuse, je l'ai vue
attaquant d'autres fourmis avec une fureur sauvage.
J'avais trouvé, un jour, à mon grand étonnement, une colonie indépendante des *f. flava* occupant la moitié d'un
nid habité par la *sanguinea*. Ayant brisé par hasard les
deux nids, je vis la petite espèce s'élancer, avec un courage surprenant, contre sa grosse voisine. J'étais curieux
de voir si la *sanguinea* serait capable de distinguer les
nymphes de la *f. fusca*, parmi lesquelles elle prend d'ordinaire ses esclaves, de celles de l'enragée petite *flava*, avec
laquelle elle n'a que de rares relations. Bientôt il fut clair
pour moi qu'elle saisissait parfaitement la différence. Je
la vis s'emparer avec avidité, et sans la moindre hésitation,
des nymphes *fusca*, tandis qu'elle semblait effrayée en
heurtant celles des *flava*, et ne touchait même le sol de
leur nid qu'avec appréhension. Au bout d'un quart d'heure,
quand toutes les petites fourmis jaunes eurent vidé la
place, elle se rassura et s'enhardit au point de s'emparer
de leurs nymphes.

« Un soir, je fis la découverte d'une autre communauté
de *f. sanguinea*, et je trouvai un certain nombre d'entre
elles sur la route et à l'entrée du nid, traînant des nymphes
et des cadavres de *f. fusca*, ce qui prouvait que ce n'était
point une simple promenade. Je suivis pendant une qua-
rantaine d'aunes les longues files de fourmis chargées de
butin jusqu'à un buisson touffu de bruyère, où j'avais vu
apparaître la dernière *f. sanguinea* portant sa nymphe.
Mais je ne réussis pas à trouver au milieu des bruyères
touffues le nid dévasté; pourtant il ne devait pas être
loin, car deux ou trois fourmis *fusca* portant leurs nymphes couraient autour dans la plus grande agitation, et
l'une était perchée immobile, avec sa propre nymphe dans

sa gueule, sur le sommet d'une petite branche de bruyère, véritable image du désespoir planant sur la maison ravagée. »

Darwin continue sur ce ton. Mais pendant qu'il nous trace un tableau général, Forel nous communique sur le sujet une foule de détails et d'observations des plus intéressantes. Il a suivi en Suisse (canton de Vaud) toutes les péripéties d'une expédition des *sanguinea*, dont le but était d'enlever des nymphes esclaves, et qui dura de la moitié de juin à la moitié d'août. Comme toujours, elles s'avançaient en petits détachements, appelant au besoin des renforts, et n'atteignant leur destination que lentement. Des envoyés ou émissaires circulaient sans cesse entre les détachements. La première qui atteignit le nid ennemi ne se rua pas sur lui, comme c'est l'habitude des amazones, mais se contenta de pousser quelques reconnaissances ; alors, comme cela arrive presque d'ordinaire, quelques agresseurs furent faits prisonniers par l'ennemi, lequel avait eu le temps de se reconnaître et de rallier ses forces. Sur ces entrefaites arrivèrent les renforts demandés par les troupes de la *sanguinea*, et un siège en règle commença. On ne les voit jamais, comme les amazones, faire des invasions soudaines. L'armée assiégeante entoure le nid d'un véritable cercle, et les agresseurs sans avancer se tiennent là, les mâchoires ouvertes, les antennes repliées en arrière. Dans cette situation, ils repoussent toutes les attaques des assiégés, jusqu'à ce qu'ils se sentent assez forts pour attaquer à leur tour. Aussi l'attaque n'échoue presque jamais, et le siège des issues du nid en est le couronnement. Chacune des issues est assaillie par un détachement particulier, qui ne laisse sortir que les assiégées ne portant point de nymphes. Cette mesure de police donne lieu à bien des scènes comiques et caractéristiques. Au bout de quelques minutes, les *sanguinea* ont atteint leur but : le nid est évacué par ses défenseurs et les nymphes deviennent la proie du vainqueur. Au moins, les choses se passent-elles ainsi avec les *rufibarbis*; moins timides, les *fusca* cherchent jusqu'au dernier moment, quoique en vain, à boucher ou barricader les issues. Les fourmis sanguines ne possèdent pas, il est vrai, les armes terribles et l'ardeur belliqueuse des amazones, mais elles sont, en revanche, plus grosses et plus robustes. Une *rufibarbis* ou une *fusca*, luttant avec la *sanguinea* pour la possession d'une nymphe, est bien vite mise hors de combat. Pendant que le gros de l'armée pénètre dans le nid pour s'emparer des nymphes, des détachements isolés sont lancés à la poursuite des fugitifs, afin d'enlever à ceux-ci les quelques nymphes, qu'ils ont peut-être réussi à sauver. Ils les relancent jusque dans les trous de grillons, où les fuyards cherchent quelquefois un refuge. En un mot, c'est une razzia, un pillage aussi complet qu'on peut se le figurer. Le retour se fait lentement, les brigands étant sûrs de ne courir aucun danger. Le sac et le pillage d'un grand nid, situé parfois très loin de leur demeure, ne demande pas moins de quelques jours. Les habitants, si complètement dépouillés, ne retournent presque jamais dans leurs foyers dévastés.

On nous accordera, sans peine, qu'une armée humaine, mettant à sac une ville ennemie ou une forteresse, ne saurait déployer plus d'habileté, de prévoyance, et s'adapter mieux aux circonstances que ne le font ces merveilleuses petites bêtes.

Le but unique de ces expéditions étant le pillage, les brigands s'abstiennent de tuer leurs adversaires, à moins d'une vive résistance de la part de ceux-ci. Ce n'est que quand ces derniers les saisissent par les pattes et ne

veulent point lâcher prise, qu'ils les déchirent de leurs
mâchoires, rien ne leur étant plus intolérable que de se
sentir pris de cette manière. Mais ces ménagements disparaissent bien vite, quand il s'agit de piller un nid d'une
espèce tout à fait étrangère, ou de s'emparer de nymphes
servant uniquement à leur alimentation, comme c'est le
cas, par exemple, pour la *lasius niger* ou la *flavus*.
Alors, ils tuent les habitants sans miséricorde, et s'emparent sans façon du nid, soit pour y transporter leur domicile, soit pour l'habiter simultanément avec le leur.
Non contents d'avoir une maison ou un château à eux, ils
font comme les princes et les riches, qui ont à la fois à
leur disposition, maisons, châteaux et villas, tandis que
les pauvres n'ont aucun domicile, ou bien sont logés plus
misérablement que les chevaux et les chiens des riches.
Forel mentionne une colonie de fourmis sanguines, qui
possédait trois nids à la fois et les habitait à tour de rôle!

Quand il arrive aux fourmis sanguines d'être à leur
tour assiégées ou battues, désagrément qui ne laisse pas
que de leur être parfois infligé, surtout par les robustes
fourmis des prés, ou par un ennemi quelconque très supérieur en nombre, elles s'entendent parfaitement à opérer
une retraite en bon ordre, et à protéger les issues de leur
nid jusqu'à l'extrémité. D'ailleurs, les *pratensis* s'y
prennent le plus souvent si maladroitement pour bloquer
le nid que les sanguines ont tout le temps de s'échapper avec leurs nymphes par les issues de derrière. Les
seules défaites vraiment sérieuses subies par les *sanguinea* leur sont infligées, comme nous l'avons déjà dit,
par les amazones, qui unissent à la même tactique plus
d'audace, de meilleures armes naturelles, et savent attaquer en masse. La marche de l'amazone est aussi plus
rapide et elle comprend mieux les signaux. Elle remporte

la victoire plus vite et plus facilement sur la *sanguinea*
que sur les autres espèces, car celle-là unit à la prudence
un certain degré de timidité, et se laisse facilement démonter par une attaque imprévue. Il semble, en général,
que répandre une panique soudaine dans le camp ennemi,
par des attaques rapides et imprévues, soit le but suprême
de la tactique chez les fourmis les plus belliqueuses. Toute
ruse de guerre, pourvu qu'elle atteigne le but, est per-
mise. Ainsi Forel a vu une armée d'amazones, revenant
d'une expédition, chargée de butin, attaquée à l'impro-
viste par un petit détachement de *sanguinea*. Une partie
des amazones déposèrent leurs nymphes, afin de combattre
plus à l'aise. Les sanguines profitèrent de ce moment pour
s'emparer de celles-ci, et se sauvèrent avec elles.

Après l'amazone, l'ennemie la plus dangereuse de la
sanguinea est la fourmi des prés, si souvent mentionnée.
Pourtant Forel est arrivé, à l'aide de mélanges artificiels,
à faire remplir à cette dernière, dans quelques nids, le
rôle d'une espèce esclave, et à les faire vivre toutes dans
la meilleure intelligence. Si, dans ce cas, les *pratensis* sont
très nombreuses, l'architecture du nid, bâti en commun,
aura le cachet tout particulier propre à leurs édifices. On
ne voit alors se promener sur les coupoles que ces dernières. Mais que l'alarme soit donnée, que l'approche d'un
corps ennemi soit signalée, la plupart des fourmis rentrent
précipitamment au fond du nid pour y chercher secours
et assistance; au bout d'un moment, on voit les coupoles
toutes rouges de la foule des *sanguinea* qui viennent les
protéger. Jette-t-on sur le nid des *pratensis* étrangères,
on voit celles qui y sont domestiquées combattre leurs
propres compatriotes avec une fureur qui ne le cède en
rien à celle de leurs maîtres. Lors d'une translation de domicile, Forel vit les sanguines transporter les *pratensis*,

dont une partie revint tout de même dans l'ancien logis. L'attachement à une vieille habitation semble plus enraciné chez elles que chez les *sanguinea*, ce qui tient peut-être à ce qu'elles sont meilleures architectes.

La troisième espèce esclavagiste en Europe est la *strongylognathus*, une petite espèce de *myrmica*, qui prend ses esclaves dans une autre espèce également *myrmica*, la *tetramorium caespitum* ou fourmi des gazons. C'est une espèce assez rare, dont les mœurs offrent beaucoup de ressemblance avec celles des amazones : comme cette dernière, elle est armée de grosses tenailles pointues, qui l'empêchent de travailler. En revanche elle peut manger elle-même, mais le fait rarement, préférant se faire nourrir par ses esclaves. La chose se passe, ainsi que le raconteLespès, d'une manière toute particulière, la conformation des tenailles de cette fourmi et de celles passablement longues de ses esclaves mettant obstacle au rapprochement de leurs appareils buccaux. La*strongylognathus* saisit son esclave, l'étend sur le dos et se fait nourrir dans cette posture, qui seule permet aux appareils buccaux des deux fourmis de se toucher. Elle se fait aussi porter ou traîner par ses esclaves, presque dix fois plus nombreux que les maîtres. Mais les expéditions de cette fourmi doivent se faire la nuit, car jamais on ne voit la *strongylognathus* se mettre en campagne le jour.

Forel la divise en deux espèces, *s. testaceus* et *s. huberi;* il donne à la première le surnom de fainéante et dit qu'elle n'est qu'une triste caricature de l'amazone. Elle cherche à tuer son adversaire de la même manière que celle-ci, mais sa faiblesse l'en empêche. Ce sont les esclaves, bien plus que les maîtres, qui se chargent de la défense du nid. Pourtant ces derniers ne manquent pas de courage et se jettent avec la même fureur que les amazones au milieu

de l'ennemi, qui se laisse aller parfois à une alarme in-
tempestive; car il arrive bien plus souvent à ces fourmis
de succomber elles-mêmes que de tuer leurs adversaires.
Trop faible pour traîner les nymphes ennemies, « la fainéante » s'épuise en efforts comiques pour accomplir cette
tâche, dont ses esclaves s'acquittent avec la plus grande
facilité. Le concours de ces dernières est indispensable à la
s. *testaceus* pour piller un nid ennemi. Évidemment l'espèce entière est à l'état de régression, ce qui s'explique
facilement par les principes de la théorie de l'évolution.

Forel parle en meilleurs termes de la s. *huberi*. Il a vu
une armée de fourmis de cette espèce culbuter complètement,
sans le secours de ses esclaves, une colonie de *tetramorium* et déployer à cette occasion beaucoup d'habileté et
de courage. Ici encore, comme chez l'amazone, ce sont des
tenailles pointues, qui frappent d'effroi l'adversaire, quoique la s. *huberi* soit rarement en état de transpercer la
tête de son ennemie. D'ordinaire, beaucoup d'entre elles
restent sur le champ de bataille; les *tetramorium* les
saisissent de leurs mâchoires par le thorax et les mettent
en pièces. Comme les autres espèces esclavagistes, celle-ci
ne travaille pas et se laisse nourrir par ses esclaves, ne se
décidant à manger elle-même que forcée par la nécessité.

Avant d'en finir avec l'intéressant chapitre de l'esclavage,
qu'il nous soit permis de jeter un coup d'œil rapide sur
les espèces esclaves elles-mêmes, tout au moins sur les
principales d'entre elles.

La plus remarquable de toutes est la *rufibarbis* ou *cunicularia*, selon Forel, une variété de la *f. fusca*, ou
fourmi noir cendré, espèce qui fournit le plus d'esclaves.
Dans ses luttes soit avec les chasseurs d'esclaves, soit avec
d'autres espèces, elle déploie une habileté et une audace
rares. Elle parvient à arracher ses nymphes à la *f. rufa*,

ou fourmi des bois, assez maladroite de sa nature, quand
même cette dernière lui serait très supérieure en nombre.
Quand une *rufa* la saisit par la patte, elle fait la morte ou la
blessée, et, quand celle-ci lâche prise pour un moment afin
de mordre plus avant, la fine mouche s'enfuit. Une nymphe
mal protégée est immédiatement enlevée ; de même quand
une *rufa* dépose pour un moment sa nymphe pour l'empoigner plus adroitement, celle-ci est prestement emportée
par la *rufibarbis*. Que l'on place, dit Forel, une seule
rufibarbis sur les coupoles d'un nid couvert des *rufa* ou
des *pratensis*, on la verra presque toujours revenir
saine et sauve. Vers l'époque de l'accouplement, elle capture des cousins. En revanche, une fois groupée en masse,
elle ne sait pas mettre, comme les autres espèces, de l'ordre
et de la tactique dans ses mouvements. La *rufa*, au contraire, si maladroite à l'état d'individu isolé, combat toujours en corps et se sacrifie sans arrière-pensée pour le
bien général. Jamais de petits détachements de cette espèce
ne se séparent du gros de la troupe pour des agressions
partielles ; jamais aussi un individu isolé ne s'aventure
pour son propre compte. Cette fourmi est aussi hors d'état
de poursuivre un ennemi en fuite.

Perty (*loc. cit.*, p. 334) raconte qu'en traversant à
Berne une haie de noisetiers couverte d'une nuée de *rufa*,
il heurta cette haie de son parasol et emporta ainsi plusieurs individus. Parmi eux, il y en avait un d'un aspect
tout particulier, « dont toute la contenance disait clairement
qu'il me considérait comme un oppresseur. » Il se retourna
à demi et le mordit au doigt.

E. Schröder, d'Elberfeld (*Jardin zoologique*, 1867,
p. 225), voulut un jour livrer une *rufa* en pâture à
la larve d'un grand insecte carnivore. Mais la courageuse fourmi fit usage de ses armes, et en transperça son

terrible adversaire, qui resta sur le terrain. Le même naturaliste eut occasion d'observer la conduite remarquable
d'une fourmi esclave *f. fusca*, tenue en captivité avec
quelques fourmis fauves et trois myrmécophiles (*lome-
chusa strumosa*). Elle travailla à elle seule plus que
toutes les autres ensemble, mit les nymphes et les larves
à l'abri, surveilla leur alimentation et ne quitta que rarement la chambre des enfants.

Une autre variété des *rufa* est la *fourmi des prés*
(*f. pratensis*), souvent mentionnée par nous, dont les colonies ou nids renferment de 5,000 à 500,000 individus. Lors
d'une translation de domicile, Forel put relever chez elle
un cas très-curieux de *soins donnés aux malades*. Une
ouvrière évidemment malade, aux antennes pendantes, aux
mâchoires demi-ouvertes, se traînait d'un pas chancelant
sur la coupole du vieux nid. Quelques fourmis s'approchèrent, la léchèrent, l'examinèrent attentivement de tous
côtés et cherchèrent à l'entraîner doucement au fond du
nid. Tout d'un coup l'une d'elles, repoussant les autres,
voulut prendre la malade. Elle lui enjoignit de se tenir fortement à une de ses mandibules, mais la malade semblait
ne pas comprendre. Après de longs et infructueux efforts,
elle finit par replier ses pattes et ses antennes ; sa compagne
la chargea alors sur son dos et la transporta au nouveau
nid. Un quart d'heure plus tard, Forel rencontra derechef
le couple sur la route et le reconnut à la manière toute
particulière dont la malade était transportée. A l'aide d'un
brin de paille, Forel sépara le couple et la malade continua son chemin en boitant. Mais elle fut vite rejointe par
sa camarade, un peu revenue de sa terreur, et se blottit de
nouveau sur son dos.

Un exemple encore plus curieux de soins prodigués aux
malades, a été observé par Moggridge (*loc. cit.*, 46). Il

vit une fourmi (*atta*) traîner une camarade malade à une petite flaque d'eau, l'y plonger pour quelques moments et ensuite la porter avec la plus grande sollicitude au soleil pour la laisser un peu revenir à elle!

Ces faits sont d'autant plus remarquables que les four-mis ont généralement la coutume, comme le prouvent les expériences d'Ebrard, d'abandonner les malades graves ou même de les jeter hors du nid.

C'est sur la *pratensis* que Huber a fait les observations devenues célèbres sur les *jeux* et *exercices gymnastiques* des fourmis. Il a vu les *pratensis* réunies par une belle journée sur la superficie de leur nid, s'y livrer à des jeux, qu'il ne pouvait qualifier autrement que de gymnastiques. Elles se dressaient sur leurs pattes postérieures, s'entre-laçaient par les antérieures et se saisissant, soit des an-tennes, soit des mandibules et des pieds, luttaient entre elles, le tout de la manière la plus amicale du monde. Ensuite elles lâchaient prise, se poursuivaient, se déro-baient en se cachant, se retrouvaient, etc. Quand une d'elles remportait la victoire, il arrivait souvent qu'elle saisissait toutes les autres à tour de rôle et les renversait ; vers la fin, elles se portaient réciproquement, en rond.

Reproduit dans bien des ouvrages populaires, ce récit d'Huber, tout circonstancié qu'il fût, ne trouva pas beau-coup de crédit auprès du public. « En dépit des détails si précis, dont Huber accompagne sa narration, moi-même, » dit Forel, « j'avais peine en la lisant à y ajouter foi. » Mais une colonie de *pratensis* lui fournit plus d'une occasion de se convaincre de l'exactitude du fait, chaque fois qu'il l'étudia dans ce but. Les joueurs se sai-sissent mutuellement par les pattes et les mandibules, se roulent ensemble par terre, comme le font les enfants, se traînent l'un l'autre dans l'intérieur de leur habitation,

pour reparaître le moment d'après, et ainsi de suite. Tout
cela se fait sans colère, sans sécrétion de venin ; il est
clair qu'il ne s'agit que de plaisanteries amicales et de jeux,
auxquels il suffit d'un souffle de l'observateur pour mettre
fin. « J'admets », conclut Forel, « que la chose doive sembler fort singulière à celui qui ne l'a jamais vue, surtout
quand on pense que l'attrait des sexes ne saurait être ici
en jeu. »

CHAPITRE XI

Sentiments d'amitié et d'inimitié chez la fourmi.

Provisions de voyage. — Comment les fourmis se transportent mutuellement. — Combats singuliers. — Sentiments individuels de férocité et de compassion. — Manière de traiter les blessés. — Inhumation. — Enlèvement des morts. — Les fourmis se reconnaissent après une absence ; elles distinguent leurs amis des ennemis.

Il semble que le sentiment de l'*amitié*, entendue dans le sens général aussi bien que dans le sens particulier du mot, soit aussi développé chez les fourmis que l'est le penchant à la guerre et à l'*inimitié*. Abstraction faite des chasses à esclaves, ci-dessus décrites, et entreprises toujours dans un but d'utilité, la guerre et la lutte sont le mot de ralliement de presque toutes les espèces. Aussi peut-on dire à bon droit, que les plus terribles ennemis des fourmis sont les fourmis elles-mêmes Seules, quelques rares espèces faibles et pacifiques, telles que la *botryomyrmex meridionalis*, font exception à la règle. Ces éternels combats, presque toujours fort meurtriers, semblent fréquemment ne point avoir de but sérieux et être uniquement inspirés, de même que les guerres des hommes entre eux, par l'amour du carnage et du meurtre. Quelquefois c'est la possession d'un terrain ou celle des pucerons, qui est la cause du conflit ; d'autres fois, c'est l'enlèvement des nymphes servant d'alimentation ou le pillage des provisions emmagasinées, comme c'est le cas pour les fourmis glaneuses, ou encore la conquête d'une nouvelle habitation.

En règle générale, on peut dire que tous les habitants du
même nid ou de la même colonie sont *amis;* tous les
habitants des nids et des colonies étrangères, *ennemis*
entre eux. Quoique ce soient d'ordinaire les espèces différentes qui se combattent le plus fréquemment et avec le
plus d'acharnement, de cruelles luttes ont aussi lieu entre
différents nids de la même espèce. Quand deux individus
ennemis se rencontrent, ils cherchent le plus souvent à
s'éviter, à se fuir, à moins que l'une des fourmis ne soit de
beaucoup la plus grosse et la plus forte, ou qu'elle se
sache soutenue par des amies; dans ce cas, elle attaque.
Si deux fourmis alliées se rencontrent, elles passent en
toute hâte en silence à côté l'une de l'autre, ou bien elles
s'arrêtent pour un petit bout de conversation, tenue au
moyen des antennes. Une fourmi a aussi recours à ces
mouvement d'antennes, quand elle ne sait si elle a affaire
à une ennemie ou à une amie. Dans ce dernier cas, et si
l'abdomen de l'amie de rencontre lui semble suffisamment
plein, la petite friande, par un mouvement caressant d'antennes, réclame une parcelle des provisions, que l'autre lui
accorde de la meilleure grâce du monde, de la manière ci-
dessus décrite. L'alimentation mutuelle, selon Forel, est
un signe certain d'amitié. On peut dire la même chose du
transport mutuel, servant tantôt à montrer à une amie un
nouveau chemin ou un nouvel endroit, tantôt à profiter
de son concours pour un travail donné dans un lieu donné.
Lors d'un changement de domicile, celles qui connaissent
la route transportent celles qui ne la connaissent pas;
quelquefois aussi les ouvrières, très fatiguées par une
longue route, se laissent porter par leurs camarades. A
dire vrai, il arrive aussi qu'une vaincue est emportée par
le vainqueur dans le nid de celui-ci en qualité de captive,
mais cela se laisse deviner par une manière toute particu-

lière de transport. Aussi les voit-on se comporter tout différemment dans les deux cas, si on sépare violemment le couple : les amies se rejoignent de nouveau, les ennemies se fuient ou recommencent la lutte ! En général, le transport d'une ennemie est un phénomène assez rare; celui d'une amie, un fait des plus fréquents.

Si l'on place dans une boîte deux fourmis amies, elles se reconnaissent très vite, se portent, se nourrissent et se lèchent réciproquement; sont-elles ennemies, elles tombent l'une sur l'autre ou se fuient.

M. W. M. K. (*Nature*, 1879, n° 4) a placé devant des nids de différentes espèces de fourmis (*f. fusca*, *rufescens*, etc.) des flacons recouverts de mousseline, renfermant quelques fourmis, les unes amies ou parentes, les autres ennemies ou étrangères. On ne faisait jamais aucune attention aux premières, tandis qu'on attaquait immédiatement les secondes. On cherchait à transpercer la mousseline, et comme cela ne réussissait pas facilement, on plaçait des sentinelles devant le camp ennemi. Quand, à force d'efforts, on était parvenu à percer la mousseline, les recluses eussent été toutes tuées, si le naturaliste ne les avait éloignées. Ce dernier se croit en droit de conclure, en se basant sur ces expériences, que le sentiment de la *haine* est infiniment plus fort chez ces merveilleux petits animaux que celui de l'*amour*. Sir John Lubbock (*loc. cit.*) a fait exactement la même expérience, et a vu les fourmis observées par lui transpercer la mousseline et tuer les détenues. A peine l'une de celles-ci mettait-elle une patte dehors, qu'on s'en saisissait et qu'on cherchait à tirer à soi l'étrangère. Cet auteur croit pouvoir affirmer, d'après ses propres observations, qu'il existe aussi parmi les fourmis des amitiés individuelles. Quelques-unes auraient beaucoup d'amies, d'autres peu, d'autres encore n'en auraient point. Les individus *f. fusca* n'amèneraient jamais des amies à des dépôts de vivres découverts par eux ; mais toutes les autres espèces le font.

Quand deux fourmies ennemies, sûres qu'elles peuvent compter sur le secours de leurs camarades, se rencontrent, un combat acharné s'engage immédiatement, combat dans lequel les mâchoires, le dard (si elles en possèdent un) et le venin jouent le principal rôle. Quelquefois elles s'accrochent par les pattes, tâchant de s'entraîner l'une l'autre, chacune vers son camp, où l'affaire de la vaincue est bien vite réglée. Le combat prend une tournure décisive du moment où l'une d'elles, saisissant son adversaire par le thorax, réussit soit à lui couper la tête avec ses dents, soit au moins à endommager le gros nerf central, manœuvre dont chacune d'elles tâche de se préserver avec le plus grand soin, et qui ne réussit que par la terreur inspirée, ou quand l'une des deux adversaires surpasse de beaucoup l'autre en grosseur. Les fourmis dont la vue est faible combattent avec plus de lenteur que celles dont la vue est bonne, car elles ont besoin de s'aider des antennes. Pendant ce temps, les combattants s'enflamment peu à peu, et arrivent à des excès, tels que les hommes en commettent entre eux. Ils tâchent de terrasser leur victime par les blessures, l'épuisement, la terreur, lui arrachent lentement une antenne après l'autre, une patte après l'autre, jusqu'à ce qu'ils la tuent, ou bien, après l'avoir mutilée et réduite à un état de prostration complète, ils l'entraînent dans un endroit écarté et l'y laissent périr misérablement. Il y a pourtant, parmi les vainqueurs, des cœurs miséricordieux, qui se contentent d'entraîner le vaincu dans un lieu écarté et de l'y abandonner à lui-même sans le mutiler.

Si une fourmi est attaquée par plusieurs ennemies à la

fois, elle doit se considérer comme perdue ; car pendant
qu'elle se défend de tous les côtés, un adversaire s'élance
sur son dos et cherche à la décapiter. Quelquefois elle
est faite prisonnière ou conduite au nid ennemi, où l'attend
la mort la plus cruelle. Une fourmi mourante se cram-
ponne parfois si fort aux membres de son adversaire,
que celle-ci a toutes les peines du monde à échapper à
cette étreinte. Les camarades la débarrassent de certaines
parties du cadavre, mais pour la tête, elle est obligée de
la traîner parfois un jour entier, jusqu'à ce qu'elle tombe
en putréfaction. Seule, l'amazone, par la faculté qu'elle
possède de transpercer le cerveau de l'adversaire, échappe
à cette mésaventure, car le cerveau une fois atteint, l'é-
treinte des mâchoires se relâche.

Chez la plupart des fourmis, le courage croît en proportion du nombre des compagnes ou de l'importance de
la colonie. La même fourmi, qui, en nombreuse société, ne
redoute aucun péril, sera timide et pusillanime, une fois
seule ou entourée d'un petit nombre de compagnes. Peut-
être le besoin de la conservation et le souci du bien général poussent-ils les petites colonies à éviter les périls sérieux et les conflits, tandis que les grandes sociétés ne
voient pas le moindre inconvénient à sacrifier une partie
de leurs concitoyens.

Les blessés et les malades sont soignés comme nous
l'avons déjà dit. Pourtant, si on les considère comme perdus, on les transporte dans un endroit écarté et on les y
laisse mourir de leur belle mort. De même à la fin d'un
combat, les cadavres ou les membres mutilés sont jetés
hors du nid, à la propreté duquel les fourmis tiennent autant qu'à celle de leurs corps. Dupont va jusqu'à affirmer
que beaucoup d'espèces de fourmis ont des cimetières, où
elles ensevelissent leurs morts et leurs tués. Quelque in-

vraisemblable que puisse nous sembler cette hypothèse, certaines observations qui ont été faites depuis lors, ne nous permettent pas de la reléguer au nombre des fables. Après un combat, provoqué à dessein dans un jardin, entre quatre espèces différentes (*rufa*, *sanguinea*, *cinerea* et *pratensis*), Forel vit le sol jonché des morts de tous les partis. Mais, chose extraordinaire, la plupart d'entre eux étaient couchés en longues files régulières, comme s'ils devaient y être enterrés. Perty (*loc. cit.*, p. 318) parle de l'observation faite par mistress Lewis-Hutton, de Sidney, qui assista à un véritable enterrement de vingt fourmis tuées. Bingley (*loc. cit.*, p. 174) mentionne aussi l'observation d'un Anglais, qui prétend avoir vu une fourmi emporter hors du nid le corps d'une camarade et le déposer dans un endroit écarté. Ce fait s'est répété plusieurs fois sous ses yeux. Lubbock (*loc. cit.*) vit aussi des fourmis emportées hors du nid et déposées en tas dans un endroit écarté, « tout à fait analogue à un cimetière. » M. Cook (*loc. cit.*) a observé le même fait, et cela chez toutes les espèces de fourmis par lui étudiées. Toujours les corps étaient transportés dans un lieu écarté et réunis ensemble, « comme si l'idée vague d'un cimetière avait déjà éclos dans la tête de ces petits animaux. »

Toutefois, dans tous ces faits, il n'est question que des cadavres des amis, ceux de l'ennemi étant généralement mis en lambeaux et leur sang sucé. Pourtant, d'après Forel, les fourmis adultes du *même* nid n'en agissent jamais de cette manière à l'égard les unes des autres (quoique certaines espèces, comme nous l'avons déjà dit, mangent leurs propres larves et nymphes); elles aiment mieux mourir de faim. Les anthropophages n'ont pas le cœur aussi tendre.

Il est également curieux de voir comment deux fourmis

amies ou qui l'ont été, se reconnaissent après une longue séparation, comment elles distinguent leurs amies de leurs ennemies, même dans une grande foule et quoique appartenant à la même espèce. Cette faculté a attiré l'attention de Darwin, qui a longuement traité ce sujet dans beaucoup de ses ouvrages. Plus d'une fois il a transporté des individus de la même espèce (*f. rufa*) d'une fourmilière à une autre, habitée, à ce qu'il lui semblait au moins, par une dizaine de milliers de fourmis, ce qui n'empêchait pas les étrangères d'y être immédiatement reconnues et mises à mort. Il a essayé quelquefois de les imprégner d'*asa foetida*, elles n'en furent pas moins immédiatement reconnues. Ce fait prouve que ce n'est point l'odorat seul, mais encore autre chose, peut-être un signe ou un mot de ralliement, qui leur sert à se reconnaître (Darwin, *Migration des plantes et des animaux*, 1868, II, p. 333).

Huber (*loc. cit.*) a vu des fourmis appartenant à la même fourmilière se reconnaître après une séparation de quatre mois et se caresser de leurs antennes. Dans les luttes de deux fourmilières de la même espèce, il arrive bien aux fourmis du même parti de s'attaquer dans la mêlée générale ; mais elles se reconnaissent sitôt qu'elles se sont touchées de leurs antennes et cherchent alors à se calmer mutuellement.

Une fois, Forel a bien remarqué une certaine méfiance entre deux individus après une longue absence; mais cette méfiance de courte durée fut vite remplacée par une entente mutuelle et de bons procédés. Il prit un jour une fourmi dans un vieux nid et la plaça sur les coupoles d'un nid, nouvellement bâti par lui depuis près d'un mois pour servir de succursale au premier. Elle fut immédiatement entourée par plus de cinquante fourmis, qui la tâtaient de tous côtés d'une manière si pressante qu'elle ne savait plus où se mettre. Évidemment tranquillisée par cet examen, la foule s'éloigna ; mais d'autres fourmis vinrent, répétant la même manœuvre, et ainsi de suite sans interruption. Les forces de la malheureuse victime de cette avide curiosité semblaient à bout, quand tout à coup une fourmi, saisie de compassion, lui tendit ses tenailles. Elle s'y cramponna de toutes ses forces, et sa protectrice s'apprêtait à la traîner au fond du nid. Une foule curieuse en obstruait l'entrée, et les souffrances, les tiraillements de la pauvrette n'en finissaient pas. Une impudente chercha même à la séparer de sa bienfaitrice, lorsque celle-ci, parvenant à gagner une porte moins obstruée, atteignit ainsi son but.

D'après une expérience faite par Forel, des amazones et leurs esclaves se reconnurent immédiatement après une séparation de *quatre mois*. Il croit pouvoir affirmer que le même fait ne se serait point reproduit au bout d'une année, ce qui est bien vraisemblable, car il est rare que la vie d'une fourmi dure plus d'un an ; au bout de cet espace de temps, le nid a presque complètement changé d'habitants. Pourtant M. W. M. K. (*loc. cit.*) prétend avoir vu des fourmis, qui se trouvaient dans sa propriété, atteindre l'âge de deux à trois ans. Le cas était surtout fréquent chez les reines. Ce naturaliste a vu des fourmis, amies et ennemies, se reconnaître après que leurs deux nids eussent été séparés depuis treize mois. Les premières furent reconnues et bien accueillies, les secondes poursuivies. Lubbock (*loc. cit.*) constate de son côté une reconnaissance semblable, après plus d'un an de séparation, ainsi que le fait d'une vie de trois à quatre ans pour certains individus isolés.

CHAPITRE XII

Guerres et combats des fourmis.

Acharnement dans la lutte. — Description d'un combat de fourmis par Hauhart. — Alliance et traités de paix. — Bataille rangée livrée par les fourmis des prés. — Signaux d'alarme en usage chez les espèces *camponatus*. — Tentative infructueuse pour provoquer chez les fourmis sanguines des luttes intestines. — Armistices. — Combats chez les espèces *myrmica*. — Manière de combattre particulière aux *camponatus*. — La *f. exsecta* et sa manière de combattre. — La tactique des espèces *lasius*. — La redoutable *myrmica rubida*. — La fourmi voleuse *myrmica scabrinodis*. — Les espèces pacifiques.

Les *guerres* et les *massacres* des fourmis ont lieu tantôt entre différents nids ou colonies de la même espèce, tantôt entre différents genres ou espèces. Les conflits sont en général aussi meurtriers que les chasses à esclaves, faites dans un but d'utilité, le sont peu. Le nombre des morts, des blessés et des mutilés de ces guerres de fourmis n'est pas moins considérable que dans les guerres et les batailles humaines. L'acharnement de la lutte ne le cède pas à celui des luttes entre hommes, et tous les instincts sauvages de la nature humaine, tels que la volupté du carnage, la férocité, la soif du sang, éclatent alors dans ces petites âmes de fourmis aussi violemment que dans celles des « rois de la création. » Enivrés par l'ardeur de la lutte, les combattants s'égarent au point d'oublier toute prudence, et se laissent souvent immoler et massacrer sans aucune nécessité. Une combattante, arrivée à un tel accès de fureur, ne peut être calmée que si plusieurs de ses camarades la saisissent par les pattes et la

contiennent fortement, tout en l'effleurant de leurs antennes, jusqu'à l'apaisement du paroxysme. Nous avons
déjà mentionné un fait de ce genre à propos de l'amazone.

.Hauhart, de Bâle (*Revue scientifique des professeurs
de l'école supérieure de Bâle*, 1825, III, n° 2), a assisté,
dans son jardin de Bâle, à un véritable massacre entre les
fourmis noires des jardins (*f. nigra*) et les fourmis noir
cendré (*f. fusca*), massacre qu'il décrit de la manière suivante :

L'espèce noir cendré possédait deux édifices, et l'espèce
noire en avait cinq petits du même genre, très rapprochés
l'un de l'autre et à douze pas de distance des premiers. A
la Pentecôte, vers dix heures du matin, un mouvement
extraordinaire se produisit parmi les fourmis noir cendré. Elles marchèrent contre les noires, se rangèrent devant elles en longues lignes de bataille obliques, formant
deux réserves sur l'aile gauche et trois autres à quelque distance de là sur l'aile droite. L'innombrable armée des fourmis noires forma des lignes plus serrées, ayant elles aussi
deux ailes de chaque côté. Les corps d'armée s'attaquèrent,
combattirent pendant quelque temps en files alignées,
finirent par se mêler, en sorte que la lutte se concentra sur
deux points, tandis que les ailes se tenaient inactives en face
l'une de l'autre, sans prendre part à la lutte. Le combat
était des plus acharnés : les pattes et antennes pendaient
arrachées, les combattants se mordant sans miséricorde.
Les fourmis noires se montrèrent dans cette occasion fort
secourables les unes à l'égard des autres, enlevant ou pro-
tégeant leurs blessés, tandis que les noir cendré abandon-
naient les leurs à leur destinée. Quand au bout de deux
heures l'observateur revint visiter le champ de bataille,
il trouva les noir cendré en pleine déroute ; c'est à peine

si on en voyait encore quelques-unes fuyant de divers
côtés. Les noires s'étaient emparées du nid de leurs adversaires, et on les voyait circuler activement entre celui-ci
et leurs propres fourmilières. Pendant la durée du combat, la fureur et la rage des combattants avaient été
poussées à un tel degré que, si on tirait une fourmi de la
mêlée, elle courait sur la main sans même songer à
mordre et ne touchait pas au sucre placé devant elle.

C'est encore Forel qui a observé attentivement ces
luttes de différents genres, aussi bien entre des fourmis
de même espèce, qu'entre espèces différentes, aussi bien
les conflits spontanés, que ceux artificiellement provoqués.
Nous lui devons d'en connaître les détails les plus frap-
pants, et les particularités les plus féroces. Les guerres
entre fourmis de la même espèce finissent souvent par
une alliance entre les parties adverses, surtout si le
nombre des ouvrières est relativement restreint de part
et d'autre. Dans ce cas, les intelligents petits animaux
comprennent plus vite et mieux que les hommes, que la
guerre faite dans ces conditions ne ferait que les affaiblir
réciproquement, tandis qu'une entente mutuelle serait
également avantageuse pour les deux partis. En attendant,
ils s'expulsent mutuellement hors de leurs nids, mais
d'une manière tout amicale. Forel plaça sur une table un
fragment d'écorce, renfermant un nid de la *leptothorax
acervorum*, espèce fort douce, et secoua sur celui-ci le
contenu d'un autre nid appartenant à la même espèce.
Ayant la force du nombre pour elles, les nouvelles venues
s'emparèrent du nid, dont elles expulsèrent les premières
habitantes. Mais celles-ci ne sachant où aller, revinrent
au bout de quelque temps. Leurs adversaires les accueilli-
rent en les saisissant et en s'efforçant de les traîner aussi
loin que possible du nid, où elles les abandonnèrent. A

chaque retour que tentèrent les vaincues, elles furent transportées plus loin. Une des porteuses atteignit de cette manière le bord de la table, et après s'être convaincue au moyen de ses antennes que c'était bien là la fin du monde, elle lança sans miséricorde son fardeau dans l'abîme béant. Puis, après avoir attendu un moment sur le bord, pour se convaincre qu'elle avait bien atteint son but, elle revint au nid. Forel recueillit la fourmi lancée sur le plancher, et la replaça sous le nez de l'ennemie qui s'en revenait chez elle. Celle-ci répéta la manœuvre, seulement cette fois-ci elle se pencha plus avant sur le bord de la table. Forel réitéra la même expérience à plusieurs reprises, et obtint toujours le même résultat.

Plus tard les deux colonies furent réunies dans le même globe de cristal, et apprirent peu à peu à se supporter mutuellement.

Une bataille, artificiellement amenée entre deux colonies des fourmis des prés, éclata le matin du 7 avril 1869; elle commença par de petites escarmouches, qui, vers les neuf heures, prirent le caractère d'une guerre générale, et continua ainsi sans interruption durant toute une heure. On combattait en grande masse compacte, dont les forces étaient constamment renouvelées par des recrues jetées sur un certain point au milieu des deux armées. Il n'y eut point d'attaque partielle comme en fait la *sanguinea*. Des chaînes formées par quatre à dix fourmis, enlacées l'une à l'autre et s'inondant de venin, n'étaient pas rares. Forel, de même qu'Huber, a vu des combattants du même parti s'attaquer dans leur fureur; mais, reconnaissant bien vite leur erreur, ils lâchaient prise. Traînés hors du nid ennemi, les prisonniers étaient immolés. Pendant ce temps, les travaux dans le nid suivaient leur cours ordinaire, et les occupations pacifiques se poursuivaient paisiblement au sein de la guerre. Vers les dix heures, une des armées en présence réussit à enfoncer les lignes de l'autre, mais les vaincus se fortifièrent sur un petit remblai, formé de branches, de feuilles et de plantes sèches, qui leur servit de ligne de défense naturelle. Un grand mouvement se produisit en même temps sur les coupoles, jusqu'alors tranquilles, du nid appartenant aux vaincus, et les antennes des fourmis qui s'y trouvaient s'agitèrent rapidement. Bientôt des corps de nouveaux combattants sortirent par toutes les ouvertures, pour voler au secours de leurs frères ou sœurs écrasés. De leur côté les vainqueurs, qui avaient fait pendant ce temps des centaines de prisonniers, reçurent de nouveaux renforts et le combat atteignit son point culminant. Le champ de bataille ne présentait qu'un amas de combattants étroitement serrés, on pouvait pourtant suivre les péripéties de la lutte. Vers les onze heures, les vainqueurs de la première heure furent culbutés à leur tour et refoulés d'abord jusqu'à l'ancien champ de bataille, ensuite jusqu'à leur fourmilière. Ici les vainqueurs furent forcés de s'arrêter, une nouvelle tempête sous l'aspect d'une troisième colonne de fourmis des prés venant fondre sur eux. La fortune les favorisait : ils battirent ce nouvel ennemi, mais cet effort les ayant épuisés, vers les trois heures de l'après-midi ils se replièrent et se tinrent tranquilles. Des centaines, peut-être bien des milliers de cadavres jonchaient le champ de bataille; le plus souvent on voyait les ennemis morts, couchés deux à deux, étroitement enlacés, les mandibules de l'un enfoncées dans le corps de l'autre.

Le lendemain, il n'y eut que des escarmouches partielles. Le troisième jour, Forel ayant ranimé la lutte, elle se termina deux jours plus tard par la complète extermination des derniers agresseurs, quoique le vainqueur eût aussi subi de grandes pertes. Plus d'un combattant fut broyé par une seule morsure au thorax ou à la tête, infligée par les mandibules d'un adversaire relativement plus gros.

Les conflits les plus fréquents et les plus acharnés sont ceux qui ont lieu entre la même espèce, chez la *tetramorium caespitum* (fourmi des gazons), une des fourmis les plus belliqueuses et les plus fortes, appartenant aux espèces *myrmica*. Ce sont le venin et le dard qui jouent ici le rôle principal, tandis que, chez les fourmis géantes (*camponatus herculaneus*), de terribles mutilations infligées par les mâchoires sont le plus en usage. Cette dernière espèce se distingue par une coutume, qui lui est propre, celle de faire des *signaux d'alarme* avant de commencer la bataille. Non contentes de se toucher rapidement de leurs antennes, ces fourmis frappent si fort de leur abdomen le sol ou le bois de l'arbre dans lequel se trouve leur nid, qu'il s'en élève un bruit perceptible. Toutes les espèces *camponatus* font de même. Elles sont très secourables les unes envers les autres, ce qui d'ordinaire amène la mort de la fourmi assaillie par un ennemi si puissant.

Les fourmis sanguines, renommées pour leur caractère belliqueux, sont pourtant moins implacables entre elles.

Forel essaya de semer la discorde entre deux colonies de cette espèce, en jetant entre elles une quantité de nymphes *pratensis*. Les deux partis prirent chacun une ample provision du précieux butin, sans se faire mutuellement aucun mal. A peine si quelques légères taquineries se produisirent par-ci, par-là, et si quelques rares individus furent entraînés dans le nid ennemi. L'intelligence de ces petits animaux rendait l'observateur tout confus.

Une autre fois, une tentative de ce genre aboutit à une

alliance. Seules les amazones de différents nids ne contractent jamais d'alliance entre elles, mais luttent à outrance.

Entre *différentes* espèces, la guerre, une guerre au couteau, est bien plus encore la règle générale. Tandis qu'un combat entre des membres de la même espèce, faible à l'origine, ne s'envenime que peu à peu, le conflit entre des espèces différentes porte d'un bout à l'autre le caractère de la fureur et de l'acharnement. Rien n'est épargné pour écraser l'adversaire, et, dans ce cas, on n'aboutit presque jamais à une alliance, alliance tout à fait impossible entre certains genres ou espèces. Pourtant quand les deux partis sont également épuisés par une longue lutte, il leur arrive de conclure des armistices. Forel observa deux nids, un de la *sanguinea*, l'autre de la fourmi des prés, situés côte à côte et qui, chaque printemps, recommençaient une guerre quotidienne acharnée, sans qu'aucun des deux partis pût obtenir l'avantage. Au bout de quelques jours, quand le terrain voisin était couvert de cadavres, on concluait chaque fois un armistice, qui durait en général tout le reste de la belle saison. Une marche neutre s'étendait entre les deux nids, et était également respectée par les deux partis. Mais si on plaçait une ou plusieurs de ces fourmis belligérantes sur le nid ennemi, on provoquait de nouveau une lutte acharnée.

Le 17 avril 1870, Forel plaça une poignée de fourmis noires des prés sur un nid de fourmis de la même espèce, mais d'une variété plus claire. Ce fut un affreux massacre, auquel quatre ou cinq fourmis noires échappèrent à peine ; tout le reste fut exterminé dans le courant d'une heure.

Le 12 mai 1871, Forel fut témoin d'un combat entre les grosses et brunes *myrmica scabrinodis-lobicornoïdes* et les petites *myrmica scabrinodis* d'un jaune fauve.

Au début du conflit, les petites, bien supérieures en nombre, firent prisonnières quelques-unes des grosses qui s'étaient aventurées dans le voisinage de leur nid. Mais des fugitives portèrent bientôt l'alarme dans le nid des grosses et il s'ensuivit un combat général. Les grosses fourmis se ruèrent en masse sur les petites, les culbutèrent, délivrèrent leurs camarades captives et mirent leurs adversaires en fuite. Mais ceux-ci, se cachant dans les sinuosités du terrain, dans les profondeurs duquel se trouvait probablement leur nid, cherchèrent à infliger de là à leurs ennemis le plus de mal possible. C'est ainsi que Forel vit une grosse fourmi, saisie et traînée par trois de ses ennemies, disparaître par un petit orifice, dans les profondeurs de leur nid. Les petites, une fois faites prisonnières, étaient massacrées ou traînées demi-mortes dans le nid des grosses, qui, à cette occasion, mirent si bien en œuvre leurs aiguillons et leurs mandibules, que Forel en entendait le craquement sur le thorax dur et rugueux de leurs ennemies. L'armée victorieuse demeura un instant sur le champ de bataille, essayant de pénétrer dans le nid des petites. Mais celles-ci avaient, en attendant, si bien bouché les issues, que cette tentative échoua complètement. Le combat n'avait pas duré plus d'un quart d'heure.

Un jour, Forel plaça devant un grand nid de *rufibarbis* deux poignées de *pratensis*, appartenant à deux variétés différentes. Repoussées par les premières et à peine échappées à leurs tenailles, elles se prirent violemment corps à corps entre elles.

Les robustes *camponatus* ont une manière toute caractéristique de combattre, manière qui les rend capables de tenir tête aux amazones elles-mêmes. Elles se dressent autant que possible sur leurs pattes postérieures, pour ne point être empoignées en arrière, et présentent à l'ennemi leurs mâchoires ouvertes, tout en repliant en arrière leurs antennes. En même temps, elles tordent leur abdomen afin d'injecter du poison dans la blessure qu'elles viennent de faire. Néanmoins Forel en vit un grand nombre massacrées par quelques amazones, qu'il adjoignit un jour à des *camp. ligniperdus*. Quelques-unes furent littéralement décapitées. Une sorte de trêve finit par s'établir, jusqu'à ce que Forel eût apporté de nouvelles *ligniperdus*, qui tuèrent toutes les *amazones* pour s'allier ensuite à leurs compagnes de race.

La *f. exsecta* ou *pressilabris* a aussi une manière toute particulière de combattre, que la petitesse et la délicatesse de son corps l'ont poussée à adopter. Elle évite toute lutte isolée et combat toujours dans les rangs. Elle ne saute sur le dos de son adversaire, que quand elle se croit sûre de son fait. Mais sa force principale consiste en ce qu'elle attaque toujours l'ennemi en masse. Les fourmis clouent littéralement l'adversaire sur le sol en le saisissant fortement par toutes ses pattes, pendant qu'une compagne saute sur le dos de l'ennemi, ainsi réduit à l'impuissance, et s'efforce de lui arracher la tête. La victime assaillie cherche parfois à détaler, et c'est ainsi que l'on peut voir pendant les combats des *exsecta* avec les *pratensis*, bien plus robustes, un bon nombre de ces dernières courir avec leur petite ennemie fortement cramponnée sur leur dos et s'épuisant en efforts pour déchirer le cou de son adversaire. Si, pendant ce temps, la porteuse est saisie de convulsions, c'est une preuve que son cordon nerveux est lésé; une *exsecta* est-elle au contraire empoignée au dos par une *pratensis*, elle est perdue instantanément.

Les *fourmis de gazon* suivent souvent une tactique semblable à celle des *exsecta*, quand, à trois ou quatre, elles attaquent un adversaire et lui arrachent les pattes.

C'est de même contre les jambes de l'adversaire que sont dirigées les attaques des *lasius ;* ce pourquoi elles se réunissent au nombre de trois, quatre ou cinq. Les *lasius* s'entendent parfaitement à se barricader dans leurs vastes et solides habitations, où elles soutiennent des assauts et d'où, dans les cas désespérés, elles cherchent à s'échapper par des passages souterrains. A cause de sa supériorité numérique, cette espèce est très redoutée de la plupart des fourmis. Forel versa un jour le contenu de dix nids des *pratensis* devant le tronc d'un arbre habité par les *lasius fuliginosus* (fourmis fuligineuses). Le siège commença aussitôt ; mais les *lasius fuliginosus* demandèrent des secours aux nids alliés de leur colonie, et l'on vit bientôt d'épaisses colonnes noires émerger des arbres environnants. Les *pratensis* durent prendre la fuite en laissant une quantité de morts et toutes leurs larves, que les vainqueurs traînèrent dans leurs nids, où ils les dévorèrent.

La *lasius niger*, fourmi noire des jardins, espèce très répandue, a souvent des conflits avec les *caespitum, fusca, flavus, sanguinea* et différentes espèces de *myrmica*, conflits dont l'issue est très variable. Forel vit un jour des milliers de ces fourmis assiéger un nid de *rufibarbis*, sans que la fortune favorisât l'un ou l'autre parti. Huber fut témoin d'une lutte entre deux nids de la *lasius flavus* (fourmi jaune), qui s'enlevaient réciproquement leurs pucerons.

Mc. Cook (*loc. cit.*, 29 janvier 1878) suivit à Philadelphie, auprès d'une église placée entre Broad-street et Penn-square, les péripéties d'une guerre, qui dura environ trois semaines, entre deux nids de *tetramorium caespitum*. Lui aussi il constata que, pendant ces batailles, amis et ennemis se reconnaissaient avec une sûreté étonnante, rien que par l'attouchement des antennes, malgré tout le

tumulte et la confusion du combat, et alors même que
l'apparence des combattants ne présentait pas la moindre
différence. Les expériences qu'il fit à ce sujet lui prouvèrent que ce phénomène surprenant est dû, chez les
tetram. caesp., à l'*odorat*, tandis que des recherches
semblables sur les *camp. Pensylv.* donnèrent un tout
autre résultat. Ainsi quelques fourmis à tertres de la Pensylvanie, ci-dessus décrites, après avoir été une seule fois
plongées dans l'eau par Mc. Cook, furent aussitôt considérées en ennemies dans la fourmilière natale, évidemment
à cause de la perte de leur odeur spécifique. Fait remarquable, ces fourmis ainsi traitées par leurs amies ne leur
opposèrent aucune résistance, comme si elles avaient
conscience de leur mésaventure involontaire.

La plus redoutable des fourmis européennes est, selon
Forel, la *myrmica* ou *myrmica rubida*, une espèce assez
rare; elle se sert très habilement de son aiguillon vénéneux, ce qui la rend fort désagréable pour l'homme lui-
même. Sa piqûre est plus douloureuse que celle de la
guêpe. Forel vit un jour les *rubida* exterminer, en moins
d'une heure, tout un sac de *pratensis,* sans qu'une
seule d'entre elles eût péri. Une *amazone*, qui s'attaqua à
une *rubida*, fut tuée en peu d'instants. Une poignée de
rubida, placée par Forel sur un nid de *rufa*, en occupa
aussitôt les coupoles et tint en échec des masses innombrables de ses ennemies, qui ne se hasardèrent même pas
à approcher. Forel ne les a jamais vu reculer dans leurs
combats.

La *myrmica scabrinodis* n'est pas très belliqueuse,
mais en revanche elle a un penchant décidé pour le pillage. Elle enlève sa proie du sein même des nids ennemis,
et elle échappe à tout châtiment grâce à son corselet, semblable à du cuir, plus dur que celui de toutes les autres

espèces. Forel fut témoin du manège d'une *scabrinodis*, qui faisait la morte sur le toit d'un nid des *rufibarbis;* il la vit ensuite s'emparer prestement du cadavre d'un insecte apporté par une *rufibarbis*, mais que celle-ci avait lâché pour un moment, et détaler avec. La *myrmica scabrinodis* lutte constamment avec la fourmi de gazon, et a généralement le dessus.

Tout cela et la manière dont les espèces *atta* ou fourmis glaneuses combattent pour se dérober réciproquement les provisions, a été déjà décrit plus haut.

Il existe aussi quelques espèces qui ne combattent presque jamais, soit à cause de leur nature pacifique, soit parce que leurs nids trop petits ne permettent pas de mettre sur pied des armées nombreuses : telles sont la *myrmecina, leptothorax, stenamma* et autres. Attaquées, elles cherchent leur salut dans la fuite et, pour se prémunir contre les agressions, elles construisent des nids très petits et dans des endroits cachés ou peu accessibles.

CHAPITRE XIII

Castes de soldats chez les fourmis.

Les espèces *pheidole* et leurs soldats. — Lutte entre la *pheidole* et les fourmis de gazon. — Combat d'un soldat de l'espèce *pheidole* avec le *crematogaster scutellaris*. — Les soldats de l'espèce *colobopsis*. — Les soldats des espèces tropicales. — La fourmi fourragère ou voyageuse de l'Amérique du Sud (*eciton*) et ses mœurs curieuses. — Les espèces de l'Amérique du Nord.

L'espèce *pheidole* mérite une attention toute particulière, car, de toutes les fourmis européennes, elle est la seule à posséder cette forme particulière des asexuées, que l'on désigne sous le nom de *soldats*. Cette classe de fourmis est beaucoup plus répandue en Asie, en Afrique et en Amérique qu'en Europe.

Ces *soldats*, qui se distinguent de leurs sœurs par d'énormes têtes et de très fortes tenailles, jouent dans les états des fourmis le rôle dévolu aux militaires dans les empires humains, c'est-à-dire qu'ils ne travaillent point, se réservant uniquement pour les combats et la défense de leurs sœurs-ouvrières. Cependant Lespès nie ce fait pour ce qui regarde la *pheidole megacephala* (fourmi à grosse tête), petite espèce de *myrmica*, d'un jaune clair, qu'il a étudiée et qu'on trouve dans le midi de la France et en Italie. Il a vu, chez cette espèce, les soldats, dont la grosseur dépasse de beaucoup celle des simples ouvrières et dont la tête, en particulier, est de six à dix fois plus grosse que celle de ces dernières, travailler aussi bien que leurs camarades. Heer (*La Fourmi domestique de Madère*, Zurich,

1852) fut témoin d'un fait bien curieux : il vit les soldats de l'espèce *ph.* ou *oecophthora pusilla*, que l'on rencontre aussi en Espagne, jouer, dans une curée de viande et d'insectes morts, le rôle de bouchers, dépeçant la proie de leurs fortes mandibules, tandis que les ouvrières en emportaient les morceaux dans le nid. On trouve dans leurs nids une espèce de scarabée et une cochenille. Chez la *ph. pallidula*, les soldats marchent dans les mêmes rangs que les ouvrières, tout en exerçant, comme l'a observé Forel, des fonctions spéciales. Les uns et les autres se distinguent d'ailleurs par un courage à toute épreuve et par une grande abnégation. Les soldats ne s'occupent jamais des travaux domestiques, se chargeant, en revanche, de protéger le nid et ses issues contre tout ennemi extérieur. Forel, qui a longtemps tenu captive une colonie de cette espèce, n'a jamais vu les soldats travailler, ils ne faisaient que se promener.

Un combat, suscité par Forel entre les *pheidole* et les fourmis de gazon, fut d'abord défavorable aux premières, vu que les fourmis de gazon, beaucoup plus robustes, étaient d'ailleurs en plus grand nombre. Une quantité de *pheidole* furent tuées et restèrent littéralement cramponnées aux pattes de leurs meurtriers, après avoir succombé à une morsure ou à une piqûre. Mais, lorsque peu à peu le nombre des soldats des *pheidole* augmenta, le combat changea de face. Les *pheidole* évitaient par-dessus tout d'être attrapées par les pattes ; de leurs puissantes tenailles, elles saisissaient leurs adversaires par le dos et leur tordaient le cou. Si cette manœuvre ne leur réussissait pas, et si elles étaient réduites à combattre corps à corps, elles succombaient le plus souvent. Une fourmi de gazon voulait-elle pénétrer dans leur nid, le soldat placé à l'entrée lui portait de ses mâchoires des coups si vigoureux que, perdant l'équilibre, elle était facilement entraînée par les ouvrières dans le fond du nid. Les fourmis de gazon finirent par se replier, le nombre des soldats augmentant continuellement, jusqu'à ce qu'elles furent mises en complète déroute.

Rien de plus comique qu'un combat entre un soldat des *pheidole* et une *cremato gaster scutellaris*, fourmi qui se fie principalement à son venin. Elle frotte de son abdomen la tête du soldat, qui s'efforce en vain de lui arracher quelque membre, et dont la rage impuissante augmente sous l'influence du venin sécrété.

Le genre *colobopsis* possède aussi des soldats, qui sont chargés seulement de la garde des petits orifices de leurs nids, d'ordinaire bien cachés. Aussi ne s'en éloignent-ils presque jamais. Dans un de ces nids, Forel trouva quatre cent cinquante ouvriers, soixante cinq femelles, quarante cinq mâles et soixante soldats; dans d'autres il y a relativement plus de soldats.

Du reste, les soldats, chez les fourmis européennes, sont en voie de disparaître, si on en compare le nombre avec celui de leurs confrères des régions tropicales, qui les surpassent d'ailleurs en force aussi bien qu'en grosseur. La fourmi carnivore de l'Amérique du Sud, surnommée *fourmi-chasseresse-voyageuse* ou *fourrageuse*, appartenant au genre *eciton*, peut nous fournir un type caractéristique de ces derniers; ses mœurs présentent beaucoup d'analogie avec celles de la fourmi chasseresse de l'Afrique occidentale, ci-dessus décrite. Selon Peters (*loc. cit.*, p. 58), ces bestioles arrivent du désert en colonnes immenses et disparaissent de même. Les soldats, reconnaissables à leurs grosses têtes et à leurs grosses mâchoires, courent sur les flancs de la colonne, pour y maintenir l'ordre et lui faire suivre le bon chemin. Aucun obstacle, pas même l'eau, ne peut les arrêter dans leur marche. Elles ne craignent rien et s'attaquent avec le plus grand courage aux plus grands aussi bien qu'aux plus petits animaux. L'homme est averti de leur approche par l'apparition d'oiseaux formivores (*grallaria* et *formicivora*). Cependant leur arrivée n'est pas vue de mauvais œil, puisqu'elles ne s'attaquent point aux plantations, mais détruisent au contraire tous les insectes, les reptiles et les mammifères nuisibles. Aussi, à l'apparition des oiseaux-messagers, les habitants s'empressent-ils de quitter leurs logis, que les fourmis envahissent bientôt par toutes les issues. Elles pénètrent partout, dans les moindres recoins du plancher, des murs, du toit, et en peu de temps toute la maison est purgée des insectes, si redoutables sous les tropiques, tels que : punaises, blattes, moustiques; aussi des mille-pieds, araignées, scorpions, voire même serpents, souris et rats. Après quoi elles continuent leur chemin, non sans avoir subi parfois des pertes considérables.

Un témoin oculaire, M. Henri Kreplin, à Heidemuhl (station Ducherow), qui a séjourné pendant une vingtaine d'années dans l'Amérique méridionale, en qualité d'ingénieur, a eu l'occasion d'observer la *fourmi-voyageuse* dans les forêts vierges, et voici ce dont il nous fait part à ce sujet dans une lettre du 10 mai 1876 :

« Un simple coup d'œil jeté sur cette masse, qui s'avance régulièrement, frappe d'étonnement aussi bien l'homme du peuple que le naturaliste, habitué à observer la nature. La colonne s'avance en bande de deux à trois pouces de largeur, avec une régularité et un ordre vraiment surprenants, si on considère sa longueur et les difficultés extrêmes d'un sol boisé. Regarde-t-on de plus près ces voyageuses, on voit qu'elles sont de différentes couleurs et de diffé-

·rentes tailles. Les fourmis qui marchent dans les rangs ont environ 7 millimètres de longueur, et sont d'une couleur brun foncé. Elles portent, fortement cramponnées sous leur abdomen, les larves (nymphes?) de la population, et malgré ce fardeau avancent avec une légèreté et une vitesse extraordinaires. On remarque sur les deux flancs de la colonne, de distance en distance, de grosses fourmis de 10 millimètres de longueur, qui se distinguent par une couleur fauve et une tête énorme, munie de tenailles gigantesques. Ces individus à grosses têtes jouent dans les sociétés des fourmis le rôle échu à leurs confrères dans nos états civilisés. Ils maintiennent l'ordre et ne souffrent pas qu'on sorte des rangs. Le moindre écart dans la régularité de la marche de la colonne les rappelle en arrière pour rétablir l'ordre. Pendant que la foule d'ouvrières brunes avance dans un fourmillement sans relâche, les « officiers », surnom donné par le peuple aux individus à grosse tête, courent perpétuellement en avant et en arrière, prêts à prendre le commandement en cas d'obstacles imprévus. Rien de plus intéressant que de leur voir traverser des rivières. Si le courant d'eau est étroit, les « officiers » ont bien vite déniché, sur les deux rives opposées, des arbres dont les branches se touchent; après une courte halte, ils font traverser à la troupe ces ponts aériens, et une fois sur l'autre bord, la font ranger de nouveau en colonne serrée avec une rapidité merveilleuse. Si la traversée au moyen de ponts naturels est impossible, les fourmis longent la rivière jusqu'à ce qu'elles soient arrivées à une rive plate et sablonneuse. Ici chaque fourmi saisit une parcelle de bois sec, la traîne à l'eau et monte dessus. Celles qui suivent poussent les premières de plus en plus dans l'eau, se cramponnant fortement de leurs pattes au bois, et de leurs tenailles aux compagnes qui les précèdent.

En peu de temps l'eau est couverte de fourmis. Une fois le radeau devenu trop grand pour être maintenu en un tout compact par les efforts des petits animaux, une partie s'en détache et commence la traversée, tandis que les fourmis qui n'ont pas encore quitté le rivage continuent à traîner vigoureusement des fragments de bois à l'eau pour procéder à l'arrangement d'un nouveau bac, jusqu'à ce qu'une partie s'en sépare de nouveau. Cette manœuvre dure aussi longtemps qu'il y a des fourmis sur le rivage. J'avais entendu parler assez souvent de ces sortes de traversées, lorsqu'en 1859, j'eus moi-même l'occasion de les observer, et précisément à l'embouchure du Grand-Gaspar. Je n'ai jamais remarqué que les fourmis-voyageuses emportassent des vivres, quoique à plusieurs reprises j'aie été expulsé par elles de ma maison. Mais tout ce qui rampe et court est exposé à leur attaque, et une habitation soumise à leur visite est purgée à fond de toute vermine. Quand elles rompent leurs rangs et se mettent en chasse, la forêt s'anime. Rien, pas même les serpents, ne leur tient tête. Je n'ai pas eu encore l'occasion de voir si elles enlèvent des larves aux espèces étrangères, pour en faire des ouvrières, quoique souvent j'aie été frappé par la différence de grosseur et de couleur qu'elles présentent. »

Le voyageur anglais Bates, auquel nous devons une excellente description de la *sa-uba* brésilienne, nous fournit aussi de plus amples détails sur la merveilleuse petite bestiole dont il vient d'être question. On confond souvent la *sa-uba* avec l'*eciton*, quoique leurs mœurs soient fort différentes et quoique ces deux espèces appartiennent à des groupes très divers. Dans leurs excursions à travers les forêts, les Indiens prennent de grandes précautions pour ne pas être attaqués par les *fourmis-voyageuses*, qu'ils appellent *tauoca*. Bates en a étudié dix espèces différentes, dont huit avaient été ignorées avant lui; chaque espèce a une manière particulière de voyager. Dans l'Éga, les forêts fourmillent de leurs troupes. Bar (*Vie des animaux*, par Brehm, IX, p. 269) retrace d'une manière intéressante la rencontre de deux colonnes de la *sa-uba* avec une colonne de l'espèce *eciton* (E. Canad.) dans la Guyane, près du fleuve Sinnamary.

Le contraste entre les soldats et les ouvrières, ou bien, comme Bates désigne ces deux classes sociales, entre les grosses et les petites ouvrières, varie chez les différentes espèces; il est le plus frappant chez les *e. hamata*, *erratica* et *vastator*, tandis que chez les autres espèces (par exemple *e. rapax*, *e. legionis*, etc.), les soldats travaillent à l'égal des ouvrières. Toutes les espèces *eciton* sont chasseresses; toutes chassent ensemble ou en grosse troupe, chaque espèce ayant d'ailleurs sa manière particulière de chasser. L'espèce *e. rapax*, dont les soldats ont un demi-pouce de longueur, n'a que de petites armées, et traverse les forêts en petites colonnes étroites, pour piller les nids d'une autre espèce de fourmis, du genre *formica*. Bates a souvent vu les corps mutilés de ces dernières entraînés par les brigands. Les *e. legionis* pillent aussi les nids des autres fourmis et emportent chez elles, pour les dévorer, les cadavres de leurs ennemies. Ces cadavres, souvent trop lourds pour être transportés par une seule fourmi, sont préalablement dépecés. Lors des fouilles pratiquées par elles pour atteindre aux passages souterrains de l'ennemi, Bates vit les unes creuser une espèce de puits, pendant que les autres se tenaient en haut pour recevoir de leurs compagnes la terre enlevée et pour la porter au loin, afin qu'elle ne pût retomber dans le trou. C'est là encore ce principe de la division du travail, qui semble si généralement adopté par l'indus-

trieux petit peuple des fourmis, et qui a sans doute beaucoup contribué au perfectionnement graduel de leurs
mœurs et de leurs institutions. De même au retour d'une
armée de fourmis-voleuses à son *termitorium*, Bates a vu
des fourmis non chargées aider leurs compagnes chargées
à gravir un rempart escarpé.

Les espèces les plus répandues sont : la *e. hamata* et la
e. drepanophora, qui s'avancent dans les forêts des bords
de l'Amazone en colonnes épaisses et serrées, composées
d'innombrables milliers d'individus. Le premier symptôme, qui annonce au piéton leur approche, est le vol inquiet
d'une quantité d'oiseaux formivores. Si ce signe lui échappe,
et s'il avance encore de quelques pas, il peut être sûr de
se voir soudainement assailli par des milliers de petites
bêtes furieuses, qui se mettent à le piquer et à le mordre
de leur mieux. Une fuite précipitée est le seul moyen de
salut ; chaque fourmi doit être arrachée de la peau et souvent
les têtes et les mâchoires restent dans la plaie.

Aussi, tout être vivant s'enfuit-il à leur approche, sans
songer à leur opposer la moindre résistance. Les arthropodes
aptères, tels que les araignées, les chenilles, les cigales, les
larves et les autres fourmis ont en particulier raison de
s'enfuir ; seuls les oiseaux et leurs couvées sont à l'abri,
les fourmis voyageuses n'aimant pas à grimper au haut
des arbres. La colonne principale, dont les rangs sont
composés de quatre à six fourmis, avance toujours dans
une direction donnée en balayant sur sa route tout obstacle, mort ou vivant ; de temps en temps, de petites colonnes s'en détachent pour se livrer au pillage et se rallient
ensuite au corps principal. Si on trouve quelque riche butin,
un tas de bois pourri avec des larves d'insectes, par exemple,
on fait une halte et tout ce qui est mangeable est dévoré.
Quand elles s'attaquent à des nids de guêpes, établis quel-

quefois sur des buissons assez bas, elles rongent les enveloppes des larves, les coques des chrysalides et des jeunes
guêpes en voie d'éclore, et mettent tout en pièces sans souci
aucun de la douleur des propriétaires furieux, qui voltigent
autour. Les lambeaux de butin qu'elles emportent se distribuent selon les forces de chacun : les petites prennent
de moindres charges, les grandes de plus lourds fardeaux.
Quelquefois deux fourmis se réunissent pour traîner une
plus grande charge ; seuls, les soldats ou grosses ouvrières,
aux pesantes tenailles recourbées, ne prennent aucune
part au travail. Leurs troupes ne suivent jamais un
sentier déjà tracé, mais traversent les fourrés les plus
épais. Bates ne les a jamais vu revenir sur leurs pas ;
elles marchent toujours en avant et, à sa connaissance,
n'ont pas de nids.

Bates a pu un jour observer, près de Villa-Nova, dans
un endroit qui s'y prêtait, une colonne de ces fourmis,
d'environ soixante à soixante-dix aunes de longueur, où
l'on ne pouvait distinguer ni avant ni arrière-garde. L'ordre
y était maintenu par quelques individus, courant sans cesse
sur les flancs et faisant régner partout l'entente la plus parfaite. On pouvait voir souvent ces « officiers » faire au moyen
de leurs antennes, des communications à leurs camarades
marchant dans les rangs. Quand Bates dérangeait cette
colonne ou en enlevait une fourmi, la nouvelle de cet
événement se répandait avec une rapidité étonnante d'un
bout à l'autre de la file, laquelle opérait immédiatement
sa retraite. Toutes les ouvrières à petites têtes portaient
entre leurs mandibules des lambeaux de cigales blanches,
dont elles avaient pillé les nids.

Les fourmis à grosse tête, faciles à reconnaître à leurs
têtes blanches et luisantes, ne portaient rien, mais couraient seulement, comme nous l'avons déjà dit, sur les

flancs de la colonne, à une certaine distance les unes des autres, ni plus ni moins que des officiers subalternes d'un régiment en marche. Cependant, il semble à Bates qu'elles étaient d'un caractère moins belliqueux que leurs compagnes-ouvrières, et aussi moins agiles à cause de leurs grosses têtes et de leurs tenailles recourbées. Peut-être ne jouent-elles que le rôle d'organisateurs ou de surveillants, peut-être aussi de chevaux de selle, si on en juge par une observation de Bastian (*Voyages*, II, 294), communiquée par Perty (*loc. cit.*). Bastian affirme avoir vu à Siam des fourmis-soldats accompagner une colonne de fourmis noires, dont quelques-unes quittaient de temps en temps les rangs, sautaient sur le dos des plus grands soldats et parcouraient ainsi la colonne, comme des officiers qui font la revue, après quoi elles rentraient dans les rangs !??

Les *ecitons*, pourtant, ne sont pas toujours à la chasse, ou en voyage ; elles ont aussi besoin de repos et de délassement. Elles font halte dans les endroits ensoleillés de la forêt, et se livrent aux soins de leur toilette, se nettoyant elles-mêmes ou réciproquement, essuyant leurs antennes avec leurs pattes antérieures, ou en faisant passer les unes et les autres entre la bouche et les mandibules. Ensuite elles se promènent lentement, ou jouent entre elles comme de jeunes agneaux ou des chiens.

L'*eciton praedator*, petite espèce d'un rouge foncé, qu'on rencontre souvent à Éga, ne se forme pas en colonne pour chasser, mais bien en masse serrée, composée de myriades d'individus, présentant l'aspect de flots d'un liquide rougeâtre. Elle explore minutieusement le terrain afin d'y trouver de la nourriture animale, et déchire sa proie dont elle emporte les lambeaux. Ses armées occupent souvent un espace de quatre à six aunes carrées ; de petites troupes de hardis compagnons, semblables aux chasseurs ou plutôt aux escarmoucheurs d'une armée humaine, s'en détachent, et l'expédition une fois accomplie, se replient sur le corps principal.

Il existe aussi quelques espèces de fourmis aveugles ou demi-aveugles, qui craignent la lumière, et, pour l'éviter, construisent, avec une rapidité étonnante, dans les endroits découverts qui se trouvent sur leur chemin, des tunnels ou galeries en terre. Quelques-unes, comme les *e. vastator* ou les *e. erratica*, ne marchent que dans des chemins couverts. Bates a pu suivre ces constructions à quelques centaines d'aunes ; elles sont faites de la même manière que les chemins couverts des *termites* (dont nous allons bientôt nous occuper), avec la seule différence que ces derniers emploient une bave gluante pour lier la terre, tandis que ces fourmis l'entassent simplement, mais d'une manière si ingénieuse que, malgré le manque de tout ciment, elle ne s'écroule jamais. Ici les fourmis à grosse tête remplissent véritablement le rôle de soldats et, comme chez les termites, protègent la communauté contre tout danger extérieur. Quand Bates pratiquait une brèche dans leurs routes couvertes, les petites fourmis cherchaient au plus vite à réparer le dommage, tandis que les autres se précipitaient, menaçantes, travaillant furieusement des mâchoires. Les espèces observées par Mc. Cook, dans l'Amérique du Nord, telles que les *fourmis coupeuses du Texas*, les *camponatus Pensylvanicus* et les *fourmis bâtisseuses de tertres* des monts Alléghaniens, appartiennent, selon ses observations, aux soldats, c'est-à-dire aux espèces qui entretiennnent des armées permanentes.

Mais c'est surtout chez les fourmis blanches ou termites, habitant l'Afrique, l'Asie et l'Amérique méridionales ainsi que l'Australie, que la caste des soldats a atteint à un degré supérieur de perfection. Les termites ont des armées permanentes, aussi nombreuses et bien organisées que celles de nos grandes puissances militaires. Et pourtant leurs finances ne sont pas dans un état aussi lamentable que celui des états humains, et leurs traîneurs de sabre ne se permettent aucun excès vis-à-vis des citoyens, qui les nourrissent et qu'ils sont chargées de protéger. Ne t'en étonne pas, cher lecteur. Ce ne sont, après tout, que des bêtes privées de raison, guidées uniquement par « l'instinct, » incapables, par conséquent, d'atteindre à la hauteur de la perfection humaine.

CHAPITRE XIV

Les termites ou fourmis blanches.

Leur architecture. — Défense des habitations. — Construction des routes. — Les soldats. — La reine. — L'essor nuptial. — Les termites destructeurs. — Les termites américains d'après Bates. — Organisation sociale des termites.

Les *termites*, rangés d'ordinaire, quoique à tort, parmi les fourmis, appartiennent à un tout autre ordre d'insectes, aux *névroptères*, et se rapprochent le plus de nos kakerlaks ou blattes. Ils sont trois ou quatre fois plus gros que les fourmis noires communes de nos pays, mais malheureusement bien moins connus que ces dernières. Leur organisation sociale semble être encore plus parfaite que celle des fourmis, de même que leur *talent d'architectes* défie toute comparaison. Ils élèvent, tout au moins en Afrique, d'imposantes constructions, de dix à vingt pieds de haut, faites de terre, d'argile, de pierres, de parcelles végétales, etc., et ces divers matériaux sont cimentés à l'aide d'une bave gluante. Le procédé adopté par eux donne tant de solidité à ces constructions (qui, généralement, présentent l'aspect de monticules coniques ou de grandes meules de foin), qu'elles sont en état de supporter le poids de plusieurs hommes. Dans les grandes plaines de l'Afrique, les gazelles, voire même les buffles, les choisissent comme poste d'observation, et y placent des sentinelles. On prétend qu'elles résistent au pied de l'éléphant et au poids d'une voiture lourdement chargée.

Village de termites belliqueux.

Dans le Sénégal, les dimensions et le nombre de ces constructions sont si considérables, qu'elles ressemblent de
loin à des habitations humaines. Souvent le voyageur,
induit en erreur, les prend pour des villages de nègres,
dont les cabanes ont aussi une forme conique. Dans son
Histoire de Gambie, Jobson raconte que plusieurs de ces
monticules ont jusqu'à vingt pieds de haut, et que, dans
leurs chasses, lui et ses compagnons se cachaient souvent
derrière. A l'origine, ces constructions pyramidales sont
petites, et ne dépassent pas la hauteur d'un pied. Peu à
peu, avec l'accroissement de la population, de nouveaux
monticules surgissent à l'entour. Plus tard, les cloisons
mitoyennes sont percées, les nouvelles constructions reliées·
aux anciennes, une coupole s'élève, et un vaste toit
commun recouvre le tout. Cela se répète jusqu'à ce que
les cônes, ayant atteint une hauteur de douze à vingt
pieds, présentent l'apparence que nous venons de décrire.
A l'extérieur, ces édifices sont revêtus d'une solide couche
d'argile, en forme de coupole voûtée, assez forte pour
résister aux intempéries des saisons, aux attaques de
l'ennemi et à d'autres accidents.

Du reste, la forme extérieure des habitations des termites varie selon les espèces. Tandis que la plupart des
nids sont coniques, d'autres ressemblent à des colónnes
tronquées, ou à des champignons gigantesques, dont la
base cylindrique, haute de quatre à cinq pieds, supporte
un toit conique, la débordant de cinq centimètres dans toute
la circonférence. Dans les contrées exposées aux grandes
inondations périodiques, les nids des termites ont la forme
de tonneaux, et sont placés entre les branches noueuses des
grands arbres ; de longues galeries couvertes courent le long
du tronc et les relient au sol. Quelques espèces habitent
dans les arbres morts ; d'autres, tout à fait sous terre.

Tout autour du *termitorium*, à de grandes distances, le sol est sillonné de galeries souterraines, ayant parfois jusqu'à douze pouces de largeur et destinées à faciliter la circulation des habitants dans toutes les directions. Les termites possèdent, en outre, tout un système bien organisé de canaux extérieurs et souterrains; ils ont même des tuyaux d'égouttage, qui protègent leurs constructions contre les avaries occasionnées par les pluies torrentielles des tropiques.

Les villes des termites, dans l'Inde transgangétique, s'élèvent, selon Bastian (*Les peuples de l'Asie orientale*, II, 293), à hauteur d'homme, et ressemblent souvent à des castels avec tourelles et créneaux, tandis que d'autres ont l'aspect de simples tumulus massifs. La plupart de ces constructions sont disposées autour d'arbres pourris.

Si l'on compare la hauteur et le volume de ces constructions à la grosseur et au volume de leurs architectes, il faut avouer que toute œuvre humaine doit leur céder le pas. Pour que la proportion fût la même, il faudrait qu'une pyramide atteignît la hauteur prodigieuse de trois mille pieds, et un de nos canaux souterrains, comparé à celui des termites, devrait avoir trois cents pieds de diamètre! Et pourtant, nous admirons les égouts romains et les aqueducs américains, parce qu'un homme peut s'y tenir debout ou à cheval!

L'étonnement, qu'excitent les aptitudes de ces animaux, surnommés par Blanchard (*Rapport sur les travaux scientifiques des départements en 1868*) le *fléau* des contrées qu'ils habitent, en même temps qu'*une des merveilles de la création* pour l'observateur de la nature, cet étonnement, dis-je, devient plus grand lorsqu'on examine l'organisation intérieure, malheureusement trop peu connue encore, des habitations des termites. Cette organi-

sation est si variée et si compliquée qu'on pourrait écrire
sur ce sujet des volumes entiers. Leurs constructions renferment des myriades de chambres, de cellules, d'appartements pour la progéniture, de garde-mangers, de salles
de service, de passages, de corridors, d'arcs, de ponts, de

Mâle termite volant.

rues souterraines, de canaux, de tuyaux, de voûtes, d'es-
caliers, de plans obliques, de coupoles, etc., etc. Le tout est
distribué d'après une vue d'ensemble bien ordonnée et bien
définie. Au centre du bâtiment, garanti autant que possible
contre tout danger extérieur, se trouve le splendide appar-

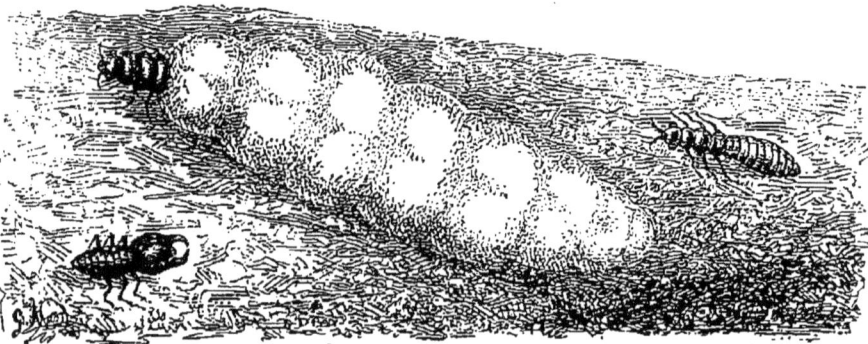

Femelle de termites gonflée d'œufs.

tement royal, rappelant par sa forme un four voûté. C'est
là la résidence du couple royal ou plutôt sa prison, car
les issues en sont tellement exiguës, que les ouvriers seuls
peuvent s'en servir à leur gré, et non la reine, dont le
corps, pendant le temps de la ponte, atteint d'énormes
dimensions et dépasse de deux ou trois mille fois par son
volume et son poids celui d'un simple ouvrier. Aussi la

reine ne quitte-t-elle jamais ses appartements et y finit ses jours. La chambre royale, d'abord petite, est agrandie proportionnellement à la grosseur croissante du corps de la reine, et atteint ainsi jusqu'à une aune de longueur sur une demi-aune de hauteur. Tout autour sont disposées les chambres des enfants, destinées aux œufs et aux larves; plus loin viennent les pièces de service, réservées aux ouvriers qui servent la reine; plus loin encore, certains locaux spéciaux pour les soldats de garde, et, parmi le tout, de nombreux magasins, bien garnis de gomme, de résine, de sucs végétaux desséchés, de farine, de graines, de fruits, de bois, etc., etc. Selon Bettziech-Beta, un grand et vaste local, placé dans le centre de l'habitation, sert, soit aux réunions populaires, soit de point de jonction aux galeries et aux pièces innombrables de l'édifice. D'autres prétendent que ce local sert à la *ventilation*.

Tandis que les magasins ou greniers aux provisions sont en argile, ceux destinés à la progéniture sont bâtis avec des matériaux en bois, agglutinés avec de la gomme. C'est là que sont déposés les œufs et les jeunes à peine éclos, les larves, nourries par le peuple ouvrier jusqu'à ce qu'ayant atteint l'âge adulte, elles puissent prendre part aux travaux de la communauté. Les chambres des bébés sont disposées circulairement autour des appartements royaux, le plus près possible, afin que les œufs puissent y être transportés immédiatement avec tout le confort néces- saire. Le nombre de ces pièces augmente à mesure que la reine pond une plus grande quantité d'œufs. De même, les chambres des domestiques se multiplient à mesure que plus de forces ouvrières sont mises en réquisition pour le service de la reine et la répartition des œufs dans les locaux destinés à la progéniture. Les appartements royaux eux-mêmes s'agrandissent, comme nous l'avons déjà dit, aux dépens des pièces adjacentes, qu'on détruit continuellement, et qu'on rebâtit à une certaine distance. Une activité continue, fiévreuse, règne dans l'intérieur du nid : tous les travaux y sont menés avec une sagesse, une prévoyance et un ordre remarquables.

Au-dessus et au-dessous des appartements royaux, se trouvent disposées les chambres de ceux des ouvriers et des soldats, qui sont consacrés spécialement au service et à la défense du couple royal. Elles sont reliées les unes aux autres, ainsi qu'aux chambres des bébés et aux magasins, par des galeries ou passages, qui débouchent au point central, situé au milieu de l'édifice, sous les coupoles, et dont il a déjà été question. Ce point est entouré de hautes voûtes, hardiment élancées, qui, en s'abaissant, vont se perdre dans les murs des chambres et des galeries sans nombre. Plusieurs toits extérieurs et intérieurs abritent ce local et les chambres attenantes contre la pluie, qui, d'ailleurs, est détournée par de nombreux canaux souterrains, en argile, d'une largeur de dix à douze centimètres. En outre, depuis le bas jusqu'au faîte le plus élevé, de larges passages courent en spirale sous les couches d'argile, qui recouvrent toute la construction. Ces passages communiquent avec ceux de l'intérieur, et vraisemblablement, en raison même de leur plan incliné, servent à amener les provisions dans les parties supérieures du nid.

Il est extrêmement difficile d'examiner en détail l'intérieur d'un nid de termites. A cause du lien si intime, qui relie toutes les parties de l'édifice, la destruction d'une chambre, d'une arche, d'une galerie, entraîne la ruine de beaucoup d'autres ; en second lieu, la résistance énergique des soldats termites, armés de leurs solides et tranchantes tenailles, oppose un très grand obstacle à l'observateur. Le célèbre observateur des termites, Smeathman, auquel nous sommes redevables des détails les plus nombreux et les plus authentiques sur ces animaux, nous dit : « Ils tiennent tête jusqu'au bout, et ils défendent si énergiquement chaque pouce de leur terrain, qu'ils en expulsent souvent le nègre déchaussé, et font couler à travers les bas le sang de l'Européen. Jamais nous n'avons pu examiner l'intérieur d'un nid sans être sérieusement harcelés, car, pendant que les soldats nous attaquaient, les ouvriers bouchaient au plus vite les chambres et les galeries que nous avions ouvertes. Ils s'empressaient surtout de le faire dans le voisinage de l'appartement royal, dont ils ont le plus grand soin, et cela avec un tel succès que celui-ci présentait bientôt l'aspect informe d'un amas d'argile, et ne pouvait être distingué du terrain environnant. Néanmoins, il n'est pas difficile à trouver, d'une part, parce qu'il est toujours placé au milieu de l'édifice, d'autre part, parce qu'il est toujours entouré d'un grand nombre de soldats et d'ouvriers tout prêts à risquer leur vie, pour sa défense, et à côté du couple souverain, l'intérieur de l'appartement royal est habité par une centaine de leurs serviteurs. Ces fidèles n'abandonnent pas leurs majestés au milieu même du plus pressant péril. Aussi, quand (dit Smeathman) j'enlevai un de ces domiciles royaux et le plaçai dans un globe de cristal, je pus voir les serviteurs rendre les soins les plus attentifs aux personnes royales. Il y en avait surtout quelques-uns fort empressés autour de la tête de la reine, comme s'ils avaient quelque chose à lui communiquer. Ensuite, ils lui enlevèrent les œufs de l'abdomen et les déposèrent soigneusement dans une partie intacte de l'édifice; ou bien parmi des fragments d'argile, du mieux qu'il leur fut possible. »

C'est en faisant une soudaine attaque sur l'édifice, qu'on réussit le mieux à étudier tous les phénomènes de la vie qu'il

abrite, et à saisir surtout, sur le fait, la merveilleuse division du travail entre les ouvriers et les soldats. Smeathman,
tout à fait d'accord, en cela, avec d'autres observateurs,
tels que Forskal, König, Sparman et autres, raconte également que « si l'on pratique avec une pioche, une
brèche dans un tertre de termites, l'attention de l'observateur est attirée, avant tout, par la conduite des soldats.
Immédiatement à la suite du coup porté à l'édifice, un soldat paraît sur la brèche (peut-être un général ou un offi-
cier supérieur), et cherche à découvrir la cause du désastre
et la nature de l'ennemi. Puis il rentre dans l'intérieur
et donne le signal d'alarme. Au bout d'un moment, une
foule de soldats se presse aux ouvertures du nid, et il en
sort autant que le permet l'exiguïté des ouvertures. Il
est difficile de décrire la fureur avec laquelle combattent
ces belliqueux insectes. Dans leur ardeur à repousser l'ennemi, ils roulent parfois sur les flancs du tertre, mais ils
se remettent vite sur pied et mordent tout ce qui est à
leur portée. Ces morsures, unies au cliquetis des tenailles
venant frapper les parois du nid, produisent un bruit tré-
mulant, un peu plus fort et plus rapide que le tic-tac d'une
montre, et qui est perceptible à la distance de quelques
pas. Pendant toute la durée de l'attaque, le mouvement et
l'agitation la plus vive règnent parmi les termites. S'ils
réussissent à pincer quelque partie du corps humain, ils y
font en un clin-d'œil une assez large blessure, fort douloureuse, et une traînée de sang, large de plus d'un pouce,
se fait jour. Leurs terribles tenailles se rejoignent dans
les chairs dès la première morsure, et ne se desserrent
plus, quand même on couperait morceau par morceau le corps
de l'animal. En revanche, si l'on se retire de leur domaine
sans chercher à les molester davantage, au bout d'une
demi-heure ils rentrent dans leur habitation, après s'être

convaincus de la retraite de l'ennemi, cause de tout le désastre. A peine les soldats se sont-ils retirés, que la brèche est envahie par une nuée d'ouvriers portant chacun une parcelle de ciment dans la gueule. Sitôt arrivés, ceux-ci posent ce ciment dans les endroits endommagés, opération qui se fait avec dextérité, rapidité, et, malgré leur nombre considérable, les petits maçons ne se gênent ni ne s'entravent mutuellement. Le spectateur, sous les yeux duquel s'élève un véritable mur qui comble les interstices, reste charmé par ce spectacle plein de mouvement et de vie. Pendant que les ouvriers sont occupés de cette manière, les soldats se tiennent au fond de l'habitation, à l'exception de quelques-uns, qui circulent inactifs au milieu des centaines ou des milliers de travailleurs, sans jamais toucher au ciment. L'un d'entre eux s'établit en sentinelle près du mur nouvellement bâti. Il se tourne de tous côtés, et de temps en temps passe sa tête dans les interstices pour frapper la bâtisse de ses tenailles, et produire ce cliquetis dont nous avons déjà parlé. Des sifflements perçants partis du fond du nid et de toutes les galeries et passages souterrains répondent instantanément à ce signal. Il n'y a point de doute que ce bruit ne procède des ouvriers, car, à chacun de ces signaux, ils travaillent avec un redoublement de zèle et de force. » Mais voilà qu'une nouvelle tentative d'attaque vient changer la scène du tout au tout : « Au premier coup, dit Smeathman, les ouvriers fuient dans les galeries et passages, qui traversent en tous sens la construction ; cela se fait si vite, qu'ils semblent disparaître instantanément. Au bout de quelques secondes, ils ont vidé la place, immédiatement envahie par les soldats aussi nombreux et pleins d'ardeur que la première fois. S'ils ne découvrent aucun ennemi, ils s'en retournent lentement au fond du tertre. Les ouvriers reparaissent, leur ciment à la bouche. Parmi eux se trouvent quelques soldats, qui se comportent précisément de la même manière qu'auparavant. On peut donc se procurer à volonté le plaisir de les voir tour à tour travailler et combattre, et *on trouvera toujours, quelque pressante que soit la nécessité, qu'une partie d'entre eux ne combat jamais, tandis que l'autre ne travaille jamais.* »

M. de Quatrefages (*Souvenirs d'un naturaliste*, II, p. 405) n'a jamais vu, non plus, les soldats travailler; ils remplissaient toujours le rôle de chefs ou de surveillants.

Fritz Müller, qui vient de publier actuellement d'intéressantes observations sur les termites de l'Amérique du Sud, en particulier sur l'espèce surnommée par lui *termes lespesi*, ainsi que sur les nids à forme sphéroïdale construits par certaines espèces sur les arbres, est tout à fait d'accord avec Smeathman. Si on enlève un fragment du nid, les ouvriers abandonnent au plus vite les passages mis à découvert et on voit les « soldats » surgir en grand nombre à leur place, courir par-ci par-là, fort agités, tâtant tout autour d'eux de leurs antennes. Au bout de quelque temps reparaissent les ouvriers et ils s'occupent avec zèle à boucher les brèches, soit avec de la terre, soit avec leurs propres ordures. Pendant ce temps les soldats se sont retirés au fond du nid, à l'exception de quelques-uns qui semblent surveiller et encourager les travailleurs. Si on introduit, comme les indigènes ont l'habitude de le faire pour les capturer, des tiges d'herbes dans les ouvertures d'un nid de termites, on tire à soi les soldats qui y mordent avec acharnement.

Si les termites sont passés maîtres dans la construction des nids, ils le sont bien davantage dans celle des *routes* et des *ponts*. Ils dépassent sous ce rapport les récits les plus fabuleux. Toutes leurs routes sont souterraines ou couvertes, sans doute parce qu'ils espèrent échapper de cette manière aux regards de leurs nombreux ennemis. Peut-être cherchent-ils à se préserver aussi des rayons brûlants du soleil. « De quelque longueur que soient ces routes, dit le docteur M. Magen (*Sur le mode de vivre des termites et leur extension*, 1854), ce sont toujours des viaducs formant dans l'argile un chenal creux, de la grosseur d'un tuyau de plume, uni au dedans, plus ou moins raboteux au dehors. Le travail de construction avance avec une rapidité surprenante. En rangs serrés, chaque ouvrier vient apporter à l'endroit donné une parcelle de terre mêlée à une matière muqueuse secrétée par une glande de l'insecte. La tête solide semble servir de truelle et de marteau. Tous les observateurs s'accordent à dire que ces chenaux semblent grandir à vue d'œil et Forskal raconte que les termites observés par lui en Égypte avaient construit deux pouces de viaduc en une heure et creusé un conduit de trois aunes dans le cours d'une seule nuit. Le petit peuple de travailleurs s'occupe sans trêve à agrandir son œuvre. » Vraisemblablement des ouvriers se détachent de la masse et sont remplacés par d'autres, afin que le travail ne soit pas interrompu. Ils percent leurs conduits souterrains partout où la chose est possible, mais savent aussi bien travailler au grand air, quand les circonstances l'exigent. Si, lors du forage d'un canal souterrain, ils viennent se heurter à un rocher impossible à perforer, ils continuent le viaduc à la surface en le recouvrant d'un toit. Bien mieux, ils construisent des viaducs aériens, dont les arches sont si hardiment jetées, qu'on se demande tout émerveillé comment ils s'y sont pris pour les élever. Pour parvenir jusqu'à un sac de farine, trop garanti par le bas, ils percèrent le toit de la pièce et construisirent un véri-

table pont couvert, partant des fissures du toit et aboutissant au sac. Mais quand ils voulurent mettre en sûreté le
fruit de leur rapine, ils se convainquirent que la chose
était impossible à effectuer par la même route. Pour
obvier à cette difficulté, ils eurent recours au principe
de la construction en plan oblique, dont nous avons déjà
vu l'application au fond de leurs nids, et à côté du premier
conduit, ils en construisirent un second, disposé intérieu-
rement en spirales dans le genre du célèbre escalier du cam-
panile de Venise. Dès lors, il devint facile de transporter
le butin par cette voie nouvelle.

« En ingénieurs consommés, dit Blanchard (*loc. cit.*),
ils jettent des ponts-tunnels d'un point à l'autre, et établissent des galeries, qui montent et descendent d'un étage à
un autre. Dans les caves de la préfecture à la Rochelle
(France méridionale) on voit des colonnes de ce genre,
creuses à l'intérieur, pareilles à de grosses tiges de paille,
qui descendent du plafond jusque sur le sol. » Dans le
tracé de leurs routes, les termites admettent toujours
en principe que la ligne la plus courte est la meilleure, et
ils savent avec une sûreté de coup d'œil étonnante trouver
sous le sol le chemin le plus direct pour se rendre aux
endroits où ils s'approvisionnent. On pense qu'ils expédient
des éclaireurs nocturnes pour explorer la surface du sol et
indiquer par des signaux aux mineurs qui travaillent sous
terre la direction à suivre. D'après ce que nous savons
déjà sur les procédés d'exploration en usage chez les fourmis,
et d'après ce que nous apprendrons encore à ce sujet en
étudiant les abeilles, l'hypothèse ne semble guère invraisemblable.

Il a déjà été question du réseau, si vaste et si enche-
vêtré, de canaux souterrains, entourant leur habitation et
servant en partie à communiquer avec les colonies voi-

sines. Ces canaux deviennent plus larges et plus fréquents à mesure qu'ils se rapprochent de l'habitation, où parfois ils atteignent un demi-pied de diamètre, et plus étroits à mesure qu'ils s'en éloignent. Ils ont donc parfaitement tout le caractère d'un réseau de routes et de canaux.

Nous nous contenterons de jeter un rapide coup d'œil sur ces merveilleux animaux. Il serait superflu de nous arrêter longuement sur leurs mœurs et leurs occupations domestiques, qui présentent la plus grande analogie avec celles des fourmis déjà décrites, mais qui nous frappent davantage par leur complexité et le grand nombre d'individus de tout sexe qui constituent leurs colonies. Dans les nids de la petite espèce de termites habitant la France (*termes lucifugus*), Lespès a trouvé, outre les larves des mâles, des femelles et des asexuées, outre les ouvriers et les soldats, deux genres de nymphes : l'une, petite avec de courts tronçons d'ailes ; l'autre, plus grosse, munie d'ailes plus longues. En outre, il y a deux espèces de mâles et de femelles : une petite, qui apparaît à la fin de mai ; une autre beaucoup plus grosse, qui ne se fait voir qu'en août. Lespès appelle les individus de la première, « petits rois et petites reines », ceux de la seconde, « gros rois et grosses reines ». Mais les plus curieux sont les « soldats », parmi lesquels Lespès a trouvé des individus asexués des deux sexes. Généralement les soldats sont aux ouvriers dans la proportion de un pour cent, proportion beaucoup plus raisonnable que celle existant dans nos armées permanentes, qui souvent constituent le trentième ou le cinquantième de la population. Les soldats ont d'énormes têtes fort dures, presque aussi grosses que le reste de leur corps, et pourvues de solides tenailles pointues, tandis que la tête et les tenailles des ouvriers, qui ne se battent point, sont plus petites et plus faibles, ainsi d'ail-

leurs que le reste de leur corps. Les tenailles des ouvriers
ne sont que des instruments de préhension, tandis que celles
des soldats forment de redoutables armes de combat. Nous
avons déjà parlé du rôle rempli par ces derniers lors de
la défense d'un nid, mais ils semblent y joindre celui de
surveillants et d'organisateurs. On n'a pas oublié comment
ils surveillent la réparation d'une brèche. En traversant
un jour une forêt de l'Afrique occidentale, Smeathman
rencontra une armée de termites, surnommés termites
voyageurs, dont les soldats et les larves ne sont pas aveugles comme chez les autres espèces. Il les vit surgir d'un
trou du sol, et au bout de quelque temps disparaître dans
un autre à quelque distance du premier. Leur nombre
était incalculable; ils marchaient rapidement, en files
serrées de quinze individus, presque tous ouvriers. Smeathman n'entrevoyait que de loin en loin un soldat marchant
du même pas et semblant porter avec difficulté sa grosse
tête. Ce n'est qu'à la distance d'un ou de deux pieds de
la colonne, qu'il aperçut un nombre plus considérable de
soldats, les uns arrêtés, les autres cheminant sur les
flancs, comme pour s'assurer qu'il n'y avait pas d'ennemis
en vue. Quelques-uns s'étaient cramponnés aux plantes,
qui croissaient sur la route, et de là ils semblaient épier
les environs, en produisant ce bruit tout particulier, dont
il a déjà été question, et auquel l'armée entière s'empres-
sait de répondre de la même manière en accélérant le pas.
Smeathman resta une heure à contempler ce défilé curieux,
sans remarquer aucune diminution d'activité dans les
forces de la colonne.

La personnalité la plus importante dans un État de
termites est naturellement la reine ; car, de son existence,
dépend celle de la colonie tout entière. Si on enlève d'un
nid de termites l'habitation de la reine, la colonie elle=

même se dissout ou périt. Tout au contraire, on peut
ruiner l'édifice entier sans atteindre ce résultat; pourvu
que l'habitation de la reine reste intacte, le reste se rebâtit
immédiatement. La mort de la reine entraînerait de même
la ruine de la colonie, si les intelligentes petites bêtes n'y
avaient pourvu en ayant des reines de réserve. « On
trouve dans chaque nid, dans des pièces attenantes aux
appartements de la reine, deux ou trois aspirantes à la
royauté, qui ne reçoivent leur investiture qu'après la mort
de la reine-mère, et commencent alors à veiller au bonheur
et à la prospérité du peuple. » (Hagen, *loc. cit.*)

La reine pond dans sa cellule une énorme quantité
d'œufs, souvent jusqu'à 80,000 dans les vingt-quatre
heures. Immédiatement enlevés par les ouvriers, ces
œufs sont déposés dans les chambres attenantes. « Une
chaîne ininterrompue d'ouvriers se meut continuellement
sur le sol de la cellule royale, recueillant les œufs et les
transportant dans les pièces adjacentes, réservées spécialement à cet usage. Pour abréger leur route, on pratique
tout autour, à des distances régulières, de petites ouvertures, servant de voies directes aux individus chargés.
Les œufs eux-mêmes sont déposés, selon leur diverse
grandeur (variant depuis celle d'un grain de sucre en
poudre jusqu'à un œuf de fourmi), dans des pièces dési-
gnées sous le nom de chambres d'accouchement. D'abondantes ressources pour l'alimentation de la progéniture
future sont emmagasinées à l'avance dans des greniers
spéciaux, etc. C'est ainsi qu'on voit les représentants des
différents stades de l'évolution, se coudoyer dans un
mélange bigarré : c'est une confusion de formes, de couleurs, de grandeurs, finissant pourtant tous par aboutir
à une même espèce. » (Hagen, *loc. cit.*)

L'essor nuptial des termites mâles et femelles ressemble

presque identiquement à celui des fourmis. Hagen (*loc. cit.*) l'a décrit d'une manière aussi exacte que poétique et nous allons lui emprunter son récit :

« Transportons-nous dans une forêt du Brésil. Non loin d'une source qui murmure, la forêt commence à s'éclaircir, les fourrés épais s'ouvrent pour faire place à une vallée couverte de taillis, qu'ils enclavent de tous côtés. De petits tertres gazonnés, assez semblables à de gigantesques taupinières, s'élèvent par-ci par-là : un délicieux endroit de repos pour le voyageur fatigué, qui interroge le ciel avec inquiétude, car le terme de son voyage est encore éloigné, et le soleil décline à l'horizon. D'épais et sombres nuages se traînent lentement, et rendent intolérable l'étouffante atmosphère du soir. La saison des pluies, l'hiver malsain des tropiques, sont à la porte. Après avoir réparé ses forces, le voyageur reprend son bâton de pèlerin pour s'acheminer vers un foyer hospitalier ; avant de partir, il jette un regard rapide sur ce lieu paisible, et ses yeux s'arrêtent comme fascinés sur les tertres gazonnés, où un mouvement extraordinaire se produit. Semblant obéir à la baguette d'un enchanteur, une fissure transversale s'ouvre au milieu du tertre. Un petit insecte brun, aux ailes fortement repliées, longues d'un pouce à peu près, en surgit précipitamment ; il est suivi de deux, trois, quatre autres insectes, et de bien d'autres, sortant par files autant que le permet la fissure, qui s'élargit. Semblable à une ligne fibreuse, la troupe descend le long du tertre, les fines membranes des milliers et des milliers d'ailes resplendissant comme de la nacre de perle. La colonne prend sa direction, serrant de près le vent, car c'est de cette façon seulement que les ailes délicates des termites peuvent résister au choc de l'air. Rapidement, sans s'arrêter, ils marchent toujours, renforcés sans cesse par de nouveaux survenants ; ils avancent avec une telle impétuosité qu'ils semblent poussés par une force invisible. Pendant ce temps, de nouvelles fissures se sont ouvertes et ont donné passage à de nouveaux essaims. Pareil à un volcan, le petit tertre semble vomir sa lave vivante. Un spectacle merveilleux se voit à l'entrée des orifices. De petits êtres sans ailes, à la grosse tête informe, aux terribles mâchoires recourbées comme des sabres, apparaissent à l'ouverture. Tout pleins d'ardeur belliqueuse, ils branlent leurs grosses têtes, et protègent l'entrée de leur habitation souterraine, ou bien hâtent la marche de leurs frères qui partent. Le merveilleux défilé dure bien une heure, et semble ne devoir jamais finir. Peu à peu, pourtant, les rangs s'éclaircissent, quelques retardataires apparaissent encore ; les fissures, bouchées par des mains invisibles, se ferment l'une après l'autre, et bientôt le tertre reprend son aspect précédent. Pendant ce temps, la troupe, déployant ses ailes, s'élève de plus en plus, ondulant au souffle de l'air et formant un nuage épais autour du sommet des arbres. Les couples, qui s'élèvent et s'abaissent, tournoyant dans l'air, animent la scène, et prêtent à l'essaim l'aspect de ces danses mystiques, dont les éphémères de nos climats nous donnent aussi le spectacle, à la campagne, par les chaudes soirées d'été. Peu à peu, le nombre des insectes retombés à terre augmente. En regardant attentivement, on voit qu'ils forment toujours des couples, le plus gros poursuivi par le plus petit, et saisi par ses mâchoires. Puis tous les deux se mettent à courir rapidement, en cherchant, à l'aide de leurs pattes, à se dépouiller de leurs ailes, qui n'adhèrent que par une légère attache. Sur ces entrefaites, le tableau s'est animé d'une autre manière. Une quantité d'animaux insectivores, d'oiseaux, de serpents, de lézards, de grenouilles a surgi de tous côtés. Les innombrables termites, désormais incapables de voler, deviennent, pour la plupart, la proie de leurs ennemis, et l'homme lui-même trouve appétissant ce mets pourtant si dégoûtant.

« Si nous suivons un peu plus loin le cours de l'existence de ces êtres nouveau-nés, nous en trouverons peu parmi ces myriades, qui vivent jusqu'au matin suivant. Ceux qui échappent à leurs voraces ennemis errent sans asile ou sont ramassés par des ouvriers termites circulant activement dans les environs, et installés dans les nids, comme de futurs chefs de famille. »

Tous les mâles et femelles, qui n'ont pas la chance d'être recueillis et nourris par les ouvriers, périssent. « La manière dont les ouvriers protègent, contre tous leurs ennemis, l'heureux couple royal, dit Smeathman, et cela non seulement à l'époque du massacre général, mais longtemps après, répond tout à fait à l'expression « élection » dont je me suis servi. Les industrieuses petites bêtes enferment leurs élus dans une chambrette en terre glaise, laquelle, dans les commencements, n'a qu'une ouverture à peine suffisante pour leur livrer passage, à elles et aux soldats, mais pas assez grande pour le couple royal. Plus tard on pratique plusieurs issues, mais toujours de manière que tout le soin de la défense et de l'entretien ne repose que sur le peuple. »

Mais c'est dans leur activité au dehors, bien plus encore que dans leur vie domestique, que l'intelligence des termites se révèle dans toute sa force et en fait un des fléaux les plus redoutés des pays qu'ils habitent. Ils sont nés destructeurs, et n'épargnent aucun objet de quelque matière qu'il soit, à l'exception de la pierre et du fer. Ils attaquent de préférence les objets en bois, et leurs dégâts sont d'autant plus terribles qu'ils restent longtemps imperceptibles et sont découverts seulement, lorsqu'il est trop tard pour y porter remède. Que ce soit pour n'être point aperçus ou parce qu'ils recherchent l'obscurité, ils ont adopté l'étrange coutume de ronger tous les objets, auxquels ils s'attaquent, du dedans au dehors en laissant intacte l'enveloppe extérieure; en sorte qu'à en juger d'après l'apparence, on ne devinerait jamais les ravages intérieurs que l'objet attaqué a subis. Ont-ils par exemple entamé une table ou quelque meuble de ce genre, ils commencent toujours leur œuvre de destruction à l'endroit précis où les pieds de la table touchent le sol, en sorte qu'en apparence le meuble semble tout à fait intact et on est tout surpris de le voir, au moindre choc, tomber en poussière. Tout l'intérieur en est rongé, et il ne reste qu'une pellicule d'une ligne d'épaisseur. S'il se trouve des fruits sur cette table, ils sont aussi dévorés et entamés à l'endroit précis par où ils touchent à la superficie de la table.

C'est de la même manière que les bâtiments en bois, les vaisseaux, les arbres, sont rongés par eux, au point qu'ils s'écroulent un beau jour, sans qu'on se soit aperçu de leurs avaries intérieures. On raconte, que les termites poursuivent leur œuvre de destruction, avec tant de combinaison et de jugement, qu'ils ne s'attaquent jamais aux poutres fondamentales du bâtiment, dont la chute subite entraînerait la ruine de l'édifice et les écraserait eux-mêmes; qu'ils vont jusqu'à en fortifier la solidité avec du ciment fait d'argile de terre. Hagen rapporte aussi, qu'ils ne rongent jamais complètement les bouchons des bouteilles de vin, ayant soin d'en laisser une couche d'une ligne d'épaisseur, suffisante pour empêcher le liquide de s'écouler et de submerger les rongeurs. Voici encore un détail, fourni par le même auteur : pour atteindre à une

caisse contenant des bougies en cire, les termites construisirent une galerie couverte depuis le sol jusqu'au second
étage.

Les termites ont été importés en Europe par des vaisseaux transatlantiques, et se sont fait connaître en Italie,
en Espagne, en France, aussi bien que dans les serres
de Schönbrunn, comme les ennemis les plus acharnés du
bois. En France ils ont élu domicile sur les bords de la
Charente-Inférieure, notamment à Rochefort et à la Rochelle, ainsi qu'à Bordeaux et dans ses environs. Ils ont
dû exister à Rochefort bien avant que l'écroulement d'une
maison inhabitée de la rue Royale, et leur immense propagation dans les maisons voisines en 1797, eussent, malheureusement trop tard, ouvert les yeux de l'autorité. Un
examen attentif fit voir que tous les précieux et immenses
approvisionnements en bois de chêne, faits pour la construction des vaisseaux de guerre de la marine, étaient
rongés ; tous les édifices publics en étaient infectés et on
ne préservait les archives de la marine qu'en les enfermant
dans des caisses en métal. La table à manger d'une pen-
sion s'enfonça subitement dans les caves à travers l'épaisseur
de deux étages, et d'autres bâtiments furent endommagés
de même. Un forgeron, habitant dans le voisinage du
chantier, vit son enclume s'enfoncer subitement sous les
coups de son marteau. Le billot en bois qui la supportait
se fendit en découvrant une habitation de termites. Dans
l'année 1820, le vaisseau de guerre *le Génois*, construit
sous Napoléon, dut être démoli, car il était devenu la
proie des termites. Un vaisseau de ligne anglais, nommé
l'Albion, où ces insectes s'étaient introduits, dut subir le
même sort.

C'est probablement avec des plantes du Brésil que les
termites furent apportés à Schönbrunn. Ils détruisirent

les caisses en bois, aussi bien que les poutres de la serre, en sorte que dans l'année 1839 on fut obligé de démolir une des plus grandes serres. Ils s'étaient multipliés rapidement, grâce à la température de 24° Réaumur, qui régnait dans les serres ; mais actuellement ils y sont presque détruits. Les termites européens appartiennent presque exclusivement à l'espèce *termes lucifugus* (termites aérophobes), déjà citée, sur laquelle Lespès a fait des observations remarquables et dont les mœurs s'écartent sous certains rapports de celles des espèces étrangères à l'Europe.

Selon Blanchard, le tiers des plaines de l'île de Ceylan est miné par les termites. Dans l'Égypte supérieure, les indigènes sont parfois réduits à abandonner leurs habitations rongées par ces insectes, et à aller chercher ailleurs une autre patrie. C'est un des fléaux les plus redoutables des Indes Orientales, du Bengale, du midi de la Chine et du Soudan. Dans l'Afrique occidentale, au bout de quelques années, les termites détruisent les habitations abandonnées au point de n'en laisser aucun vestige ; et dans toute l'Amérique du Sud, dit Humboldt, un livre ayant plus de cinquante ans de durée est une véritable rareté, les termites ayant la louable habitude de pratiquer leurs galeries dans les bibliothèques à travers les files de livres. Dans les villes maritimes du Brésil et des Indes Orientales, des magasins entiers deviennent la proie de leur rage de destruction. Le métal lui-même n'est pas à l'abri de l'âcre acide sécrété par les termites, et, à Ternate, les culasses d'acier des canons ont été couvertes de leurs galeries, et bien vite entamées par la rouille.

Le voyageur anglais Bates, auquel nous devons tant de détails intéressants sur les fourmis de l'Amérique du Sud, a fait aussi une description des termites du pays. Tout en ne présentant rien de bien nouveau, elle mérite l'attention, comme résumant les observations d'un témoin authentique et contemporain.

« La surface du campos (dans les environs de Santarem, petite ville située sur le cours inférieur de l'Amazone), dit Bates, est couverte dans toutes les directions d'amas de terre et de tertres coniques, œuvres de plusieurs espèces de fourmis blanches. La terre, qui a servi de matériel de construction à ces édifices, hauts parfois de cinq pieds, est si bien façonnée et pétrie, qu'elle a acquis la solidité de la pierre. Pourtant, il y a des tertres plats, petits, et construits plus à la légère. Le terrain tout à l'entour est sillonné de routes couvertes ou galeries, également construites en terre, et dont la teinte se distingue pourtant de celle du sol. Ces galeries servent d'abri aux petits insectes pour traîner les matériaux nécessaires à la construction de leur ville, ou pour transporter les jeunes d'un tertre dans un autre. Des galeries de même genre s'étendent sur le bois mort et les racines des végétaux pourris, servant d'alimentation aux termites. Un examen attentif de ces galeries cylindriques, partout les mêmes, les montre toujours remplies d'une foule compacte de ces insectes laborieux et actifs.

« Les fourmis blanches sont de petits insectes blafards, au corps délicat, n'ayant, abstraction faite de leur constitution politique et de leur vie sociale, presque rien de commun avec les véritables fourmis. Comme chez celles-ci, il y a parmi eux, un nombre bien plus considérable d'individus à sexe imparfait, que de mâles et de femelles; c'est sur les premiers que reposent les travaux et le souci d'élever la progéniture. Il se présente ici un fait, qui fait soupçonner chez les termites un état social encore plus parfait que celui atteint par les fourmis : ils ont appliqué dans

toute son étendue, le principe de la division du travail.
Chez ces merveilleux insectes, les asexués se divisent nettement en deux classes bien tranchées, les *ouvriers* et les
soldats, aveugles toutes les deux, et dont chacune s'en
tient à ses fonctions. Les uns bâtissent, tracent des routes
couvertes, nourrissent et soignent la progéniture, le couple
royal, en vrais conservateurs de la colonie ; ils surveillent
l'essor nuptial des mâles et des femelles, une fois que
ceux-ci sont pourvus d'ailes. Les autres protègent la
société contre les attaques de tous les ennemis extérieurs.
Par leur mode de croissance ou leurs métamorphoses, les
termites se distinguent encore des fourmis. Celles-ci traversent une phase d'existence toute végétative avant d'entrer dans le stade de nymphe ; tandis qu'à peine éclos, les
termites sont déjà pourvus de la forme qu'ils devront
garder toute leur vie, excepté que les mâles et les femelles
en grandissant acquièrent des ailes et des yeux. Aussi les
termites et les fourmis forment-ils dans le monde des
insectes deux classes fort distinctes, n'ayant d'autre point
de contact que l'analogie de leurs mœurs. A cause d'une
organisation sociale plus complexe, les mœurs des termites
sont plus difficiles à étudier que celles des fourmis, et
très loin encore d'être parfaitement connues.

« Quel spectacle merveilleux nous offrent ces sociétés
d'insectes ! Rien de semblable chez les animaux supérieurs.
Sans doute le penchant à la sociabilité se manifeste chez
beaucoup de mammifères et d'oiseaux ; chez certains
d'entre eux, comme par exemple chez le tisserin et le
castor, plusieurs individus se réunissent pour bâtir une
habitation en commun ; mais le principe de la division du
travail, la destination de certaines classes et de certains
individus à des occupations spéciales, ne se rencontrent
que dans les sociétés humaines, et cela à un degré assez

avancé de la civilisation. Les animaux supérieurs ne se divisent par leur organisation physique qu'en deux catégories : les mâles et les femelles. Au contraire, le merveilleux dans le monde des termites, c'est non seulement l'adoption la plus rigoureuse de la division du travail, mais encore l'existence pour chaque genre de travail, d'individus conformés d'une manière toute spéciale. Les mâles et les femelles forment une classe à part ; ils ne travaillent point, et acquièrent dans le cours de leur croissance, des ailes pour voler et pour être en état de multiplier leur espèce. Les ouvriers et les soldats, dépourvus d'ailes, ne se distinguent entre eux que par la forme de la tête et par les différents appendices, dont elle est pourvue. Elle est ronde et unie chez les ouvriers, dont l'appareil buccal est adapté au maniement des matériaux de construction. Chez les soldats, au contraire, la tête est grosse, évidemment destinée à l'attaque et à la défense, grâce à des tenailles puissantes et cornées, ayant la forme de piques ou de tridents. Certaines espèces ne possèdent point, il est vrai, ces armes particulières, mais sont munies, en revanche, de mandibules allongées, tranchantes, recourbées en forme de faucille, chez les unes, en forme de sabre, chez les autres.

« De nos jours, le cours des choses humaines semble malheureusement imposer aux membres de tout état civilisé et industriel, la nécessité de maintenir parmi eux une classe nombreuse, constituant une armée permanente, destinée à protéger ladite société. Sous ce rapport, les nations modernes copient simplement ce que la nature a créé de toutes pièces chez les termites. Chez ces derniers, le mot « soldat » n'indique pas seulement une fonction ou un mode d'activité ; les termites *naissent* soldats, et au lieu de se servir d'armes artificielles, ils utilisent celles qui croissent sur leur tête.

« Chaque fois que l'on dérange violemment une colonie de termites, on n'aperçoit d'abord que des ouvriers ; mais ceux-ci ne tardent pas à s'éclipser dans les galeries sans fin du *termitorium*, et les soldats paraissent à leur place. Les observations bien connues de Smeathman sur les soldats d'une espèce de termites habitant l'Afrique tropicale, donnent une excellente idée de leurs mœurs. Je me suis moi-même amusé bien souvent à pratiquer une brèche dans une de leurs routes couvertes, afin d'admirer l'ardeur belliqueuse, avec laquelle une armée de ces petits êtres se mettait en devoir de couvrir la retraite des ouvriers. Les bords du trou béant étaient couronnés de leurs grosses têtes armées, tandis que les courageux guerriers se formaient en lignes serrées. Ils s'attaquaient avec intrépidité à tout obstacle surgissant devant eux, et à peine leur première file était-elle culbutée qu'elle était remplacée par d'autres. Leurs tenailles, une fois enfoncées dans la peau de leur ennemi, ils se laissaient hacher plutôt que de lâcher prise. En cas d'attaque de la part du *fourmilier*, on pourrait dire que ce penchant des termites, loin de servir à leur défense, devient la cause de leur ruine. Mais il faut se souvenir, que, seuls, les soldats, s'accrochent à la longue langue filiforme de l'animal, pendant que les ouvriers, préoccupés des soins de la progéniture, restent le plus souvent sains et saufs. De même quand je plongeais mon doigt dans le *termitorium*, des soldats seuls y restaient suspendus. C'est ainsi qu'en se sacrifiant pour le bien général, la caste guerrière contribue au maintien de l'espèce.

« Une famille de termites se compose avant tout d'ouvriers, puis de soldats en nombre plus restreint, enfin d'un roi et d'une reine. Ce sont là les habitants stables d'un véritable *termitorium*. Le couple royal, servant de

père et de mère à la colonie, est gardé par un corps spécial de travailleurs, dans des chambres placées au centre
du tertre, entourées de murs bien plus solides que ceux
des autres cellules. Tous les deux n'ont plus d'ailes et sont
plus gros que les ouvriers et les soldats. La reine, qui
occupe un appartement royal, est toujours dans un état
intéressant ; par suite, son abdomen acquiert une énorme
dilatation, et est rempli d'œufs. Comme nous l'avons déjà
dit, ces œufs sont recueillis par une foule d'ouvriers, qui
les transportent dans leur gueule de l'appartement royal
à de petites cellules réservées à cet usage. Les autres
membres d'une famille de termites sont constitués par des
individus ailés. Ils n'apparaissent qu'à une certaine époque
de l'année, généralement au moment où commence la
saison des pluies. Les naturalistes se sont donné beaucoup
de peine pour établir le genre de parenté qui existe entre
les termites ailés et le couple royal dépourvu d'ailes. On
a supposé aussi que les soldats et les ouvriers sont les
larves des premiers, méprise très excusable d'ailleurs, car
réellement, ils ressemblent beaucoup aux larves. Après
m'être livré des mois entiers, jour par jour, à l'étude des
mœurs de ces insectes, je m'assurai que les termites ailés
se composaient de mâles et de femelles presque en nombre
égal, et que quelques-uns d'entre eux, après s'être accou-
plés et avoir dépouillé leurs ailes, deviennent les rois et
reines des nouvelles colonies. Je m'assurai ensuite que les
soldats et les ouvriers sont des individus ayant atteint
leur pleine croissance, sans avoir traversé les mêmes
phases d'évolution que celles de leurs frères et sœurs, aptes
à la fécondation.

« Quoique fort différents les uns des autres par la grosseur, la forme et les matériaux, dont ils sont bâtis, les
termitoriums se composent invariablement d'une énorme

quantité de pièces et de galeries irrégulières, communiquant entre elles. De la terre ou des matières végétales,
collées ensemble avec de la salive, forment leurs matériaux
de construction. On n'y voit point de porte, car les issues
les mettent seules en rapport avec le monde extérieur, et
sont reliées au nid par de longues galeries couvertes. Ces
constructions attirent immédiatement l'attention dans tous
les pays tropicaux. Les grands monticules des environs
de Santarem sont l'œuvre de plusieurs espèces diverses,
dont chacune a son mode particulier d'architecture. Ainsi
l'espèce *termes arenarius* (termite des sables) élève de
petits tertres coniques d'un à deux pieds de haut, construits
à la légère, et qu'elle est d'ordinaire seul à habiter. Une
autre espèce (*termes exiguus*) construit de petits bâtiments terminés en coupole. Beaucoup d'espèces vivent sur
les arbres ; semblables à d'énormes excroissances, leurs
nids se voient sur les branches ou sur les troncs. D'autres
espèces encore vivent complètement sous terre, et quelques-
unes élisent domicile sous l'écorce ou dans l'intérieur des
arbres. Ces deux dernières s'introduisent dans les maisons
où elles détruisent les meubles, les livres et les vêtements.
Tous les tertres ne possèdent point un couple royal. Quelques-uns, de construction récente, ne laissent voir, alors
qu'on les ouvre, qu'un grand nombre d'ouvriers occupés
à transporter les œufs d'une vieille habitation devenue
trop populeuse, tandis qu'un petit détachement de soldats
fait la garde.

« Le *termitorium* est au complet quelques semaines
avant l'essor des mâles et des femelles ; il contient alors
des termites de toutes les castes, aux stades les plus divers
d'évolution. Je constatai par un plus ample examen, que les
jeunes des quatre types d'individus se trouvaient mêlés
ensemble et vraisemblablement étaient élevés dans les

mêmes cellules. Les ouvriers adultes montraient la plus vive sollicitude à l'égard des jeunes larves, les portant de chambre en chambre, tout en ne semblant prêter aucune attention à celles qui avaient déjà atteint leur complète croissance. A l'origine de leur évolution, il n'est point possible de distinguer entre elles les larves des quatre espèces, mais la différence s'accentue dans les phases ultérieures de leur développement, et devient toujours plus facile à saisir.

« Il me semble donc hors de doute que les castes des ouvriers et des soldats diffèrent de celles des mâles et des femelles dès l'œuf même; que la divergence qui existe entre elles ne saurait s'expliquer par une alimentation diverse et des procédés dirigés dans ce but durant leur première jeunesse; qu'enfin les individus de ces castes n'ont jamais d'ailes. Les ouvriers et les soldats vivent de bois rongé et d'autres matières végétales. Je n'ai jamais pu arriver à des notions très précises sur le mode d'alimentation des jeunes entassés dans les cellules et dont les têtes, inclinées vers le sol, se touchent. Il m'a semblé parfois que les ouvriers inondaient leurs cellules d'un certain liquide. La croissance de la jeune famille marche d'un pas rapide et semble ne demander qu'une année pour parcourir son cycle. Le départ des mâles et des femelles forme l'évènement le plus important dans un état de termites.

« Il est fort intéressant d'observer un *termitorium* à cette époque. La plus grande agitation règne au sein du peuple ouvrier. Il semble comprendre, que le maintien de sa colonie dépend de l'essor qui va avoir lieu et des accouplements heureux de ses frères et sœurs. Les ouvriers s'occupent donc à ménager une libre sortie à ces corps pesants mais fragiles en rongeant l'enveloppe extérieure qui les couvre. C'est là une besogne, qui demande ordinai-

rement plus d'un jour ; elle dure jusqu'à ce que tous les
mâles et femelles, dépouillés de leurs cocons, se soient
envolés. Ce départ a ordinairement lieu par des soirées
humides et suffocantes ou bien par des matinées couvertes.
Les couples voltigeants, entrent dans les maisons par
myriades ; dans les chambres, ils remplissent l'air d'un
bruit de crécelle et éteignent parfois les lampes par le
mouvement que leur grande masse produit dans l'air.
A peine ont-ils touché le sol, qu'ils se hâtent d'arracher
leurs ailes, lesquelles à cette époque ne tiennent plus à
leur corps que par une légère soudure. C'est tout à fait
volontairement que l'insecte s'impose cette mutilation ;
plus d'une fois j'ai essayé inutilement de lui enlever ses
ailes de la même manière, mais à une époque antérieure ;
chaque fois, je les lui arrachais avec leurs attaches. Bien
peu d'entre eux échappent aux poursuites des ennemis
voraces qui les guettent, tels que fourmis, araignées,
lézards, crapauds, chauves-souris, engoulevents. Il se fait
alors un immense holocauste. Les quelques couples survi-
vants deviennent les rois et reines des colonies nouvelles.
J'eus lieu de m'en convaincre, quand, quelques jours après
le vol nuptial, je retrouvais quelques couples isolés que
j'examinais ; ils étaient blottis sous une feuille ou sous une
motte de terre ou errants à l'entour des fondations d'un
nouveau tertre. Les femelles n'étaient pas encore fécondées.
Un jour, je découvris dans une cellule fraîchement bâtie,
un jeune couple, qui venait de s'y établir, sous la garde
de quelques ouvriers.

« L'office des termites dans ces contrées chaudes, c'est
d'accélérer la décomposition du bois et des matières végétales en putréfaction. Ils remplissent donc là une mission,
dont un autre ordre d'insectes s'acquitte dans les régions
tempérées. Beaucoup de points de leur histoire naturelle

restent encore obscurs. Nous avons vu, qu'il y a parmi eux des mâles et des femelles, qui en grandissant acquièrent des ailes et multiplient leur espèce, comme cela se passe chez tous les autres insectes. Mais, contrairement à ce qui arrive chez ces derniers, pourvus, chacun dans son genre, de moyens pour se maintenir dans le combat pour l'exis-tence, ceux-ci sont des êtres incapables de se suffire à eux-mêmes, destinés à périr infailliblement sans le secours d'autrui, en entraînant la ruine de leur espèce. La famille à laquelle ils appartiennent n'existe que par les soins de membres, à qui le besoin sexuel fait défaut, et que leur constitution physique et morale pousse à sacrifier leur vie pour le bien de l'espèce. Malheureusement je n'ai pas élucidé l'importante question de savoir comment les ouvriers et les soldats arrivent à former des castes dis-tinctes. On sait que les fo   et les abeilles asexuées sont des femelles arrêtées dans leur développement. Pre-nant en considération que les formes intermédiaires man-quent tout à fait entre les deux castes, l'hypothèse que les ouvriers et les soldats pourraient bien être des femelles et des mâles imparfaits, me semble admissible. Les recherches faites par un naturaliste français, M. Lespès, l'ont amené à affirmer, qu'il y a des femelles et des mâles dans *cha-cune* des deux castes. La justesse de cette hypothèse peut être contestée. Si elle se vérifie, il faut avouer que la bio-logie des termites est encore un mystère.

« Quant aux formes particulières dont parlent Lespès et le docteur Nagen, je n'ai pu les vérifier chez les espèces que j'ai étudiées. Je n'en trouvai qu'une seule, chez laquelle les soldats ne se distinguaient réellement des ouvriers que par leur penchant pour la guerre. »

L'antipathie très prononcée des termites pour la lumière du jour nous permet de les ranger au nombre des « obscurantistes ». Sous le rapport moral, le même trait se révèle dans la *constitution politique* de leur société, laquelle, tout en présentant une grande analogie avec celle de la république des fourmis, se rapproche pourtant du principe *monarchique*, puisqu'elle admet une *armée permanente* et n'a en général qu'une seule reine à sa tête. Le fait de l'existence de cette armée permanente donne à la société des termites un caractère monarchique bien plus prononcé que celui de la célèbre société des *abeilles*, que l'on prend d'ordinaire pour prototype de la monarchie ou de l'autocratie et que nous allons maintenant décrire.

CHAPITRE XV

Sociétés des abeilles.

Gouvernement d'une seule reine. — Appartements royaux. — Culte rendu à la reine. — Manière de traiter les mâles ou faux-bourdons. — Polyandrie. — Massacre des mâles. — L'état des abeilles est un état féminin. — Immolation de la reine. — Combats des reines entre elles. — Perte de la reine-abeille et transformation de larves-ouvrières en jeunes reines. — Introduction artificielle d'une nouvelle reine.

Les abeilles, tout en ne reconnaissant également, en règle générale, qu'une seule reine, ont adopté à la place de l'armée permanente le principe vraiment républicain ou démocratique de l'*armement général du peuple* et l'ont réalisé d'une manière bien plus large que ne l'ont jamais fait les hommes. Ce n'est pas sous ce rapport seul, mais sous bien d'autres encore que l'état des abeilles peut être considéré comme une monarchie entourée d'institutions démocratiques. On pourrait même l'appeler une *monarchie communiste* ou une *monarchie démocratico-socialiste*, forme politique, dans le genre de celle que Napoléon III a semblé un moment vouloir introduire en France, alors qu'il était en coquetterie réglée avec les masses ouvrières. On pourrait aussi lui donner le nom de *monarchie élective*, car il n'y a point de transmission de couronne en ligne directe, chaque reine étant choisie par les ouvrières, gardée ou rejetée selon leur bon plaisir. Par reconnaissance, la reine s'appuie uniquement sur les abeilles ouvrières asexuées, qui se trouvent au nombre de dix à treize mille dans une ruche. Munies de leurs dards empoisonnés, elles réunissent dans la *même* personne la profession d'*ouvrier* et de *soldat*; la classe privilégiée des oisifs, des *mâles* ou *faux-bourdons*, ne vivant que pour le plaisir, n'est tolérée par elles qu'aussi longtemps que leurs services sont jugés nécessaires.

D'un autre côté, le principe *monarchique* se révèle par ce fait que toute la vie de la ruche se concentre plus ou moins autour de la reine et que, celle-ci faisant défaut et n'étant pas remplacée immédiatement, la ruche tombe dans un parfait désarroi et se dissout au bout d'un temps

ABEILLE DOMESTIQUE

Femelle.   Ouvrière.   Mâle.

plus ou moins court. Les membres qui en faisaient partie, périssent après sa destruction ou bien deviennent des oisifs inutiles ou des vagabonds nuisibles. Ce principe monarchique, si caractérisé dans l'état des abeilles, consiste surtout dans le trait suivant, inconnu chez les autres insectes vivant en société : elles n'ont jamais qu'*une* souveraine ou reine, et, si le hasard en réunit plusieurs, ces dernières sont mises à mort ou établies à la tête de nouvelles colonies.

On le voit, les abeilles n'ont dans tous les cas qu'une reine et réalisent ainsi parfaitement le célèbre adage d'Homère, si souvent invoqué à l'appui de l'autorité politique d'un seul :

Οὐκ ἀγαθὸν πολυκοιρανίη, εἷς κοίρανος ἔστω !

Il n'est pas bon d'avoir beaucoup de chefs, qu'un seul soit roi !

Pourtant, on trouve quelquefois dans la ruche, à côté d'une jeune souveraine, la vieille reine congédiée, à laquelle la première a succédé. Quoique désormais inapte à pondre des œufs fécondés, on veut bien la tolérer par bonté de cœur et lui donner le pain de la charité. Le curé Calaminus (n° 21 du *Journal des abeilles*, 1855) a observé de même un cas où *deux* reines vivaient amicalement et paisiblement dans deux rayons suspendus l'un à côté de l'autre. Mais ce sont là des faits exceptionels assez rares. Le plus souvent, une fois devenue inutile, le vieille reine est mise à mort sans miséricorde par les ouvrières, qui la transpercent de leurs dards ou bien l'étouffent en la pressant de tous les côtés. Quelquefois aussi on se contente de l'expulser et alors, privée de secours, elle ne tarde pas à périr. Les abeilles ne sauraient donc échapper à l'accusation d'ingratitude républicaine et — quelque pratique d'ailleurs que soit leur procédé — elles restent sous ce rapport bien inférieures à l'homme, qui, lors même qu'il s'est choisi un nouveau maître, considère comme un honneur suprême de nourrir l'ancien, ainsi que tous ses illustres parents et alliés !

Mais, pour ce qui est de la vraie reine régnante et pondante, rien ne saurait égaler les attentions, qui lui sont prodiguées par ses sujettes. Entourée de sollicitude et d'amour, elle est toujours escortée d'une cour composée de jeunes abeilles, qui ne pensent qu'à satisfaire à tous ses besoins et à prévenir ses moindres désirs. On construit exprès pour elle, ou plutôt pour ses larves, un superbe appartement, fort grand relativement aux petites et étroites alvéoles destinées aux faux-bourdons et aux ouvrières. Cet appartement, surnommé *alvéole de la reine* ou *berceau royal*, est décoré au dehors d'étoiles en triangle et sa construction consomme cent fois plus de cire que

n'en demande celle d'une alvéole ordinaire. Or, la cire
est une substance hors de prix, difficile à produire et
dont la dépense est réglée chez les abeilles avec la plus
stricte économie. Les jeunes abeilles sécrètent la cire,
qui se dépose en lames distinctes et fines entre les anneaux
de leur abdomen, procédé nécessitant une grande consommation de nourriture, ainsi que du repos et de la
chaleur. Et comme nulle part ces conditions ne se trouvent

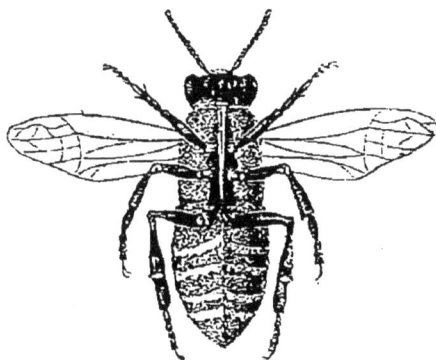

Abeille vue au-dessous avec les arceaux de cire de son abdomen.

aussi bien réunies qu'au fond de la ruche, elles en sortent
bien rarement.

La durée de la vie d'une reine est d'ordinaire de *quatre*
ans ; tant qu'elle vit et prospère, l'ordre le plus parfait
règne dans l'état des abeilles. Un malheur vient-il la
frapper, la sollicitude du peuple s'éveille immédiatement :
on le voit s'agiter, interrompre ses travaux et émettre
ce bruit plaintif et inquiet, provenant toujours du fond
d'une ruche, veuve de sa reine. Les attaques extérieures,
dirigées contre cette dernière, sont repoussées par les abeilles
avec un tel acharnement, qu'il y a du danger à enlever
ou à tuer la reine d'une colonie populeuse. Le titre de
chef, qui lui est communément donné, provient de ce qu'au-

trefois on la prenait pour un mâle et qu'on la considérait comme le guide ou le conducteur des essaims. Pour la même raison, les anciens, qui attribuaient aux abeilles un attachement extraordinaire pour leurs chefs supposés, l'avaient surnommée *le roi*. C'est dans ce sens, que parle le poète romain Virgile dans le quatrième chant de son célèbre poëme des *Géorgiques* :

Præterea regem non sic Ægyptus et ingens
Lydia nec populo Parthorum aut Medus Hydaspes
Observant. Rege incolumi mens omnibus una est;
Amisso rupere fidem constructaque mella
Diripuere ipsæ et cratos solvere favorum.
Ille operum custos, illum admirantur et omnes
Circumstant fremitu denso stipantque frequentes,
Et sæpe attollunt humeris et corpora bello
Objectant pulchramque petunt per vulnera mortem [1].

Mais autant la conduite du peuple ouvrier envers son roi ou plutôt sa reine est digne de louange, autant sont durs et cruels ses procédés à l'égard des époux ou *faux-bourdons*, aussi inertes que désarmés. Les rapports conjugaux entre l'abeille-reine et ses nombreux époux rentrent dans la *polyandrie* pure, forme de relation sexuelle, qui n'est pas rare non plus parmi les hommes, plus rare pourtant que ne l'est la forme opposée — la polygamie. Le harem masculin de la reine-abeille est plus nombreux que ne le sont d'ordinaire les harems féminins des despotes de l'Orient, car il consiste en plusieurs centaines de faux-bour-

---

[1] Ni l'Égypte, ni la vaste Lydie, ni les peuples des Parthes, ni l'Hydaspe médique, ne vénèrent autant leur roi. Tant que celui-ci est vivant, un seul esprit les anime. L'a-t-on perdu ? tout pacte est rompu ; le miel est pillé, les rayons détruits. Le roi est le gardien des travaux : elles l'admirent ; leur foule frémissante l'entoure et lui fait une cour empressée. Souvent elles le portent sur leurs épaules ; dans les combats, elles le couvrent de leur corps, bravant les blessures et cherchant un beau trépas.

dons, 600 à 800 parfois. Un seul suffisant à la fécondation, la plus grande partie d'entre eux jouent dans l'état des abeilles un rôle tout à fait inutile, car ils ne travaillent point et l'absence de dard les rend impropres à rien faire pour la défense ou le service de la colonie. Ils forment ainsi une espèce de pairie héréditaire, se laissant servir et nourrir par les laborieuses abeilles-ouvrières, sans rien faire directement pour le bien général de la communauté. De mai en août, ils mènent une vie fort agréable, toute vouée au plaisir, et qui n'est troublée par nul souci, par nulle peine. S'ils pouvaient pressentir la lamentable destinée qui les attend, au lendemain de ces courtes fêtes, leur bonheur en serait certainement troublé. Leur grand nombre, dépassant de beaucoup le besoin que l'on en a, semble au premier coup d'œil présenter un phénomène tout à fait anormal et inexplicable dans un état sous tous les autres rapports aussi bien organisé que celui des abeilles. Ce phénomène ne s'explique que si on le considère comme une survivance d'une forme sociale antérieure, quand les abeilles vivaient à l'état sauvage, où chaque colonie isolée n'existait que pour son propre compte et qu'en partie à cause de cela, en partie à cause des dangers de tous genres qui menaçaient les faux-bourdons vagabonds, il devenait indispensable, pour assurer l'existence de la colonie, d'en garder un grand nombre. Tout au contraire, aujourd'hui que beaucoup de ruches sont réunies ensemble et que ce danger est éloigné, grâce à la prévoyance et à la sollicitude de l'homme, un tel nombre de faux-bourdons est superflu.

La sagesse des abeilles ouvrières a su remédier à cette bévue de la nature et en tirer le meilleur parti, car elles ne tolèrent et ne nourrissent leurs frères fainéants qu'aussi longtemps qu'elles croient leurs offices nécessaires à la fécondation de la reine. Mais en automne, ou à la fin de l'été, l'essor nuptial une fois terminé et les aliments commençant à devenir insuffisants, a lieu le célèbre *massacre des faux-bourdons*, et, au mépris du lien étroit de parenté qui la rattache aux ouvrières, l'aristocratie masculine de l'état est immolée par celles-ci au bien-être général. Des milliers d'ouvrières entourent les fainéants engraissés et désarmés, les entraînent hors de la ruche et les transpercent de leurs dards empoisonnés ; ou bien, après les avoir épuisés par la faim, les jettent hors de la ruche. Dès la première nuit, ils périssent de froid et de faim et à cette époque on trouve souvent leurs cadavres entassés dans le voisinage des ruches. En même temps sont détruites les alvéoles des faux-bourdons ; leurs œufs et leurs nymphes, s'il s'en trouve encore, sont jetés dehors : rien de ce qui rappelle la fainéantise et l'oisiveté ne doit être épargné. Les faux-bourdons, échappés au massacre, sont recherchés le lendemain par les habitants de leur propre ruche ou d'une ruche étrangère et immolés à leur tour. Il ne saurait y avoir aucun doute quant au mobile de ce sanglant carnage. Les laborieuses abeilles-ouvrières se rendent parfaitement compte que les faux-bourdons ne seront pendant la longue saison de l'hiver que des bouches inutiles, nuisibles au bien-être et à la prospérité de la communauté, à laquelle ils ne peuvent être d'aucun secours, la reine étant à cette époque depuis longtemps fécondée. Elles les immolent donc en vertu du principe bien connu : « Qui ne travaille pas, ne mange pas. » O raison d'abeille, à courte vue ! tu ne sais donc pas que parmi les hommes, ce sont le plus souvent ceux qui ne travaillent point ou qui travaillent le moins, qui mangent le mieux ? Si tu le savais, peut-être aurais-tu agi avec plus de sagesse !

Un fait nous prouve d'ailleurs, que le massacre des faux-bourdons n'est point le résultat d'un instinct aveugle, mais un acte parfaitement conscient, accompli en vue d'un but déterminé : il est d'autant plus implacable et sanglant que la reine est mieux fécondée. Lorsque, au contraire, cette fécondation est l'objet d'un certain doute, ou bien si la reine a été fécondée trop tard ou point du tout et n'a pondu par conséquent que des œufs de mâles, ou si, la reine manquant, on est obligé d'en choisir et d'en féconder de nouvelles parmi les larves des ouvrières, *alors on laisse en vie tous les faux-bourdons ou tout au moins une partie d'entre eux*, car on prévoit judicieusement qu'on aura plus tard besoin de leurs bons offices. Dans ces cas, les ruches conservent tout le long de l'hiver et même jusqu'au printemps des faux-bourdons en vie; mais c'est là un fait tout à fait exceptionnel. La prévoyance des abeilles-ouvrières va si loin, que la fécondation de la reine une fois obtenue et suffisant pour des années, elles ne prennent même pas la peine de construire, lors de la première année de la fondation d'une nouvelle colonie, ni logettes pour les œufs de faux-bourdons, ni alvéoles pour ceux-ci, alvéoles ordinairement plus larges et plus spacieuses à cause de la structure plus massive de l'insecte. Comme il dépend de la reine de pondre à volonté des œufs d'une espèce ou d'une autre, elles lui enjoignent probablement de ne pondre que des œufs fécondés ou s'opposent de quelque autre manière à la ponte des œufs non fécondés, vulgairement nommés *œufs de bourdons*. La première hypothèse a plus de vraisemblance, ces œufs pouvant *en cas de nécessité* être déposés dans les petites alvéoles ordinaires des abeilles où les faux-bourdons peuvent se développer. Seulement, dans ce cas, ils sont un peu plus petits qu'à l'ordinaire, quoique les ouvrières aient soin de leur donner plus d'espace en ne couvrant pas les cellules d'un couvercle plat, comme elles le font pour la progéniture ordinaire des abeilles, mais en construisant un toit voûté. Ces alvéoles, à cause de l'aspect bombé des nids, s'appellent *alvéoles bombées*, et cet exemple, comme tant d'autres du même genre, prouve surabondamment que les abeilles savent s'adapter aux circonstances et modifier leurs actes selon les milieux.

Cette entente intelligente des circonstances se révèle encore par ce fait, que le massacre des mâles a lieu quelquefois *avant* le temps des essaims, quand, par exemple, à un printemps, qui s'annonçait favorable, succède une longue et mauvaise saison, inspirant aux abeilles de l'inquiétude pour leur propre conservation. Mais que le temps change, que le fardeau paraisse de nouveau valoir la peine d'être supporté, et les abeilles reprennent courage, se mettent derechef à élever des faux-bourdons, en prévision des essaims prochains. Dans ces circonstances, le massacre se distingue de tous les autres du même genre par le trait suivant : les abeilles ne cherchent alors à se débarrasser que des faux-bourdons *adultes*, et épargnent ceux à l'état de *larves*, à moins que l'impérieuse nécessité de la faim ne commande aussi leur immolation.

Une sage adaptation aux circonstances peut seule aussi expliquer le fait suivant : quand on transporte une ruche d'abeilles de notre climat tempéré dans des régions plus méridionales, où le temps des accouplements dure plus longtemps, ce n'est plus en août, mais à une époque plus avancée, adaptée aux nouvelles conditions du milieu, que les faux-bourdons sont immolés.

Les faux-bourdons éliminés, un état d'abeilles devient, dans toute la force du terme, « un état féminin ». Il ne contient plus que des femelles parfaites, et des femelles à organe sexuel atrophié. Du reste, la présence des faux-bourdons ne modifie pas beaucoup le caractère féminin du petit empire, leur rôle n'y étant que fort secondaire, comme on vient de le voir, et l'intelligence si remarquable des abeilles, ainsi que celle de tous les hyménoptères vivant en société, étant évidemment un fait héréditaire du côté maternel. A en croire les affirmations de quelques écrivains éminents, certaines facultés intellectuelles de l'homme seraient de même plutôt héritées du côté *maternel* que du côté *paternel*. Dans tous les cas, l'élément masculin est si bien primé par l'élément féminin dans la société des abeilles, que l'idéal le plus hardi de l'émancipation féminine semble s'y trouver réalisé, et que les champions féminins de cette cause peuvent puiser là à pleines mains des arguments à l'appui de leur thèse.

Les pauvres mâles ou faux-bourdons se trouvent ainsi complètement sous le joug, et à la merci de leurs sœurs ouvrières. La reine elle-même, malgré l'amour et le respect dont elle est entourée d'ordinaire, n'est point à l'abri de l'aiguillon de ses sujettes trop démocrates, du moment où elle ne remplit pas à leur gré ses fonctions royales. A l'époque des *essaims*, par exemple, c'est-à-dire, quand la colonie se divise, il doit être dur à la vieille reine d'abandonner la ruche, qui est devenue pour elle une patrie, et de vider la place au profit d'une jeune rivale. Elle sort, suivie d'une foule de partisans, mais bientôt revient de nouveau vers sa ruche, toujours accompagnée de ses fidèles. Si ce manège se répète deux ou trois fois, sans que la reine puisse se décider à partir, les abeilles irritées finissent par fondre sur elle et par la tuer, soit en la perçant de leur aiguillon, soit en l'étouffant, soit en la jetant hors de la ruche, ce qui occasionne toujours sa mort, aimables procédés auxquels les apiculteurs donnent communément le nom d'*exécution*. Parmi les hommes, on

est d'ordinaire plus indulgent pour les faiblesses et les
fautes des rois, et l'exécution de ceux-ci par leurs sujets
rebelles est un fait assez rare dans l'histoire. On n'en
saurait dire autant du cas *contraire*, qui ne se rencontre
que trop fréquemment : l'exécution des sujets séditieux,
oublieux de leurs devoirs, ayant été de tout temps un procédé favori, fréquemment usité par les souverains humains.

Une reine fécondée trop tard, qui pond par conséquent
trop d'œufs de faux-bourdons, n'est pas non plus très en
sûreté auprès de ses sujets, qui veulent voir régner l'ordre
le plus strict et le plus réglé dans leur économie domestique. « Une femelle, tenue en réserve pendant les trente
jours de juin, et rendue ensuite à la liberté, revint
fécondée. Depuis le commencement de juillet jusqu'en
novembre, elle ne pondit que des œufs mâles, et continua
de même en avril suivant. Les ouvrières la tuèrent en
mai. » (Giebel, *Histoire naturelle du règne animal*,
vol. IV, p. 191). Nous avons dit plus haut qu'un sort
analogue est réservé aux vieilles reines, qui ne sont plus
en état de pondre des œufs fécondés, leur provision de
germes étant épuisée.

De même, si la mauvaise saison arrive et que la vieille
reine n'ait pas eu le temps d'essaimer et de fonder une
nouvelle ruche avant l'éclosion de sa rivale, à peine cet
évènement accompli, on la met à mort ou bien on l'expulse
de force. D'autres fois, c'est le cas opposé qui se produit,
et, voyant l'impossibilité d'essaimer, c'est le rejeton royal
qu'on se décide à sacrifier. La vieille souveraine fait
d'ailleurs toujours des tentatives pour rendre impossible
l'avènement de sa rivale : elle se précipite vers les cellules
qui renferment les reines-larves, les transperce et en tue
les habitantes. Le plus souvent, ses tentatives sont dé-

jouées par les ouvrières chargées de la garde de la progéniture royale, en sorte qu'il ne lui reste qu'à abandonner
ses ingrats sujets, et à aller, suivie de ses partisans,
fonder une nouvelle colonie. Mais quand « le besŏin
d'essaimer » (pour nous servir de l'expression des apiculteurs) ne se fait point sentir, c'est-à-dire quand la ruche
ne déborde pas de nouveaux rejetons et quand, par conséquent, la nécessité de la division ne s'impose point, les
ouvrières laissent la vieille reine consommer ses projets
meurtriers. S'il en est autrement, elles s'y opposent, le
meurtre de la jeune reine rendant impossible le départ
de l'essaim. Les plus intéressées dans l'affaire sont les
jeunes abeilles, qui aspirent à « l'espace pour déployer en
liberté les ailes de leurs âmes », et défendent, par conséquent, leur future souveraine ou, pour parler en termes
plus choisis, se tournent du côté du soleil levant, tandis
que les vieilles abeilles se rangent plus volontiers du
parti de la vieille reine et, suivies d'un certain nombre
de mâles, abandonnent avec elle la ruche. Il n'est pas
surprenant qu'habituées et attachées depuis longtemps à
leur vieille reine, les vieilles abeilles prennent son parti,
plutôt que celui d'une reine nouvelle, à elles inconnue.
Mais elles se subdivisent encore en différentes fractions,
dont les mobiles restent jusqu'à présent cachés à nos yeux
comme du reste le sont, parmi les hommes, ceux des
diverses coteries politiques, dont la raison d'être est souvent un problème. L'orgueil, la vanité, l'intérêt, la chasse
aux honneurs y jouent-ils le même rôle que chez les
hommes ? Voilà ce que le naturaliste n'a pu encore certi-
fier. Ce qui est certain, c'est que dans l'âme des reines-
abeilles, la *jalousie*, l'*amour du pouvoir*, surtout le
désir ardent d'une *domination sans partage* constituent
les mobiles principaux d'actes ressemblant, à s'y mé-

prendre, à ceux qui ont ajouté plus d'une page lugubre, pleine de détails affreux, à l'histoire des maisons royales. Il s'ensuit qu'après le départ de la vieille reine, il faut du temps pour que le calme se rétablisse dans l'intérieur de la ruche, bien que les ouvrières, avec leur sagesse ordinaire, loin de prendre une part active à ces luttes, travaillent de toutes leurs forces à les pacifier. C'est pour cela qu'elles donnent une alimentation proportionnellement graduée aux différentes larves des reines futures, logées dans l'appartement royal, afin de mettre obstacle à leur éclosion simultanée. De même, elles retiennent dans sa cellule une reine déjà éclose, jusqu'à l'époque d'essaimer. Si ces précautions échouent, et que deux jeunes reines voient le jour en même temps, ou l'une à la suite de l'autre, elles se mettent immédiatement à lutter entre elles, jusqu'à ce que l'une remporte la victoire. Les abeilles ouvrières s'abstiennent de prendre part à ces duels des prétendantes à la couronne, auxquels elles assistent tranquillement, les pattes antérieures croisées, et acclamant le vainqueur, auquel elles s'empressent de porter leurs hommages. Quant au corps de la défunte, on se contente de le jeter hors de la ruche. C'est là, certes, la conduite d'habiles politiques, et cela sous un double rapport. Premièrement parce que les abeilles prennent pour règle de conduite le fait accompli; ensuite parce qu'elles laissent leurs maîtres vider eux-mêmes leur différend, sans s'y mêler en aucune façon. Les souverains humains agissent tout autrement. Quand ils ont une querelle à vider, c'est le sang de leurs sujets qui coule à flots, et quelle que soit l'issue de la lutte, ce sont ces derniers qui paient, *vainqueurs* et *vaincus*. *Quidquid delirant reges, plectuntur Achivi!* « Les rois délirent; les peuples paient! »

Les jeunes reines ne se montrent pas moins sages que leurs

sujettes; elles semblent prendre pour devise, dans leurs duels, le fameux mot de Falstaff, que la *prudence* constitue la meilleure partie du courage. Tout au moins F. Huber (*Nouvelles observations sur les abeilles*, publiées par G. Kleine, 1859) a-t-il vu deux jeunes reines, sorties presque en même temps de leurs cellules, se précipiter avec rage l'une contre l'autre, mais se hâter de lâcher prise, sitôt qu'elles s'aperçurent que l'emploi de leur aiguillon serait également meurtrier pour toutes les deux, en raison de la manière dont elles s'étaient saisies. Quelques moments plus tard, les deux rivales se cherchèrent de nouveau et s'attaquèrent avec le même résultat négatif. Les abeilles-ouvrières, témoins de la lâcheté de leurs souveraines, en semblaient fort mécontentes; à plus d'une reprise, elles leur barrèrent la route et les empêchèrent d'abandonner le terrain. Enfin, à une troisième rencontre, une des adversaires réussit à piquer l'autre de son aiguillon sans que celle-ci ait pu parer le coup. Enfonçant ses dents dans l'attache de l'aile de son ennemie, elle grimpa sur son dos et de son aiguillon lui traversa l'abdomen de part en part. La vaincue s'affaissa, fit péniblement quelques pas et perdant rapidement ses forces, ne tarda pas à expirer. Huber eut l'occasion de relever plusieurs faits du même genre; chaque fois il a vu les ouvrières s'opposer à la fuite des combattantes, tout en leur laissant un espace libre pour combattre et en formant un cercle de spectateurs autour du champ clos!

Le plus souvent, l'éclosion des reines n'ayant pas lieu simultanément, la première qui sort de sa cellule s'apprête à percer de son aiguillon ses rivales non encore écloses, procédé dont la vieille reine avait précédemment cherché à user à son égard. La nouvelle reine perce les cellules royales, non encore ouvertes, et tue la progéniture que celles-ci renferment. Les abeilles-ouvrières ne mettent obstacle à cette manière d'agir que dans les cas où un surcroît de population fait sentir le besoin d'essaimer. Alors la reine doit abandonner la ruche à l'exemple de celle qui l'a précédée et c'est ainsi que, dans le courant du même été, parfois même dans l'espace de quelques semaines, on voit trois ou quatre essaims se suivre ; les derniers sont d'ordinaire plus faibles que les précédents et appelés pour cela *essaims secondaires*. Quand la population de la ruche est suffisamment éclaircie par ces essaims successifs, les abeilles-ouvrières ne s'opposent plus à ce que les jeunes reines se déciment entre elles et elles les laissent faire jusqu'à ce qu'il n'en reste plus qu'une seule. Si on place une reine *étrangère* dans une ruche déjà pourvue d'une souveraine, l'intruse est transpercée ou étouffée par les ouvrières.

Il arrive aussi qu'à la suite de ces luttes intestines et des essaims souvent répétés, *toutes* les reines d'une ruche périssent. Si on ne cherche à remédier immédiatement à ce malheur, la ruche, comme nous l'avons déjà dit, ne tarde pas à se dissoudre. Les abeilles deviennent inquiètes, cessent de travailler et se dispersent dans toutes les directions. Les jeunes s'envolent, les vieilles restent dans la ruche pour y mourir. Les apiculteurs reconnaissent la mort d'une reine-abeille à ce symptôme de l'interruption de toute vie, de tout mouvement au dedans, aussi bien qu'au dehors de la ruche, du fond de laquelle on entend sortir une plainte sourde et triste. Le curieux de la chose c'est que ces phénomènes ne se produisent point, si au moment de la mort de la souveraine, la colonie se trouve posséder des nymphes royales, dont on puisse rapidement faire des reines, ou même, s'il y a dans les cellules de la ruche quelques larves d'ouvrières n'ayant point dépassé l'âge de trois jours. Les abeilles savent qne, grâce à cer-

tains procédés appropriés, elles pourront transformer ces
œufs ou larves d'ouvrières en reines futures, besogne
importante à laquelle elles appliquent toute la prudence
et toute l'habileté dont elles sont capables. Avant tout,
elles font choix de jeunes larves destinées à cette transformation, qu'elles obtiennent par les procédés suivants :
elles élargissent les cellules dans lesquelles les larves sont
renfermées, en abattant un des murs mitoyens qui les
séparent de l'appartement royal. Ensuite, les trois cellules
avoisinantes sont détruites et les larves et la pâture qu'elles
contenaient enlevées. Puis on dispose une enceinte circulaire enclavant le terrain en losange, dont la destruction
aurait endommagé les cellules des larves du côté opposé
du rayon. La larve élue reste trois jours dans ce trou
cylindrique ; mais, comme elle a besoin pour son évolution complète d'une cellule pyramidale, toute semblable à
celle des appartements royaux, d'une cellule dont la pointe
soit dirigée en bas, au bout du troisième jour les ouvrières
détruisent aussi les cellules de l'étage inférieur en sacrifiant les larves qu'elles contenaient et en utilisant la cire
à la construction d'un cône pyramidal renversé, situé précisément sous le premier [1]. La cellule est allongée dans
la direction prise par la croissance de la larve et celle-ci
est activée par une alimentation royale, c'est-à-dire par
un mélange tout particulier et très nourrissant de miel et
de pollen, destiné uniquement à la nourriture des reines

---

[1] Une question se pose ici. Pourquoi les abeilles, si intelligentes dans
tout le reste, ne procèdent-elles pas plus simplement et ne construisent-
elles pas de vraies cellules royales, où elles pourraient transporter ensuite
les œufs ou larves en question? Sans parler de l'impossibilité probable
de ce transport, la construction des cellules royales est, dans tous les cas,
plus compliquée, plus longue et surtout plus coûteuse que le procédé
ci-dessus décrit, dont le seul inconvénient, facile à réparer, est la perte
de quelques cellules et de quelques larves ouvrières. Cette fois-ci encore
les abeilles ont donc recours au procédé le plus intelligent et le plus
expéditif.

et de leurs larves. Ainsi copieusement nourrie, la larve est entourée de soins les plus assidus par des ouvrières qui se relaient autour d'elle. L'effet de cette riche alimentation est de développer les organes sexuels, d'ordinaire atrophiés, de l'insecte et de le transformer finalement en reine ou femelle apte à la fécondation, dont la mission est d'assurer l'existence de la ruche et la propagation de l'espèce. Parfois cependant ce ne sont que de *fausses reines* qui se développent à la suite de cette alimentation royale et le résultat qu'on obtient alors se borne à un développement anormal de l'ovaire et à la ponte, sans fécondation préalable, d'un grand nombre d'œufs de faux-bourdons. On appelle alors ces fausses reines *mères de faux-bourdons* et la ruche entière porte le surnom de *ruche de faux-bourdons.*

Mais, tout en n'épargnant ni peines, ni efforts pour remplacer de cette manière la perte de leur reine, si fatale pour elles, les abeilles n'ont pas la vue assez courte et ne se laissent pas assez dominer par l'instinct pour s'astreindre à un travail aussi long que fastidieux, si le hasard vient à leur aide et leur permet de remplacer leur reine à moins de frais. En enlevant un jour la progéniture d'une ruche, F. Huber souleva trop de poussière, ce qui mit en fuite une quantité d'abeilles et parmi elles la reine. Huber considérait déjà la colonie comme perdue, quand le lendemain, à quelque distance de là, il trouva la reine, pelotonnée au milieu d'un amas d'abeilles, et la rapporta dans la ruche. Mais quel fut son étonnement en voyant que, pendant ce court espace de temps, les abeilles avaient commencé et presque achevé de bâtir trois cellules royales, de formes diverses! Il en détruisit deux et laissa intacte la troisième. Le lendemain matin son étonnement augmenta encore, quand il vit que les abeilles, rentrées en possession de leur reine et n'ayant plus besoin d'en élever une nouvelle, avaient enlevé les aliments fraîchement préparés dans la cellule royale, dans le but évident d'empêcher la transformation en reine de la larve qui y était incluse.

De même, les abeilles, pourvues d'une reine et à la garde desquelles on confie les larves avec de la pâtée royale, crèvent immédiatement les cellules qui les renferment et sucent avec avidité les substances alimentaires. Sont-elles au contraire privées de leur reine, elles travaillent à transformer lesdites cellules royales et à opérer la métamorphose de la larve en reine.

Cette métamorphose demande ordinairement quatorze jours et plus pour son achèvement, et dans l'attente plus ou moins favorable de cet événement, les abeilles restent, comme nous l'avons dit, inactives et inquiètes. Il est évident que, d'après l'opinion ou le raisonnement qui se fait dans le cerveau de ces petites bêtes, les destinées futures de la ruche sont intimement liées à cet événement. Or, comme il s'agit d'un fait anormal, l'effet qu'il produit ne saurait être expliqué ni par « l'instinct », ni par « l'hérédité », mais bien par un raisonnement lié.

C'est donc l'homme, c'est l'apiculteur, qui, plus efficacement encore que les abeilles, vient au secours de la ruche restée veuve de sa reine, en lui en fournissant une nouvelle, toute faite. Pourtant, l'introduction de celle-ci parmi ses futures sujettes ne laisse pas que de présenter certaines difficultés, les abeilles ne souffrant d'ordinaire dans leur sein que les membres de la même ruche et poursuivant, mettant à mort ceux d'une ruche étrangère, reconnaissables probablement à leur odeur. Le même sort atteindrait infailliblement la nouvelle reine, dont l'apparition est accueillie d'ordinaire par un sifflement de colère,

si l'esprit ingénieux de l'homme n'avait imaginé de recourir à la « maisonnette de la reine » espèce de petite cage
en fil d'archal très fin, dans laquelle on enferme la nouvelle souveraine pour l'introduire dans la ruche. Le treillage la protège contre les attaques immédiates des ouvrières
et donne à celles-ci le temps de se reconnaître, de s'habituer à la nouvelle venue, qu'elles finissent généralement
par adopter.

Dans une lettre, qui nous fut adressée le 17 novembre
1875, le major D. Schallich de Ludwigsbourg décrit d'une
manière fort intéressante un fait de ce genre :

« Le curé de Laudenbach, dans la vallée de Verbach,
est un des apiculteurs les plus distingués du Wurtemberg.
Un jour, il vida devant moi des cellules du miel qu'elles
contenaient et les abeilles ne furent pas assez naïves pour
construire de nouveaux rayons, mais elles remplirent d'un
nouveau miel ceux déjà construits par leurs devanciers.
Si elles n'avaient été guidées que par l'instinct, elles
auraient dû recommencer à bâtir des alvéoles, négligeant
celles déjà construites qu'elles avaient sous la main. J'ai
été témoin d'une petite expérience fort intéressante, faite
par ce curé. On sait que les habitantes d'une ruche n'ac-
ceptent point d'étrangères parmi elles. Le curé prit une
abeille et la plaça au milieu de celles qui faisaient les
sentinelles à l'entrée d'une ruche. Celles-ci tombèrent
sur l'intruse involontaire, la tuèrent et la jetèrent dehors.
Il arriva une autre fois qu'une ruche ayant perdu sa mère
il fallut lui en donner une autre. Mais introduire une reine
étrangère sans précautions préalables dans une ruche
devenue veuve, c'est exposer la nouvelle venue à une
mort immédiate de la part des sentinelles, qui obéissent
aveuglément et « instinctivement » à leur devoir. Aussi
faut-il agir avec circonspection. Si le langage des abeilles

avait été à notre portée, une petite harangue, dans laquelle
on se serait longuement étendu sur l'honneur suprême
qu'on leur conférait et sur leurs futurs devoirs, eût été
tout à fait à sa place. Elle eût donné aux abeilles le temps
de se reconnaître, de maîtriser leurs passions et de considérer l'affaire sous son côté pratique. A défaut de ce
moyen, il fallut chercher à gagner du temps d'une autre
manière. Mon apiculteur avait, pour cet usage, une toute
petite cage en fil d'archal très fin, une espèce de souricière
en miniature. Il y plaça une reine, entourée d'une petite
cour, en boucha l'ouverture avec de la cire et posa l'appareil devant la ruche, à laquelle il voulait donner un
nouveau gouvernement. Naturellement les abeilles, obéissant à « l'instinct », se précipitèrent vers la cage pour tuer
celles qu'elle contenait, mais le fil d'archal suffit à les
protéger. Les assassins ébranlaient les barreaux, mais
tout à coup ils s'aperçurent qu'ils se trouvaient en présence d'une majesté. Leur rage se calma et tout émer-
veillés, pénétrés de respect, ils se rangèrent autour d'elle.
L'heureuse nouvelle se répandit dans la ruche avec la
rapidité de l'éclair et fut accueillie par un bourdonnement
d'allégresse. Une foule d'abeilles sortit pour voir la nouvelle reine et lui donner des assurances de dévouement.
Ce fut un vrai suffrage universel, acceptant l'étrangère à
l'unanimité des voix. Confuses de leur malveillant accueil,
les sentinelles se retirèrent, et après une investigation
soigneuse, la cire qui bouchait l'ouverture de la prison
fut enlevée et la souveraine, de par la grâce de Dieu (ou
du curé ?), installée sur son trône. La cour de la reine ne
fut pas non plus attaquée. Il est probable que sa majesté
fit des promesses de fêtes et de réjouissances, promesses
qu'accueillit une confiance générale ; car a-t-on jamais vu
une reine tromper son peuple ? »

« Les faits racontés dans ce récit ont été attestés par le témoignage du curé de Laudenbach. »

Remplacer artificiellement une souveraine morte ou envolée est généralement d'autant plus facile qu'un laps de temps plus grand s'est passé depuis la perte de la première et que les abeilles ont eu le temps de l'oublier un peu. Ceci a lieu d'ordinaire au bout de vingt-quatre ou trente heures. Huber a pu introduire une nouvelle souveraine dans une ruche, qui était veuve de la sienne depuis vingt-quatre heures. Les abeilles, qui se trouvaient le plus près d'elle, la touchèrent de leurs antennes, caressèrent de leur trompe toutes les parties de son corps, lui présentèrent du miel et battirent des ailes, faisant cercle autour d'elle. Ensuite, elles firent place à d'autres, qui se comportèrent de la même façon, et le cercle allait toujours en s'élargissant. Toutes battaient des ailes et s'agitaient sans confusion et sans tumulte, paraissant goûter un véritable plaisir. Quand la reine voulut bouger, le cercle s'ouvrit, on se rangea en haie sur son passage et un cortège la suivit. Quand elle eut atteint le côté opposé du rayon de miel, où jusque là le calme le plus parfait avait régné, les mêmes phénomènes se répétèrent. Les ouvrières, occupées à bâtir les cellules royales, interrompirent leur ouvrage, en arrachèrent les nymphes royales et dispersèrent la pâtée spéciale préparée pour celles-ci ! Dès ce moment la reine fut reconnue du peuple entier et s'installa comme chez elle. — En général les abeilles sont des insectes excessivement *fantasques* et fort capables de faire aujourd'hui bon accueil à une reine, sur laquelle elles vont tomber le lendemain avec un acharnement sans pareil, eût-elle même été introduite dans leur ruche vingt-quatre ou quarante-huit heures après la mort de leur première souveraine. D'après les recherches du baron Ferlepsch, les abeilles d'une espèce italienne, transportée en Allemagne, auraient, en dépit de toutes les précautions, transpercé de leurs dards, étouffé ou mutilé *trois* sur *quatre* des reines qu'on leur présentait. L'été suivant, au contraire, l'observateur put constater des phénomènes tout opposés. Un fait pourtant semble certain : c'est qu'une reine étrangère n'est acceptée facilement dans une ruche que quand le sentiment de l'abandon de la reine légitime s'est répandu dans la ruche entière et a pénétré chacun de ses membres. Aussi longtemps que cela n'a pas lieu, il n'est pas probable que la souveraineté d'une reine étrangère puisse être acceptée volontiers par la majorité.

Une observation intéressante du même genre est mentionnée par le pasteur Georges Klein de Lüthorst dans son ouvrage sur les abeilles italiennes et leur élevage. (Berlin, 1865). « Voici comment je m'y pris, dit-il, pour introduire une reine italienne dans une ruche allemande. J'enlevai de sa place une ruche aux rayons pleins et je lui substituai une ruche aux rayons vides, avec un gâteau de miel suspendu au milieu et dans l'intérieur duquel se trouvait une reine-abeille abritée par sa maisonnette en fil d'archal posée sur une cellule à progéniture. Quand les abeilles, qui s'étaient envolées et celles qui s'envolèrent alors de la ruche enlevée, revinrent chargées de butin, elles se dirigèrent toutes vers la ruche nouvelle, qui se trouvait placée dans l'endroit ordinaire, à elles bien connu. Mais à peine y furent-elles entrées qu'elles s'aperçurent du grand changement, qui s'y était opéré. Elles se heurtaient, sans pouvoir se rendre compte de l'endroit où elles se trouvaient, ressortaient sans avoir déposé leur fardeau, voltigeaient dans toutes les directions, examinant l'emplacement avec le soin le plus minutieux, afin de se convaincre qu'elles n'avaient point commis d'erreur et rentraient convaincues qu'elles étaient bien à l'endroit précis. Le même jeu se répéta bien des fois, jusqu'à ce que les abeilles se fussent résignées à l'inévitable changement et, prenant leur parti, eussent déposé leur fardeau, pour s'adonner aux travaux nécessaires à l'arrangement de la nouvelle ruche. Comme toutes les abeilles, qui arrivaient dans le nouveau logis, se comportaient de la même façon, l'installation dura jusqu'à une heure avancée de la soirée, et, telle fut leur angoisse et leur inquiétude, que l'apiculteur lui-même ne pouvait les contempler sans la plus vive compassion. Enfin, la nuit vint porter remède au mal ; elles finirent par accepter le fait accompli et, quoique le lendemain encore leur émoi ne fût pas apaisé, les travaux de la colonie commencèrent à s'organiser. Le troisième jour tout était en ordre, les abeilles se comportèrent alors comme les habitants légitimes du nouveau domicile, et le prouvèrent en rejetant les membres de la ruche primitive, dont le nombre augmentait toujours et qu'elles chassaient comme des intrus. La reine emprisonnée peut, dans un cas de ce genre, être assez vite délivrée de sa prison protectrice, d'ordinaire au bout de vingt-quatre heures ; car la conscience de n'avoir pas droit au nouveau domicile, de s'être trompées d'une manière inexplicable, et de ne pouvoir retrouver leur logis, est si puissante dans l'âme des abeilles qu'elle n'y laisse place à aucune intention malveillante à l'égard de la reine. Elles se considèrent elles-mêmes comme des intruses, fort heureuses qu'on ne leur fasse point de procès pour invasion illicite, fait assez fréquent dans l'existence des abeilles.

Qui pourrait nier que, dans tous ces actes merveilleux, les abeilles ne manifestent une conscience aussi parfaite du changement de leur situation que n'en montrerait l'homme dans des circonstances analogues ? La même cons-

cience d'un fait accidentel, unie à une sage prévoyance se
manifesta dans l'occasion suivante. Le vent renversa une
ruche couverte de chaume dans la propriété d'un apiculteur
bien connu de nous et dont le nom sera cité plus d'une
fois; les habitants de la ruche étaient en ce moment à
leurs travaux, et le désordre produit par cet accident ne
fut pas petit. Le propriétaire se hâta de relever la ruche,
de replacer les rayons disjoints, et de consolider ladite
ruche au même endroit, de manière à la garantir contre
le vent; il se flattait que l'incident n'aurait pas de suites.
Mais quand il revint sur les lieux, au bout de quelques
jours, il s'aperçut que les abeilles avaient abandonné leur
ancienne patrie, et s'étaient mises en quête d'un autre
domicile, ne se fiant évidemment plus au temps et redou-
tant la répétition de la même catastrophe!

Dans les ruches orphelines, mais pourvues de ce que
nous avons appelé une *fausse reine,* il est presque impossible d'introduire une souveraine nouvelle, le peuple
délaissé se leurrant toujours de l'illusion d'en posséder
une dans son propre sein. Aussi toute ouvrière, qui pond
des œufs, est toujours prête à transpercer une reine véritable, se considérant elle-même comme telle. Et l'infaillible « instinct » ne l'avertit pas de la déplorable erreur
dans laquelle elle se trouve, de même qu'il n'avertit point
l'abeille terrestre, qui déchiquète les feuilles et ne vit
pas à l'état social, quand elle coupe trop gros ou trop menu
les feuilles, dont elle se sert pour construire son nid et
abriter ses œufs, ni quand elle fait une bévue dans le choix
desdites feuilles? (Reinarus, *loc. cit.,* 2e édit., p. 181). De
même, la haine ci-dessus décrite de la reine-abeille pour
ses royales parentes, haine qui la pousse au meurtre, ne
saurait être le résultat d'un penchant instinctif, adapté
au bien de la communauté, rien n'empêchant que plu-

sieurs reines ne puissent, dans un état d'abeilles, vivre à côté l'une de l'autre, comme elles le font dans les états des fourmis; cet ordre de choses serait plutôt favorable que nuisible à la prospérité de la communauté. Le fait est qu'il y a certaines espèces d'abeilles, par exemple, les abeilles d'*Égypte*, qui ont plusieurs reines à la fois. L'expulsion plus fréquente des vieilles reines hors des ruches serait même avantageuse à l'extension générale de l'espèce, puisqu'elle permettrait de former des essaims nouveaux. C'est donc bien l'instinct de la domination, transmis de génération en génération, qui est responsable de ce méfait, instinct auquel vient se joindre la conscience cruelle que l'avènement d'une rivale dans la vieille ruche sera la fin de cette domination et obligera la reine dépossédée à chercher une nouvelle patrie. Il ne faut pas oublier, dans l'analyse de ce fait, une circonstance importante : généralement la jeune reine est plus féconde que la vieille, par conséquent un penchant, graduellement développé par la sélection naturelle dans la lutte pour l'existence, pousse les abeilles à favoriser de toutes les manières un changement dans la souveraineté.

CHAPITRE XVI

Les essaims ou fondation de nouvelles colonies.

Émissaires et provisions. — Capture de l'essaim et examen du nouveau domicile par les abeilles. — Essaims artificiels et naturels. — Protection des jeunes reines en temps d'essaims.

Les deux événements les plus importants de la vie d'une ruche, sont les *essaims* et l'*essor nuptial*. Toute la conduite des abeilles, lors de ces graves événements, atteste d'une manière irréfutable, qu'elles ont parfaitement conscience du but, aussi bien que des difficultés et des dangers qui en sont inséparables. C'est ainsi que le départ d'un essaim, allant fonder une colonie nouvelle, n'a jamais lieu, sans que des *émissaires* ou *éclaireurs* soient envoyés préalablement pour étudier les localités des environs, et faire choix de l'emplacement le plus convenable pour la nouvelle fondation. L'agitation extrême de ceux qui restent, prouve suffisamment, qu'ils sont parfaitement au fait de l'importance de l'événement qui se prépare. La plupart des abeilles ne s'adonnent plus aux travaux ordinaires, mais groupées en peloton, se suspendent au dehors de la porte. Un bourdonnement accentué se fait entendre en dedans et au dehors de la ruche et dure toute la nuit. A en croire F. Huber, la reine aussi serait inquiète; elle pondrait ses œufs irrégulièrement, repousserait les abeilles, qui se trouvent sur sa route ou qui grimpent sur son dos. Personne ne lui offre du miel comme à l'ordinaire; elle le puise elle-même dans les alvéoles, qui sont à sa portée. Ses sujets lui refusent leurs hommages. En même temps ceux qui se disposent à l'accompagner la suivent pas à pas, courent inactifs le long des rayons et répandent l'alarme partout. A peine la reine a-t-elle abandonné la ruche que l'émoi devient général. Les ouvrières ne s'occupent plus de la progéniture; celles qui reviennent chargées de pollen ne songent pas à le déposer, mais courent affolées de tous côtés. L'agitation croissante élève la température de la ruche, au point que la cire commence à fondre, et contribue à hâter le départ des irrésolues ; cette température atteint de 27 à 32° Réaumur, température que ces insectes ne supportent pas en général. Les abeilles entassées près de l'ouverture s'échauffent au point qu'il se dégage de leur corps une épaisse vapeur, dans laquelle se trouvent plongées celles d'entre elles qui sont placées plus bas. Cette chaleur ramollit leurs ailes jusqu'à les empêcher de voler, et elles ne peuvent aller plus loin que la planchette placée devant l'entrée de leur ruche.

L'agitation et le tumulte arrivés à leur comble, le départ a enfin lieu, si toutefois le temps est beau et serein et si les éclaireurs ont apporté de bonnes nouvelles, après que les abeilles, ne négligeant aucune précaution, se sont approvisionnées de miel pour trois ou quatre jours. Rapide comme l'éclair, l'essaim s'élève dans l'air pour s'arrêter très vite, afin de rassembler et mesurer ses forces *avant* de procéder au départ définitif. La condition la plus nécessaire est naturellement la présence d'une reine. Si celle-ci manque, l'essaim retourne à la ruche; d'autres fois, il s'arrête ou se suspend à une branche d'un arbre voisin, formant un tas, qui grossit toujours par de nouvelles arrivées. S'il y a *deux* reines ou davantage, ce qui arrive parfois chez les essaims maladifs, le tas se *partage* en deux; si, au contraire, l'essaim est vigoureux, les deux reines doivent lutter entre elles jusqu'à ce qu'il n'en reste qu'une seule.

L'apiculteur ne doit pas laisser échapper ce moment où la masse se groupe, car c'est le plus favorable pour la fondation d'une ruche et pour son installation dans un nouveau domicile, ce qui n'est possible que si on réussit à mettre la main sur la reine. Si cette capture échoue, l'essaim, une fois réuni, prend sa volée pour se poser à un endroit quelconque à sa convenance. Comme il leur faut d'ordinaire plusieurs jours pour se réunir, et qu'une fois installées dans la nouvelle patrie, il leur faudra encore du temps pour se procurer de la nourriture, l'approvisionnement, fait par les abeilles essaimantes, n'est, on le voit, qu'un acte de sagesse prévoyante. La reine, pendant tout ce temps, est l'objet des plus tendres soins; à en croire certains observateurs, elle est soutenue et portée par les robustes abeilles-ouvrières. Tout au moins, la chose se passe ainsi pour les reines plus âgées, dont les ailes sont affaiblies, tandis que les jeunes se distinguent par un vol puissant. Les derniers essaims, qui partent sous la conduite de jeunes reines, n'ont pas l'habitude d'envoyer des émissaires, mais se dirigent dans l'air, guidés par l'odorat. Il est évident que l'expérience et la prévoyance de leurs sœurs aînées manquent à leur jeunesse.

L'habitation préparée par l'apiculteur à l'essaim, qu'il a réussi à capturer, n'est acceptée que sous bénéfice d'inventaire. Si le logis n'obtient pas l'approbation du peuple, soit parce que l'intérieur en est sale ou exhale quelque mauvaise odeur, soit parce qu'il est trop petit ou trop grand pour ses besoins, l'essaim le quitte pour aller chercher, quelquefois très loin, un nouveau domicile. S'il se trouve dans le voisinage quelque panier vide, dépisté par les éclaireurs, l'essaim se hâte de s'en emparer.

M. de Fravière a eu l'occasion d'observer avec quelle attention scrupuleuse, avec quelle prévoyance, sont menées ces enquêtes préalables, confiées aux éclaireurs. Il avait placé non loin de son logis une ruche vide, bâtie sur un nouveau modèle. Elle était disposée de manière qu'il pouvait voir de sa fenêtre tout ce qui se passait à l'intérieur aussi bien qu'au dehors, sans déranger les abeilles ni se déranger lui-même. Il vit un jour arriver une seule abeille, qui se mit à examiner l'édifice de tous les côtés; elle en fit le tour en tâtonnant partout. Ensuite, elle s'abattit sur la planchette d'entrée, et procéda, en tâtonnant avec sollicitude et appréhension, à l'examen de l'intérieur, dont elle étudia soigneusement tous les recoins. Le résultat de son enquête dut être satisfaisant, car elle ne partit que pour revenir bientôt, accompagnée d'une troupe d'au moins cinquante de ses amies, qui se livrèrent au même examen minutieux. Ce nouvel examen aboutit sans doute au même résultat, car bientôt on vit arriver l'essaim tout entier, qui semblait venir de loin, et qui prit possession du nouveau domicile.

Plus curieuse encore est la conduite de ces explorateurs, quand ils s'emparent, au profit d'un essaim qui va arriver, de quelque panier vide, trouvé dans le voisinage. C'est une vraie prise de possession. Quoiqu'il soit encore inhabité, elles le gardent et le protègent contre les empiétements d'abeilles étrangères ou d'autres agresseurs, et s'occupent sur l'heure à le nettoyer d'une manière si scrupuleuse, que le propriétaire lui-même, n'aurait pu faire mieux. Cette prise de possession a lieu parfois huit jours avant le départ de l'essaim.

Il y a un moyen fort simple d'empêcher ces départs

d'essaims, dont l'importance est manifeste dans la vie du peuple des abeilles, qui arrive ainsi à se multiplier et à s'étendre : c'est d'agrandir d'une manière artificielle le panier contenant une colonie florissante. Ayant désormais de l'espace pour s'étendre et pour construire de nouveaux rayons, le petit peuple ailé n'éprouve plus le besoin de former de nouveaux essaims, fait qui n'aurait pu se produire, si l'instinct seul le poussait à essaimer.

Les apiculteurs font une distinction entre les essaims dits *artificiels* et les essaims *naturels*. On obtient les premiers par le procédé suivant : on enlève du sein d'une ruche florissante, qu'on a soin d'étourdir avec de la fumée, une partie de sa population, et on la transporte, accompagnée d'une reine, dans un panier préparé pour la recevoir. Épouvantées, stupéfiées, les pauvres bêtes s'abandonnent, dans leur émoi, à la destinée, et se soumettent à la volonté et à la grâce du père des abeilles. Naturellement, la violence de ces procédés en exclut toute la *poésie*, ce qu'on appelle « l'arome exquis des essaims ».

« Du feu, de la fumée et du bruit. » C'est ainsi qu'un apiculteur expert décrit, dans le *Journal des abeilles* (Nördlingen, partie II, page 380, etc.), les phénomènes, qui accompagnent cette expulsion forcée. « Pendant que leurs foyers deviennent la proie des flammes, les malheureux exilés sont poussés dans la direction du nouveau logis; dans leur abandon ils se posent sur les murs, heureux de ne plus entendre ce vacarme qui les étourdissait, ces coups de bâton qui retentissaient derrière eux. Rassurés par la certitude d'avoir conservé au milieu d'eux l'être suprême et adoré, leur reine, ils se rallient autour d'elle. La nécessité leur impose le travail. Et voilà nos incendiés fondant de nouveaux foyers, et, viennent les beaux jours et du butin envoyé par le ciel ou des assiettes de miel fournies par l'apiculteur, la colonie redevient florissante.

« Mais que se passe-t-il dans la vieille habitation? Les coups et le feu ont contraint une partie de la population à abandonner la patrie et le berceau de la progéniture en germe. Plus de secousses, le bruit du tambour se tait. Celles qui restent voudraient réparer le désastre; une moitié, au moins, revient en tâtonnant à l'ancien domicile, mais l'espoir de recouvrer leur reine est perdu. Tout leur manque à la fois. Les membres du groupe se demandent les uns aux autres ce qu'est devenue la souveraine. L'une après l'autre, les abeilles sortent du logis, et cherchent avec angoisse leurs proches. Toutes reviennent au bout de quelque temps, le découragement dans l'âme, sans nouvelles consolantes. Alors une clameur plaintive s'élève dans la maison, une sueur froide dégoutte des murs eux-mêmes. Au moment où ces gémissements s'apaisent, une voix isolée rappelle la perte générale, et la clameur plaintive recommence jusqu'à ce que la douleur se calme par son excès même. Enfin le temps apporte son baume à ces délaissées, soit que le calcul prévoyant de l'homme leur procure une reine étrangère, soit que l'espoir de voir sous peu un rejeton de la souveraine perdue sortir de ses langes pour monter sur le trône, ranime leur courage. Pendant ce temps, au dehors, l'apiculteur prête l'oreille, pour savoir si la paix est rentrée dans leur sein, tout prêt à pleurer avec ses abeilles éplorées, dont le sort lamentable est son œuvre. »

L'essaim *naturel*, non forcé, abandonné au hasard, aux circonstances favorables ou contraires, a un tout autre caractère aux yeux d'un amateur de la nature. « Là, c'est la vie, la nature prise sur le fait; là, pour que tout aille à souhait, il faut un concours de circonstances favorables, une bonne alimentation, des journées radieuses, chaudes, un air doux; là, subsiste le charme de l'espérance et l'émotion du péril. Les premiers faux-bourdons ont pris leur volée par un beau soleil de midi, et leur bourdonnement est d'un heureux présage pour l'oreille de leur père-nourricier. La fermentation devient croissante dans la ruche; par une nuit étouffante, une partie des abeilles établit son campement en plein air, devant la ruche, et s'éparpille au matin pour aller aux travaux. Pourtant, par une belle et chaude journée, aucune ne bouge; il semble que quelque chose d'extraordinaire se prépare. Quelques abeilles vont et viennent, voltigent autour de leurs camarades, leur apportent des nouvelles de ce qui se passe à l'intérieur, annonçant par leurs gémissements l'approche du dénouement. A peine entré dans le jardin, l'apiculteur saisit cette intonation, musique plus précieuse à son oreille que le plus beau concert. L'essaim s'avance pêle-mêle en cadence, et la ruche déverse toujours de nouvelles masses. Des groupes s'abattent rapidement, puis s'élèvent derechef, et se mêlent dans une joyeuse contredanse. Tout devient tranquille auprès de la porte d'entrée, mais la vie s'épanouit au grand air, au point que les rayons du soleil sont interceptés par ces petits nuages vivants. L'essaim ondule au souffle du vent; il n'a pas encore choisi d'endroit pour se fixer, et l'œil de l'apiculteur ne cesse de le suivre. Mais voilà qu'un violent coup de vent rabat l'essaim à terre. Reine et peuple retombent sur la vieille ruche; le petit groupe, qui commençait à se former sur une branche voisine, s'éparpille. La tristesse se répand dans la ruche, le coup a raté! Toutes les espérances sont déçues. Cette belle journée d'essaim est perdue, et plusieurs livres de miel dépensées en pure perte. L'apiculteur découragé erre au milieu de ses ruches.

« Mais un son retentit à son oreille. *Tut! tut!* résonne

dans l'air, et *couac! couac!* complète l'accord[1]. Il ne peut
s'en rassasier; le jour décline, le soleil baisse, c'est alors
que se déroule le spectacle. La note des musiciens devient
toujours plus vibrante; l'essaim prend sa volée, et cette
fois-ci pour tout de bon; dans cette ronde ardente, il y va
du trône et de la vie. L'amas s'épaissit auprès de quelque
poirier; on peut l'évaluer à vingt mille individus, prêts à
la lutte et au travail. »

Une fois capturé, l'essaim est transporté dans l'habitation qui lui est préparée, et dont l'intérieur est soigneusement nettoyé. « Avant tout, l'essaim se précipite vers
l'issue, mais s'arrête bientôt et revient sur ses pas, en
agitant joyeusement ses ailes. Les abeilles savent que leur
reine est au milieu d'elles. *L'essaim a réussi.* Les plus
rebelles se groupent à l'entrée, et font entendre un bourdonnement joyeux. Il ne reste sur l'arbre qu'une petite
partie de retardataires, qui à leur tour ne tardent pas à
se mettre en mouvement, cherchant partout leur souveraine. Dès qu'elles entendent le bourdonnement, elles

---

[1] Ce sont les jeunes reines et celles en voie d'éclore, qui font entendre
le *tut* et le *couac* en question, et, pour l'oreille d'un apiculteur, c'est là
un signe certain d'un essaim prochain. Sitôt qu'une jeune reine est sur
le point d'éclore, elle annonce ce moment par des *couacs-couacs*. Si aucun *tut-tut* d'une jeune reine déjà adulte ne répond à ce signal, la pré-
tendante procède à son éclosion en toute sûreté; mais entend-elle le cri
de défi de sa rivale, elle prend la sage précaution de rester dans son
alvéole aussi longtemps que la voix de celle-ci se fait entendre dans la
ruche. Ces intonations de la peur et de la colère se font entendre dans
toutes les ruches, car, vers l'époque de l'essaim, plusieurs jeunes reines
ont atteint l'âge adulte. C'est la reine déjà éclose, qui émet le *tut-tut*, et
la jeune, encore enfermée dans sa cellule, le *couac-couac*, qui s'explique
par le passage de l'air sortant par les deux stigmates latéraux du corps
de l'animal. Il est hors de doute que ces sons divers n'ont d'autre signi-
fication que celle que nous leur prêtons, car chaque fois, au moment d'é-
clore, la jeune reine fait entendre son *couac*, et à son tour la souveraine
adulte ne fait résonner son cri que quand elle a entendu celui de sa jeune
rivale et qu'elle veut l'effrayer; autrement, elle reste muette. Tout ce
que nous venons de dire ne s'applique qu'aux jeunes reines, les vieilles
n'ayant plus la faculté d'émettre le *tut-tut!*

dirigent leur vol vers la ruche. Sous peu, la branche reste
libre, et aucun cadavre ne marque le champ de la lutte.
Bientôt, les plus actives se mettent à circuler, examinant
la ruche et son emplacement. Dans l'intérieur, commencent
les travaux de construction ; il s'agit, avant tout, de vivo-
ter, de nettoyer la ruche, ensuite, il faudra penser à voler
en quête de provisions. Encore quelques péripéties drama-
tiques, et tout rentre dans l'ordre ; au bout de quelque
temps, la nouvelle colonie est florissante. Mais que se
passe-t-il pendant ce temps dans la vieille ruche ? Le calme
y est rétabli. Plus d'un rayon est vide, il est vrai, car les
émigrés d'aujourd'hui n'avaient pas coutume de revenir
de leurs explorations les mains vides. Plus d'un enfant
arraché à la maison maternelle revient dans ses foyers, et
les jeunes sœurs au berceau grandissent à vue d'œil. La
vieille mère a pu s'éloigner impunément, car des rejetons
pleins d'espérance dorment dans le calme du berceau royal.
En attendant que ces reines futures aient atteint l'âge
adulte et puissent se mettre à la tête de la maison, celle-ci
va son petit train habituel. Le ménage est tenu dans le
meilleur ordre, l'esprit de parti est éteint, tous poursuivent
en paix leurs travaux. Mais le moment le plus brillant de
la vie d'une ruche est, sans contredit, l'époque des essaims,
à cause de l'élément poétique qui y domine. Toute la
poésie de l'apiculture se résume dans les essaims appelés
naturels. »

C'est toujours la vieille reine, qui part à la tête du *pre-*
mier essaim, mais non sans avoir préalablement déposé
dans la cellule royale des œufs, d'où écloront, après son
départ, des reines nouvelles. Les abeilles ouvrières, qui
prévoient et veillent à tout, construisent ces cellules seulement quand elles voient la reine pondre des œufs de faux-
bourdons, car ce n'est qu'après cette ponte que son corps

devient assez mince et assez léger pour entreprendre le voyage. Une autre condition essentielle pour la formation d'un essaim, c'est l'excès de la population d'une ruche. Si tel n'est point le cas, *la construction des cellules royales est interrompue, lors même que la reine se trouve à l'époque de la ponte des œufs de faux-bourdons.* L'agitation qui règne dans une ruche, au temps des essaims, gagne tous ses membres, au point que toutes ou presque toutes les abeilles y prennent part, et la ruche serait déserte, si les vides n'en étaient comblés par les ouvrières, qui reviennent du dehors avec leur charge, et par la jeune progéniture en voie d'éclosion.

Il est curieux d'observer la manière dont les abeilles défendent, à l'époque des essaims, les cellules royales et les reines futures, qu'elles renferment, contre les attaques de la reine déjà éclose. Chaque cellule est protégée avec sollicitude par un groupe d'ouvrières, et, dès que la reine fait mine de s'en approcher, elle est mordue et harcelée par les sentinelles jusqu'à ce qu'elle s'éloigne. Ces tentatives se répètent à plusieurs reprises dans le courant de la même journée. Aussitôt que la jeune reine, encore immobile, le corps à demi dégagé de son alvéole, fait entendre son chant bien connu, toutes les abeilles semblent électrisées ; elles penchent leur tête de son côté, et ne bougent plus. Le chant, une fois fini, retentit à son tour l'anathème de la rivale, qui renouvelle ses tentatives pour détruire la cellule royale, mais elle est repoussée comme auparavant. Les jeunes reines encore captives, qui n'osent point quitter leurs cellules tant que la reine éclose chante, lèvent de temps en temps leur trompe à travers une petite fissure pratiquée dans leur enveloppe en cire, et se font nourrir de miel par les sentinelles. La chose à peine faite, elles retirent leur trompe, et les abeilles ont soin de bou-

cher avec empressement la fente avec de la cire. Aussi
savent-elles distinguer parfaitement l'âge relatif des jeunes
reines, et ce n'est que par gradation qu'elles les délivrent
de leurs cellules. Elles s'entendent tout aussi bien, comme
nous l'avons déjà dit, à modifier ou hâter à volonté leur
maturité.

Après que plusieurs essaims ont quitté la ruche, de cette
manière, le nombre de ses habitants devient si restreint
qu'ils sont hors d'état de protéger efficacement les cellules
royales. Plusieurs jeunes reines sortent simultanément
de leurs prisons et luttent entre elles. Celle qui sort victorieuse du combat s'empare du trône sans contestation.
La captivité des jeunes reines se prolonge surtout par le
mauvais temps, qui retarde le départ des essaims.

La protection, si vigilante et si jalouse, dont les abeilles
entourent les alvéoles royales est bien moins efficace, pour
ne pas dire nulle, *en dehors de la période des essaims.*
Le besoin d'avoir de jeunes reines, conductrices d'essaims,
ne se faisant plus sentir, leur immolation à l'état de larves
ou de nymphes semble être considérée d'un œil assez
indifférent. Il est plus difficile d'expliquer (et pourtant
F. Huber nous l'affirme) pourquoi, avant le départ du
premier essaim conduit par la vieille reine, on n'use
point contre elle des précautions employées ensuite contre
les jeunes souveraines ; en effet, on la laisse approcher
impunément des cellules royales, on ne s'oppose même
point à ce qu'elle les détruise. A en croire Huber, le mobile principal de cette conduite serait le profond respect
inspiré aux abeilles par une souveraine féconde, ayant
depuis longtemps parmi elles droit de cité, respect, qui se
manifeste d'ailleurs dans plus d'une occasion. Heureusement, pour des raisons qui nous échappent, les vieilles
reines ne semblent point trop abuser de cette tolérance,

qui pourrait compromettre gravement l'existence de l'espèce, en rendant impossible l'extension de leurs colonies tant que vivrait la reine. Peut-être ne sont-ce, comme nous l'avons déjà observé, que les *vieilles* abeilles, qui font preuve de ce respect exagéré, et, par suite de mobiles égoïstes et conservateurs, laissent la souveraine agir selon son bon plaisir ; les jeunes, au contraire, seraient portées, comme c'est le propre de la jeunesse, au changement et, s'attendant à de notables améliorations de la part de la future souveraine, la protégeraient contre les attaques de sa mère dénaturée. D'ailleurs, tous ces phénomènes révêtent les formes les plus variées selon les lieux et les circonstances. Ainsi, la tendance à essaimer prend un essor si puissant dans certaines localités favorablement situées (par exemple dans les landes de Lunebourg), qu'au lieu d'*une* période à essaims, il y en a *plusieurs*, et que plus d'un essaim sort successivement de la ruche-mère, et même des nouvelles colonies. Le degré de protection accordé aux jeunes reines dépend naturellement de la fréquence plus ou moins grande des essaims.

CHAPITRE XVII

L'essor nuptial.

Préludes. — Accents de la joie et de la tristesse.

L'*essor nuptial* est le second grand événement dans l'existence d'une ruche. Chez les derniers essaims, il a lieu ordinairement aussitôt après la fondation de la nouvelle colonie, quelquefois le jour même. Son importance est immense au point de vue de l'accroissement de la population. La reine, suivie des faux-bourdons, ses époux, l'effectue dans le cours de deux ou trois heures, par une belle et calme journée de soleil. C'est dans les hautes régions de l'air, qu'a lieu l'accouplement. Et il n'a lieu que de cette manière, jamais dans l'intérieur, ni sur le toit de l'habitation, comme chez les fourmis ; aussi n'a-t-il jamais pu être étudié d'une manière suffisante. On croirait qu'un sentiment de pudeur pousse la reine à dérober cet acte aux yeux de tous. En revanche, rien n'est plus facile que d'en reconnaître les suites, d'après l'état de ses organes génitaux, dans lesquels reste engagé le pénis des mâles avec une partie de l'appareil sexuel.

Les abeilles ouvrières, restées dans la ruche, comprennent parfaitement que le bien-être futur de la colonie dépend de l'issue heureuse de l'essor nuptial. Aussi, dans l'incertitude du résultat, sont-elles d'une irritabilité extrême et personne ne peut, en ce moment, s'approcher de la ruche sans être assailli et piqué. Peut-être redoutent-elles que l'approche d'un étranger ne mette obstacle au retour heureux de la reine. Se livrant à une ronde fantas-

tique, dont les cercles vont en s'élargissant, elles voltigent
incessamment autour de la la ruche et de ses environs, la
tête constamment tendue vers l'entrée de la ruche. Ces
mouvements n'ont probablement d'autre but que d'enregistrer dans leurs sens et dans leur mémoire les moindres
particularités de la localité, de donner à leur vue et à
leur odorat toute la tension possible, afin de reconnaître
l'endroit en cas d'expédition future. Peut-être aussi veu-
lent-elles indiquer à la reine qui revient, la direction de
sa ruche. Même quand le rucher se compose d'un certain
nombre de ruches, chaque abeille est en état de retrouver
l'entrée de la sienne, une fois qu'au moyen de la vue, de
l'odorat, de fréquentes promenades sur la planchette de
l'entrée et d'explorations dans les environs, elle s'en est
bien assimilé l'image et en a gravé les moindres détails
dans sa mémoire. D'autres insectes font de même. C'est
ainsi que les guêpes des sables (*bombex ciliata, mone-
dula signata*), étudiées par Bates, vivant sur les bords
de l'Amazone, où elles creusent dans le sable du rivage
des habitations pour leur famille, voltigent tout autour
avant de prendre leur vol. Elles semblent vouloir graver
le souvenir de la localité dans leur mémoire. Leur faculté
de reconnaître les lieux est d'autant plus remarquable,
qu'avant le départ elles bouchent soigneusement avec du
sable l'orifice de leur trou, en sorte qu'il échappe tout à
fait à l'œil humain. Ces faits parlent donc éloquemment
en faveur d'une finesse exquise de perception chez ces
insectes. Un trait analogue est à noter chez *nos* guêpes :
quand elles quittent un objet qu'elles désirent retrouver,
par exemple, un fruit entamé, elles cherchent, en en faisant le tour à plusieurs reprises et en le heurtant de la
tête, à enregistrer dans leur mémoire, aussi bien que possible, ses moindres particularités. Dans les occasions de

ce genre, les abeilles agissent de même. Dujardin plaça, non loin d'un rucher, une tasse avec du sucre dans la niche d'un mur. L'abeille, qui découvrit ce trésor, chercha en volant autour des bords de la niche et en heurtant de la tête contre ses anfractuosités, à en fixer les moindres détails dans sa mémoire. Ensuite, elle partit pour revenir au bout de quelque temps accompagnée d'une foule d'amies, qui s'emparèrent du sucre.

Si la reine ne revient pas à la suite de l'essor nuptial, toute la contenance des abeilles révèle le trouble et la tristesse : elles font entendre un son particulièrement plaintif, une espèce de gémissement long et lugubre, le même qui retentit du fond des ruches après la mort de leur reine. En même temps, une grande agitation se manifeste dans l'intérieur de la ruche aussi bien qu'au dehors. Les abeilles vont et viennent, sans but déterminé, comme si elles cherchaient leur reine dans tous les recoins, et l'obscurité elle-même, dont l'effet ordinaire est de les faire rentrer dans la ruche, ne met pas un terme à leurs recherches. Alors leurs gémissements plaintifs sont entrecoupés de ces sons sifflants et stridents, émis d'ordinaire par les abeilles irritées. En revanche, rien ne saurait dépeindre leur joie, quand le retour de la reine s'effectue heureusement et promet des résultats féconds pour le bien-être de la colonie. En signe d'allégresse, elles lèvent leurs pattes postérieures, agitent avec rapidité leurs ailes et font entendre une note claire et perçante, toute particulière, qui exprime la joie et qu'on reconnaît facilement. Elle n'a rien de commun avec le sifflement de colère ou le gémissement plaintif, qui retentit dans les ruches orphelines, et se rapproche, au contraire, des sons les plus joyeux poussés par les abeilles prêtes à essaimer. Mentionnons encore un autre son, indiquant une paisible et calme satisfaction :

c'est le bourdonnement, qu'on entend le soir, après une journée riche en butin.

Les mêmes manifestations de joie et les mêmes sons, qui accompagnent le retour de la reine, éclatent aussi chaque fois que les abeilles rentrent saines et sauves après une tempête ou une forte pluie, chaque fois enfin qu'elles échappent à un danger, soit par leur propre initiative, soit avec le secours d'autrui. L'état de la température est, en général, une préoccupation dominante dans leurs voyages; un nuage menaçant sur un ciel clair suffit à les faire rentrer dans la ruche, quoiqu'elles se hasardent sans crainte par un temps gris et couvert. Il arrive souvent à des abeilles fatiguées et épuisées, de tomber comme mortes avant d'avoir atteint l'abri secourable de leurs foyers. Si on les relève dans cet état et si on les transporte dans la ruche, elles font entendre le même son joyeux, dont nous avons déjà parlé.

L'essor nuptial n'atteint pas toujours son but de fécondation; quelquefois la reine revient dans ses foyers sans avoir rempli sa mission. Dans ce cas, l'essor se répète le jour suivant. Mais si la reine a atteint le but, si elle revient fécondée, ce dont les ouvrières s'aperçoivent immédiatement, elle est reçue avec tous les signes de l'allégresse, entourée, cajolée, nettoyée, frottée et conduite avec toutes les marques de respect au fond de la ruche. Car, aux yeux des abeilles, une reine fécondée est un être tout différent et bien plus digne d'hommage qu'une reine non fécondée ou vierge encore. Tandis que ces dernières sont traitées sans aucun égard particulier, la première est l'objet de la plus tendre sollicitude. Elle tient une *cour* composée de dix à vingt abeilles, qui la suivent partout et pourvoient à tous ses besoins.

CHAPITRE XVIII

Ponte des œufs par la reine.

Installée dans l'intérieur de la ruche, la reine commence au bout de deux ou trois jours, au moment où les premières alvéoles en cire sont prêtes, à s'acquitter de l'affaire principale de sa vie, *la ponte des œufs*. Dans cette occasion, elle est entourée, non seulement de sa cour ordinaire, mais de toute une foule d'ouvrières, qui, la tête inclinée, lui manifestent leur joie en sautillant devant elle, en la léchant et la caressant de leurs antennes. Peut-être cette cohue a-t-elle un autre but, celui d'élever autant que possible la température par les journées fraîches, la reine ayant besoin, pour accomplir ses fonctions, d'une température très élevée, qui ne descende jamais au-dessous de 10 ou 12° Réaumur.

La reine fécondée d'une ruche populeuse est en état de pondre jusqu'à plusieurs milliers d'œufs par jour ; d'ordinaire, elle en pond plusieurs centaines ou un millier, en sorte que le chiffre des œufs, pondus dans le cours d'un été, monte facilement jusqu'à 20, 30, 40 mille. Toutefois, cette ponte est rigoureusement proportionnée à la quantité de provisions contenues dans la ruche, au chiffre de la population et à la facilité de se procurer des ressources alimentaires. C'est ainsi que dans les ruches faibles, par la saison froide, la reine ne pond que quelques centaines d'œufs par jour, tandis qu'elle en pond de deux à trois mille dans une ruche florissante, au milieu d'abondantes provisions. Durant la ponte, la reine, qui, à l'exemple de

ses sœurs, adore la propreté, examine soigneusement elle-
même chaque alvéole avant d'y déposer un œuf. Elle
plonge ses antennes flexibles, douées d'une sensibilité
extrême, dans le fond même de l'alvéole, afin de s'assurer
que celle-ci est bien propre, bien raclée et mastiquée, préparée, enfin, pour recevoir un œuf. Si l'examen est satisfaisant, ce qui arrive le plus souvent, elle se pose sur
l'alvéole et y laisse tomber un œuf. Si cette exploration
préalable lui est rendue impossible par le retranchement
de ses antennes, elle se refuse à déposer des œufs dans les
alvéoles. Inquiète et agitée, elle court le long des rayons,
laissant tomber à terre ses œufs, qui se dessèchent et périssent. Ensuite, elle se retire de préférence dans les
endroits de la ruche vides de rayons, où, seules, quelques
abeilles dévouées la suivent. Enfin, pénétrée de la conscience de son impuissance et de son inutilité, elle cherche à
quitter la ruche, et personne ne l'accompagne dans sa fuite.

En général, la reine ne pond qu'*un* œuf par alvéole. Si,
par hasard, elle en laisse tomber plusieurs, ce sont, selon
l'hypothèse de la plupart des observateurs, les ouvrières
formant sa suite qui s'occupent de les distribuer convenablement. Huber ne partage pas cette opinion, alléguant
que les ouvrières ne sauraient toucher aux œufs, sans les
endommager, tant est grande la fragile délicatesse de
ceux-ci. De temps en temps, la reine se repose de ses fati-
gantes fonctions; la tête tendue en avant, elle se glisse
dans une alvéole plus grande, une alvéole de faux-bourdon
d'ordinaire, et y reste quelque temps sans bouger. La
position prise par la reine n'interrompt pourtant point les
hommages, dont les ouvrières l'entourent; elles n'en continuent pas moins à se presser autour d'elle en cercle serré,
et à lécher la partie de son abdomen dégagée de l'alvéole.

La reine, on le sait, peut pondre à volonté des œufs de

faux-bourdons ou des œufs d'ouvrières; il dépend d'elle d'exercer une pression volontaire sur la poche séminale où est contenue la semence reçue du mâle, et de secréter ou non quelque chose de cette substance fécondante sur les œufs, qui parcourent son oviducte. Les œufs fécondés donnent naissance à des abeilles ouvrières, les œufs non fécondés à des mâles; les œufs de ces derniers sont déposés dans les grosses alvéoles à bourdons, les œufs des premières dans les petites alvéoles d'ouvrières. On a essayé d'expliquer ce singulier mode d'agir, ainsi que la fécondation ou la non-fécondation des œufs, par des causes mécaniques ou accidentelles; mais aucune de ces explications n'est satisfaisante. Il semblerait plutôt, que la reine a parfaitement conscience de ses actes, et agit en vue d'un but déterminé; que, dans la ponte d'œufs de faux-bourdons ou d'œufs d'abeilles, elle se guide d'après les besoins de la communauté et les circonstances du moment. L'apiculteur sait fort bien que la reine d'un jeune essaim, installée dans une ruche, garnie uniquement d'alvéoles de bourdons, aime mieux laisser tomber à terre ses œufs que de les déposer dans les alvéoles, les mâles étant inutiles et même nuisibles, dans la première année de l'existence d'une colonie, et les œufs d'ouvrières ne pouvant se développer dans lesdites alvéoles. De même, à l'époque où les faux-bourdons ne sont plus nécessaires, la reine glisse sur les alvéoles à bourdons sans y déposer d'œufs. Si elle n'avait point la notion précise des destinées si différentes de ces œufs, et ne faisait que suivre un instinct aveugle, suscité par l'action d'un appareil mécanique, elle n'agirait point de la sorte, et déposerait indifféremment ses œufs dans toute espèce de cellules. On n'ignore point qu'une lésion du dernier ganglion nerveux de l'abdomen rend la reine incapable de pondre d'autres œufs que des œufs de mâles,

car elle ne peut plus provoquer par des contractions volontaires, l'activité de la poche séminale. Mais si, par
l'étroite ouverture d'une cellule ouvrière, on exerce une
pression extérieure sur cet organe, la reine continue après
la lésion, comme avant, à pondre des œufs mâles et
femelles. Il est donc incontestable que la reine peut déterminer *à volonté* le sexe futur de l'œuf déposé, et qu'elle le
fait avec l'idée très nette de la responsabilité qui lui incombe
dans chaque cas particulier, de même qu'elle se conforme
aux circonstances pour la quantité des œufs à pondre [1].

Cela nous paraîtra d'autant plus vraisemblable, que
nous voyons les reines se rendre parfaitement compte
d'avoir rempli leur mission et être saisies, dans ce cas, du
pressentiment d'une fin prochaine. On a fait la curieuse
observation, qu'une reine, atteinte par la vieillesse ou par
la maladie, a la conscience de son déclin, conscience par-
tagée par le peuple, et que c'est dans cette prévision qu'elle
travaille, avec le concours de celui-ci, à assurer l'hérédité
du trône. Ce but une fois atteint, elle dépose le sceptre
et la couronne entre les mains du peuple, autrement dit,
elle quitte la ruche de son plein gré pour mourir au
dehors, à moins qu'elle ne soit tuée par les abeilles elles-
mêmes, et jetée hors de la ruche.

Peut-être le mobile de cette conduite est-il le même que
celui qui empêche les vieilles reines d'user de leur pouvoir contre leurs jeunes rivales avec la cruauté, dont en
usent et en useraient toujours les jeunes, si le peuple n'y
mettait obstacle.

---

[1] Pour ce qui regarde ce point et les différentes explications qui en
ont été données dans les notes de l'ouvrage du célèbre apiculteur américain, Charles Dadant, consulter un écrit de l'auteur : « L'école allemande
opposée à l'école américaine, » dans le *Journal autrichien des abeilles*,
décembre 1879 (Rodolphe Mayerhöffer, éditeur).

CHAPITRE XIX

L'activité dans la ruche.

Soins donnés à la progéniture. — Alimentation. — Magasins de provisions. — Nettoyage de la ruche. — Emploi de la *propolis* ou substance agglutinante. — Propreté. — Ensevelissements. — Ventilation de la ruche. — Architecture des cellules. — Irrégularités de leur forme. — Intelligence révélée dans la construction des rayons. — Bévues et améliorations.

La ponte des œufs n'est que le commencement des travaux, auxquels va se livrer la ruche, dans l'intérêt de la conservation de la famille. Le principe de *la division du travail*, que nous avons vu si développé chez les fourmis, trouve ici une application encore plus parfaite.

L'activité entière de la ruche pourrait être divisée en deux départements : celui des travaux de l'intérieur, et celui des travaux extérieurs. Les jeunes abeilles travaillent de préférence dans l'intérieur de la ruche ; les plus âgées se chargent des travaux du dehors. Le fait est facile à constater : les unes se distinguent des autres par la couleur et par l'aspect extérieur. Les jeunes sont surtout faciles à reconnaître à un poil blanchâtre, très fin, qui couvre leur corps, et à des ailes intactes. Tout naturellement, les travaux domestiques les plus faciles, demandant une moindre dépense de force, incombent ainsi aux plus faibles ; les travaux plus rudes et plus dangereux au dehors de l'habitation retombent à la charge des plus âgées et des plus robustes. Pourtant, des preuves suffisantes nous font admettre qu'un certain nombre de vieilles abeilles restent dans la ruche pour diriger les travaux des jeunes, les guider et les aider de leur expérience. Au moment de leur métamorphose de l'état de chrysalide à celui d'abeille, les jeunes ne sont pas toutes prêtes et suffisamment armées pour la vie, ne sont pas, comme tendraient à le croire les adeptes de l'instinct, douées de toutes les facultés de leur espèce ; pendant les premiers jours qui suivent l'éclosion, elles sont si faibles qu'elles ne sauraient même voler. Elles ont besoin de vingt-quatre à trente heures au moins pour développer leurs facultés et donner l'essor à leurs forces. Le même fait se répéterait pour les reines, si leur captivité ne se prolongeait au delà de l'époque ordinaire de la métamorphose, ce qui leur donne le temps d'atteindre leur complet développement.

Il n'est donc pas douteux, que les jeunes abeilles ne soient guidées et dirigées dans leurs travaux par leurs compagnes plus âgées, d'autant plus que les travaux, entrepris au fond de la ruche, sont aussi compliqués que variés, et il est tout à fait impossible d'admettre que chaque individu-abeille soit doué, en naissant, de l'instinct spécial, que réclame chaque genre de travail. Au point de vue de la conservation de la colonie, il est nécessaire que *chaque* abeille puisse entreprendre, en cas de besoin, toute espèce de travail, et les observations des naturalistes nous assurent que c'est ainsi que les choses se passent en réalité. Comme les devoirs maternels de la reine se bornent à la ponte des œufs, et qu'elle ne se préoccupe guère du sort de ses enfants, préoccupation pour laquelle, du reste, le temps lui manquerait complètement, les soins réclamés par la progéniture retombent à la charge des abeilles, qui sont dans l'intérieur de la ruche, en sorte qu'elles cumulent les fonctions de nourrices aussi bien que de bonnes d'enfant. Elles préparent les cellules ou berceaux destinés à recevoir les œufs, les nettoient et en construisent de nouvelles quand il en manque. Ce sont elles qui apprêtent la cire pour la construction des cellules, aussi bien qu'une espèce de *pâtée*, mélange de miel, de pollen et d'eau, qui sert de nourriture aux larves gloutonnes et à la reine; quant aux mâles, traités par les ouvrières avec un certain dédain, ils se nourrissent eux-mêmes au dépôt de provisions. La reine, réclamant pendant la ponte une grande quantité de nourriture, dix à douze officiers de bouche sont continuellement occupés autour de sa personne. Les jeunes abeilles ont besoin d'être nourries quelques jours encore après leur éclosion, et en plus, de même que les enfants des hommes, elles ont besoin d'être nettoyées et brossées en venant au monde. En général, il y a cette grande différence entre la nourriture des larves de faux-bourdons et d'ouvrières, et celle des larves de reines, que les dernières sont nourries pendant toute leur vie de la pâtée ci-dessus mentionnée, tandis que les premières ne la reçoivent que dans les commencements de leur stade de larves; pendant les derniers jours, elles sont simplement nourries de miel et de pollen. Comme c'est vers cette époque, que les organes sexuels intérieurs commencent à se développer, la raison de la grande divergence dans l'évolution de ces organes chez les reines et chez les ouvrières devient claire. La pâtée elle-même n'est autre chose qu'un mélange artificiel, qui a été déjà à moitié digéré dans l'estomac des abeilles-nourrices. Elle se concentre mieux que la nourriture ordinaire, grâce à son évaporation dans les cellules. Le pollen des graminées, difficile à digérer et que l'on retrouve facilement dans le chyle de l'estomac des larves ouvrières, pendant les derniers jours de ce stade de leur existence, n'est plus reconnaissable dans la pâtée; celle-ci ne forme sous le microscope qu'une masse informe et visqueuse, avec de menus grains, innombrables et d'aspect graisseux.

De plus, c'est encore aux ouvrières chargées de la progéniture, qu'incombe le soin de fabriquer l'opercule en cire fermant l'alvéole, dans laquelle la larve commence à filer sa coque, et plus tard celui de l'ouvrir afin de libérer l'insecte métamorphosé. Ce *processus* accompli, le tissu soyeux et délicat du cocon vide est jeté au dehors ou bien roulé en tapis au fond de l'alvéole. L'alvéole elle-même est soigneusement nettoyée et raclée, afin de servir selon les circonstances de dépôt, soit à un œuf nouveau, soit à du miel. En règle générale, selon Huber, l'abeille ouvrière reste trois jours à l'état d'œuf et cinq jours à l'état de larve. Au bout de ce temps, les abeilles recouvrent son alvéole d'un couvercle en cire, tandis que la larve se met à filer son tissu soyeux, tâche à laquelle elle consacre trente-six heures. Trois jours plus tard, elle se trouve métamorphosée en *nymphe* et reste jusqu'à huit jours dans ce stade, en sorte qu'elle n'arrive à l'état d'abeille parfaite qu'au vingtième jour de son évolution, si l'on prend pour point de départ le moment où l'œuf a été déposé dans l'alvéole. Son éducation ultérieure, quand elle a lieu, marche d'un pas rapide et se complète au bout de peu de jours. Grâce à une alimentation plus riche, l'évolution de la reine s'accomplit d'une manière encore plus rapide, tandis que celle des faux-bourdons suit un cours plus lent.

Les abeilles domestiques ont aussi à construire des couvercles en cire sur les alvéoles à provisions, une fois celles-ci remplies de miel, et à veiller à ce que le miel ne s'écoule pas. Plus une alvéole est remplie de miel et plus soigneusement les abeilles tâchent d'en prévenir l'écoulement ; dans ce but, elles construisent sur l'ouverture un

couvercle en cire, qui va remontant des bords de l'alvéole
à son centre; puis elles bouchent finalement ce couvercle
au milieu, dès que l'alvéole est pleine jusqu'aux bords. Ces
provisions devant servir de nourriture pour l'hiver, il est
strictement défendu d'y toucher; ce n'est que dans le cas

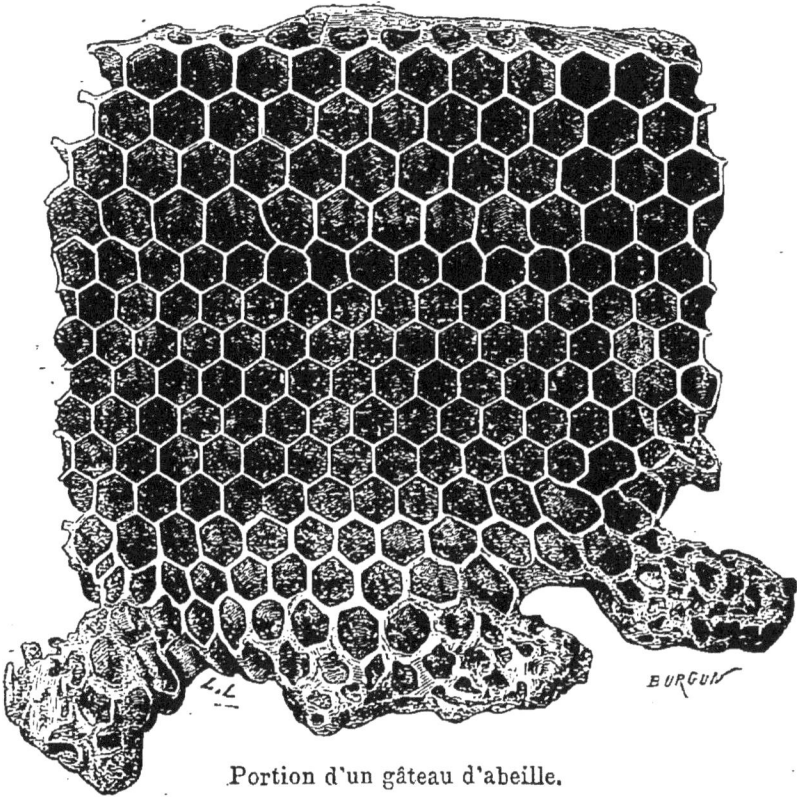

Portion d'un gâteau d'abeille.

de nécessité extrême, quand il est impossible de se procurer autrement du miel, que l'on enlève les couvercles. On
n'y touche jamais à l'époque de la récolte, quand la ruche
est amplement approvisionnée du dehors. D'autres alvéoles
à provisions, servant aux besoins quotidiens de la population, restent toujours ouvertes; jamais une abeille n'y
puise que la quantité de nourriture nécessaire à la satisfaction des besoins du moment. L'intempérance, si fré-

quente chez l'homme, dans le manger et le boire, qui sert
à l'excès de la jouissance et non à la satisfaction du besoin,
est donc inconnue à ces créatures modèles, tout au moins
dans des conditions normales. Pourtant sous l'empire de
circonstances particulières, le péché de l'intempérance et
de l'ivresse cause la perte de beaucoup d'entre elles, comme
nous le verrons plus tard!

La préparation du miel lui-même retombe à la charge
des abeilles domestiques; les abeilles butineuses ne font
qu'apporter dans la ruche et déverser précipitamment dans
les alvéoles d'en bas le suc des fleurs récolté au dehors et
déposé dans la partie intérieure de leur abdomen, après
quoi elles retournent au plus vite à la recherche d'un
nouveau butin. Absorbé par les abeilles domestiques, ce
suc se transforme en miel dans l'intérieur de leur corps
et est déposé ensuite dans les cellules d'en haut. Si le
butin est très abondant, de sorte que les alvéoles ordinaires
ne suffisent pas à contenir ces trésors, les sagaces petites
bêtes savent les allonger d'un quart ou d'un sixième,
avant de les fermer. Ces cellules allongées ou plutôt ces
creux remplis de miel, répondent ainsi complètement à
leur destination de magasin. Elles ont pourtant le désavantage d'obstruer l'espace libre, réservé entre les rayons
pour la circulation. Aussi le printemps à peine arrivé, les
abeilles n'ont rien de plus pressé que de réduire ces cellules
allongées et vidées à leur proportion normale, et de rétablir ainsi l'espace intermédiaire aux rayons. Quelquefois,
dès le commencement, les rayons aux cellules allongées
sont placés à une plus grande distance les uns des autres,
et plus tard, pour utiliser l'espace devenu trop grand par
la réduction des cellules, les abeilles construisent dans
l'interstice un rayon, qui est garni d'alvéoles seulement
d'un côté.

23

Le pollen récolté devient l'objet des soins les plus minutieux ; on l'assortit selon les genres (il y en a quelquefois de six à dix genres différents) dans des cellules à part. Selon toute vraisemblance, ces différents genres de pollen servent à la préparation d'aliments plus ou moins substantiels. L'alimentation la plus riche et la plus recherchée est réservée pour les larves, destinées à fournir des reines futures, aussi bien pour celles renfermées dans les cellules royales que pour les larves d'abeilles ouvrières, dont, en cas de nécessité, on forme artificiellement des reines.

Les soins de propreté réclamés incessamment par la personne de la souveraine, ainsi que par les camarades revenues des travaux des champs et le nettoyage de la ruche, demandent aussi beaucoup de temps et de fatigue. Toute espèce d'ordures, de décombres, les cadavres des abeilles mortes, les couvercles en cire des alvéoles ouvertes, en un mot tout ce qui n'est plus nécessaire dans la ruche en est soigneusement éliminé. Ensuite, à l'aide de la *propolis* ou matière résineuse, elles cherchent à maintenir l'intérieur de l'habitation aussi uni, propre, chaud et confortable que possible ; toutes les fentes et toutes les fissures sont bouchées avec cette substance et la ruche est ainsi garantie contre l'invasion de la dangereuse teigne à cire. La propolis en question, qui n'est point comme la cire fabriquée par les abeilles, mais est récoltée sur certaines parties des arbres résineux, sert aussi de ciment pour solidifier l'intérieur de certaines alvéoles. F. Huber a vu des abeilles enlever avec leurs dents la propolis collée aux pattes de leurs camarades venues du dehors et la transporter en toute hâte vers les cellules inachevées [1]. Les

---

[1] L'expression *a vu* soulèvera peut-être l'étonnement de ceux qui n'ignorent point que François Huber, le célèbre historiographe des abeilles (né à Genève en 1750, mort en 1831), père de Pierre Huber, ob-

ouvrières se partagent le butin et cherchent à l'utiliser de leur mieux. Elles commencent par racler, par gratter avec leurs dents la surface interne d'une alvéole et par en faire disparaître toute inégalité. Ensuite l'ouvrière s'approche du petit tas de propolis placé à sa portée, tire à elle avec ses dents un filament de cette masse résineuse, le tranche et tout en retirant précipitamment la tête, le saisit avec les appendices de ses pattes antérieures; ainsi chargée, elle retourne vers l'alvéole qu'elle avait préparée. Elle pose le filament sur la jointure des deux parois, qu'elle vient de racler, ainsi que sur le sol de l'angle qu'elles forment. Si le filament se trouve trop long, elle en coupe une parcelle avec ses dents. A l'aide de ses pattes, elle le fourre dextrement entre les deux parois, et de ses dents le presse et le tasse dans l'angle qu'elle veut calfeutrer. Si elle s'aperçoit que le filament est encore trop large ou trop gros, elle le ronge et le coupe jusqu'à ce qu'il s'adapte parfaitement aux fissures. La besogne une fois faite, l'observateur est émerveillé de la précision avec laquelle la parcelle de propolis se trouve emboîtée entre les deux parois de l'alvéole. L'ouvrière ne s'attarde pas davantage à cette partie de sa tâche, mais se dirigeant vers un autre coin de l'alvéole, elle le calfeutre de la même manière avec la propolis qui lui reste. D'autres abeilles viennent achever le travail commencé par la première, en sorte que toutes les parois et tous les orifices des alvéoles sont garnis de parcelles de propolis.

---

servateur si renommé des fourmis, dont il a été si souvent question dans ce livre, est devenu *aveugle* dès sa jeunesse à la suite d'études trop assidues. Néanmoins, avec l'aide de sa femme, d'un collaborateur dévoué (François Burnens), de son fils et de quelques amis, il poursuivit avec tant de succès ses remarquables études sur les abeilles, que son ouvrage, paru en 1794, sert encore aujourd'hui de source principale à tous ceux qui étudient la vie des abeilles, quoique bien des faits, qui y sont mentionnés, demandent à être rectifiés.

Ce procédé a pour résultat de donner plus de solidité aux alvéoles en cire, très fragiles au moment où elles sortent des mains de leurs constructeurs, et cela sans recourir à la cire, qui est une matière précieuse, difficile à fabriquer. C'est aussi avec l'aide de la propolis pure ou mélangée de cire, qu'on fixe les rayons aux parois de la ruche. De même quand les rayons, devenus trop lourds à cause du miel qu'ils contiennent, menacent de tomber, on s'empresse de les solidifier et de les soutenir par en haut aussi bien que sur les côtés, par de fortes bandes de filaments de propolis ; le danger de la chute est ainsi évité. F. Huber a vu un rayon, qui, tout en tombant, avait conservé la direction des autres rayons. Cette chute ayant eu lieu dans un moment où les provisions de cire ne suffisaient pas pour remplir par de nouvelles alvéoles l'espace laissé vide, on s'empressa de rajuster ce rayon en le fixant d'un côté à l'aide de bandes de propolis au rayon voisin, de l'autre à la paroi de verre de la ruche qu'il touchait. Ce malheureux accident servit de leçon aux abeilles pour l'avenir ; elles songèrent à soutenir tous les rayons en les reliant de la même façon les uns aux autres, et elles employèrent de la vieille cire pour fortifier les points les plus importants. Il était évident qu'elles cherchaient ainsi à prévenir un malheur semblable dans l'avenir ! « J'avoue », ajoute Huber, partisan de l'instinct, « j'avoue n'avoir pu me défendre d'un sentiment d'admiration devant ce trait, où semble éclater le raisonnement le plus sagace. »

Le docteur Brown, dans son livre sur les abeilles (cité par Watson, *The reasoning power in Animals*, 1867, p. 448), nous communique une observation du même genre, mais plus curieuse encore. Un rayon trop lourd, placé au centre même de la ruche, tomba et pesant sur le rayon voisin, obstrua complètement la circulation. Cet événement, qui produisit une grande agitation dans la colonie, suscita les résultats suivants : avant tout, les abeilles s'empressèrent de réunir horizontalement les deux rayons au moyen de poutres transversales, et enlevèrent par en haut autant de miel et de cire qu'il en fallait pour rétablir la circulation. Ensuite le rayon descendu et rendu accessible fut, au moyen de la propolis, fixé à la fenêtre. Ce résultat une fois obtenu, les poutres transversales auxquelles on avait eu recours furent enlevées. Toute l'opération n'avait pas duré dix jours. Dans un cas pareil, les hommes n'auraient pas agi autrement. Depuis l'introduction des rayons mobiles, qui permettent d'observer plus facilement ce qui se passe dans l'intérieur de la ruche, les apiculteurs ont souvent l'occasion, à propos de divers incidents que présentent les travaux de construction, d'observer des actes semblables, marqués au sceau de jugement. Aussi, le docteur Dzierzon, de Carlsmarkt, à qui on doit la grande découverte de la parthénogénèse des abeilles, se croit autorisé à dire dans son ouvrage sur les besoins de l'apiculture : « L'adresse, avec laquelle les abeilles réussissent à réparer complètement les dommages essuyés par leurs alvéoles et leurs rayons, à soutenir par des piliers les parties de leurs édifices ébranlées par quelque choc, à solidifier et à relier de nouveau les parties disjointes, à jeter les arcs-boutants, à construire des conduits et des échelles, *est vraiment digne d'admiration.* »

La propolis sert encore à un autre usage. Quelquefois on a de la difficulté à jeter hors de la ruche, à cause de leur grosseur, des animaux étrangers, qui y ont pénétré et qu'on a mis à mort, tels que souris, serpents, phalènes ; dans ce cas, les abeilles s'empressent d'enduire les cadavres avec cette substance, et les rendant ainsi impénétrables à l'action de l'air, elles évitent pour la ruche les suites

dangereuses de l'infection. Les abeilles redoutent par-
dessus tout l'air vicié dans l'intérieur de leur habitation,
et cherchent de toutes les manières possibles à obvier à
ce mal, qui non seulement offre de graves inconvénients
pour les individus isolés, mais peut, au milieu d'une population agglomérée dans un espace relativement restreint,
engendrer toute espèce de maladies. Aussi, n'évacuent-
elles jamais leurs excréments à l'intérieur du logis, mais
toujours au dehors. En été, la chose s'effectue facilement,
mais le problème devient plus compliqué en hiver où les
abeilles, tassées dans la partie supérieure de la ruche,
restent presque toujours immobiles, et où souvent, à
cause de l'air vicié, des mauvaises exhalaisons, ainsi que
d'une alimentation malsaine et insuffisante, des dysen-
teries se déclarent et emportent quelquefois, dans un
espace de temps fort court, la communauté tout entière.
Aussi saisissent-elles au vol les belles journées pour se
décharger de leur fardeau, et au printemps elles organisent
en masse des excursions dans ce but spécial. Elles savent
aussi mettre à profit les moindres circonstances pour
donner cours à leurs fonctions excrémentitielles, avec le
moindre dommage possible pour la ruche. M. Henri Lehr,
un apiculteur de Darmstadt, notre ami, a bien voulu nous
communiquer les détails suivants : Une forte dysenterie
ayant sévi durant tout un hiver parmi ses abeilles, celles-ci
n'étant plus en état de retenir leurs excréments, toutes
les ruches, à l'exception d'une seule, furent fort endommagées. Par un examen minutieux, on s'aperçut que tout
le revers de la paroi postérieure de cette ruche était
souillé par les excréments des abeilles, qui y avaient
établi de vrais lieux d'aisance. Tout juste à cet endroit
s'était formé, par l'émiettement de quelques parcelles
d'argile, une petite cavité, attenant directement à la

partie supérieure de la ruche, où les abeilles ont l'habitude de se tenir en hiver. Elles n'avaient donc pas laissé échapper un moyen si propice pour satisfaire à un besoin auquel les circonstances mettent si souvent obstacle.

En général, comme nous l'avons déjà dit, l'*amour de la propreté* de l'habitation aussi bien que de la personne de l'insecte, est un trait caractéristique des abeilles. Leur premier soin, en prenant possession d'un nouveau domicile, est de le nettoyer de la poussière, de la boue, des sciures de bois ou des brins de paille, qui pourraient s'y trouver. En hiver, leur corps se couvre d'ordinaire d'une graisse brunâtre, qui gêne leurs mouvements et nuit à leur santé. Aussi, aux premières belles journées de printemps, s'empressent-elles, avant tout, de nettoyer et de frotter soigneusement leurs personnes, tâche dont elles s'acquittent en partie elles-mêmes, en partie à l'aide de leurs camarades, qui débarbouillent les endroits du corps auxquels l'insecte ne pourrait atteindre lui-même. Ensuite, a lieu le nettoyage le plus minutieux de l'habitation; là, le pollen durci par le temps, les cadavres des abeilles mortes, toute espèce de moisissure, etc., sont époussetés, éliminés de la ruche avec un soin et une attention vraiment dignes d'éloges. D'après une observation de Watson (*loc. cit.*, p. 453), empruntée au *Glasgow Herald* (*Notes and Queries*, III sér., vol. III, p. 314), il semble que les abeilles pratiquent aussi l'*inhumation*. Le correspondant s'exprime dans les termes suivants : « En me promenant un jour avec un ami dans un jardin de Falkirk, mon attention fut attirée par deux abeilles, qui sortaient de la ruche, portant le corps d'une compagne morte. Elles parcoururent un espace de près de dix aunes avec leur fardeau. Nous les suivîmes et pûmes les voir déposer soigneusement le corps dans un petit creux, au bord d'un sentier couvert de gravier, et finalement mettre dessus deux petites pierres. Elles restèrent là une bonne minute avant de s'en aller. » Le correspondant ajoute, que, quoique jusque-là, il n'eût jamais eu l'occasion d'assister à l'enterrement d'une abeille, il avait vu pourtant une guêpe s'introduire dans une ruche, dont les habitantes la tuèrent et la traînèrent ensuite au dehors pour la déposer de l'autre côté d'un petit mur en pierre, qu'elles avaient réussi à franchir en emportant le cadavre. C'est un fait observé plus d'une fois, que les cadavres des abeilles mortes ne sont jamais laissés dans le voisinage de la ruche, mais emportés à une certaine distance.

Un autre point intéressant, intimement lié au chapitre de la propreté, est la *ventilation* de la ruche. En été, ou en général par un temps chaud, quelques-unes des habitantes ont pour fonction spéciale de renouveler dans l'intérieur de la ruche l'air si nécessaire à la respiration des abeilles, et d'y rafraîchir la température trop élevée. Ce dernier point est essentiel, non seulement pour la santé des ouvrières travaillant au fond de l'habitation, qui ne supportent point, nous l'avons déjà dit, une température trop élevée, mais aussi pour empêcher la fonte de la cire. Rangées en lignes superposées, les abeilles chargées de la ventilation se distribuent dans toute l'habitation et, par un rapide mouvement de leurs ailes, elles agitent l'air et le chassent l'une vers l'autre, ce qui finit par établir dans toute la ruche un courant salutaire et rafraîchissant. A l'entrée, d'autres abeilles sont occupées, à l'aide d'une manœuvre analogue, à chasser l'air qui vient du dedans. Le courant atmosphérique produit de cette façon est assez fort pour agiter violemment de petits bouts de papier suspendus près de l'ouverture de la ruche, et suffit même, à en croire F. Huber, à éteindre une bougie allumée. Rien qu'en étendant la main, on le sent très nettement.

Le mouvement des ailes produit par les abeilles-ventila-
trices est si rapide, qu'on a de la difficulté à le saisir.
Huber en a vu quelques-unes agiter ainsi leurs ailes pendant vingt-cinq minutes. Quand elles sont fatiguées, des
camarades frais et dispos s'empressent de les remplacer.
Pourtant, selon Jesse, à l'époque des chaleurs, tous les
efforts des abeilles pour abaisser d'une manière sensible
la température, et prévenir la fonte d'une partie de la cire,
échouent complètement. Une si grande agitation s'empare
alors des petites bestioles, qu'il devient dangereux d'en
approcher. Le remède auquel, dans ces occasions, elles ont
généralement recours, c'est de sortir en grand nombre de
la ruche, et d'aller s'abattre sur son toit, afin de préserver
l'habitation autant que possible des rayons meurtriers du
soleil.

Si les procédés de ventilation ci-dessus mentionnés nous
semblent remarquables par eux-mêmes, ils le paraîtront
davantage si nous les considérons comme un résultat de
la civilisation atteinte par les abeilles, et des maux engen-
drés par celle-ci. Le besoin d'une semblable ventilation ne
pouvait guère se faire sentir, quand les abeilles vivaient à
l'état de nature, alors que leurs habitations, juchées sur
le sommet des arbres et dans les creux de rochers, ne laissaient rien à désirer sous le rapport de l'air et de l'espace ;
il n'a surgi que dans les étroites ruches artificielles. Cela
est si vrai que quand Huber eut transporté ses abeilles
dans une grande et belle ruche, haute de cinq pieds, où
l'air ne manquait guère, elles cessèrent d'éventer la ruche
de leurs ailes. Il est donc évident que cette manœuvre n'a
absolument rien de commun avec l'instinct inné de l'espèce, mais qu'elle est graduellement résultée de la nécessité, du jugement et de l'expérience.

Nous n'avons encore rien dit de l'une des charges les

plus importantes, qui pèsent sur les abeilles, vouées aux
travaux intérieurs de la ruche. Il s'agit de la construction
et de la préparation des alvéoles en cire, destinées à
servir soit de berceau à la progéniture, soit de garde-
manger ou de magasins. Le principe fondamental de
leur art architectural semble être de bâtir le·plus grand
nombre possible d'alvéoles en économisant le plus de cire,
d'espace et de travail, but atteint par les abeilles de façon
à mériter toute notre admiration et à frapper d'étonnement l'observateur. Quoique les abeilles ne possèdent pas
de connaissances mathématiques et géométriques et n'en
aient guère besoin, l'usage, l'expérience, l'hérédité, com-
binés avec le principe de la sélection naturelle, leur ont
graduellement fait adopter le mode de construire le plus
approprié à leur but et à leurs besoins. Chaque rayon ou
gâteau se compose de deux couches de cellules ou alvéoles,
adossées l'une à l'autre; ces alvéoles hexagonales, à base
pyramidale, sont disposées de· façon à servir de base à
celles du côté opposé, en même temps que leurs six pans
limitent les cellules avoisinantes. De cette manière chaque
paroi, par ses faces latérales aussi bien que par sa base,
atteint un *double but*. Mais ces parois, d'une minceur
extrême et servant à un double usage, seraient trop fragiles, si
les sagaces petites bêtes ne cherchaient à prévenir le danger
et à leur donner plus de solidité, en enduisant les bords
ouverts des alvéoles avec de plus grosses tranches de cire,
de même que les ferblantiers tâchent de donner plus de
solidité et de résistance aux ustensiles qu'ils fabriquent,
en donnant sur les bords plus d'épaisseur aux minces
feuilles du métal.

Il est très difficile d'observer les abeilles dans l'acte
même de la construction des alvéoles. Elles mettent tant
de zèle à s'assister mutuellement dans cette besogne et

forment un groupe si compact, tout en se relayant sans cesse, qu'on trouve rarement le moyen de suivre le fil de leurs manipulations. On voit pourtant que ce sont leurs deux mandibules, qui leur servent d'instrument principal pour façonner et modeler la cire. Tandis que les unes taillent les alvéoles hexagonales, selon leurs dimensions normales, d'autres sont occupées à poser les bases des nouvelles alvéoles. Les premières cellules hexagonales une fois façonnées, toutes les autres revêtent comme d'elles-mêmes une forme analogue. Le superflu de la cire employée aux premières fondations est soigneusement gratté avec les dents, roulé en petites boules de la grosseur d'une tête d'épingle, pour être utilisé dans le cours des travaux.

Toutes les alvéoles n'ont pas la même forme, comme cela aurait dû être, si les architectes-abeilles travaillaient d'après un plan uniforme, imposé par l'instinct. Elles présentent dans leur construction quantité de modifica-tions et d'irrégularités. On trouve, presque dans chaque rayon, des alvéoles irrégulières ou imparfaites, surtout à l'endroit où les cellules du rayon se rejoignent. Les petites ouvrières ne commencent pas la construction de leur rayon en partant d'un point unique, mais bien de plu-sieurs points à la fois, afin d'avancer rapidement dans leur travail et de pouvoir s'y employer simultanément en grand nombre, en sorte que leurs rayons présentent l'aspect d'un cône aplati ou d'une pyramide renversée, dont les diverses parties sont reliées plus tard entre elles. Il est donc naturel que les cellules formant ces points de jonction se distinguent par une forme irrégulière, soit trop allongée, soit trop retrécie. Il en est de même plus ou moins pour les alvéoles appelées de *passage*, destinées à relier les grandes alvéoles des mâles avec les petites alvéoles des abeilles ouvrières, et disposées d'ordinaire en

deux ou trois rangées. De même les cellules que les abeilles
ont l'habitude d'ajouter sur les bords, entre les rayons
et les vitres de la ruche, revêtent des formes irrégulières.
Enfin, on peut observer que, loin de s'en tenir obstinément
à un plan unique de construction, dans les endroits où la
localité ne s'y prête pas, les abeilles savent s'adapter
parfaitement aux circonstances, non seulement pour la
construction des alvéoles, mais aussi pour celle des rayons.
F. Huber a cherché, de toutes les manières, à mettre à
l'épreuve leur instinct architectural, ou plutôt leur jugement et leur habileté et, chaque fois, les abeilles s'en tiraient
à leur avantage. Ainsi, par exemple, il établit des abeilles
dans une ruche, dont le sol et le toit étaient en verre,
substance polie à laquelle elles n'attachent leurs rayons
qu'à contre-cœur. Toute possibilité de recourir à leur
mode usuel de construction leur était donc enlevée, par
en haut aussi bien que par en bas ; il ne leur restait d'autres points d'appui que les parois perpendiculaires de leur
habitation. Pourtant elles construisirent, à partir d'une de
ces parois, une rangée régulière d'alvéoles et cherchèrent
à prolonger leur rayon jusqu'à la paroi opposée de la
ruche. Pour les en empêcher, Huber s'empressa de revêtir
de verre cette paroi. A quel expédient recoururent les
intelligentes bestioles? Au lieu de continuer leur construction dans la direction commencée, *elles incurvèrent*
extrémement leur rayon à partir du point déjà atteint,
et le dirigeant à angle droit vers un point de la paroi
interne de la ruche *non* revêtu de verre, parvinrent
ainsi à l'y fixer solidement. Tout naturellement la forme
et la dimension des cellules, ainsi que la distribution de
l'édifice dans les endroits recourbés, revêtirent un tout autre
aspect qu'à l'ordinaire. Les abeilles élargirent les alvéoles
du côté convexe, beaucoup plus que celles du côté opposé,

en sorte que les premières atteignirent un diamètre deux ou trois fois plus grand, ce qui n'empêcha pas les abeilles de les relier adroitement au reste des alvéoles. *Elles n'avaient point attendu pour incurver le rayon, qu'il eût atteint le verre, mais avaient prévu la difficulté et y avaient paré!*

Huber a constaté en plus que les abeilles peuvent fixer aussi leurs alvéoles hexagonales sur le verre ou le bois, au lieu de les juxtaposer les unes aux autres sur une base en cire; seulement, dans ce cas, au lieu d'être pyramidale, la base de la cellule est aplatie. Les cellules de ce genre ont une forme moins régulière que les autres. Quelquefois le pourtour des cellules n'est pas angulaire, ou bien très souvent les dimensions ne sont pas régulières. On reconnaît pourtant, dans les alvéoles qui s'éloignent le plus du plan uniforme, une coupe hexagonale, plus ou moins nettement accusée.

La tranche inférieure, librement suspendue, d'un gâteau achevé est toujours terminée par une bordure épaisse de cire aux alvéoles irrégulières à peine ébauchées. Si dans la suite les abeilles veulent continuer le rayon, elles détruisent avant tout cette bordure en cire avec ses cellules irrégulières et ne poursuivent qu'alors leur travail de construction. De même elles n'achèvent un fragment de rayon artificiel, qu'on leur aura fourni, qu'après avoir détruit les rangées de cellules endommagées, situées sur le bord rompu. Si le fragment en question n'est pas propre ou ne leur convient pas sous quelque autre rapport, elles le détruisent en entier et recommencent la construction à nouveaux frais. Elles n'hésitent pas non plus à détruire des cellules ouvrières, alors que voulant élever des mâles, elles désirent avoir des cellules de faux-bourdons. Partout perce une conscience parfaite de l'état des choses et une adaptation non moins claire et consciente des actes aux circonstances.

Ces observations et bien d'autres encore, prouvent, comme le dit Huber, « combien l'instinct des abeilles sait faire la part des circonstances; quel compte il tient des conditions, du milieu et des besoins du peuple. »

« Il faut », dit Menault (*L'intelligence des animaux*, Paris, 1872), après avoir décrit quelques actes analogues des abeilles, surtout ceux calculés en vue d'économiser l'espace, « il faut être plus bête qu'un animal, pour ne pas reconnaître, dans cette conduite, du calcul, de la comparaison, du jugement et de la raison. »

D'ailleurs les abeilles, aussi bien que les fourmis et les hommes, sont sujettes à l'*erreur;* il leur arrive de faire mal et de devoir ensuite réparer ce qu'elles ont fait. Huber a vu une ouvrière relier la construction en cire, dont elle était chargée, à celle que sa compagne avait déjà façonnée. Malheureusement la seconde partie ne s'adaptait pas à la première avec laquelle elle formait un angle. « Une abeille survenue sur ces entrefaites s'aperçut de la bévue, et détruisant sous nos yeux le fragment mal fait, elle le refit sur le modèle du premier, en s'en tenant strictement au plan tracé. » D'autres observateurs, et parmi eux Darwin, ont constaté des faits analogues. « Quand il se présentait quelque difficulté », dit Darwin, « par exemple, quand deux portions d'un rayon venaient à se rencontrer sous un angle quelconque, il était curieux de voir les abeilles recommencer à diverses reprises, et de diverses manières, la construction de la même cellule et revenir parfois à une forme, qu'elles avaient d'abord rejetée. »

CHAPÌTRE XX

Activité hors de la ruche.

Récolte des aliments. — Alimentation mutuelle. — Sentinelles et police extérieure. — Protection de la ruche contre les ennemis et l'intrusion des animaux de toute espèce. — Comment on traite les intrus.

Les travaux du département dit *extérieur*, tout en étant moins compliqués que les occupations domestiques de la ruche, sont plus pénibles et plus fatigants. Ils se bornent presque exclusivement à l'importante affaire de la récolte des aliments, pour la progéniture et la ruche, ainsi que des provisions nécessaires pour la conservation de la colonie

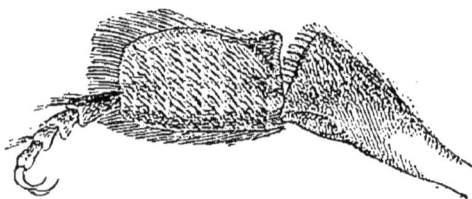

Brosse et pince de l'abeille commune.

durant la longue saison d'hiver. Le nectar ou suc des fleurs est transporté dans une dilatation du canal digestif, en forme de gésier; le pollen est empilé dans les *corbeilles* creusées à la face externe des pattes postérieures des abeilles ouvrières, où il est roulé sous la forme de boulettes appelées *pelottes*. Quelquefois les abeilles sont à ce point chargées de pollen, qu'on les distingue à peine sous leur fardeau. Avec une agilité étonnante, de leurs pattes antérieures, elles rassemblent la poussière pollinique qui couvre les fleurs; ensuite, à l'aide des pattes médianes, elles la distribuent et la tassent dans les *corbeilles* des pattes postérieures. Il est à noter qu'à chaque excursion l'abeille n'apporte qu'une espèce de pollen, qu'elle se hâte de déposer intact dans la ruche, où il est assorti et distribué dans des logettes séparées, grâce aux soins des abeilles domestiques. C'est là un trait observé et constaté déjà par Aristote.

C'est au moyen de leur trompe, plongée dans la corolle de la fleur, que les abeilles pompent le nectar, ainsi que toutes les matières alimentaires à l'état liquide. Ce réservoir, chez quelques-unes des fleurs recherchées par elles, se trouve au fond d'un tube, en partie caché et recouvert par les étamines. Pourtant l'abeille le trouve facilement, et si elle ne réussit pas à faire pénétrer sa trompe par l'orifice naturel des nectaires, elle perce, à l'exemple du bourdon, un trou à la base de la corolle ou du calice lui-même, afin d'atteindre avec sa trompe l'endroit précis où la nature a organisé son dépôt de miel. Les mâchoires de l'abeille étant plus faibles et en même temps plus grosses que celles du bourdon, elle cherche à utiliser, s'il est possible, l'orifice pratiqué par celui-ci, et ce n'est qu'à son défaut qu'elle en perce un à ses propres frais. Tout au contraire, les abeilles maçonnes et les andrénètes, qui se posent sur les mêmes fleurs, ne se servent jamais des orifices pratiqués par le bourdon et par la mouche à miel, mais cherchent à pénétrer par en haut dans l'intérieur de la corolle, fait prouvant que la vive intelligence des abeilles leur fait défaut.

La récolte du nectar se fait avec d'autant plus d'activité et de succès que l'on voit les laborieuses bestioles voltiger avec plus de rapidité de fleur en fleur. Arrivée au logis, l'abeille butineuse se débarrasse au plus vite de son fardeau intérieur aussi bien qu'extérieur, pour retourner à la recherche d'un nouveau butin ; comme nous l'avons déjà dit, ce sont les compagnes, restées dans la ruche, qui se chargent du soin d'assortir les matériaux bruts et de les soumettre à une élaboration ultérieure. Si une abeille butineuse, revenant au logis, trouve sur sa route une camarade affamée, on voit se répéter la manœuvre observée chez les fourmis. L'abeille à jeun avertit sa camarade de la faim qu'elle éprouve par de petits coups d'antennes appliqués sur la tête, et celle-ci s'empresse d'ouvrir son appareil buccal et d'ingurgiter dans celui de son amie une partie des substances alimentaires, emmagasinées dans son estomac. Dans certaines occasions exceptionnelles, quand, pour une raison quelconque, on ne peut plus mettre la main sur les provisions de miel enfermées, ou quand le butin effectué a été si riche qu'on n'a plus besoin du surplus, on peut assister à des scènes de ce genre et voir les abeilles, en vue des éventualités de l'avenir, opérer la distribution des aliments disponibles entre tous les membres de la ruche.

Il est merveilleux de voir que, malgré le grand nombre d'ouvrières, qui entrent et sortent continuellement de la ruche, jamais il n'y a de presse, jamais le plus léger désordre ne se produit entre elles ; ceci doit tenir en partie à ce que chaque groupe, entrant ou sortant, est conduit par des chefs ou guides, chargés de veiller au maintien de l'ordre, en partie à ce que les abeilles, placées en sentinelles pour interdire l'entrée de la ruche aux intrus, aident de leur côté à maintenir l'ordre dans la foule. Les portes de la ruche, surtout pendant la belle saison, sont gardées nuit et jour par des *sentinelles*, chargées de plusieurs fonctions de la plus haute importance. Personne

ne pénètre dans la ruche sans avoir été préalablement
examiné et tâté de la manière la plus minutieuse par
lesdites sentinelles. En règle générale, seuls les membres
d'une ruche sont admis à y pénétrer, et les abeilles appartenant à une ruche étrangère, reconnaissables par l'odorat,
sont impitoyablement repoussées. Une reine étrangère
a-t-elle l'audace de se présenter, les sentinelles se précipitent sur elle et l'enferment dans un cercle, qui se retrécit
de plus en plus ; elles enfoncent leurs dents dans ses pattes
et dans ses ailes, l'empêchent ainsi de bouger et la font
renoncer bien vite à toute tentative d'invasion. Il peut
arriver pourtant qu'une reine, revenant de l'essor nuptial
et s'étant égarée en route, s'introduise dans une ruche
étrangère, dont l'issue est mal gardée ; rien ne saurait
alors la préserver d'une mort certaine par la faim, l'étouf-
fement ou le poison. Les *abeilles voleuses*, dont il sera
question plus tard, réussissent aussi parfois à en imposer
aux sentinelles, en usant tantôt de violence, tantôt de ruse
et d'artifice, et à s'introduire ainsi dans la ruche. Mais en
général, les sentinelles sont sur leur garde et, se méfiant
beaucoup des voleurs et des vagabonds, ne laissent entrer
dans la ruche les abeilles étrangères qu'à titre d'exception,
quand, par exemple, ces dernières sont elles-mêmes chargées de miel et de pollen, ce qui éloigne toute supposition
de vol. Mais quand plusieurs tentatives précédentes de
pillage ont éveillé la méfiance des sentinelles et les ont
rendues plus irritables que de coutume, on les voit repousser rudement une abeille voleuse dans la direction contraire
à celle du vent et chercher à la tuer en la pourchassant
dans l'air. Celle-ci tournoie sur elle-même et, après avoir
décrit dans l'air quelques tours de spire, finit par s'abattre.
On fait pourtant une exception remarquable en faveur de
très jeunes abeilles étrangères, qui se sont égarées et ne

peuvent retrouver la route de leur ruche. Soit prévoyance habile, soit miséricorde, on les accueille dans la ruche lors même qu'elles *ne sont point chargées* de butin, ce qui est le cas ordinaire. A l'époque de la récolte, les membres eux-mêmes de la ruche ne sont admis à y pénétrer que *chargés* de butin, excepté pourtant les *explorateurs* revenant de leurs missions : ceux-là entrent librement, sans rien apporter.

Du reste, cette police à l'égard des étrangers n'est point, de l'aveu des apiculteurs, appliquée avec la même rigueur par toutes les abeilles et dans toutes les ruches. Ici aussi, de même que dans la police des sociétés humaines, on regarde quelquefois « entre les doigts » un peu plus que cela ne serait désirable dans l'intérêt général. Sans oser l'affirmer, je penche à croire que des considérations personnelles, des convenances d'affaires ou de famille, des ménagements suggérés par le désir d'une promotion, par la crainte des puissants, les complaisances inspirées par l'amour, y jouent un rôle analogue à celui qu'ils exercent chez les êtres doués de raison.

La vigilance des sentinelles s'exerce surtout contre les vrais ennemis des abeilles, les animaux d'une autre espèce, qui cherchent à forcer l'entrée de la ruche. Cela a lieu le plus souvent la nuit, quand le calme, régnant autour de la ruche, encourage les ennemis attirés par l'arome pénétrant et sucré qui s'en exhale. A peine un de ces ennemis en arrive-t-il à effleurer les antennes des abeilles chargées de la garde de nuit, que celles-ci l'attaquent en faisant entendre, au lieu de ce bourdonnement entrecoupé qu'elles poussent de temps en temps, quand le calme et la sécurité règnent aux alentours, un sifflement strident, tout particulier, répété par toutes les sentinelles, et jetant l'alarme parmi les habitantes de la ruche. Une foule d'abeilles s'élancent aussitôt au dehors, pour aider à repousser l'agresseur.

Il y a pourtant des ennemis, contre lesquels les sentinelles sont impuissantes. Tel est, par exemple, le gros *sphinx atropos*, grand amateur de miel, qui, dans certains pays, comme la Hongrie, par exemple, assiège littéralement les ruches. Nos intelligents insectes se garantissent contre lui, soit en enduisant l'entrée de la ruche avec de la propolis ou de la cire et de la propolis, soit en en rétrécissant l'orifice au point qu'il ne puisse livrer passage qu'aux abeilles, à l'exclusion de tout autre insecte plus gros. Ce rétrécissement de l'orifice sert aussi contre les petits insectes, une ouverture étroite étant plus facile à protéger qu'une large. « Les abeilles d'une de mes ruches », dit Jesse (*Gleanings in Nat. hist.*, vol. I, p. 21), « ont élevé un véritable mur de fortification en propolis à l'entrée même de celle-ci, afin de la mieux protéger contre les guêpes. Dans le fait, à l'aide de ce mur, un petit nombre d'abeilles suffisait à défendre l'entrée. »

Mais il survient un moment, soit dans la saison de la récolte, soit quand la ruche devient trop populeuse, où l'exiguïté de l'entrée devient gênante pour les abeilles elles-mêmes. Alors elles se mettent en devoir de démolir les fortifications élevées avec tant de soins. Ainsi Huber vit démolir, au printemps de 1805, un mur construit en 1804 contre les *atropos*. Car cette année-là, et l'année suivante, les *atropos* n'avaient point paru. Mais ils revinrent en grand nombre dans l'automne de 1807, et les abeilles de se fortifier derechef contre leurs ennemis. En 1808, les bastions furent de nouveaux rasés.

Nous avons déjà raconté comment les animaux, tels que souris, limaces, etc., qui pénètrent dans une ruche, y sont mis à mort et leurs cadavres enduits de propolis. Malheureusement cette justice expéditive ne put être appliquée à ce colimaçon, dont parle Réaumur (Kirby et Spence, *Entomologie*, 2me partie, p. 229). Protégé qu'il était par sa dure carapace contre le dard des abeilles, ledit colimaçon était en train d'effectuer paisiblement un voyage le long d'une ruche pourvue de parois vitrées; mais on ne tarda pas à trouver un expédient. Les abeilles calfeutrèrent avec de la cire et de la propolis l'orifice de la coquille et, à l'aide des mêmes matériaux, fixèrent solidement l'intrus au mur de la ruche, en sorte que celui-ci périt de faim et d'asphyxie dans sa propre demeure!!! D'autres animaux, les souris, par exemple, dont la grosseur eût été un obstacle à leur désinfection par la propolis, ou qui, en dépit de ce remède, auraient néanmoins empesté la ruche, sont rongés jusqu'aux os, en sorte que l'on ne retrouve plus tard dans la ruche que leur squelette proprement dénudé. Quant à la chair de l'animal, elle n'est point, comme l'ont supposé quelques naturalistes, mangée par les abeilles, mais bien rejetée par elles hors de la ruche.

CHAPITRE XXI

Langage des abeilles. — Odorat et mémoire.

Importance des antennes. — Virgile et Shakspeare
à propos des abeilles.

Outre leurs fonctions d'agents de police, les sentinelles
sont encore chargées de transmettre au fond de la ruche
toutes les nouvelles du dehors. A en croire de Fravière,
des sons très variés sortiraient des stigmates du thorax et
de l'abdomen de l'abeille, et chaque son aurait sa signifi-
cation particulière. A peine une abeille porteuse d'importantes nouvelles arrive-t-elle, qu'on l'entoure ; après avoir
émis deux ou trois sons stridents, la messagère se met à
effleurer une compagne de ses longues antennes si flexibles, composées de douze à treize articles et douées d'une
grande sensibilité tactile. La compagne favorisée communique à son tour la nouvelle à une autre, et c'est ainsi
qu'elle se répand dans toute la ruche. Si la nouvelle est
d'un genre agréable, s'il s'agit, par exemple, de la découverte d'un dépôt de sucre ou de miel, ou de celle d'une
prairie émaillée de fleurs, tout reste dans l'ordre. Mais
si l'on a appris l'approche d'un danger quelconque, la tentative de quelque animal pour pénétrer dans la ruche, etc.,
la plus grande agitation se manifeste au sein de la petite
colonie. Il paraît que c'est à la reine, comme à la personne
la plus importante de l'état, que ces nouvelles sont communiquées en premier lieu.

Ceci nous amène naturellement à aborder la question du *langage* des abeilles. Ce langage, pour ne pas être compris par nous, n'en existe pas moins et est susceptible d'exprimer un sens bien défini. C'est un langage vocal aussi bien que mimique, et il est hors de doute qu'il serve aux abeilles à s'entendre non seulement pour ce qui regarde les choses générales, mais aussi pour ce qui regarde les choses très spéciales et très diverses. La découverte faite par une abeille d'un dépôt de sucre ou de toute autre substance alimentaire à un endroit donné, a immédiatement pour résultat d'y amener, au bout d'un temps très court, toute une nuée d'abeilles affamées. Ce ne peut être que le résultat d'une communication circonstanciée, faite par ladite abeille à ses camarades. Landois (*loc. cit.*, p. 153) raconte que si l'on place devant une ruche une coupe avec du miel et que des abeilles sortant de la ruche l'aperçoivent, quelques-unes d'entre elles font immédiatement entendre leur *tut! tut!* Ce son est assez élevé, semblable à celui que fait entendre une abeille attrapée. A cet appel de la première abeille, toute une troupe de ses compagnes sort de la ruche pour recueillir le miel octroyé. Voici comment au printemps s'y prend l'apiculteur pour attirer l'attention de ses abeilles sur le récipient d'eau, qu'il place dans le voisinage de la ruche (elles en ont besoin pour préparer la pâtée nécessaire à la progéniture) : afin de leur éviter la peine d'aller la chercher trop loin, il présente à l'entrée de la ruche une vergette enduite de miel, sur laquelle quelques abeilles se posent bien vite, et il les emporte ainsi vers le vase d'eau. Cela suffit pour qu'à leur retour l'existence de la provision d'eau, ainsi que son emplacement, soient des faits acquis pour la colonie! M. L. H. Brofft raconte, dans le *Jardin zoologique* (18ᵐᵉ année, n° 1, page 67), que, dans le rucher de son père, une ruche riche se trouvant à côté d'une ruche pauvre, la première perdit subitement sa reine. Avant que le possesseur pût prendre une décision à ce sujet, les habitantes des deux ruches voisines s'étant entendues, avaient adopté la mesure suivante : les habitantes de la ruche orpheline, avec leurs provisions de miel, s'étaient transportées dans la ruche pauvre ou moins peuplée, et cela après s'être convaincues par des députations multipliées de l'état de cette ruche et de l'existence dans son sein d'une reine fécondée ! !

C'est dans leurs antennes que les abeilles, de même que les fourmis, possèdent incontestablement le meilleur moyen de communication ; elles s'effleurent mutuellement avec cet organe de mille manières diverses. Ces antennes leur servant de moyen d'orientation et d'expérimentation dans tous leurs travaux, on ne saurait leur faire un plus grand dommage qu'en les en privant. Pratiquée sur les ouvrières, l'amputation des antennes a pour résultat de les rendre inaptes à toute espèce de travaux et de leur faire abandonner, en désespoir de cause, la ruche où elles ne savent plus se retrouver. Réduits à cette état, les mâles ne savent non plus trouver ni leur route dans la ruche, ni leur nourriture. Ne pouvant plus se guider dans l'obscurité de l'habitation, ils se décident aussi à l'abandonner. Quant à la reine, en perdant ses antennes, elle perd non seulement la conscience de sa mission maternelle et la faculté de s'en acquitter, mais en même temps ses sentiments de haine et de jalousie. Les reines privées d'antennes se côtoient sans se reconnaître, et les abeilles ouvrières semblent partager leur indifférence, comme si la colère de la reine les avertissait seule du péril de la colonie.

C'est en enlevant une reine à sa ruche, qu'on peut juger le mieux de la faculté qu'ont les abeilles de communiquer

entre elles par le jeu de leurs antennes. La catastrophe
n'est d'ordinaire remarquée qu'au bout d'un certain
temps, une heure à peu près, par une partie de la
population ; inquiète, elle interrompt ses travaux et se
met à courir le long des rayons. Mais tout ceci ne se passe
que dans une portion de la ruche et le long d'un côté des
rayons. Bientôt, les abeilles agitées dépassent le cercle,
dans lequel elles tournaient au commencement, et, rencon-

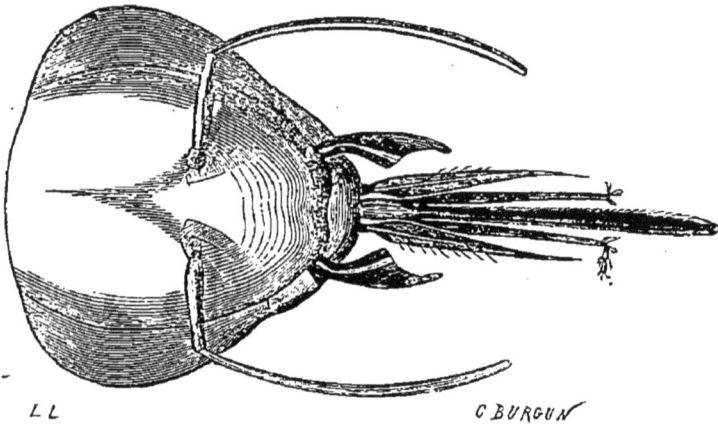

Tête de l'abeille domestique.

trant une camarade, elles entrecroisent leurs antennes
avec les siennes en leur imprimant un léger mouvement.
Celles qui ont subi ce contact particulier deviennent agitées à leur tour, et vont porter dans une autre partie de
la ruche leur émoi et leur inquiétude. L'agitation se propage, grandit, gagne les autres côtés des rayons, se communique enfin à la population entière. Alors se produit
cette confusion générale, décrite ci-dessus.

Huber a fait là-dessus une très curieuse expérience.
Au moyen d'une cloison il divisa une ruche en deux parties distinctes : une grande agitation se manifesta dans

la portion de la ruche privée de la reine, et elle se calma seulement quand quelques ouvrières se mirent à bâtir des cellules royales. Il partagea ensuite une ruche de la même manière, mais au moyen d'un treillage, à travers lequel les abeilles pouvaient introduire leurs antennes. Tout resta dans l'ordre le plus parfait, et on ne manifesta aucune velléité de construire des cellules royales. En outre on put voir expressément la reine et les ouvrières, séparées par le treillage, entrecroiser leurs antennes à travers les fentes de celui-ci.

C'est surtout la nuit, ou bien dans l'intérieur obscur de la ruche, que les abeilles ont recours à leurs antennes ; le jour, ou dans les endroits éclairés, elles se laissent aussi guider par la vue, d'ailleurs faiblement développée chez elles. Il suffit, pour s'en convaincre, de suivre leurs mouvements, quand, pendant un clair de lune, elles font la garde auprès de la porte de la ruche pour en interdire l'entrée à la dangereuse teigne à cire, qui voltige tout autour. Il est fort curieux d'observer la ruse avec laquelle cette teigne sait tirer parti de la mauvaise vue de son adversaire, qui ne distingue que les objets bien éclairés, et de la tactique déployée par celui-ci pour expulser et éloigner un ennemi aussi dangereux. Postées en sentinelles à la porte de leur habitation, les abeilles agitent à droite et à gauche leurs antennes étendues, et malheur à la teigne heurtée par leur contact ! Cherchant à se glisser derrière les sentinelles, celle-ci à son tour emploie tous les moyens pour esquiver le contact redoutable de cet organe mobile.

C'est encore par l'entremise des antennes qu'agit l'odorat si fin, dont sont douées les abeilles, odorat qui leur permet (quelque invraisemblable que le fait puisse paraître) de distinguer les amis des ennemis et de reconnaître au milieu de milliers d'abeilles les membres de leur colonie, qui les met en garde contre les abeilles-voleuses ou simplement étrangères, auxquelles elles cherchent à interdire l'entrée de leur ruche[1]. Aussi quand les apiculteurs désirent fondre en une seule deux ruches jusque-là séparées, ils sont réduits à asperger les abeilles avec de l'eau ou à les stupéfier avec des fumigations, afin d'atténuer dans une certaine mesure la sensibilité de leur odorat. On peut aussi réunir deux ruches en les imprégnant d'une même odeur, au moyen d'une substance aromatique, du musc, par exemple.

A la finesse des sens, les abeilles joignent une *mémoire* excellente, qui les rend capables de retrouver les endroits où elles ont fait la récolte, l'arbre ou la fleur où elles ont trouvé du miel, ainsi que de reconnaître leur ruche parmi beaucoup d'autres. Huber raconte, qu'il avait placé en automne, sur une de ses fenêtres, du miel qui attirait les abeilles par bandes. Ensuite, le miel fut retiré, et les volets restèrent fermés tout l'hiver. Quand on les rouvrit au printemps suivant, les abeilles reparurent immédiatement, quoiqu'il n'y eût pas de miel sur la fenêtre. Elles se souvenaient sans doute de celui qu'elles y avaient trouvé autrefois, et l'espace de plusieurs mois n'avait pas suffi à effacer l'impression reçue.

Un merveilleux exemple de la mémoire des abeilles nous est fourni par Stickney (Kirby et Spence, *loc. cit.*,

---

[1] D'après les recherches récentes faites par le Dr O. J. B. Wolff, de Coswig, près Dresde, l'odorat des abeilles ne serait point placé dans leurs antennes, mais bien dans deux *organes olfactifs* spéciaux, logés dans le voisinage de l'œsophage, et composé de cent dix paires de papilles olfactives, pourvues chacune d'un nerf spécial. Les insectes très voisins des abeilles, tels que les guêpes, ne possèdent que vingt à quarante paires de ces papilles. De là l'odorat si fin et si subtil des abeilles, percevant tant de choses en apparence insaisissables. Entre l'œil réticulé et l'attache de la mâchoire supérieure se trouve la *glande muqueuse olfactive*, secrétant une mucosité, qui baigne les papilles olfactives et rend l'olfaction possible.

liv. II, p. 591). Des abeilles, qui avaient pris possession d'une anfractuosité située sous un toit, furent plus tard enfermées dans une ruche. Des années durant, à l'époque des essaims, elles dépêchèrent de leur nouvelle habitation des explorateurs vers le creux en question. Le souvenir en avait dû être transmis par hérédité, de génération en génération. Karl Vogt (*Leçons sur les animaux utiles et nuisibles*) cite un fait analogue à propos de fourmis, qui, des années durant, se rendaient, à travers des rues populeuses, à un dépôt de pharmacie situé à la distance de 600 mètres, et où se trouvait toujours un grand vase plein de sirop.

La sûreté avec laquelle les abeilles en expédition retrouvent la route de leur demeure, parle aussi en faveur de leur excellente mémoire. Avec la vitesse d'une balle, elles prennent leur élan à l'approche d'une tempête pour rejoindre leur foyer chéri par la voie la plus directe. Cette faculté a d'ailleurs ses limites, et il faut reconnaître que l'abeille, qui s'est éloignée de la ruche à la distance d'une demi-heure ou d'une heure, perd facilement son chemin à son retour. Aussi préfèrent-elles les champs, émaillés de fleurs, les plus voisins de la ruche, proximité qui a d'ailleurs l'avantage de leur épargner une dépense inutile de force et de temps. Peut-être redoutent-elles si fort, comme nous l'avons déjà dit, les coups de vent et les orages, parce qu'elles ont peur d'être entraînées trop loin de la ruche natale, et de ne pouvoir retrouver leur route qu'avec difficulté. Il n'est pas bien sûr, quoi qu'en dise Virgile, dans son célèbre poème sur les abeilles, que celles-ci cherchent dans ces occasions leur salut, en se chargeant de petites pierres ou de parcelles de gravier, afin de mieux résister à l'action du vent, de même qu'un vaisseau bien lesté résiste mieux à celle des flots. Nous laisserons Vir-

gile exposer lui-même ses observations, et décrire, comme
suit, les expéditions des abeilles :

Le matin, de bonne heure, elles s'élancent hors de la ruche et,
quand l'étoile du soir les invite à quitter enfin les prairies, elles
regagnent leur asile, et réparent leurs forces. Un grand bourdonnement se fait alors entendre autour des portes. Puis, dès qu'elles
ont pris place dans leurs cellules, le silence règne toute la nuit, et
un sommeil bienfaisant délasse leurs membres fatigués.

Quand la pluie menace, elles ne s'éloignent pas de la ruche; et,
quand le vent s'élève, elles ne se hasardent point dans l'air. Mais
à l'abri des remparts de leur cité, elles vont puiser de l'eau dans
le voisinage, ou ne tentent que de courtes excursions. Souvent,
elles emportent dans leur vol de petits cailloux, qui leur permettent de se balancer dans les airs, comme des nacelles, que le
lest maintient sur les flots agités. (*Géorgiques*, l. IV.)

Le grand Shakspeare a peint à son tour la vie et les
mœurs de la société si bien organisée des abeilles, en
traits non moins poétiques, mais plus brefs et plus saisissants. Citons les paroles, que, dans son drame de *Henri V*,
il met dans la bouche de l'archevêque de Cantorbery, se
plaçant assurément au point de vue des idées absolutistes
d'un prince de l'Église :

« C'est pourquoi le ciel partage la constitution de
l'homme en diverses fonctions, dont les efforts convergent,
par un mouvement continu, vers un résultat ou but
unique : la subordination. Ainsi travaillent les abeilles,
créatures qui, par une loi de nature, enseignent le principe de l'ordre aux monarchies populaires. Elles ont un
roi et des officiers de tout rang : les uns, comme magistrats, sévissent à l'intérieur; d'autres, comme marchands,
se hasardent à commercer au dehors; d'autres, comme
soldats, armés de leurs dards, pillent les boutons de velours
de l'été, et avec une joyeuse fanfare rapportent leur
butin à la royale tente de leur empereur. Lui, affairé dans
sa majesté, surveille les maçons chantants, qui construisent

des lambris d'or, les graves citoyens qui pétrissent le miel, les pauvres ouvriers porteurs qui entassent leurs pesants fardeaux à son étroite porte, le juge à l'œil sévère, au bourdonnement sinistre, qui livre au blême exécuteur le frelon paresseux et béant. J'en conclus que maints objets, dûment concentrés vers un point commun, peuvent y atteindre par des directions opposées ; ainsi plusieurs flèches lancées de côtés différents, volent à la même cible [1]. »

[1] A l'époque de Virgile et de Shakspeare, la reine abeille était encore tenue pour un roi.

CHAPITRE XXII

De la constitution des sociétés chez les abeilles.

Monarchie constitutionnelle des abeilles. — Le communisme et le socialisme chez les abeilles. — Point d'oisifs.

On a souvent cité l'état politique des abeilles comme
l'idéal ou le modèle d'un gouvernement monarchique
constitutionnel, c'est-à-dire du système actuellement en
vigueur dans la plupart des pays européens, et qui est
considéré par les uns, comme l'idéal politique le plus élevé,
par les autres, au contraire, comme la plus grosse bourde
politique. Encore au commencement du siècle passé, dans
sa célèbre *Fable des abeilles*, le Français Mandeville
cherche à présenter d'une manière, fort outrée d'ailleurs,
l'organisation politique des abeilles comme un modèle à
suivre dans l'organisation des sociétés humaines.

Dans le fait, il y a une grande analogie entre l'organisation sociale des abeilles et le régime de la monarchie
constitutionnelle, puisque les abeilles semblent n'accorder
aucune importance à la *personnalité* même de la reine,
et sont complètement satisfaites d'en posséder une quelconque, capable de suffire à ses fonctions royales ou plutôt
maternelles. C'est avec une grande facilité qu'elles changent de souveraine, appliquant dans toute son étendue le
fameux principe de la royauté constitutionnelle : « Le roi
est mort, vive le roi ! » Privée de sa reine, une ruche
accueille volontiers la nouvelle souveraine, qui lui est

offerte, et lui rend les mêmes hommages qu'à l'ancienne,
à moins qu'elle ne préfère former dans son sein une reine
nouvelle. La ruche, restée longtemps sans souveraine, finit
par tomber dans l'oisiveté et le désordre et par se dissoudre.
La reine, autour de laquelle tout tourne, comme sur un
pivot, forme donc le point de ralliement, de cohésion, de
l'état, sans pourtant se mêler personnellement de ses destinées ; elle semble réaliser parfaitement l'esprit essentiel
du constitutionnalisme, celui que Napoléon Ier ne voulait
pas saisir, quand Sieyès lui soumit son célèbre projet de
constitution, c'est-à-dire d'être « un porc engraissé par la
nation ». Cette reine se distingue pourtant, par un trait
tout à son honneur, de ses prototypes humains en ce
qu'elle ne se contente pas de « représenter », c'est-à-dire
de donner à la populace d'en haut et d'en bas des spec-
tacles pompeux pour toute pâture, mais en ce qu'elle rend
à la communauté des services très essentiels, sans lesquels
celle-ci ne saurait exister. En outre, par la simplicité et
l'uniformité de ses fonctions, ainsi que par l'espèce de
demi-captivité honoraire, dans laquelle elle est reléguée,
la reine présente un contraste parfait avec ses sujettes,
si actives et si éveillées, sous le rapport physique aussi
bien que sous le rapport intellectuel. C'est le cas de dire
pour les abeilles, aussi bien que pour les hommes, que
souvent la sottise et la médiocrité règnent sur l'intelligence [1].

---

[1] Espinas (*Les Sociétés animales*) proteste contre les termes « monarchie » et « reine » appliqués à l'état social des abeilles, fussent-ils même
employés au figuré. Il rappelle que la reine n'exerce aucune souveraineté réelle, se bornant à son rôle de mère, et que les ouvrières ne sont
point vis-à-vis d'elle sur le pied de sujettes, mais sur celui d'éducatrices
et d'aides. Il semble oublier, que, dans un état vraiment constitutionnel,
le roi ne *gouverne* pas non plus, qu'il sert uniquement de *point central* au corps gouvernemental, auquel il prête cohésion et harmonie, ce
qui offre une grande analogie avec la place occupée par la reine dans un
état d'abeilles. Dans un autre endroit, Espinas semble le reconnaître

Du reste cette souveraineté est, comme nous l'avons déjà vu, strictement limitée et les sujettes se dédommagent de l'autorité monarchique qu'elles tolèrent en appliquant dans leurs relations, *les unes envers les autres*, les principes de la démocratie la plus large, du socialisme communiste le plus avancé. Dans leur communauté, un membre en vaut un autre ; elles réalisent dans toute sa plénitude le beau principe : « Chacun pour tous, tous pour chacun ! » Elles n'ont point de propriété privée, point de famille, point d'habitation séparée, mais se tassent toutes ensemble en masse compacte au fond du local commun, entre les étroits interstices des rayons, pour y goûter à tour de rôle un court repos nocturne. Les constructions, le nettoyage de la ruche et d'autres travaux continuent en partie durant la nuit. Toutes les provisions sont communes ; il n'y a pas d'autres magasins que ceux de l'état, où toutes les abeilles, sans distinction de personne, trouvent leur provende. Si une famine survient, toutes meurent ensemble. Dans ce cas, la reine fait exception, car elle jouit du privilège de mourir la dernière. Quand les provisions manquent, ou quand un mauvais temps persistant menace d'une famine prochaine, les abeilles sacrifient en égoïstes la progéniture, surtout la progéniture mâle, en la jetant hors des cellules. Dans un cas tout à fait différent, quand le butin récolté est si abondant que la place manque pour emmagasiner les provisions, elles ont recours au même procédé, et jettent la progéniture hors des cellules ou la réduisent au nombre strictement nécessaire.

Dans l'organisation du travail, les abeilles ont réalisé

lui-même, puisqu'il définit une ruche d'abeilles comme un « organisme moral » ou conscient, dont la mère-abeille serait « l'idée rectrice », l'élément essentiel.

l'idéal le plus élevé du communisme, le travail, chez elles, étant libre, volontaire, complètement abandonné à l'initiative individuelle, chacune faisant la somme de labeur, grande ou petite, qui lui plaît. Mais aussi *il n'y a point de fainéants parmi elles,* parce que l'exemple général exerce une puissante influence sur toutes et parce que, dans une société où *toutes* travaillent, l'oisiveté constitue un phénomène monstrueux, impossible, tandis qu'au contraire, dans *notre milieu social tant vanté*, l'oisiveté des individus est non seulement tolérée, mais encore considérée comme un fait très louable et naturel. Chaque individu faisant partie d'une société communiste doit être comme l'abeille, pénétré de la conscience qu'il travaille, non pour d'autres, mais pour le bien général et pour le sien propre, puisqu'il fait partie intégrante de la communauté. Les abeilles sont si bien animées de cette conscience, elles mettent tant de zèle et d'ardeur dans leurs travaux, qu'à l'époque du butinage, quelques-unes d'entre elles se tuent littéralement à force de travail et cela dans le courant de quelques semaines, quoique la durée de la vie d'une abeille ouvrière soit en général de neuf à dix mois. Virgile pouvait dire avec raison :

Souvent dans leurs courses errantes, elles se brisent les ailes contre des pierres, et succombent volontairement sous un trop lourd fardeau. Tant elles aiment les fleurs! tant elles sont fières de produire le miel !

Les philosophes, partisans de l'instinct, ne manqueraient pas de dire que c'est là le résultat d'un instinct inné, invincible, implanté par un pouvoir supérieur dans la petite âme de l'abeille, instinct contre lequel l'insecte est incapable de lutter, et qu'il ne saurait par conséquent être question ni de mérite, ni de préméditation. A cela, nous répondrons : *premièrement*, qu'il est difficile d'ad-

mettre que l'instinct prescrive à l'animal des actes préju-
diciables à sa conservation ; *secondement*, qu'une pareille
hypothèse s'accorde mal avec l'exemple cité plus haut, de
ces membres d'une ruche restée sans souveraine, qui,
ayant perdu, avec leur reine, le lien et la raison d'être de
la communauté, cessent de travailler, et tombent dans
l'oisiveté et le vagabondage. Ce serait donc à la suite d'un
événement tout fortuit, dont le lien indirect avec leur
propre existence ne saurait être perçu sinon par une série
de raisonnements et de déductions, que ces derniers per-
draient leur goût si vif pour le travail. Voilà un phénomène tout à fait inexplicable, si ce goût était le résultat
d'un instinct inné, indépendant de la volonté de l'individu.
Les membres d'une ruche orpheline se dispersent ou
cherchent, pour se procurer de la nourriture, à se glisser
furtivement dans une autre ruche, tentative qui échoue
presque toujours, à cause de la vigilance des sentinelles,
repoussant les intrus. Des abeilles d'Europe, transportées
en Australie, ont continué à tenir leur ruche dans l'ordre
le plus parfait, mais ont cessé, au bout de quelques années,
d'amasser des provisions pour l'hiver, l'expérience leur
ayant enseigné l'inutilité de la tâche dans un pays où
règne un été perpétuel ; ce fait serait aussi tout à fait
incompatible avec l'hypothèse d'un instinct inné, poussant
irrésistiblement au travail.

CHAPITRE XXIII

Des instincts prétendus innés
chez les abeilles.

Critique de l'instinct inné pour le travail. — Instinct des abeilles pour la construction des alvéoles; son origine et son perfectionnement. — Abeilles voleuses et leurs sociétés. — Penchant au vol et à l'ivrognerie. — Bévue de l'instinct nutritif. — Architecture progressive des alvéoles, chez les abeilles, les bourdons, les guêpes, les mélipones, etc. — Nécessité mécanique de l'aplatissement des alvéoles. — Le facteur de l'hérédité. — Évolution historique des sociétés des abeilles. — Travaux des mâles et des femelles dans les sociétés primitives.

L'hypothèse en question vient échouer encore sur un autre écueil. Comment expliquerait-elle les mœurs des *abeilles voleuses*, qui, pour s'alléger la peine, ou pour se l'épargner en entier, attaquent en masse les ruches approvisionnées, font violence aux sentinelles et aux habitants, mettent la ruche au pillage, et en emportent toutes les provisions chez elles. Si cet exploit leur a réussi à plusieurs reprises, elles prennent, comme les hommes, plus de goût au pillage et à la violence qu'au travail, et finissent par constituer de vraies colonies de brigands. On voit aussi des individus isolés s'adonner au vol, chercher à se glisser, sans être aperçus, dans une ruche étrangère; toute leur allure prouve jusqu'à l'évidence, qu'ils ont parfaitement conscience de leurs méfaits, de même que celle des membres appartenant à la ruche, voltigeant hardiment et activement au grand jour, révèle la conscience de leurs droits, le sentiment du devoir accompli. Si les voleurs réussissent dans leur expédition, ils amènent plus tard d'autres abeilles de leur ruche pour faire la même tentative. Le nombre des amateurs augmente toujours, et une société de voleurs finit par se constituer. Aussi, les apiculteurs, pour ne point souffrir de graves dommages, s'empressent-ils de couper le mal dès l'origine, avant que le mauvais exemple ait eu le temps de se propager. Naturellement, les membres d'une ruche pillée se défendent dans la mesure de leurs forces, et le pillage ne se consomme qu'aux dépens des ruches faibles. Dans les sociétés fortes et bien organisées, les sentinelles suffisent à elles seules à repousser les tentatives des voleurs et des gourmands. Pourtant, ces derniers réussissent parfois à se faufiler dans quelque ruche mal gardée, où ils s'attaquent aux provisions de miel, s'en régalent à plaisir, et en emportent le plus qu'ils peuvent dans leurs foyers ; là, ils font éclater leur joie, et tendent volontiers leur trompe à leurs sœurs afin de les faire participer à la curée. Bientôt ils retournent en plus grand nombre à la ruche dévalisée, et cherchent avec plus d'ardeur que jamais à y pénétrer en saisissant la première occasion favorable, en profitant de la moindre fente ou fissure. Une fois dans l'intérieur, leur premier soin est de tuer la reine ; ils savent que c'est là le meilleur moyen d'enlever à la colonie attaquée toute faculté de résistance, toute unité dans l'action, car, découragés par cette mort, les habitants d'une ruche se soumettent facilement. De leur côté, les membres des ruches voisines se joignent aux assaillants, et le résultat final est une dévastation sans miséricorde, un pillage forcené, auquel les habitants eux-mêmes de la ruche dévastée finissent par mettre la main. Voyant que tout est fini, que la résistance n'est plus possible, ceux-ci, en désespoir de cause, se joignent aux voleurs, et, ouvrant leurs propres alvéoles, en mettent le

contenu au pillage, et l'emportent dans l'habitation des brigands [1]. La ruche attaquée, une fois mise à sec, les voleurs
tournent leurs efforts vers les ruches voisines, qui, à
moins d'une résistance efficace, sont à leur tour mises au
pillage, et il n'est pas rare de voir ainsi un rucher tout
entier devenir la proie des brigands. Quelquefois la résistance des colonies vigoureuses est paralysée par le fait
que les voleurs, probablement parce qu'ils butinent sur les
mêmes fleurs, dans les mêmes champs, ne se distinguent
point, par l'odeur, des membres de la ruche qu'ils s'apprêtent à piller et sont, par conséquent, difficiles à reconnaître. Aussi poussent-ils l'effronterie jusqu'à s'installer
devant la ruche pour guetter le retour des abeilles butineuses, car celles-ci ont l'habitude de faire une courte
halte sur les parois extérieures de la ruche avant de pénétrer
dans l'intérieur. Les fripons s'en approchent, et, moitié menace, moitié violence, les obligent à leur céder leur charge
sucrée. E. Weygandt, qui a étudié soigneusement ce curieux genre de vol, et qui l'a décrit dans le journal
l'Abeille (1877, n° 1), l'appelle « vol au trayage », et
nous affirme que ce mode particulier de traire a été constaté par beaucoup d'autres apiculteurs. La trayeuse retire
de son procédé ingénieux encore un autre profit, en
s'assimilant avec le miel l'odeur propre à celle qui lui
sert de vache laitière ; en partie pour cela, en partie
parce qu'elle se présente chargée de butin, elle est admise

---

[1] Siebold a constaté quelque chose de semblable chez la guêpe française (*polistes gallica*), dont il sera question plus tard. Des guêpes
étrangères pillent un nid de cette espèce et, arrachant les larves à leurs
cellules, les emportent chez elles pour leur servir de proie. Les habitants
du nid, voyant tous leurs efforts vains et la résistance inutile, finissent
par suivre l'exemple des brigands, et deviennent ainsi *les meurtriers
de leurs propres enfants* (Graber, *loc. cit.*, II, p. 134). « Que devient
donc », conclut le narrateur, « l'instinct » ou « l'inconscient » de Hartmann ?

sans difficulté dans la ruche où elle continue ses exploits. Ces abeilles voleuses ressemblent à ces fripons, qui, pour perpétrer plus librement leurs escroqueries, se travestissent en agents de police. Un des moyens employés par les apiculteurs contre ces brigands, est d'introduire du musc dans les ruches pillées ; son arome pénétrant s'attache aux voleurs et les rend méconnaissables au flair de leurs propres camarades, qui les repoussent de la ruche natale en qualité d'intrus ou les tuent. Ces pillages ont lieu le plus souvent *après* l'époque de la récolte, parce que les abeilles qui voltigent de tous côtés, et qui sont habituées à se procurer facilement de la nourriture, n'en trouvant plus en cette époque à leur portée, ont recours à toutes sortes d'expédients, fussent-ils d'un genre aussi peu légal que celui-là.

Outre ces pillages commis au détriment de leur propre espèce, il y a quantité d'autres expédients, dont les abeilles s'entendent merveilleusement à profiter, et elles déploient en cette occasion une finesse admirable. On ne saurait en faire honneur à l'instinct, la plupart de ces expédients étant l'œuvre du hasard, ou fournis le plus souvent par l'industrie de l'homme. C'est ainsi que les plantations de la canne à sucre de Cuba (et celles de beaucoup d'autres endroits, ainsi que les nombreuses raffineries de sucre de la Hongrie et de Stettin, où l'on a observé que les abeilles s'entendaient parfaitement à distinguer les diverses espèces de sucre), souffrent annuellement de grandes pertes, grâce à leurs visites assidues. Là où, comme, par exemple, aux Barbades, d'inépuisables provisions de ce genre existent toute l'année, les abeilles finissent par perdre complètement l'instinct du travail, et ne se livrent plus à la récolte du miel. Elles n'hésitent pas non plus à rassembler la farine de froment et de seigle, que les apiculteurs ont l'habitude de répandre devant la ruche au commencement du printemps, quand les fleurs manquent encore, et à l'utiliser en place du pollen.

Personne n'ignore, que, dans nos contrées, en automne ou quand l'été tire à sa fin et quand les aliments, fournis aux abeilles par les fleurs, deviennent rares, les confiseries, les raffineries de sucre sont littéralement assiégées par ces insectes mis aux abois et forcés de s'ingénier de toutes les façons pour se procurer des substances sucrées. Avec une patience infatigable, ils se mettent à la piste de toute source de cette espèce, quelque cachée ou inaccessible qu'elle soit, comme, par exemple, les bouteilles de sirop déposées dans des caves, dans lesquelles on ne peut pénétrer que par des fentes étroites et imperceptibles. Les apiculteurs souffrent quelquefois des pertes considérables, parce que, dans de semblables occasions, quantité d'abeilles n'agissent pas plus sagement que les hommes et perdent la santé et la vie en se livrant au vice de *l'intempérance*. Elles s'énivrent au point de rester sur le sol et de n'être plus en état de rentrer au logis.

Elles ne négligent pas non plus les occasions fortuites, fournies par la nature. Ainsi, elles sont tout aussi friandes du miel récolté par les bourdons que de celui qu'elles ont butiné elles-mêmes, et s'y prennent d'une manière fort rusée pour s'en emparer. Dans un temps de disette, Huber avait mis à la portée de ses abeilles un nid de bourdons placé dans une boîte : elles s'empressèrent de le piller. Quelques bourdons, restés au fond du nid malgré la calamité qui l'avait frappé, en sortaient comme à l'ordinaire pour chercher de la nourriture et pour rapporter dans leur ancien refuge le surplus de ce qu'ils avaient amassé. Les abeilles les suivaient dans ces explorations, revenaient avec eux dans leur nid et ne les quittaient plus avant de s'être emparées du fruit de leur récolte. Elles les léchaient, les tiraient par la trompe, les pressaient et ne les lâchaient pas avant de leur avoir enlevé tout le jus sucré qu'ils contenaient. Elles se gardaient bien de tuer les insectes, auxquels elles devaient un repas aussi facilement acquis, et à leur tour les bourdons, en animaux bonasses et tant soit peu stupides qu'ils sont, se soumettaient parfaitement à cette contribution, continuant à apporter du miel et à aller en chercher du nouveau. *Ce ménage d'un nouveau genre dura trois semaines;* enfin, les bourdons se dispersèrent et les abeilles parasites ne revinrent plus au nid. Quelques guêpes essayèrent d'un procédé analogue sans pouvoir y réussir. Elles ne surent point s'y prendre d'une manière aussi adroite avec les anciens habitants du nid, ne possédant évidemment ni la finesse artificieuse ni les manières cajolantes de leurs rivales.

On verra des scènes du même genre se reproduire entre les abeilles-voleuses et les abeilles des ruches faibles; tout au moins rappellent-elles d'une manière saisissante celles qui viennent d'être racontées.

Les abeilles-voleuses peuvent être produites *artificiellement* au moyen d'une alimentation spéciale, consistant en miel mélangé d'*eau-de-vie*. De même que l'homme, elles prennent bien vite goût à ce breuvage, qui exerce sur elles la même influence pernicieuse que sur celui-ci : elles deviennent excitées, enivrées, et cessent de travailler. La faim se fait-elle sentir? Alors, de même que l'homme, elles tombent d'un vice dans un autre et s'adonnent sans scrupule au pillage et au vol. L'instinct les préserve aussi peu de ce goût pernicieux, qu'il les empêche de goûter au miel avarié, dont l'usage cause pourtant de grands ravages parmi elles. D'après des observations citées par les journaux, à Boone County, en Amérique, plus de 550 ruches périrent en avril et mai 1872, à cause du miel acidulé, dont les abeilles avaient fait usage.

Ces faits et bien d'autres du même genre prouvent surabondamment que ce n'est point l'instinct naturel, sûr et immuable, qui guide l'abeille dans ses faits et gestes ; que, chez elle, de même que chez l'homme, le *travail* et la *jouissance* se succèdent et se remplacent selon la différence des conditions dans lesquelles elle se trouve placée. « Comment expliquer », dit A. Fée (*loc. cit.*, p. 108), par l'instinct cette sollicitude prévoyante, s'appliquant à chaque cas particulier, cette division remarquable du travail, cette police merveilleuse, organisant d'après certaines règles, parant immédiatement à une quantité d'éventualités impossibles à prévoir ? Les abeilles connaissent l'inquiétude, la haine et la colère. Elles modifient leurs actions selon les circonstances, emploient des ruses de guerre contre un ennemi supérieur en force, combinent la défense d'après la force des assaillants ! Tout cela peut-il n'être que de l'instinct ? »

« Refuser de l'intelligence à l'abeille », dit Leuret, « serait un complet déni de justice ! »

C'est ce dernier point de vue, qui doit être appliqué à l'architecture de leurs célèbres alvéoles pyramidales, de forme hexagonale, aussi bien qu'à tout ce qui les touche, quoiqu'on s'obstine, bien à tort, à voir précisément dans cet acte la preuve irréfutable d'une intelligence et de connaissances mathématiques dépassant notre compréhension. Nous avons pourtant vu les abeilles construire souvent des alvéoles d'une autre forme, nous les avons vu corriger et améliorer leur construction à mesure qu'elles l'édifiaient. Nous savons qu'elles utilisent les bâtons, intercalés artificiellement dans la ruche, pour y appuyer ou y suspendre leurs rayons, afin d'économiser la cire, matériel précieux ; qu'elles s'emparent, pour les utiliser à leur profit, des gâteaux tout prêts ou de vieux rayons vidés par la main de l'homme du miel qu'ils contenaient ; enfin, qu'elles continuent la construction d'un rayon artificiellement ébauché, ni plus ni moins que s'il eût été leur œuvre [1]. En outre, différentes variétés d'abeilles, par exemple, l'abeille allemande et l'abeille italienne, révèlent dans leurs travaux des divergences notables, et pourtant il est impossible d'admettre l'existence d'un instinct allemand et d'un instinct italien.

Mais tout ceci ne suffit point à expliquer la forme merveilleuse des alvéoles, conforme à la rigoureuse précision des lois géométriques, et, s'il était démontré dûment, que les abeilles ont bâti les alvéoles, que nous voyons à présent, dès le premier moment de l'apparition de leur espèce, nous serions obligés, soit d'avouer notre ignorance, soit de donner raison aux partisans de l'instinct. Mais ici la grande loi de l'*évolution* graduelle, à laquelle le monde organique tout entier doit son origine, vient nous donner la solution du problème. Elle nous enseigne, que la forme actuelle de l'alvéole a dû surgir graduellement, d'une manière toute mécanique, par le rétrécissement de l'espace, d'un côté ; de l'autre, par l'aplatissement des cellules fort imparfaites à leur origine ; que le besoin d'économiser l'espace et la cire a dû être le mobile principal de l'accroissement et de la propagation des *ruches les mieux adaptées* à ce but, ce qui a abouti graduellement à l'adoption de la forme parfaite de l'alvéole actuelle. Cela n'est point

---

[1] Si l'on suspend, dans une ruche, une tranche en cire avec des alvéoles artificiellement ébauchées, de la grosseur et de la forme des alvéoles bâties par les abeilles, celles-ci continuent à construire sur cette base artificielle ; ces gâteaux artificiels étant devenus un produit de l'industrie, les apiculteurs s'en servent souvent pour abréger les travaux de construction préliminaire dans les ruches.

une hypothèse, mais la réalité, et nous en voyons la preuve dans le fait que ces formes transitoires, ces échelons graduels entre les alvéoles imparfaites et les alvéoles parfaites, se retrouvent encore en grande quantité aujourd'hui dans les familles les plus proches de la mouche à miel, chez les bourdons, les abeilles maçonnes, les anthophores, les mélipones, les guêpes, etc. A l'une des extrémités de la série se placent, selon Darwin, les *bourdons*, qui transforment leurs vieux cocons ou étuis à nymphes en réservoirs à miel, en attendant qu'ils abordent la construction de leurs tubes en cire, très courts au commencement, et qu'ils façonnent leurs alvéoles irrégulièrement arrondies et isolées l'une de l'autre. Ces cellules, dont la forme pourrait être comparée à celle d'un œuf dont la pointe serait régulièrement tranchée, ou bien à un dé à coudre dont l'ouverture serait légèrement rétrécie, sont irrégulièrement placées l'une à côté de l'autre, ou tout au plus disposées sur une courte plateforme horizontale et soutenues par des colonnes en cire. Selon l'expression de Réaumur, un nid de bourdons comparé à une ruche d'abeilles, est comme un village irrégulièrement bâti comparé à une ville élégante. « Chercher chez eux une ordonnance régulière, la beauté et l'élégance des formes architecturales, est tout aussi inutile que de les chercher dans nos campagnes, où chaque maison se distingue de celle du voisin par un aspect particulier. » (Giebel.)

Entre la construction imparfaite des nids et des cellules des bourdons, et la perfection des ruches bâties par les vraies mouches à miel, il y a une quantité de transitions, représentées par les différentes espèces d'abeilles ainsi que par leurs proches parentes, les guêpes, aux innombrables espèces et variétés. Parmi ces formes transitoires, Darwin désigne comme particulièrement caractéristique l'architec-

ture de la *melipona domestica*. Cette espèce américaine
modèle un gâteau en cire presque régulier, composé de
cellules cylindriques, destinées à recevoir la progéniture.
Pour emmagasiner le miel, elle construit d'autres cellules,
plus grosses, à forme presque ronde, si égales entre elles,
et si rapprochées les unes des autres, qu'à l'endroit où elles
se touchent les angles sphéroïdaux manquent, et c'est une
couche de cire unie, qui en forme le mur de séparation ;
c'est bien là le commencement d'un aplatissement respectif des cellules, rondes à l'origine. Si la *melipona*, à
l'exemple de nos abeilles, plaçait ses cellules cylindriques,
de même grandeur, à une égale distance donnée, et les dis-
posait symétriquement en une double couche, afin d'économiser, autant que possible, l'espace et la cire, la construction, qui en résulterait, aurait nécessairement la
perfection des ruches d'abeilles. Si on considère que les
abeilles commencent toujours leurs travaux en façon-
nant des creux ronds sur une tranche de cire massive, et
ne placent que plus tard les cloisons de chaque cellule ;
que, pour réserver le plus d'espace possible pour le miel,
tout en économisant strictement le matériel en cire, si précieux et si difficile à obtenir, elles en façonnent les angles
en forme de pointe, et que chaque abeille poursuit avec
persévérance son travail de rongeuse jusqu'à ce que les
cloisons soient réduites au dernier degré de ténuité possible ; si on considère ensuite, que la précision mathématique des alvéoles est souvent très surfaite, qu'à côté de
cellules très régulières, on en trouve d'autres fort irrégulières, qu'on en trouve même à cinq et quatre pans, on ne
tardera pas à se convaincre, que les aïeux de nos abeilles
ont dû commencer par bâtir leurs alvéoles d'une manière
aussi imparfaite que la *melipona* les bâtit actuellement,
et que ce n'est que peu à peu qu'elles sont parvenues à

une architecture perfectionnée [1]. On objecte à cela, il est vrai, qu'il est impossible de prouver aucun perfectionnement de ce genre chez nos abeilles, qu'elles bâtissent leurs alvéoles aujourd'hui, précisément de la même manière qu'elles les ont bâties il y a deux ou trois mille ans, et continueront, selon toute vraisemblance, à les bâtir de même dans l'avenir le plus reculé. Nous ne nous arrêterons pas sur la difficulté qu'il y aurait à démontrer une telle assertion; nous nous bornerons à faire observer que l'existence des abeilles compte, non deux ou trois milliers, mais des centaines de milliers d'années; qu'elles ont pu, par conséquent, atteindre depuis longtemps un degré de perfectionnement suffisamment adapté à leur but, degré qu'elles ne sauraient dépasser. Ce que Haeckel (*Sur la division du travail*, 1869) dit à propos des fourmis, peut parfaitement être appliqué aux abeilles : « Ces sauvages fourmis primitives, qui vivaient il y a bien des milliers d'années, peut-être même à l'époque de la craie, avaient tout aussi peu l'idée de la division perfectionnée du travail, adoptée par les diverses sociétés des fourmis modernes, que nos ancêtres allemands de l'âge de pierre n'avaient l'idée de la civilisation raffinée du dix-neuvième siècle. Les uns et les autres se sont avancés lentement, graduellement, sur la route pénible de l'évolution progressive. Encore aujourd'hui, il y a certaines espèces de fourmis, qui ignorent la division du travail, poussée si loin par les sociétés des fourmis civilisées, et sont

---

[1] Selon Graber (*loc. cit.*, II, p. 78), Henri Müller aurait démontré, d'une manière très vraisemblable, que nos abeilles actuelles descendent de certaines guêpes fouisseuses, c'est-à-dire de ces mouches carnivores, à l'instinct sanguinaire, qui, tout en usant pour elles-mêmes d'une alimentation végétale, nourrissent d'insectes leur progéniture, élevée dans des trous creusés sous terre. Ce ne serait que peu à peu qu'elles arriveraient à remplacer, pour celle-ci, la nourriture animale, souvent difficile à se procurer, par des aliments végétaux.

aussi éloignées de celles-ci que les sauvages de l'Australie et de l'Afrique le sont des peuples civilisés de nos jours. »

Bates (*loc. cit.*, II, p. 44) nous fournit sous ce rapport des détails fort intéressants sur les abeilles américaines ou mélipones, à l'étude desquelles il s'est adonné. Il semble, dit-il, qu'aucune des abeilles américaines n'ait atteint dans la construction des gâteaux le haut degré d'habileté architecturale, auquel sont arrivées les mouches à miel européennes. Les alvéoles en cire des mélipones sont, en général, allongées et *ne révèlent une tendance à la forme hexagonale que dans les endroits où plusieurs d'entre elles se touchent.* Cela suffit à prouver que des causes toutes mécaniques, telles que le rapprochement des alvéoles et le besoin d'économiser l'espace, ont amené une transformation graduelle de la forme arrondie en forme angulaire et finalement en forme hexagonale. Or, cette dernière est précisément la forme géométrique la plus convenable pour relier entre eux, sans interstices ni lacunes, de petits corps, qui ne sont point alignés avec une précision mathématique. Dans le fait, des corps mous, flexibles et creux, emprisonnés dans les limites d'un espace donné, ont par eux-mêmes une tendance à prendre une forme hexagonale. Si on verse de l'eau dans une bouteille remplie de pois, on verra ceux-ci se gonfler et s'ils ne peuvent s'expulser réciproquement, modifier leur forme sphéroïdale en forme hexagonale. Nous constaterons le même phénomène, si nous insufflons de l'air dans de l'eau de savon. Les bulles d'air enfermées dans cette eau, se comprimant mutuellement, revêtent plus ou moins la forme hexagonale, tandis que les bulles de savon flottant librement dans l'air prennent une forme parfaitement sphéroïdale. De même les cellules, sphériques à l'origine, dont est constitué le corps humain, revêtent la

forme hexagonale partout où elles sont étroitement res-
serrées, comme par exemple dans les membranes muqueuses
ou dans une tumeur cancéreuse. Qu'on se figure deux
couches aplaties de cellules, de grosseur égale, en forme
de dé à coudre, telles qu'en bâtit la *melipona scutellaris*
(voir les dessins de la planche 464 dans l'ouvrage de
Blanchard). Ces cellules sont adossées les unes aux autres,
de façon à ce que leurs orifices s'ouvrent des deux côtés
au dehors et que leurs bouts fermés s'emboîtent l'un
dans l'autre, chaque saillie de l'un des côtés formant une
cavité entre les trois bouts attenants du côté opposé.
Admettons ensuite que l'ensemble de ce corps de cellules,
légèrement flexibles, subisse une pression mécanique mo-
dérée, et nous obtiendrons nécessairement à l'intérieur et
à l'extérieur une forme analogue à celle présentée par
un rayon bi-latéral de gâteau d'abeilles, c'est-à-dire que
les cellules prendront peu à peu la forme d'un prisme à
six pans, en même temps que leurs bouts fermés s'apla-
tiront en forme de pyramide à trois facettes, tandis que
leurs trois losanges s'emboîteront de la façon merveilleuse
que l'on sait. La coutume de ronger les contours de chaque
alvéole pour économiser la cire fait le reste. Qu'on ne
l'oublie pas d'ailleurs : nos abeilles construisent aussi de
temps en temps, comme la *melipona*, une seule rangée
de rayons, et, pour ce qui est des rayons à double rangée
d'alvéoles, ils ne sauraient être construits que de la manière dont elles s'y prennent.

Il ne faut point s'imaginer, du reste, que cette cause
toute mécanique de la forme particulière des alvéoles,
continue à exercer une action directe encore *de nos jours*.
La cause elle-même a disparu depuis longtemps, mais
l'effet persiste et l'exiguïté des ruches artificielles, où
presque toutes nos mouches à miel sont obligées de vivre,

vient fortifier puissamment un des motifs ci-dessus mentionnés : l'économie de l'espace. Chacune d'elles bâtit actuellement son alvéole, ignorante des causes qui, dans le cours des temps, ont contribué à lui communiquer une forme particulière et une dimension donnée. Elle la bâtit pourtant d'une manière uniforme, déterminée en partie par ses aptitudes innées ou héritées, en partie par la forme et le volume de son propre corps, en partie par la préoccupation d'économiser la cire aussi bien que l'emplacement, en partie, enfin, par la force de l'enseignement et l'exemple des compagnes plus âgées. On est généralement peu disposé à admettre ce dernier mobile et cela en se fondant sur la courte durée de l'existence d'une abeille, qui le plus souvent ne dépasse pas une année, quoique Virgile ne lui accorde pas moins de sept étés [1] : on oublie que pour ces petits animaux, qui vivent si peu, mais dont l'activité dépasse celle des plus gros, un jour de vie a la même valeur qu'une année pour l'homme, et que dans ces conditions l'éducation marche d'un pas rapide. Nous avons eu l'occasion de constater le fait, chez la fourmi, dont l'éducation est terminée au bout de peu de jours [2].

Pour ce qui est de l'aptitude architecturale, innée et héritée, des abeilles, ou peut-être même, ce qui n'est pas impossible, d'une conception héritée d'une certaine forme de l'alvéole (nous n'insisterons pas sur cette dernière hypo-

---

[1] Les reines vivent jusqu'à deux ou trois années. Il n'est pas impossible que, parmi les ouvrières, certains individus atteignent une vieillesse plus avancée, quoique, selon les apiculteurs, la majorité ne dépasse point une demi-année, et que quantité d'entre elles, comme il a été dit plus haut, se tuent à force de travail au bout de quelques semaines ou de quelques mois. Les faux-bourdons ne vivent généralement que trois mois.

[2] *Voir* chez Graber (*loc. cit.,* II, p. 178 et suivantes), des preuves à l'appui du développement graduel de l'instinct des abeilles à bâtir les alvéoles.

thèse, le processus et les lois de l'hérédité physique et psychique étant encore très obscurs), une difficulté se présente, qui, à première vue, serait capable de ruiner toute la théorie. Comment, nous objectera-t-on, peut-il être question d'hérédité à propos d'êtres comme les abeilles ou les fourmis asexuées et, en général, pour tous les individus travailleurs des sociétés d'insectes? Leur existence entière n'est-elle pas close, une fois qu'ils ont parcouru le cycle de leur activité personnelle? Comment transmettraient-ils à des descendants les facultés, les aptitudes et les dispositions acquises? D'un autre côté, cette transmission est impossible de la part des *véritables parents*, c'est-à-dire des mâles et des femelles, membres oisifs de la communauté, si inférieurs aux ouvrières sous le rapport de l'intelligence aussi bien que sous celui de l'adresse!

Ici encore un coup d'œil rétrospectif sur l'évolution *historique* des sociétés d'abeilles, sur leur passé, peut seul nous donner la solution de ce problème si difficile en apparence. Il n'est point douteux, en somme, comme nous l'avons déjà indiqué plus haut, que l'organisation actuelle de ces sociétés et, en particulier, le principe si perfectionné de la division du travail, qui épargne toute peine aux fondateurs proprement dits de la colonie, ne soit le résultat lentement acquis de l'évolution historique et que cette organisation n'ait point toujours été ce qu'elle est aujourd'hui. Les stades transitoires de cette évolution se rencontrent fréquemment, comme nous l'avons déjà vu, pour la construction des alvéoles chez les insectes les plus consanguins des abeilles. Chez les abeilles vivant solitairement, ainsi que chez les bourdons et les guêpes, les femelles et les mâles prennent part aux travaux, et c'est même aux premières qu'incombe la partie la plus forte et la plus difficile de la besogne. La guêpe femelle bâtit elle-même son

nid et ses alvéoles, y dépose ses œufs, soigne et nourrit
la progéniture jusqu'à ce que les ouvrières, dont l'éclosion
est plus tardive, soient en état de la décharger de sa lourde
et pénible tâche. Pourtant la femelle continue à mener
une existence des plus actives, tandis que, de leur côté,
les mâles, éclos à la fin d'août, se chargent d'entretenir la
propreté du nid en en expulsant les ordures et les cadavres.
Chez les bourdons, la femelle n'est pas moins active ; au
printemps, elle travaille avec tant de diligence et d'adresse,
qu'au bout d'une demi-heure elle a déjà construit une
cellule, l'a remplie de miel ou de *pâtée* et y a déposé un
œuf. Les femelles et les mâles, éclos plus tard, aident la
mère dans la construction des alvéoles et dans les soins à
donner à la progéniture. C'est exactement de la même
manière, que se comportent les espèces d'abeilles vivant
isolées. Ainsi la femelle de l'*abeille maçonne (megachile
muraria)* construit au printemps, pour sa progéniture, sur
le côté ensoleillé des murs de jardin et d'écurie, ses cellules
en forme de dé à coudre, exactement comme l'hirondelle,
avec de la terre et du gravier agglutinés par la salive ;
elle le fait seule, quoique ce genre d'architecture exige
beaucoup de dextérité, de travail et de persévérance. Elle
dépose un œuf dans chacune des cellules, après y avoir
préalablement préparé de la pâtée de pollen et de miel pour
les larves futures. Une cellule achevée, elle en commence
une autre et ainsi de suite. Les interstices sont soigneusement mastiqués, ce qui donne plus de solidité à ces cellules
isolées, et le tout est surmonté d'un toit protecteur, fait
avec du mortier plus grossier que le reste. Nous avons vu
chez les *fourmis*, que, quoique *en général* les reines ne
travaillent point, elles ne sont pourtant pas incapables de
le faire ; qu'il existe certaines espèces où elles prennent
part régulièrement aux travaux de la communauté, ainsi

qu'aux guerres et aux massacres, et cela d'une manière
fort active et fort énergique. Nous avons de même constaté, qu'après l'essor nuptial quelques fourmis femelles
se creusent, à la manière des guêpes et des bourdons, des
nids dans la terre et fondent ainsi, sans secours étranger,
de nouveaux états ou colonies, phénomène qui ne se produit d'ordinaire que par l'émigration des habitants d'une
fourmilière trop populeuse. Il est possible que l'inertie ou
l'infériorité intellectuelle, qui nous frappe chez la femelle
de la fourmi et de l'abeille, relativement à ses sœurs ouvrières, ne soit qu'*apparente* et basée sur la différence
de leurs occupations. La conduite ci-dessus mentionnée
des reines-abeilles dans des cas isolés semble, de même
que la fondation des colonies nouvelles par quelques
femelles de fourmis et leur participation accidentelle aux
travaux et aux guerres, faire pencher la balance en faveur
de cette conjecture.

En face de semblables phénomènes, il n'y a pas la
moindre raison pour nous refuser à admettre qu'à l'origine, l'abeille femelle pouvait fonder une famille, comme
sa congénère le fait encore de nos jours, et réunir dans
la *même personne* les attributs de reine et d'ouvrière.
De même les mâles fainéants d'aujourd'hui ont rendu,
probablement dans un passé reculé, des services devenus
plus tard inutiles, grâce à la division du travail poussé
si loin par leurs sœurs industrieuses. Aussi, tout en ne
travaillant plus maintenant, les reines et les mâles, les
premières surtout, ont pu conserver inaltérées, durant le
cours de leur vie, ces aptitudes, legs d'un long passé, et
les transmettre intactes à leurs descendants. L'état de sta-
bilité, que présentent actuellement les sociétés des abeilles
est d'accord avec cette hypothèse. Cet état a ses racines
dans un passé historique, œuvre de facultés élaborées

par l'hérédité, mais qui semblent désormais incapables d'un perfectionnement ultérieur.

Ces conjectures acquièrent presque de la certitude quand nous apprenons, par Graber (*loc. cit.*, II, p. 88 et les suivantes), que la reine possède, sur ses pattes postérieures, à l'état rudimentaire, les corbeilles si nécessaires à l'ouvrière, quoiqu'en vertu du principe de la division du travail, si développé de nos jours dans les communautés d'abeilles, elle n'en fasse plus aucun usage. Évidemment, c'est la survivance d'un passé reculé, où elle cumulait les fonctions de reine et celles de simple ouvrière. L'ouvrière, de son côté, possède, comme nous l'avons déjà dit, un ovaire à l'état atrophié. « Ainsi », conclut Graber, « l'ouvrière serait une reine imparfaite, et la reine une ouvrière émancipée. » De là aussi ce fait déjà mentionné, de quelques ouvrières, qu'on élève parfois à la qualité de reines, ce qui serait une survivance d'un passé où elles vivaient à l'état de mariage !

La justesse de ce point de vue une fois reconnue, il est presque inutile d'insister sur la nécessité de l'appliquer à tous les insectes vivant en société, en particulier aux fourmis, le mobile de l'*hérédité* étant, bien entendu, accepté comme explication de leurs aptitudes et de leurs mœurs. Or, ces aptitudes et ces mœurs une fois données, elles se manifestent de la même manière dans chaque nouvelle colonie, ce qui est tout naturel, les jeunes communautés n'étant que des ramifications, des rejetons issus du même tronc maternel. Les *jeunes* abeilles ou les *jeunes* fourmis n'ont qu'à suivre, dans toutes les éventualités de leur existence, l'exemple de leurs aînés, qu'elles ont toujours sous les yeux ; elles y sont d'ailleurs poussées par le mobile si puissant de l'*imitation*, dont l'importance, dans la vie de tous les animaux vivant en société (l'homme y compris), est attestée par de trop nombreux exemples.

Pour en revenir encore aux sociétés d'abeilles, on est bien obligé de reconnaître, toute prévention à part, qu'elles ont presque réalisé, sous le rapport politique aussi bien que sous le rapport social, l'idéal d'un état bien organisé. Chez elles, il n'y a point, comme chez beaucoup d'autres hyménoptères, ou comme chez l'homme, d'armée permanente. C'est dans l'*armement général* de tous les citoyens travailleurs, que l'état cherche son salut contre les attaques du dehors, qui, d'ailleurs, deviennent un fait des plus rares. Ces citoyens armés sont ainsi, comme les bourgeois du moyen âge, à la fois artisans et soldats. Le travail, un travail désintéressé, dirigé en vue du bien général, est la loi suprême de leur société. Cet amour du travail et cette absence d'armée, toujours prête pour la guerre, empêchent les abeilles d'entreprendre sans nécessité ces guerres d'invasions, ces chasses à esclaves et ces pillages organisés sur une vaste échelle, auxquels les fourmis se livrent avec tant d'ardeur. Des combats présentant quelque analogie avec ceux de ces dernières, n'éclatent que pour la défense des foyers, menacés par des agresseurs étrangers, et surtout par des voleurs audacieux de la même espèce. Parfois aussi un combat s'allume entre deux essaims commandés par des reines, peut-être parce que chacun d'eux redoute de se voir enlever sa souveraine. Dans ce cas, la lutte est presque toujours terminée par la mort d'une des deux reines, tuée par l'essaim ennemi. On n'est pas encore parvenu à découvrir les causes des luttes intestines et des échauffourées, qui éclatent parfois, selon Scheitlin, dans l'intérieur même des ruches, et dont le résultat final est la mort de quantité de membres de la colonie. Il est probable qu'ici encore, le vol est la cause de tels événements. Parfois aussi surgissent, parmi les abeilles, des querelles privées, qui sont toujours vidées hors de la ruche, et se terminent le plus souvent par la mort d'une des duellistes ; cette mort est causée par le dard de l'adversaire, transperçant les anneaux de l'abdomen de la vaincue.

Il est douteux, en dépit de la poétique description que nous en a laissée Virgile, que l'inimitié et la rivalité de deux reines suscitent des luttes et des massacres entre les ruches et les essaims. Le fait est difficile à admettre, puisque nous avons vu les ouvrières laisser tranquillement les reines vider elles-mêmes leurs différends, se contentant du rôle de témoins. Il est plus admissible, que ces combats entre les essaims se livrent pour la précieuse possession d'une reine. Il n'est pourtant pas rare de voir deux essaims, au milieu desquels ne se trouve qu'*une* reine, au lieu de combattre, s'entendre dans l'intérêt général pour réunir leurs forces, et les employer à un meilleur usage. Peut-être aussi les abeilles sont-elles devenues plus pratiques et plus intelligentes depuis le temps de Virgile, peut-être ont-elles fini par s'apercevoir, ce à quoi l'homme n'est pas encore arrivé, que la guerre est un des plus grands maux et une des pires sottises du monde, surtout quand elle est entreprise non dans l'intérêt du peuple, mais dans celui du souverain.

Il ne faut pas non plus trop récriminer contre ces excellents petits démocrates, à l'occasion de leur « chef monarchique », mais considérer à quel point la reine y est dépendante de son peuple ouvrier, songer que son pouvoir n'approche même pas des attributions et de l'autorité du président d'une république chez les hommes. Son caractère est bien plus celui de première servante de la communauté que de souveraine. Elle y remplit les fonctions essentielles, et les hommages dont on l'entoure sont l'expression du respect et de l'attachement, qu'on lui porte comme à un être auquel est liée l'existence même de la communauté, plutôt que le signe de la crainte de son pouvoir royal. Elle ne bénéficie pas non plus, comme nos rois constitutionnels, de l'étrange privilège de l'irresponsabilité personnelle; au contraire, pour elle, le trône et la vie dépendent de la fidèle exécution de ses devoirs de souveraine. A vous, hommes d'état, ouvriers et réformateurs de l'humanité, de suivre cet exemple.

Mais ce n'est point seulement sous le rapport *social*, mais aussi sous le rapport *individuel*, que les abeilles peuvent nous servir de modèle. Où trouve-t-on tant de vertus, de laborieuse activité, d'abnégation, tant de modestie et de simplicité dans les formes extérieures et les apparences ? Quelle différence entre l'abeille à la robe si terne, et le papillon diapré, oisif, élégant, qui voltige de fleur en fleur, de jouissance en jouissance, attirant les regards de l'observateur par ses splendides couleurs, ou le scarabée bourdonnant, qui fait étinceler aux rayons du soleil l'étui doré de ses ailes ! Mais ces deux êtres si brillants, qui éblouissent les yeux et sont admirés et recherchés de tous, combien ne sont-ils pas inférieurs, sous le rapport de l'intelligence et de l'habileté, à notre abeille, qui n'excite l'admiration que de ceux qui ont appris à la connaître, et peuvent apprécier son mérite ? Quelle fidèle image de la vie humaine et des jugements du vulgaire ! En vérité, les Grecs, si friands du célèbre miel de l'Hymette, faisaient preuve d'un tact très fin et d'une juste idée du vrai mérite, en faisant de leur dieu *Jupiter* le dieu et le père de ces insectes, et en confiant à des abeilles sacrées la garde de la grotte où celui-ci a vu le jour. C'est sous la forme d'une abeille, que la muse ionienne traversa la mer pour se rendre de l'Attique en Asie, et on donnait aux prêtresses, comme symbole de leur sainteté, le surnom d'abeilles ! Née du soleil, l'abeille tend toujours vers sa patrie céleste. En revanche, le faux-bourdon, ce paresseux, n'est que le produit de la charogne du cheval. Les âmes d'abeilles sont des âmes, qui gardent leur pureté, et, préoccupées de l'immortalité, évitent tout ce qui est bas. Joyeuses, les abeilles voltigent autour de Zeus nouveau-né, et déposent sur ses lèvres du miel sucré. Les dieux, sur le sommet de l'Olympe, goûtent le miel dans le nectar et dans l'ambroisie (Scheitlin, *loc. cit.*, p. 115). Ce sont peut-être les abeilles, qui ont inspiré aux Grecs et à leur grand poète Hésiode la profonde sentence, suivant laquelle les dieux prisent plus le labeur que le talent. Tout au moins, sont-elles dignes de l'avoir inspirée. Dans son *Histoire naturelle* (livre XI), Pline parle de deux sages de la Grèce (Aristomachus de Solès et Philiscus de Thasus), qui ont consacré leur vie entière à l'étude des abeilles ; à lui seul ce fait suffirait à prouver à quel point les Grecs appréciaient les mérites de ce merveilleux insecte et l'intérêt qu'il présente. Loin de diminuer, cet intérêt n'a fait que s'accroître dans les temps modernes, à mesure que l'on a appris à mieux connaître l'organisation domestique de ce curieux animal. Le docteur Dzierzon, de Carlsmarkt (*loc. cit.*), qui a tant contribué à faire mieux connaître cette organisation, s'exprime dans les termes suivants : « Depuis que, dans les temps modernes, l'activité de l'abeille, ses travaux domestiques et ses mœurs se sont révélés à l'œil humain dans leurs moindres détails, cet insecte, à plus juste titre que la fourmi, citée par l'Écriture, peut servir d'enseignement à l'homme, et faire honte par son exemple au paresseux. Son activité au travail est infatigable, et souvent elle y succombe quand la température est rude. Par leur amour de la propreté, leur attachement réciproque, leur caractère accommodant, l'abnégation avec laquelle chacune d'elles partage les dernières gouttes de miel avec ses sœurs, par la tendre affection qu'elles témoignent à la mère et souveraine de la communauté, par le courage, dont elles font preuve dans sa défense ainsi que dans celle de la ruche, en se précipitant, avec un véritable mépris de la mort, au-devant des coups d'un ennemi menaçant, les abeilles peuvent être pour l'homme le modèle des plus belles vertus domestiques et sociales. Il serait heureux l'état où chaque citoyen agirait, par conviction et par conscience du devoir, comme le fait l'abeille par impulsion ou par instinct irrésistible. »

Nos ancêtres, les anciens Germains, appréciaient aussi beaucoup les services de l'abeille, ne fût-ce que pour les vertus de l'hydromel, qu'ils préparaient avec du miel. C'est de la Germanie, que l'on expédiait à Rome des rayons de miel d'une largeur et d'une longueur peu communes. Ce n'était point dans des ruches en paille ou en bois, mais bien dans des arbres creux, où de nos jours encore l'abeille sauvage des bois fait son nid, que nos ancêtres tenaient leurs abeilles.

CHAPITRE XXIV

Autres espèces d'abeilles.

Le genre *osmia* et l'abeille maçonne. — Bates à propos de la mélipone
de l'Amérique du Sud. — Abeilles sauvages dans le Surinam. —
L'anthocope du pavot ou la tapissière. — L'abeille du rosier. —
L'abeille charpentière. — L'abeille à laine. — Le bourdon.

L'abeille charpentière, aussi bien que toutes les autres
espèces d'apides (*apides*), qui se comptent par centaines,
se place, sous le rapport intellectuel, bien au-dessous de
l'abeille des ruches, autrement dite mouche à miel européenne, quoiqu'elle offre aussi plus d'une particularité intéressante et qu'elle présente par son organisation, ainsi
que par ses mœurs, une grande analogie avec l'abeille
proprement dite. Toutes ces espèces, sans exception, font
preuve de grandes aptitudes pour l'architecture. Ainsi
le genre *osmia*, auquel appartient l'abeille maçonne, ci-
dessus mentionnée, exécute des travaux devant lesquels,
selon le mot de Blanchard, il est impossible de ne pas
s'extasier. Elle fait preuve d'un discernement et d'un
jugement extraordinaires dans le choix des matériaux
pour la construction de ses cellules. La cavité en forme de
corbeille, placée sur la patte postérieure, dont la mouche à
miel se sert pour rassembler le pollen lui faisant défaut,
elle y supplée en frottant de son abdomen velu les étamines des fleurs et, revenue au logis, elle enlève avec
son tarse le pollen adhérant en grande quantité à ses

poils. Nous avons déjà dit, que l'abeille maçonne recouvre ses cellules à progéniture d'une espèce de couverture ou de toit en ciment; celui-ci acquérant par l'action de l'air la solidité de la pierre, il eût été impossible aux jeunes abeilles d'y éclore, si l'intelligente architecte n'avait ménagé, dans le bord inférieur de la voûte, dans le voisinage même de la cellule, dont l'habitante doit éclore la première, une petite échancrure, bouchée seulement avec de la terre poreuse, et ne se distinguant en rien par son apparence de la couche de ciment. Elle s'entend très bien à modifier, selon les circonstances, sa manière de bâtir, ou, si elle trouve quelque vieux nid abandonné, à s'épargner la peine d'en bâtir un nouveau, en adaptant le vieux à ses besoins, après l'avoir soigneusement nettoyé. Bien plus, on a vu, à Alger, des abeilles maçonnes s'épargner même ce travail en établissant leurs cellules dans les coquilles vides des colimaçons. D'autres, au contraire, au lieu de suivre leur soi-disant instinct pour l'architecture, profitent de l'absence de la maîtresse d'un nid fraîchement construit non loin de leurs cellules, pour s'y installer à l'aise et en repousser violemment la propriétaire légitime. En citant ce phénomène, remarqué chez tous les insectes nidifiants (aussi bien que chez les animaux), et sur lequel nous avons attiré l'attention du lecteur au commencement de l'ouvrage, Blanchard conclut par l'observation suivante : « Ainsi des individus de la même espèce semblent n'avoir pas tous les mêmes penchants. Les uns, laborieux, travaillent honnêtement; les autres, paresseux, préfèrent ne pas travailler et accaparer, soit par la ruse, soit par la violence, la propriété d'autrui. Restera-t-il longtemps encore des hommes assez ignorants pour voir dans les animaux de véritables machines et pour ne rien comprendre à la grandeur de la création ? »

« L'abeille maçonne », dit E. Menault (*loc. cit.*, p. 36),
« agit-elle comme une machine, quand, dans ses travaux,
elle cherche à s'adapter aux circonstances, quand elle s'empare de vieux nids, les nettoie et les améliore en prouvant
par là qu'elle sait parfaitement tirer parti des circonstances?
Peut-on admettre que, pour agir ainsi, un certain degré
de jugement ne soit necessaire [1] ? »

Bates (*loc. cit.*, tome II, p. 43 et suivantes) a constaté
des faits analogues chez certaines espèces de la mélipone
de l'Amérique du Sud, abeilles dépourvues de dard et produisant un miel moins fin que celui de leurs congénères
d'Europe. La palette de sa patte postérieure lui sert non seulement à recueillir la poussière fécondante des fleurs, mais
aussi à amasser la terre glaise, qu'elle transporte au logis
pour ses travaux de construction. Elle suspend ses rayons
dans le creux des arbres ou le fond des cavernes, dont
elle rétrécit l'entrée à son gré avec de l'argile. Elle est
donc à la fois maçonne et butineuse de miel. Une petite
espèce, en particulier, pousse la prévoyance jusqu'à poser
à l'entrée du nid un conduit en argile, dont l'ouverture
extérieure a la forme de l'embouchure d'une trompette.
Cette ouverture est en plus toujours gardée par des sentinelles. Une autre espèce encore rassemble des feuilles

---

[1] Le fait suivant, dont nous avons été témoin, nous paraît aussi
absolument inconciliable avec la théorie de l'instinct. Il s'est passé à
Paris, en 1855, lors de la première exposition universelle. A cette occasion, on avait aménagé pour une exposition horticole la portion des
Champs-Élysées située en face du palais de l'Industrie, et on y avait
créé un jardin plein de fleurs. Dans ce jardin, on avait placé une ruche
artificielle, dont un des côtés était fermé par une vitre, recouverte par
une porte en bois, fermée d'habitude, mais que les curieux ouvraient à
chaque instant pour plonger dans la ruche des regards indiscrets. Cela
finit par importuner les abeilles et, pour être tranquilles chez elles, elles
fixèrent le battant de la porte avec de la propolis et si solidement, qu'il
était impossible de l'ouvrir. La propolis avait été placée en dehors de
la boîte, sur la jointure de la porte et du chambranle.
Note du traducteur.

et des copeaux, qu'elle colle avec la sève résineuse des arbres pour boucher l'entrée de son nid.

Drory (*Journal des abeilles d'Eichstadt*, 1874, n° 24),
qui garda des années durant, à Bordeaux, à côté de
mouches à miel, des mélipones envoyées du Brésil, les
vit utiliser pour leur construction de la cire à cacheter
fondue, et a eu l'occasion d'observer comment elles cherchaient à se la dérober mutuellement. C'est d'une manière
toute différente, qu'elles construisirent leurs cellules à progéniture et leurs magasins à provisions. Certaines espèces
(par exemple la *melip. scutellaris*, déjà citée) se distinguent
par un grand courage et défendent intrépidement leurs
nids non seulement contre d'autres insectes, mais aussi
contre l'homme lui-même, qu'elles ne se font pas scrupule
d'attaquer. D'ailleurs, toutes sauvages qu'elles soient, elles
s'entendent très bien à distinguer parmi les hommes l'*ami*
de l'*ennemi* et se comportent en conséquence. Un fait cité
par Stedmann (*Voyage au Surinam*, tome II, p. 286)
nous en fournit un curieux exemple. Le naturaliste reçut,
un jour, dans sa hutte la visite d'un voisin ; ce dernier,
ayant à peine touché le seuil, recula avec précipitation et,
fou de douleur, courut plonger sa tête dans la source
voisine. Il se trouva que le nouveau venu, homme de
grande taille, avait, en entrant dans la hutte, heurté de
la tête contre un nid d'abeilles sauvages, installé sur le
toit, au-dessus de la porte. Désireux d'éviter une pareille
mésaventure, Stedmann quitta immédiatement la hutte,
donnant à ses esclaves l'ordre de détruire le nid. Un vieux
nègre, survenu sur ces entrefaites, assura que jamais les
abeilles ne feraient aucun mal à M. Stedmann et qu'il
était prêt à encourir, le cas échéant, n'importe quel châtiment. « Massa », disait-il, « il y a longtemps que vous
auriez été piqué, si les abeilles vous considéraient comme

un étranger. Mais elles savent que vous êtes leur protecteur, que vous leur avez permis de s'établir sur le toit
de la maison ; aussi vous connaissent-elles, vous et vos
serviteurs, et ne feront-elles jamais de mal à aucun d'entre
eux, ni à vous-même. » M. Stedmann eut lieu de se convaincre que le vieux avait raison, parce que, même quand
il toucha au nid, ni lui ni ses nègres ne furent attaqués
par les abeilles. Le même vieillard raconta, qu'il avait vécu
sur une plantation, où se trouvait un grand et bel arbre,
dans les branches duquel, aussi loin qu'il s'en souvenait,
une société d'*oiseaux* et une société d'abeilles avaient élu
domicile. L'amitié la plus parfaite régnait entre les deux
groupes, à ce point que, s'il arrivait aux abeilles d'être
molestées par des oiseaux étrangers, elles étaient protégées par ceux du foyer. Mais des abeilles étrangères s'avi-
saient-elles de venir inquiéter les oiseaux, elles étaient
immédiatement attaquées et tuées par les abeilles alliées.
Charmée du spectacle de cette amitié extraordinaire, la
famille du propriétaire ne voulut jamais la troubler.

Bates ne compte pas moins de cent quarante différentes
espèces d'abeilles dans les environs de Santarem et de Villa-
Nova, et la plupart d'entre elles se distinguent beaucoup des
espèces européennes. Plusieurs d'entre elles font leurs nids
dans les branches et les rameaux creux des arbres, tandis
que d'autres espèces ne nidifient point et ne rassemblent
point de provisions, *se contentant de déposer leurs œufs
dans le nid de leurs camarades*. Elles sont donc, parmi
les abeilles, ce que le coucou est parmi les oiseaux. En général, les mœurs des abeilles sauvages révèlent une
grande variété selon les circonstances, les conditions de la
localité, etc. Ainsi, au lieu de humer les fleurs, l'abeille
des bois de l'Amérique du Sud rassemble les excréments
des oiseaux, sur les feuilles, et les exsudations des arbres.

En Abyssinie, l'abeille nidifie tantôt dans les édifices abandonnés des fourmis blanches, tantôt sur le toit des maisons, tantôt dans les arbres ou dans les creux des rochers
et, dans le choix de son domicile, se laisse toujours guider
par les meilleures conditions alimentaires de la localité. Il
y a, au Cap, un oiseau appelé dénicheur de miel (*cucculus
indicator*), qui sert de guide aux Hottentots dans leurs
recherches des nids d'abeilles ; il leur indique la route en
les précédant à une courte distance, et reçoit toujours en
reconnaissance sa part du butin. Serait-ce aussi de l'instinct?

Plus intéressante encore est la conduite de l'*anthocope
du pavot*, autrement dite abeille tapissière (*apis*, ou
osmia, ou *anthocopa papaveris*); elle creuse dans la
terre, pour sa progéniture, une cavité de 8 centimètres de
profondeur, en tapisse soigneusement le fond avec les pétales mous et délicats du coquelicot, de manière à ne laisser aucun interstice. Pour rendre le nid plus chaud et
plus confortable, elle dépose plusieurs couches de pétales
les unes sur les autres. Mais le plus merveilleux, c'est la
manière dont, après avoir déposé un œuf et de la pâture
sur une feuille, elle en joint les bords comme on lie un sac.
Ceci accompli, un peu de terre éparpillée est jeté sur le
tout, afin que rien ne vienne trahir l'existence du nid.

Outre l'anthocope du pavot, il y a toute une série
d'autres espèces d'apides, qui coupent les feuilles à l'aide
de leurs mâchoires longues, tranchantes, garnies de quatre
dents, ce qui leur a fait donner, par Réaumur, le surnom
d'abeilles coupeuses de feuilles. La plus répandue de toutes,
est l'*abeille du rosier* (*megachile centuncularis*), qui
coupe en parcelles les feuilles du rosier ou du frêne, et en
façonne de petits vases, ayant la forme d'un dé à coudre
et destinés à contenir la progéniture et l'alimentation qui

lui est nécessaire; ces petits pots, à demi emboîtés les uns dans les autres, sont disposés en rangée dans des galeries souterraines. L'arrangement et la clôture de chaque cellule sont aussi solides qu'artistiques. Le tout est recouvert de terre afin de ne pas attirer l'attention au dehors. Bingley (*loc. cit.*, tome IV, page 155) décrit d'une manière charmante le soin et le discernement, ainsi que l'adresse mécanique, que ces insectes manifestent dans le déchiquetage des feuilles.

Nous empruntons à Réaumur une anecdote très curieuse touchant cette bestiole :

« Dans les premiers jours de juillet 1736, dit-il, le seigneur d'un village proche des Andelys vint voir M. l'abbé Nollet, accompagné, entre autres domestiques, d'un jardinier qui avait l'air fort consterné. Il s'était rendu à Paris pour annoncer à son maître, qu'on avait jeté un sort sur sa terre. Il avait eu le courage, car il lui en avait fallu pour cela, d'apporter les pièces, qui l'en avaient convaincu ainsi que ses voisins, et qu'il croyait propres à en convaincre tout l'univers. Il prétendait les avoir produites au curé du lieu, qui n'était pas éloigné de penser comme lui. A la vue des pièces, le maître ne prit pourtant pas tout l'effroi que son jardinier avait voulu lui donner; s'il ne resta pas absolument tranquille, il jugea au moins qu'il pouvait n'y avoir rien que de naturel dans le fait, et il crut devoir consulter son chirurgien; celui-ci, quoique habile dans sa profession, ne se trouva pas en état de donner des éclaircissements sur un sujet qui n'avait aucun rapport avec ceux qui avaient fait l'objet de ses études; mais il indiqua M. l'abbé Nollet, comme très capable de décider si l'histoire naturelle n'offrait point quelque chose de semblable à ce qu'on lui présentait. Ce fut donc sa réponse, qui valut à M. l'abbé Nollet une visite, qui a servi à m'instruire. Le jardinier ne

tarda pas à mettre sous ses yeux des rouleaux de feuilles,
qui, selon lui, ne pouvaient avoir été faits que par une
main d'homme et d'homme sorcier. Outre qu'un homme
ordinaire ne lui semblait pas capable d'exécuter rien de

Abeille charpentière.

pareil, à quoi bon les eût-il faits, et dans quel dessein les
eût-il enfouis dans la terre de la crête d'un sillon? Un
sorcier seul pouvait les avoir placés là pour les faire servir à quelque maléfice. L'abbé Nollet certifia au brave

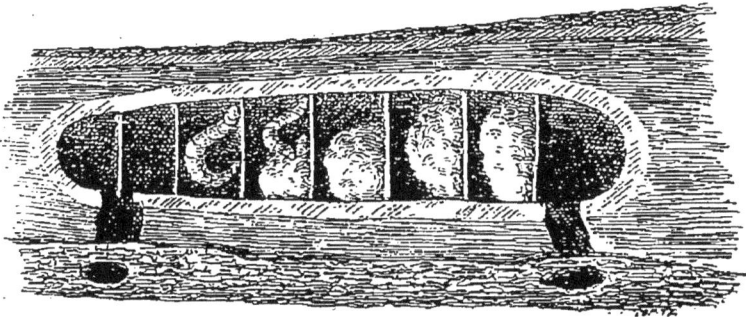

Chambrettes de l'abeille charpentière.

homme, que ces jolis ouvrages étaient faits par des insectes, et comme preuve, il tira un *gros ver* de ces rouleaux. Dès que le paysan l'eut vu, son air sombre et
étonné disparut : un air de gaieté et de contentement se
répandit sur son visage, comme s'il venait d'être tiré d'un
affreux péril. »

L'*abeille charpentière* ou *perce-bois* (*xylocopa*), de

la grosseur d'un bourdon, dont les innombrables espèces sont répandues sur tout le globe, s'entend à merveille à creuser ses nids dans du vieux bois, des poutres, par exemple. Parmi ces espèces, une des plus ordinaires est notre abeille perce-bois violacée (*xylocopa violacea*), dont les nids à l'architecture si industrieuse peuvent être facilement admirés par chacun. Avec une patience infatigable, de ses fortes et robustes mandibules, elle creuse dans le bois de longues galeries parfaitement mastiquées, qu'elle partage ensuite en logettes cellulaires, à l'aide de la sciure de bois collée avec une espèce de glu. La mère établit une voie de communication entre le dehors et la cellule inférieure, où doit éclore la première larve, en sorte que les insectes enfermés dans les cellules supérieures, n'ont plus, pour sortir, qu'à percer les parois très minces de leurs cellules respectives. Grâce à la sécheresse et à la friabilité du bois, l'abeille perce-bois n'a pas besoin de tapisser le fond de ses cellules à progéniture.

L'*abeille à laine* (*anthidium*), au contraire, est obligée de tapisser soigneusement de filaments laineux, empruntés aux feuilles et aux fleurs, ses galeries pratiquées soit dans un sol argileux ou sablonneux, soit dans des murs d'argile. L'adresse, avec laquelle elle extrait de la plante ces filaments laineux, est prodigieuse.

Le *bourdon* lui-même, bon enfant, un peu obtus de sa nature, primitif dans son art d'architecte, révèle pourtant une intelligence peu commune en s'ingéniant à percer le nectaire de la fleur, de manière à pénétrer jusqu'au dépôt sucré qu'il contient. Une intelligence non moindre éclate dans les procédés du *bourdon à mousse*, quand, après avoir revêtu son nid d'une couche en cire, il le recouvre encore d'un toit en mousse, ou quand, dans ses travaux de construction, il roule la mousse en pelotes, que des ouvriers rangés en file se passent les uns aux autres. L'entrée du nid, souvent allongée en forme de galerie sinueuse, est d'ordinaire protégée par une garde chargée de tenir en respect les fourmis et les autres insectes. Gödard (Brehm, *loc. cit.*, IX, p. 219) va jusqu'à affirmer, que chaque nid de bourdon possède un porte-trompette, qui, monté de grand matin sur le haut du nid, bat des ailes, et à son de trompe appelle les habitants aux travaux! L'industrie et l'intelligence du bourdon semblent croître en proportion de l'importance de la colonie dont il fait partie. Les petites sociétés se contentent du strict nécessaire, ne fabriquent point de toit en cire, n'allongent point leurs cellules à miel, etc., tandis que, dans les grandes sociétés, une espèce d'émulation dans l'organisation domestique et dans les soins donnés à la progéniture pousse à un perfectionnement notable.

Chaque espèce de bourdons, ainsi que la plupart des espèces d'abeilles et que beaucoup de familles d'insectes, a des parasites, offrant par leur volume et leur apparence une grande analogie avec eux; ces parasites profitent de cette analogie pour déposer leurs œufs dans les nids de bourdons sans plus s'en soucier. Ils n'ont ni goût, ni aptitude pour le travail, et les instruments, destinés d'ordinaire à cet usage, sont atrophiés chez eux, probablement à la suite d'une longue inactivité; ils n'y perdent rien du reste, leurs œufs arrivant à maturité aussi bien que ceux des maîtres du logis.

CHAPITRE XXV

La famille des guêpes.

Les sociétés des guêpes. — Leurs habitations. — Le frelon et ses nids. — La guêpe commune et son nid. — Sentinelles. — Soins de la progéniture. — Expéditions des guêpes voleuses. — Exploration des lieux. — Elles distinguent les amis des ennemis. — *Polistes gallica,* ou guêpe française. — Nids de la *polybia liliacea, chartergus nidulans, tatua morio, pelopaeus fistularis, trypoxylon.* — La guêpe maçonne. — La guêpe commune des sables. — La guêpe bleuâtre des sables. — La guêpe des sables de la Pensylvanie. — *Philanthus apivorus.* — Ichneumonides.

La famille des *guêpes*, proche parente, et en même temps ennemie des abeilles, se trouve placée au-dessous de celles-ci par l'intelligence, tout en leur étant supérieure par l'énergie et la force du caractère. De même que les abeilles, les fourmis et les termites, les guêpes fondent des états, dont la structure, il est vrai, se distingue par une moins grande complexité. Leurs sociétés sont organisées tout à fait de la même manière que celles des bourdons. Ni les guêpes ni les bourdons ne résistent aux rigueurs de l'hiver et, chez tous les deux, la femelle seule fait exception à la règle; c'est donc à elle qu'incombe au printemps la tâche de fonder un nid soit sous terre, soit dans quelque autre endroit propre à cet usage. Elle y dépose des œufs et pourvoit à la nourriture des larves écloses, jusqu'à ce que les aînées, ayant grandi, soient en état d'aider la mère dans les travaux de construction et les soins que réclame la progéniture. Tout en étant du sexe femelle, les bestioles, qui éclosent d'abord, sont incapables de

pondre des œufs. Aussi toute leur activité se porte-t-elle
sur la construction du nid et les soins à donner aux petits, activité, qui à son tour entraîne de plus en plus
l'atrophie de leurs organes sexuels. Ce sont là, comme
chez les fourmis et les abeilles, les asexuées ou ouvrières.
C'est seulement à la fin de l'été, que la femelle se met à
pondre des œufs, dont les uns donnent des mâles, et les
autres des femelles parfaites. Ces mâles et ces femelles
s'accouplent en automne. Mais à peine les premières
atteintes du froid se font-elles sentir que toute la communauté périt, à l'exception des femelles, qui, au printemps
suivant, fonderont de nouvelles colonies.

Les phénomènes que nous venons d'exposer font surgir
deux problèmes, auxquels il a longtemps semblé impossible de trouver une autre solution que les sages décrets
de la Providence. Le premier, c'est-à-dire l'apparition à
côté d'insectes mâles et femelles, d'ouvrières asexuées, a
été élucidé, du moment où l'on a su que les êtres désignés
ainsi ne sont point au fond, comme on l'a déjà constaté
pour les abeilles et les fourmis, réellement dépourvus de
sexe; que ce sont des femelles, dont les organes sexuels
ont subi un arrêt de développement, toutes les forces
actives de leur organisme ayant été absorbées par les travaux de l'architecture et les soins à donner à la progéniture. Les abeilles, d'ailleurs, nous prouvent expérimentale-
ment, que le développement parfait de ces organes peut
être obtenu par un repos complet et une riche alimentation.
Le second problème, c'est-à-dire le pourquoi de l'apparition
tardive des êtres mâles et femelles, semblait plus difficile
à résoudre; il l'a été pourtant du moment où la faculté
possédée par la reine de pondre à volonté des œufs mâles
et femelles devint un fait acquis. La femelle des guêpes et
des bourdons pond des œufs femelles aussi longtemps que

sa poche séminale contient de la matière fécondante, qu'elle a reçue du mâle et qu'elle conserve dans une poche spéciale. La provision s'en épuise-t-elle, vers la fin de l'été ou vers l'automne, ce sont alors nécessairement les mâles qui viennent au jour. Parmi les œufs femelles ou œufs fécondés, ce ne sont, du reste, que les derniers pondus qui produisent des femelles parfaites, car à cette époque seulement, la construction du nid se trouve achevée, et les ouvrières ont eu le temps de préparer la nourriture abondante et riche, nécessaire à l'évolution parfaite des organes sexuels des larves. « Ainsi, ce qui semble, à première vue, un plan préconçu, dit Wundt (*Leçons sur l'âme de l'homme et des animaux*, II, p. 196), se réalisant d'une manière inexplicable par l'instinct animal, se trouve être au fond, chez les plus simples sociétés des insectes, l'œuvre de la nécessité, car une certaine organisation physique de l'animal une fois donnée, tout le reste en est un résultat nécessaire. »

Les *guêpes* proprement dites vivent donc, comme les abeilles, en société, formant des états bien organisés, où le travail est réparti entre les mâles, les femelles et les asexuées, quoique d'une manière moins rigoureuse que chez les abeilles. Cette division du travail, l'architecture artistique de leurs nids, la sollicitude prévoyante qu'elles témoignent aux petits, l'ordre qui règne dans leur société, nous frapperaient d'admiration, si nous n'avions déjà appris à connaître leurs congénères, les abeilles, qui leur sont bien supérieures sous le rapport intellectuel. En revanche, les guêpes sont courageuses, persévérantes, agiles et rusées; à cause de leurs continuelles allées et venues en automne, elles se prêtent facilement à l'observation quotidienne, et l'on raconte une foule d'anecdotes touchant leur intelligence et leur finesse.

Ne trouvant pas, comme l'abeille, un logis commode, prêt à la recevoir et n'ayant pas toujours à sa portée quelque cavité dans un arbre ou dans une grange, la guêpe édifie d'ordinaire un nid suspendu, qu'au moyen d'un ou de plusieurs filaments de fibres ligneuses elle fixe soit à la branche d'un arbre, soit à la saillie d'un toit ou à quelque objet analogue. Ensuite elle le recouvre d'un toit également suspendu, fabriqué d'une matière papyracée, agglutinée avec de la salive. L'orifice de chaque cellule est pratiqué dans le bas, en sorte que les larves, *la tête pendante*, sont obligées de se cramponner fortement aux parois de la cellule. Ce genre d'architecture a l'avantage de garantir le nid contre les rigueurs des saisons, particulièrement contre la pluie, qui ne saurait pénétrer dans les cellules. D'ailleurs chaque espèce de guêpe a son mode particulier de construire, aussi bien que sa manière de préparer les matériaux dont elle se sert. Il y a donc une variété immense dans l'architecture de ces nids, qui tous ont un cachet d'élégance et de solidité fait pour nous frapper d'admiration, surtout quand on songe que ces constructions sont destinées à ne durer qu'un seul été. La plupart des espèces de guêpes raclent avec leurs mandibules la surface extérieure un peu moisie des branches, des haies, des planches, et agglutinant cette substance végétale avec de la salive, elles obtiennent une masse homogène, laquelle, une fois triturée et séchée, présente la plus grande analogie avec du papier buvard. On pétrit de cette masse des boulettes, qui, durant le cours des travaux, subissent une élaboration ultérieure. Pourtant si ces habiles architectes ont à leur portée du papier véritable, elles s'empressent de l'utiliser pour s'épargner de la besogne et savent aussi tirer parti des feuilles sèches. Les cellules destinées à leur progéniture présentent tantôt la forme de sphères cylindriques creusées, tantôt celles d'hexagones parfaits, semblables aux alvéoles des abeilles. Superposées les unes aux autres, ces cellules forment des couches horizontales ou des gâteaux reliés par plusieurs planchettes suspendues, laissant entre elles suffisamment d'espace pour la circulation et pour l'abord facile des loges à progéniture. Les cellules des mâles et des femelles sont un peu plus grosses que celles des ouvrières et d'une forme légèrement différente. Ne produisant pas de miel, les guêpes n'ont pas besoin de cases spéciales pour les provisions, et quand survient la saison froide, alors qu'on ne trouve plus d'aliments au dehors, elles tuent et jettent hors du nid les larves encore vivantes à cette époque. Il est difficile de se figurer quelque chose de plus artistique que le nid du *frelon* (*vespa crabro*), d'une hauteur souvent de 50 centimètres sur 35 à 40 de diamètre, entouré d'une enveloppe épaisse, d'une espèce de coquille cylindrique. Le frelon est un brigand redouté, la terreur et l'épouvante de tous les butineurs ailés, voltigeant de fleur en fleur. Pareil au diable pourchassant les âmes des damnés, il fond sur sa proie, qui parfois est un gros papillon, et l'entraîne pour la livrer en pâture à sa progéniture affamée et velue. Souvent il pèle les jeunes frênes et les jeunes bouleaux, afin de fabriquer avec leur écorce ses nids et ses cellules, qui semblent faits de papier gris et, dans ce cas, il peut être nuisible aux jeunes arbres eux-mêmes. Il se sert aussi de bois pourri et, s'il trouve une cavité dans un arbre où il puisse nidifier à son aise, il s'en arrange parfaitement et alors bâtit à moins de frais.

Que de fois les nids des frelons n'ont-ils pas excité l'admiration des personnes, qui les voyaient pour la première fois et qui s'imaginaient avoir trouvé un trésor!

Les nids plus petits de la guêpe commune (*vespa vul-*

garis) sont bâtis soit au grand air, soit sous le sol, et leur enveloppe, semblable à du papier, leur donne toute l'apparence d'une tête de chou. Néanmoins ils contiennent parfois jusqu'à dix mille cellules, tout en ayant débuté par n'en avoir que huit ou douze; leur nombre croît en proportion de l'accroissement de la population et de ses besoins grandissants. A l'entrée, qui se trouve placée d'ordinaire au bout inférieur du nid piriforme, les guêpes, de même que les abeilles et les fourmis, tiennent nuit et jour un poste de sentinelles chargées d'avertir la population de tous les dangers qui peuvent la menacer du dehors. Les mâles travaillent dans l'intérieur du nid aussi bien que des ouvrières véritables; pourtant leur activité semble se borner à veiller à la propreté du nid, à enlever les cadavres, etc. Comme les femelles parfaites et les ouvrières occupées des travaux domestiques, ils sont nourris par les guêpes voltigeant au dehors, qui rapportent au logis des aliments animaux, des fruits, et qui se comportent, en un mot, en vrais brigands et voleurs aussi audacieux que rusés. Pareilles au faucon, elles fondent sur les autres insectes, leur arrachent tête, pattes, ailes et les traînent dans leur nid, le tronc encore palpitant. Les abeilles et les mouches ont le plus à en souffrir. Dans les garde-mangers, après s'être repues de viande, elles en arrachent des lambeaux parfois plus gros qu'elles-mêmes et les emportent. Elles se gorgent du suc des fruits savoureux et, arrivées au logis, en cèdent le surplus à leurs camarades et aux larves en le leur ingurgitant dans la bouche. A peine une ouvrière ainsi chargée rentre-t-elle dans le nid, qu'on l'entoure de tous côtés pour la soulager au plus vite de son fardeau. Les larves sont, comme les oisillons, nourries de bouche à bouche, et il est curieux de voir avec quelle sollicitude, avec quelle activité la guêpe femelle s'empresse d'une cellule à une autre en distribuant à chaque larve sa part d'aliments. Celle-ci, une fois ses métamorphoses achevées, quitte sa logette sous la forme d'insecte parfait et immédiatement on procède, comme chez les abeilles, à un nettoyage scrupuleux de la cellule, destinée à recevoir bientôt un œuf nouveau.

Le Dr Darwin (*Zoonomia*, sect. XVI) a observé une guêpe, qui, après avoir arraché la tête et l'abdomen à une grosse mouche, dont elle avait sucé tout le sang, l'emportait dans l'air. Le vent, étant contraire, agitait les ailes encore attachées au cadavre de la mouche, et formait ainsi un obstacle auquel la guêpe se décida à remédier : elle s'abattit à terre, arracha les ailes de sa victime et poursuivit désormais son chemin sans entraves. Cette merveilleuse histoire, si souvent répétée, ne contient pourtant en soi rien d'extraordinaire, rien qui dépasse les facultés intellectuelles de la guêpe. Ce phénomène semble avoir été observé plus d'une fois. Voici ce que M. H. Löwenfels, de Cobourg, nous écrit le 23 novembre 1875 : « En me promenant par une belle journée d'automne, je dis belle, quoique le vent soufflât avec violence, mon attention fut attirée par un objet, qui flottait en l'air, et que le vent vint rabattre violemment à terre dans une direction oblique. Ce n'était ni une feuille d'arbre, ni rien de semblable. Habitué à ne point laisser inaperçu le moindre phénomène naturel, je suivis le penchant qui me poussait à m'assurer de la nature de l'objet énigmatique que j'avais sous les yeux et je me dirigeai vers l'endroit où il gisait à terre.

« Cet objet se trouva être une guêpe carnassière, occupée à soulever de terre une grosse mouche, que vraisemblablement elle avait tuée. Elle en vint à bout, mais à peine avait-elle soulevé sa proie à quelques pouces au-des-

sus du sol, que le vent s'engouffrant dans les ailes du cadavre, celles-ci se gonflèrent comme des voiles. Impuissante
à résister au courant, la guêpe fut d'abord entraînée dans
la direction du vent, mais bientôt elle se laissa choir à
terre avec sa proie. Alors, au lieu de recommencer une
tentative si infructueuse, de ses dents elle se mit à arracher avec une activité fiévreuse les ailes de la mouche.
L'opération une fois achevée, elle saisit la mouche, dont le
poids dépassait celui de son corps et poursuivit désormais
sans obstacle son voyage aérien, s'élevant à la hauteur de
près de cinq pieds.

« Je m'interdis toute conclusion sur ce fait soigneusement observé. »

M. Albert Schlüter, de Sisterdale (*Kendall County*), a été
témoin, au Texas, d'un fait analogue, qu'il nous a communiqué, à la date du 30 juin 1876, dans les termes suivants :

« Au printemps de 1865, dans la dernière année de la
guerre civile, je pêchais à la ligne, selon mon habitude, à
Podernales, à cinq milles de Friedrichsbourg ; j'étais
assis à l'ombre d'un maigre bois disséminé au bord de
la rivière. Non loin de moi se trouvait établie dans le sable
une colonie de fourmilions, dans les entonnoirs desquels je
jetais de temps en temps quelque insecte pris dans le voisinage. Tout d'un coup une cigale, d'une grosseur considérable, s'abattit avec un bruissement strident, précisément
dans l'un des entonnoirs, et par ses mouvements convulsifs
accompagnés de craquements elle renversa et écrasa une
quantité d'habitants. Au même moment parut le frelon
ravisseur, de la taille et de la couleur du frelon allemand
(nous en avons ici un deux fois plus gros, qui soulève
avec facilité une chenille à tabac parfaitement développée);
il se précipita sur sa proie et lui porta un coup, qui dut
être mortel, car mouvements et cris cessèrent immédiate-

ment. L'assassin était très affairé autour de sa victime, considérablement plus grosse que lui ; il sépara les pattes du tronc, arracha les ailes et chercha ensuite à l'emporter. Mais ses forces n'étant pas à la hauteur de cette tâche, après des efforts bien des fois renouvelés, il sembla renoncer à sa tentative. Une demi-minute s'écoula ; à califourchon sur le cadavre, immobile, les ailes seules légèrement agitées, le frelon paraissait réfléchir et ces réflexions portèrent leurs fruits. Un mûrier ou plutôt un tronc de mûrier, la cime ayant été évidemment brisée lors de la dernière inondation, s'élevait dans le voisinage, à la hauteur de dix à douze pieds. A peine le frelon l'eût-il aperçu, qu'il y traîna avec effort sa victime et se mit à en escalader la cime, toujours avec son fardeau. Une fois au sommet, après quelques moments de repos, il étreignit fortement sa proie et prit avec elle son essor à travers la prairie. Ainsi ce qu'il n'avait pu soulever de terre, il le portait sans effort dans l'air. »

Les mêmes phénomènes ont été étudiés chez la *vespa maculata* par Th. Meenan (*Bulletin de l'Académie des sciences naturelles de Philadelphie*, 22 janvier 1878). Il a vu une guêpe essayer inutilement de s'élever dans l'air avec une sauterelle qu'elle venait de tuer. Ne parvenant pas, malgré ses efforts, à se détacher du sol, elle traîna sa proie pendant une trentaine de pieds jusqu'à un érable, qu'elle gravit péniblement, et de là elle prit son vol, étreignant fortement la sauterelle. « Voilà », conclut le narrateur, « quelque chose qui est plus que de l'instinct. C'est de la réflexion, du jugement et un jugement, auquel les faits donnent raison. »

Les oiseaux éprouvent parfois la même difficulté à s'élever au-dessus du sol, tout en prenant facilement leur essor du haut de quelque sommet.

M. le docteur Louis Nagel, de Schmölle, écrit :

« Pendant une course d'affaires faite à la campagne, j'aperçus une guêpe de l'espèce *ichneumon* (*ichneumon luteus*) chargée d'une grosse araignée des champs (*aranea* ou *tegenaria agrestis*). A coups de dents et de dard, elle avait déjà assommé sa victime et de ses fortes mandibules, la tenant par la partie postérieure du corps, elle la poussait devant elle en s'efforçant d'avancer. Mais, comme un vent violent déjouait ses efforts, elle se retourna et marcha à reculons dans la même direction en traînant cette fois l'araignée derrière elle. Son guêpier était situé sur une pente gazonnée. Une fois sur celle-ci, le gazon et les inégalités du terrain mettant obstacle à sa marche, elle fut souvent obligée de faire halte et parfois même de revenir sur ses pas. Néanmoins elle arriva à bon port et traîna sa proie jusqu'au nid. »

M. Merkel, de Gumbinnen, nous communique ce qui suit dans une lettre datée du 8 février 1876 :

« Au commencement de l'année 1860, j'avais pris à bail le restaurant d'une station du chemin de fer de l'ouest, et comme j'avais beaucoup de loisirs et m'ennuyais, je me mis à recueillir des pétrifications, abondantes dans le voisinage de la station. Explorant un jour, dans cette intention, le terrain et de préférence ses parties plus élevées, je remarquai une petite guêpe grisâtre, qui rampait sur le sol, traînant sous elle une chenille d'un pouce de long, qu'elle tenait fortement dans ses tenailles, en sorte que de chaque côté de la chenille se trouvaient les trois pattes de l'insecte. La chenille semblait morte, car elle ne bougea pas, lors même que la guêpe la lâcha et s'éloigna d'un pas. Cette dernière cherchait évidemment quelque chose, car elle courait par-ci par-là, puis finit par s'arrêter devant un petit trou creusé dans le sol, de la grosseur à peu près d'un crayon. Elle y plongea, mais reparut immédiatement à l'entrée, pour courir à la chenille et l'empoigner comme auparavant; alors, traînant sa proie jusqu'au trou, elle en introduisit un bout dans l'orifice et souleva ensuite si haut le bout opposé que la chenille glissa dans l'intérieur. Pourtant une partie de son corps pendait encore à l'extérieur et cela ne semblait pas arranger la guêpe. Aussi se mit-elle en devoir de tirer fortement la chenille en arrière en se servant, dans ce but, avec une adresse merveilleuse, de ses tenailles et de ses pattes antérieures. Elle plaça la chenille, dégagée, à côté du trou, plongea derechef dans l'intérieur du nid, en retira plusieurs graviers de la grosseur d'un petit pois, ensuite introduisit la chenille dans le trou de la manière ci-dessus décrite. Celle-ci y étant cette fois entrée tout entière, la guêpe pénétra à mi-corps dans le trou, où elle fit entendre un bourdonnement joyeux (expression de satisfaction); après quoi elle reparut encore au dehors et se mit, avec ses pattes postérieures, à combler le trou jusqu'à ce qu'elle l'eût complètement rempli. Alors elle tourna tout autour, examinant minutieusement son ouvrage, et celui-ci lui semblant accompli à sa plus grande satisfaction, elle fit encore retentir son joyeux bourdonnement et s'envola. »

M. K. B. Zelinka, inspecteur des chemins de fer du sud, en Autriche, écrit de Gratz, le 23 décembre 1875 :

« En 1868, vers la moitié de l'été, mon service m'appela dans le Tyrol, à la station de Saint-Laurent. L'ardent soleil de juillet invitait à passer l'heure de midi à l'ombre d'un arbre, qui se trouvait heureusement devant la petite auberge, située dans un endroit très pittoresque, sur les bords du Radlbach, à l'endroit même où il se jette dans la Drau. Au moment où je terminais mon modeste repas (j'étais assis au grand air devant la maison, abrité par la voûte de feuillage), mon attention fut attirée par une guêpe commune, qui voltigeait çà et là avec la rapidité de l'éclair. Au même moment j'aperçus des fils d'araignée brillant au soleil, le long desquels un magnifique échantillon de l'espèce diadème descendait lentement à terre. Quand il en fut à peu près à la distance de trois mètres, la guêpe fondit sur lui avec la rapidité de la foudre et enfonça son dard dans son gros abdomen. Le diadème recula et se mit à remonter le long de ses fils, mais la guêpe continua à le poursuivre et le transperça une seconde fois. Alors le malheureux roula à terre, où il fut empoigné par son adversaire, qui, dans sa rage, le cribla de blessures ; après cet exploit, la guêpe se mit à voltiger tout autour de sa victime, qui se débattait encore dans les convulsions de l'agonie. Les mouvements de l'araignée devenaient-ils plus saccadés, son bourreau se précipitait sur elle, et il ne se décida à prendre son vol que quand la malheureuse victime ne donnait plus signe de vie.

« Je présume qu'avant la lutte, dont je venais d'être témoin, la guêpe s'était introduite dans le nid de l'araignée, avait été attaquée par celle-ci et ayant réussi à s'échapper, avait plus tard pris la revanche que je viens de décrire. »

Il est permis de révoquer en doute la justesse de cette dernière conjecture. Pourtant il est sûr que le sentiment de la vengeance, celui de la colère, ainsi qu'un instinct belliqueux, sont, chez les guêpes, des traits essentiels du caractère. D'après un récit de Ratzebourg, tout à fait digne de foi, un garçon de cabaret de Magdebourg aurait un jour bouché l'issue d'un nid de guêpes avec un morceau d'éponge, de sorte que les habitantes n'en purent plus sortir. Quand deux jours plus tard il revint, accompagné d'un parent, voir ce qu'était devenu le nid bouché, il fut assailli par quelques douzaines de guêpes, et si cruellement piqué qu'il en fit une grave maladie. L'ami qui l'accompagnait fut au contraire épargné.

La locution vulgaire « Tomber dans un guêpier » suffit pour montrer combien il faut se garder de ces bestioles au caractère hargneux et irritable. Dans leurs relations réciproques, les guêpes sont aussi bien loin de manifester l'humeur pacifique des abeilles ; leurs combats sont souvent acharnés. Les mâles, quoique plus gros et plus forts que leurs sœurs, les travailleuses, détalent pourtant au plus vite devant l'aiguillon redoutable de ces dernières. De même que les abeilles, les guêpes s'entendent à merveille à distinguer parmi les hommes leurs *amis* de leurs *ennemis*. Le missionnaire Gueinzius, de Port-Natal (voir Brehm, *loc. cit.*, IX, p. 252), avait laissé une espèce de guêpe indigène suspendre son nid dans l'intérieur du jambage de la porte de sa demeure, et quoique plus d'une fois il lui fût arrivé de heurter le nid en passant, ce ne fut qu'une seule et unique fois qu'il fut piqué par une jeune guêpe, tandis qu'aucun Caffre n'osait s'en approcher, moins encore en franchir le seuil, tant il était sûr d'être assailli par ces redoutables insectes.

Parmi les diverses espèces de guêpes, une, la *polista gallica*, ou poliste française, mérite une mention toute spéciale. Cette espèce n'est d'ailleurs point particulière à la France, mais se trouve également répandue dans la plus grande partie de l'Europe, dans l'Asie Mineure, jusqu'en Perse et dans l'Afrique septentrionale, jusqu'en Égypte. Von Siebold, qui l'a étudiée avec soin (*Parthénogénèse des Arthropodes*, Leipzig, 1871), arrive à la conclusion (peu surprenante d'ailleurs) que, dans beaucoup de ses actes, cet insecte se laisse guider par le discernement et non par l'instinct. C'est ainsi que la *poliste* agit en défendant son nid soit contre les fourmis, que, d'un élan, elle saisit avec ses mandibules et qu'elle transporte aussi loin que possible, soit contre les guêpes ennemies de sa propre espèce, qui viennent voler ses larves, pour les donner en pâture à leur progéniture; dans ce dernier cas, elle est souvent obligée d'appeler à son aide les ouvrières de son nid. Les guêpes ennemies sont facilement reconnues par l'attouchement des antennes. Les gracieux petits nids de la *poliste*, attachés le plus souvent aux plantes, sont faciles à distinguer, car, contrairement aux nids des autres guêpes, ils se trouvent à découvert; aussi sont-ils toujours tournés vers l'ouest par leur côté clos, afin que le vent et la pluie, qui viennent fréquemment de ce côté, n'y puissent pénétrer. Les observations de Rouget (*Mémoires de l'Académie de Dijon*) sont là pour nous prouver à quel point ces bestioles savent s'adapter aux circonstances dans l'architecture de leurs nids, à quel point elles s'entendent à utiliser un endroit favorable. Ce naturaliste a trouvé à Dijon des nids de la *poliste* dans les interstices des briques, sur les toits, ces endroits offrant plus de chaleur et d'abri, ainsi que dans les vieux verres et les vieilles tasses jetées aux ordures.

Selon Graber (*loc. cit.*, II, p. 91), *l'état primitif des abeilles se reproduit dans l'organisation domestique de la poliste*, qui est représentée par des mâles et deux espèces de femelles, une grosse et une autre, plus petite et moins développée. Les petites femelles ont perdu la meilleure part des fonctions sexuées, la faculté d'engendrer des êtres semblables à elles. Le même naturaliste eut l'occasion d'étudier certains phénomènes intéressants dans la vie de la *poliste*, phénomènes, qui font le plus grand honneur à l'intelligence de l'insecte. Profitant d'une courte absence de l'insecte nidifiant, il lui enleva son travail ébauché et colla à sa place un fragment trois fois plus gros d'un nid étranger. A son retour, la petite architecte se mit à voltiger inquiète, puis resta immobile, évidemment perdue dans ses réflexions, et demeura, jusqu'au jour suivant, plongée dans l'inactivité la plus complète. Le lendemain enfin, elle se décida à s'installer dans le nid étranger et à poursuivre la construction commencée! Ses réflexions l'avaient donc amenée à se faire une idée tout à fait nette de la situation, et au lieu de se donner la peine de recommencer la construction à nouveaux frais, elle s'était décidée fort sagement à poursuivre celle déjà ébauchée.

Le nid artistique et colossal bâti par la *polybie* (*polybia liliacea*) du Brésil, passe à bon droit, au dire de de Saussure, pour une des merveilles de l'architecture des insectes. Blanchard en a vu un de 110 centimètres de long sur 117 de circonférence, qui, tout en étant encore inachevé, contenait déjà plusieurs milliers de cellules. Une espèce de guêpe américaine de petite taille (*chartergus nidulans*), la guêpe *cartonnière* de Réaumur, bâtit, au contraire, de tout petits nids, en forme de sac, dont la matière papyracée est d'une finesse et d'une perfection artistique si grandes qu'un fabricant de papier de Paris, auquel on en montra un échantillon, sans lui en dire la provenance, en fut émerveillé et déclara qu'aucun fabricant, à Paris, n'était en état de le produire et qu'il avait dû être fabriqué à Orléans. On trouve à la Guyane une guêpe noire (*tatua morio*), qui bâtit aussi ses nids d'une manière tout à fait artistique. Son nid se compose de huit à dix rayons, horizontalement superposés, fixés autour d'une branche, le tout entouré d'une enveloppe fusiforme en matière papyracée, de la plus grande finesse, qui semble avoir été fabriquée par la main d'un artiste.

Bates (*loc. cit.*, II, p. 40 et suivantes) a étudié, près

de Santarem (Amérique du Sud), une guêpe fauve, vivant
solitairement, le *pélopée* (*pelopaeus fistularis*), qui, à
l'instar de notre abeille maçonne, pétrit son nid avec de
l'argile à potier. De ses mandibules, elle roule l'argile en
boulettes et les emporte ensuite. Son nid, qui a l'aspect
d'un sac de 6 centimètres de long, est d'ordinaire fixé à un
arbre ou à tout autre objet saillant du même genre. Bates
a eu l'occasion d'étudier de près ses procédés architecturaux. Chaque nouvelle parcelle de terre apportée par
l'architecte était accompagnée de chants de triomphe, qui
se changeaient, à mesure que l'ouvrage avançait, en bour-
donnements joyeux et affairés. La boulette d'argile, déposée
d'abord sur le bord du mur du nid, était ensuite soigneusement répartie à l'aide des mandibules et des mâchoires
inférieures. De ses pattes, l'insecte eut vite raclé et masti-
qué l'édifice dans tous ses recoins. Ces travaux de construction durèrent plus d'une semaine. Au fond des nids
de cette guêpe, on trouve quantité d'araignées à demi
mortes, que l'insecte y amasse pour servir d'aliments à
ses larves et que d'un seul coup de dard il plonge dans
cet état de demi-torpeur, auquel toutes les guêpes ont
l'habitude de réduire les insectes destinés à servir de
pâture à leurs petits.

Un autre genre, également étudié par Bates (*trypoxylon*), bâtit son nid, long de 9 centimètres, en forme de carafe;
en l'édifiant, cette guêpe fait un tel tapage, que si plusieurs
d'entre elles se mettent à bâtir ensemble sur le toit d'une
maison, les habitants peuvent être réduits à l'exaspération.
Ces insectes font entendre des intonations toutes diverses,
selon qu'ils voltigent par-ci par-là avec leur charge, ou
bien sont occupés à leurs travaux.

Il y a aussi en Europe diverses espèces de *guêpes maçonnes*, appartenant la plupart aux *odynères* (*odynerus*),

qui creusent leurs trous, de plusieurs centimètres de profondeur, dans de vieux murs d'argile ou dans un sol sablonneux, mais solide. Avec une habileté remarquable, elles maçonnent de longs tuyaux en argile, en forme de cheminée, venant aboutir au dehors et servant de vestibule à leurs nids. Au fond de chacun d'eux, on trouve d'ordinaire un œuf et à côté dix à douze chenilles à demi mortes, jetées les unes sur les autres, dont la jeune larve se nourrit tant qu'elle n'a pas filé sa coque. La mère sait parfaitement le nombre et la grosseur des chenilles réclamées par chaque œuf, et semble même choisir de préférence une certaine espèce de chenille pour servir d'aliments à sa progéniture. Wesmael (voir Brehm, *loc. cit.*, IX, p. 240) raconte comment une odynère des murailles s'acharna à détacher avec ses mandibules une chenille de la feuille dans laquelle celle-ci était enroulée et comment elle réussit enfin à arracher sa proie à son abri protecteur!

« Dans les premiers jours du mois de juin, » raconte Blanchard (*loc. cit.*, p. 398 et suivantes), « nous trouvant dans le département du Nord, à peu de distance de Denain, en compagnie de deux amis, notre attention se trouva appelée par un ravissant spectacle. La route était bordée par un talus d'environ 2 mètres d'élévation, qui la séparait d'un immense champ de luzerne. Le talus était formé d'une terre assez dense et exposé en plein midi; des milliers, des centaines de milliers d'odynères des murailles volaient au bord du champ de luzerne, chassant avec une incroyable ardeur, sur les plantes, apportant entre leurs mandibules de petites larves vertes, creusant des trous dans le terrain, bâtissant des cheminées, murant des galeries, chaque individu poursuivant sa besogne avec une activité inimaginable, sans s'inquiéter le moins du monde des milliers de travailleurs qui l'environnaient. Nulle

description ne parviendrait à donner une idée complète
d'un tableau aussi animé, aussi saisissant. C'est la vie,
sous une foule d'aspects, qui se présente aux yeux de l'observateur attentif. Tous ces petits êtres si actifs semblent
avoir conscience et, dans tous les cas, agissent comme
s'il avaient conscience, d'avoir une importante mission à
remplir en ce monde. N'est-ce pas là, au sein de la création,
dans toutes les sociétés possibles, le sentiment qui excite
chacun ? Même dans la situation la plus humble, on se
croit utile, on se croit important.

« Voyons la scène qui se passait au pied du talus, où
s'agitait la foule des odynères. Les travaux se trouvaient
à tous les degrés d'avancement, les odynères n'étant pas
nés tous en même temps. Divers individus étaient occupés
à creuser le terrain ; les uns commençaient. Ailleurs,
d'autres construisaient des cheminées. Sur beaucoup de
points, les cheminées étaient totalement achevées, et les
odynères travaillaient à l'approvisionnement de leurs
cellules. C'est une chose singulière, que les cheminées ou
les vestibules que nos hyménoptères édifient au dedans du
trou ou, si l'on aime mieux, de la galerie, qu'ils ont creu-
sée. L'appareil, d'une longueur d'environ 3 centimètres,
quelquefois un peu plus, légèrement courbé du côté du sol,
de façon que la pluie ne pénètre pas à l'intérieur du tube,
ressemble à une dentelle façonnée avec une matière ter-
reuse. On voit que la terre a été pétrie par petits rubans
ou par petits cylindres, placés circulairement les uns sur
les autres, plus ou moins contournés, et laissant sur divers
points des intervalles vides, donnant aux parois l'aspect
d'une dentelle ou d'une guipure. Ces vestibules sont ainsi
d'une extrême fragilité ; ils se brisent, ils se désagrègent
quand on vient à les toucher, mais pour l'insecte ils présentent une solidité suffisante. Tous les observateurs ont

signalé ces sortes de cheminées, que construisent les odynères et d'autres fouisseurs, sans que l'utilité de ces constructions ait pu être bien comprise. Dès que nos hyménoptères ont approvisionné leur cellule et déposé leur œuf,
ils détruisent en entier le vestibule extérieur et, comme
tous les autres fouisseurs, ils murent l'entrée de leur
trou avec un soin, avec une perfection, qui ne laissent rien
à désirer. »

A en croire Perty (*loc. cit.*, p. 313), on a vu un individu, appartenant aux guêpes des murailles, renverser
sur le dos, exactement comme le font les fourmis, une
chenille, qui cherchait vainement à se cramponner quelque
part et, dans cette posture, la traîner jusqu'à son nid,
avec la feuille sur laquelle elle était couchée.

La *guêpe des sables* commune (*ammophila sabulosa*),
toujours agile, appartenant à la grande famille des guêpes
carnassières solitaires, *sphegidae,* se comporte à peu près
de la même manière que la guêpe des murailles, si on s'en
rapporte au récit de M. Merkel, de Gumbinnen. Ayant
creusé son trou dans un terrain sablonneux, elle s'empare
d'une chenille ou d'une araignée, qu'elle y traîne, étourdie
à force de morsures et de piqûres, l'y précipite, dépose un
œuf au fond et recouvre le tout de terre remuée. La larve,
qui sort de l'œuf au bout de quelques jours, se nourrit
de la proie à demi morte, file sa coque et, après avoir
achevé son stade de nymphe, prend son vol sous la forme
de guêpe parfaite. Il y a, chez Bingley (*loc. cit.*, IV,
p. 139), une description de tous ces phénomènes, étudiés
par un certain M. Ray, et presque littéralement conforme
à celle de M. Merkel. Cette fois-ci, la chenille enlevée
était trois fois plus grosse que son ravisseur, qui, avant
tout, retira une petite motte de terre, servant à boucher
l'orifice de son nid, en visita l'intérieur et enfin y poussa

sa proie. Le trou fut ensuite comblé avec des petits graviers et du sable, et le terrain bien nivelé. Finalement l'insecte déposa sur l'endroit, où avait été l'ouverture, deux aiguilles de sapin, vraisemblablement, comme le suppose le narrateur, pour mieux reconnaître la localité [1]. L'*ammophile bleu des sables* (*sphex* ou *ammophila cyanea*, ou *ichneumon cœrulea*), décrit par Bingley et que l'on trouve dans l'Amérique du Nord, se comporte exactement comme le *pelopœus fistularis* étudié par Bates. Cette guêpe construit, pour ses petits, des cellules cylindriques, en terre glaise, à compartiments, et les remplit d'insectes captifs, notamment d'araignées, pour servir d'alimentation aux larves futures. Pendant ses travaux d'architecte, elle émet un son chantant et tout particulier, perceptible à la distance d'une dizaine d'aunes, et qui semble l'égayer dans son travail. Elle enlève des araignées aussi grosses qu'elle-même et, si le fardeau, trop pesant, devient un obstacle pour le vol, elle le traîne sur le sol. M. Catezby pesa une guêpe et une araignée, que la première avait traînée dans son nid, et constata que le poids de l'araignée dépassait de huit fois celui de la guêpe.

De même les sauterelles, dont l'*ammophile des sables* de la Pensylvanie (*ammophila* ou *sphex Pensylvanica*), fait la pâture de ses jeunes et qu'elle emporte dans son trou, sont généralement bien plus grosses et plus robustes que leur ravisseur. La guêpe en question fond d'en haut sur sa proie, la transperce de son dard et rend la résistance impossible. Comme nous l'avons dit ci-dessus, toutes les guêpes carnassières en agissent de même avec leurs victimes, dans le but évident de les désarmer sans les tuer,

---

[1] Selon Taschenberg (Brehm, *loc. cit.*, IX, p. 283), la guêpe des sables bouche de cette manière l'issue de son nid, afin d'empêcher les insectes parasites de s'y faufiler pour y déposer leurs œufs.

car autrement le nid serait encombré de cadavres putréfiés, qui ne vaudraient rien pour la consommation. D'ailleurs il y en a quelques-unes, les *guêpes des cimetières*, par exemple, qui, comme le *bembex*, nourrissent quotidiennement leur progéniture avec de la viande fraîche.

Au dire de Taschenberg (voir Brehm, *loc. cit.*, IX, p. 277), Gueinzius a vu une guêpe carnassière (*pompilus natalensis*) poursuivre une grosse araignée femelle, à travers une porte ouverte, jusqu'au fond de sa maison. Après une lutte désespérée, la guêpe perça sa victime de son dard, et s'étant livrée sur son corps à une espèce de danse guerrière, elle la traîna dehors à travers la porte. A en croire le même auteur, la chasse faite par les guêpes carnassières aux araignées aurait été déjà connue d'Aristote.

La persévérance des guêpes carnassières à poursuivre leur but est digne de toute admiration. Fabre a enlevé jusqu'à *quarante* fois à une guêpe de l'espèce *sphex*, le cadavre d'une sauterelle, qu'elle avait traîné jusqu'à son trou ; il profitait pour s'en emparer du moment où la guêpe pénétrait dans son nid pour l'examiner, et chaque fois il le déposait à une certaine distance. La guêpe ne se lassa pas de reprendre sa proie, et à chaque reprise elle visita son nid avant de l'y introduire. (Brehm, *loc. cit.*, IX, p. 280.) Il arrive aussi que d'autres guêpes profitent du moment où la proie est abandonnée à elle-même pour s'en emparer.

Parmi les guêpes carnassières, la plus intéressante de toutes, par ses procédés fins et rusés, est le *philanthe apivore* (*philanthus apivorus*), ou la mangeuse d'abeilles, qui voltige négligemment autour des fleurs comme n'ayant cure de rien. Mais, en l'examinant avec attention, on assiste à un intéressant spectacle. Une abeille apparaît, uniquement absorbée par sa récolte de pollen et de miel et ne prêtant, dans sa préoccupation, nulle attention à ce qui l'entoure. Le rusé *philanthe* s'en approche doucement et, profitant d'un moment qui lui semble favorable, se précipite sur elle de toute sa force. La saisissant entre la tête et le thorax, il réussit presque toujours à la renverser sur le dos pour la percer de sa tarière. L'abeille oppose naturellement une vive résistance, mais l'adroit *philanthe* manque rarement sa victime. Une fois blessée, l'abeille se tord dans des convulsions, cherche à piquer à son tour, tend sa trompe et retombe ensuite sans mouvement. L'assassin la saisit de ses mandibules et de ses pattes, et gagne précipitamment son nid. Arrivé là, il s'arrête un moment comme s'il redoutait un danger. Ensuite il reprend sa proie, la traîne au fond du nid, y dépose un œuf, couvre le tout de terre et disparaît. Il pousse l'audace jusqu'à s'approcher des ruches, où il y a pour lui danger réel à courir et engage des luttes en règle. Le *philanthe api-vore* est-il le *crabro* des anciens Romains, qui combat, selon l'expression du poète, *imparibus armis?*

Non moins curieuses sont les mœurs des *parasites* ou *ichneumonides* (*ichneumonidae*), toujours en quête des œufs, des larves et des nymphes des autres insectes, dans le corps desquels ils introduisent, à l'aide de leurs longs dards de pondeuses, leurs propres œufs, afin que les larves qui vont éclore aient à leur portée une nourriture abondante. Les chenilles de papillon, dont elles font choix de préférence dans ce but, continuent à vivre et à manger avec cet intrus dans leur corps, aussi longtemps que le parasite n'a point endommagé leurs parties nobles et ne s'est point métamorphosé en nymphe. L'espèce d'embryons, à qui la mère confiera sa postérité, ne lui est point indifférente, aussi sait-elle mettre à profit, avec une adresse et une habileté rares, les moindres occasions favorables à

ses projets, quelque difficiles qu'elles soient à trouver.
Thomas Marsham (voir Bingley, *loc. cit.*, IV, p. 134) eut
occasion d'étudier, en juin 1787, une *ichneumone*, qui
s'était posée sur un poteau dans le jardin de Kensington.
En proie à une agitation incessante, du bout de ses antennes recourbées elle frôlait le bois, et ce manège dura
jusqu'à ce qu'elle eût découvert un trou probablement
creusé par quelque insecte. Y plongeant sa tête et ses
antennes, elle se tint immobile pendant près d'une minute,
paraissant fort affairée. Ensuite elle procéda à une inspection tout aussi minutieuse du côté opposé du trou ; puis se
tournant et calculant la distance, la bestiole projeta dans
le trou le long aiguillon ovifère, qu'elle porte au bout de
son abdomen. Elle resta dans cette situation près de deux
minutes, après quoi elle retira son aiguillon, fit le tour
du trou en l'inspectant derechef à l'aide de ses antennes ;
à la suite de ce manège, qui dura près d'une minute, elle y
replongea encore une fois l'aiguillon. Toute cette opération se répéta jusqu'à trois fois sous les yeux de l'observateur ; malheureusement, celui-ci s'étant trop rapproché
pour examiner le phénomène plus à son aise, l'insecte
effarouché s'envola.

Une semaine plus tard, M. Marsham aperçut à l'œuvre,
à la même place, plusieurs guêpes *ichneumones*. A les voir,
on eût dit qu'elles perforaient de leur aiguillon ovifère du
bois solide, dans lequel cet aiguillon plongeait jusqu'à la
moitié de sa longueur, fait peu vraisemblable. Un examen
minutieux révéla, que la soi-disant perforation avait lieu
chaque fois au centre d'une petite tache blanchâtre, qui
n'était que du sable blanc et fin, bouchant un trou pratiqué par l'*apis maxillosa* (espèce d'abeille), et au fond
duquel se trouvaient de jeunes larves d'abeilles.

L'animal plongeait parfois si profondément son abdo-

men dans le fond de certaines cavités ouvertes, qu'on n'a-
percevait plus que sa tête, ses deux pattes antérieures
et ses ailes étendues en avant comme des bras. Souvent
M. Marsham le vit, inspection faite, abandonner le trou,
probablement parce qu'il l'avait trouvé vide.

Les hyménoptères solitaires n'atteignent point le haut
degré d'intelligence et d'habileté, qui distingue leurs congénères formant des sociétés bien organisées. Ce fait s'explique facilement par l'influence de la sociabilité et par
celle de la division du travail si largement appliquée dans
ces communautés, ce qui permet à chaque individu de
s'adonner à une tâche spéciale. Il en est de même chez
l'homme, et la civilisation n'atteint son complet épanouissement que là où une structure sociale, complexe, indique
à chaque unité sa place particulière, là où l'existence et
le travail associé d'un grand nombre viennent éveiller et
diriger vers un but commun les forces et les facultés qui
sont à l'état virtuel chez l'individu, et qui sont toujours
perdues, chez celui qui vit en dehors de l'état social. Nous
avons déjà constaté, que, chez le *bourdon*, le développement de l'intelligence et de l'industrie est en raison directe
de l'importance numérique de la société à laquelle il
appartient.

CHAPITRE XXVI

Les araignées.

Les toiles d'araignées. — L'araignée-tigre. — *Epeira basilica*. — Leur manière de tendre leurs toiles. — Les araignées prophètes du beau et du mauvais temps. — Consolidation des toiles par le lest. — Propreté des toiles. — Araignées apprivoisées. — Caractère vindicatif. — L'amour de la musique chez les araignées. — Leurs pièges. — *Argyroneta aquatica*. — *Dolomedes fimbriata*. — L'araignée qui étrangle les oiseaux. — Les espèces *mygales* sur les bords de l'Amazone.

Il y a néanmoins, parmi les articulés, toute une classe d'animaux, qui, en dépit de leur aversion, devenue proverbiale pour la vie en commun, peuvent pourtant être hardiment placés à côté des hyménoptères, aussi bien sous le rapport de l'intelligence que sous celui des aptitudes artistiques, et on n'en saurait dire autant d'aucune autre classe, ni d'aucune autre famille (à l'exception peut-être de certaines espèces de coléoptères). Ces animaux sont les *araignées*, si détestées, si redoutées et si répugnantes, qu'elles semblent vraiment créées uniquement pour être pourchassées, détruites et tuées par tous ceux qui les voient. Mais chez l'observateur, qui étudie leurs mœurs et les produits de leur industrie, cette répugnance fait bien vite place au désir de les connaître de plus près.

« Pour tous les observateurs, » dit Blanchard (*loc. cit.*, p. 669), « les arachnides comptent au nombre des êtres les plus intéressants du monde animé. Chez les représentants les plus parfaits de cette classe de l'embranchement des animaux articulés, il y a, dans des corps réduits à de très minimes proportions, une richesse d'organisation, qui est une des plus étonnantes merveilles, que les anatomistes aient découvertes. Ces mêmes représentants de la classe des arachnides, si admirablement organisés, fournissent le spectacle des plus curieux instincts, et souvent d'une intelligence, qui se manifeste par les actes les mieux réfléchis. »

« Les mœurs et le caractère des araignées, » dit Giebel (*loc. cit.*, IV, p. 370), « méritent le plus vif intérêt et ne justifient en aucune façon la répugnance générale qu'elles inspirent. Leurs mouvements sont rapides, pleins de force et d'agilité, leur sensibilité excessivement développée, leur persévérance, leur courage dans les combats, leur merveilleux talent de tisserand, leur résistance vitale, sont dignes de toute admiration. Tous les phénomènes de leur existence captivent l'attention de l'observateur. »

« Parmi tous les animaux chasseurs, » dit Fée (*loc. cit.*, p. 104), « il n'y en a aucun qui puisse être comparé à l'araignée et au talent qu'elle possède de tisser sa toile pour y prendre sa proie. Aucun n'est doué à un aussi haut degré de patience et de persévérance. »

« En parcourant de haut en bas l'échelle animale, » dit Scheitlin (*loc. cit.*, p. 429), « nous voyons l'araignée y occuper un échelon fort élevé, et l'on se sent disposé à admettre qu'aucun animal de si petite taille, et même nul animal, ne peut s'élever bien au-dessus d'elle. »

Du reste, il s'est trouvé déjà dans l'antiquité des juges compétents pour lui rendre justice. Le roi Salomon la cite à ses courtisans comme modèle d'activité laborieuse, de goût artistique, de sagesse, de sobriété et de vertu, et Aristote, le plus ancien des naturalistes, l'a trouvée digne de toute son attention.

C'est surtout la merveilleuse toile, tissée par l'araignée

pour y prendre sa proie, qui de tout temps a excité l'admiration générale. Dans ce travail, de même que dans les
alvéoles de l'abeille, on a voulu voir la preuve d'un instinct
artistique, spécial, inné. Mais, plus encore que l'alvéole
de l'abeille, la toile de l'araignée varie d'après l'espèce, les
milieux et les circonstances. Chaque espèce d'araignées,
on pourrait même dire, chaque araignée isolée suit, dans
la disposition de son merveilleux tissu, un plan qui lui
est propre et sait l'adapter parfaitement à la localité et
aux circonstances. Tandis que l'espèce *diadème* donne à
sa toile, si connue et si admirée, la forme d'une roue et la
suspend perpendiculairement, l'araignée à sac fabrique un
tissu uni, en forme de poche, suspendu horizontalement,
dont les fils s'entrecroisent irrégulièrement et contiennent
au centre même un petit sac destiné à loger un habitant.
La célèbre *malmignatta* de la Corse, de la Sardaigne et
d'une partie du continent italien, ne projette que des fils
isolés sur les pierres et les fissures où de gros insectes se
laissent prendre. Les unes tissent des toiles horizontales,
d'autres des toiles perpendiculaires. Les fils tissés par
l'araignée des jardins, ces fils qui partent du sol et vont se
fixer à quelque pierre en saillie, ne sont pas destinés à
prendre dans leurs rets les insectes volants, mais bien
ceux qui courent et sautent. Les espèces du genre *scytodes*
filent horizontalement leur trame solide et se tiennent
abritées dans quelque coin étroit, qui leur sert de cachette
et de l'orifice duquel elles font irradier les fils de leur
toile. D'autres encore s'épargnent complètement la peine
de filer leur merveilleux tissu, s'ingéniant à attraper leur
proie d'une manière plus expéditive, en courant et en
sautant pour la saisir. Elles ne tirent quelques rares fils
des filières, dont est pourvue toute araignée bien organisée, que dans un but tout particulier, pour y déposer, par

exemple, leurs œufs. Parmi ces dernières espèces, la plus redoutée est l'araignée-tigre, qui rampe sur les murs et sur les haies et se glisse furtivement, à la manière des chats, à portée de sa victime, pour fondre ensuite sur elle d'un bond violent, franchissant parfois une distance de 6 centimètres. D'autres espèces, telles que la *mygale aviculaire*, guettent leur proie en se blottissant dans des trous de terre, ou dans les creux des branches, ou bien tapies sous des pierres et des feuilles ; tandis que d'autres, comme l'araignée pionnière, dont il sera plus longuement question dans les pages suivantes, ne vont à la chasse que la nuit, se tenant cachées le jour dans des trous creusés par elles dans le sol, et dont l'orifice est bouché par des couvercles qu'elles posent et enlèvent à volonté. Comme elles tissent diverses espèces de toile, elles habitent aussi toutes sortes de logis, ainsi que le remarque spirituellement un des rédacteurs du *Journal de Chamber*. En effet, il y a entre ces différentes demeures autant de dissemblance, qu'entre une tour gothique et une villa italienne, ou entre un chalet suisse et un wigwam de la Terre de feu.

Une des toiles d'araignées les plus merveilleuses est l'œuvre de l'*epeira basilica*, connue depuis peu, grâce au révérend M. E. Mc. Cook, de Philadelphie. Pendant ses expéditions dans le Texas, entreprises pour étudier les mœurs des fourmis, il eut l'occasion d'observer sur les rives du Colorado l'araignée en question. Au fond d'une toile épaisse, de forme pyramidale, composée de fils irrégulièrement entrelacés, se trouve une coupole demi-sphéroïdale, d'une grande élégance, ayant à sa base de 8 à 20 centimètres, et ressemblant quelque peu aux églises à coupoles des premiers temps du christianisme. De là, le nom particulier de *basilica*, donné à l'architecte. « Parmi toutes les toiles d'araignées », dit le naturaliste auquel nous devons cette découverte, « qu'il m'a été donné de voir et d'examiner, je n'ai jamais vu d'ouvrage aussi admirable. » Au faîte du dôme se tient suspendu l'architecte lui-même, dont les formes sont gracieuses, étincelantes des plus vives couleurs. Ce qui rend surtout intéressantes cette araignée et son œuvre, c'est que cette espèce forme une transition entre l'araignée orbitèle, dont la toile est disposée en forme de roue, et l'araignée tisseuse; c'est là un point sur lequel M. Mc. Cook insiste dans son traité (*Bulletin de l'Académie des sciences naturelles de Philadelphie*, avril 1878).

C'est un fait bien connu et sur lequel il est inutile de s'étendre, que les araignées utilisent leurs fils pour mille autres buts que celui de tisser leurs trames, avant tout pour fabriquer leurs cocons, ensuite pour circuler dans une certaine localité, pour descendre des points élevés, pour fuir, pour enlacer leur proie, pour tapisser leurs habitations, pour les garantir contre les rigueurs de l'hiver, etc. Ce qui est moins connu, c'est que les jeunes araignées, à peine écloses, filent à l'origine une toile très imparfaite, et n'apprennent que lentement à en fabriquer une plus solide et plus belle, en sorte qu'ici encore l'usage et l'expérience jouent un rôle important.

Ce sont l'expérience, l'habitude et le jugement, qui guident l'araignée dans le choix judicieux de l'endroit où elle filera sa toile, afin d'y capturer le plus grand nombre possible de victimes. Elle préfère les endroits où les myriades de moucherons, tournoyant aux rayons du soleil, lui assurent à elle-même la possibilité de s'esquiver inaperçue, ou bien ceux où un courant d'air favorable pousse de lui-même dans ses rets des nuées d'insectes ailés, ou ceux enfin où des fruits mûrs attirent ces derniers. Il lui faut aussi un endroit convenablement disposé pour pouvoir y tendre sa toile d'un point à un autre. On s'est souvent

cassé la tête pour s'expliquer comment l'araignée, qui ne
vole point, s'y prend pour jeter son filet à travers l'espace entre deux points opposés. L'intelligent animal résout
ce problème de mille manières aussi variées qu'ingénieuses.
La distance est-elle courte, elle jette à l'endroit où elle
veut fixer son tissu une boulette humide et gluante atta-
chée à un fil dont elle tient le bout; ou bien elle se suspend
en l'air sur un de ces fils, et portée par le vent, se laisse
tomber à l'endroit choisi; ou bien encore, elle y rampe en
déroulant un fil derrière elle, et elle le tend de toutes ses
forces une fois parvenue au point où elle veut le fixer; ou
bien encore, elle laisse pendre dans l'air une quantité de
fils, abandonnant au vent le soin de les fixer à un endroit
quelconque. Les fils rayonnés servant de canevas au tissu
doivent posséder assez d'élasticité pour se tendre d'eux-
mêmes entre deux points éloignés, dont l'araignée a me-
suré la distance, sans qu'elle ait besoin de les tirer à
elle. La petite artiste n'a-t-elle qu'un seul fil à sa disposition, elle a bien soin de lui communiquer toute la solidité
voulue avant de le parcourir et d'entreprendre avec son
aide le tissage de sa toile. Elle agit dans ce cas, presque
exactement comme l'a fait l'homme, quand il a voulu jeter
un pont suspendu sur la formidable chute du Niagara. Un
de ces cerfs-volants, dont les enfants se servent dans leurs
jeux, fut lancé et porté par le vent sur la rive opposée;
le cordon solide auquel il était attaché traînait à sa suite
une corde plus grosse, laquelle à son tour servit au même
usage dans une mesure progressive. Tel fut l'impercep-
tible commencement de l'œuvre gigantesque, qui, s'étendant
comme une toile d'araignée d'une rive à une autre, finit
par relier l'Amérique aux colonies anglaises.

Les longs fils principaux, à l'aide desquels l'araignée fixe
sa toile et commence à la tisser, sont toujours les plus gros

et les plus solides ; ceux, qui forment le tissu lui-même, sont d'ordinaire beaucoup plus fins. Quant aux accrocs et aux ruptures partielles, survenant de temps en temps dans son admirable travail, l'industrieuse ouvrière sait y remédier sur l'heure, de la manière la mieux adaptée aux circonstances, sans d'ailleurs se donner plus de peine que ne le requiert absolument le cas et sans s'en tenir strictement au plan primitif. De là vient l'apparence irrégulière, que présentent le plus souvent les toiles d'araignées, si on les examine attentivement. Fort économe de sa précieuse étoffe, l'araignée ne se met jamais à l'œuvre à l'approche d'une tempête, car elle sait que le vent déchirerait sa toile et rendrait superflues toutes ses peines ; elle s'abstient de même dans ce cas de raccommoder une toile endommagée. La voit-on, au contraire, ébaucher un travail nouveau ou réparer celui déjà fait, on peut être à peu près sûr du beau temps. Aussi pendant très longtemps, les araignées ont été considérées comme les prophètes les plus sûrs des changements atmosphériques. Quand on voyait le *diadème* filer lentement et régulièrement sa toile, on était sûr que le temps serait au beau fixe, tandis qu'une certaine précipitation apportée par l'animal à l'accomplissement de sa tâche était considérée comme le signe d'une tendance au variable. Si l'insecte réunissait ensemble plusieurs fils afin de donner plus de jour à sa toile, il fallait redouter le vent. On avait aussi observé, que, durant le beau temps et pendant le jour, le *diadème* se tient au centre de sa toile, tandis que la nuit, ou quand le temps est mauvais, il se blottit dans quelque angle d'où il fond sur la proie tombée dans ses rets. Si pourtant celle-ci se trouve être d'une grosseur peu commune, si c'est une mouche, une abeille, une guêpe, une sauterelle ou tout autre insecte, dont l'araignée ne peut venir à bout,

ou ne le peut que difficilement, elle s'en approche lentement en tendant son filet autant que possible, afin de
donner à sa victime toute facilité pour s'esquiver, tandis
que les petits insectes pris dans la toile sont immédiatement enlacés, afin de prévenir toute tentative d'évasion
de leur part. On prétend, que, dans le premier cas, l'a-
raignée brise elle-même quelques fils de sa trame pour
favoriser l'évasion des captifs peu convoités. D'autres fois
(le fait a été constaté par le docteur Vinson à propos d'une
araignée de Madagascar), on la voit passer *au travers* de
son tissu un fil d'une grosseur et d'une solidité peu communes, destiné à retenir les insectes plus gros ou à empêcher que la toile ne soit déchirée.

Il arrive souvent que de grandes toiles, dont le tissu
n'est pas très serré, ondoient au gré du vent plus que cela
ne convient à l'araignée. Alors, pour obvier à ce désagrément, l'intelligent animal projette sur le sol quelques fils
isolés, très solides, qu'il accroche aux pierres. Ce procédé
n'est pas sans inconvénient, ces fils étant souvent brisés
par l'homme ou quelque animal passant au-dessous. Alors
l'araignée a recours à une manœuvre, dont l'emploi dénote
un si haut degré d'intelligence qu'on hésiterait à en parler, si le fait n'était attesté par les témoignages les plus irré-
cusables. Le vieux Gleditch raconte, qu'il a vu une araignée
voulant consolider sa toile, descendre à terre le long d'un fil,
y ramasser un petit gravier, le fixer au bout inférieur de
son fil, le tirer ensuite en haut, et le laisser suspendu
au-dessous de cette toile comme un lest, de manière que
l'homme pût passer au-dessous sans l'endommager. Un
fait semblable, observé par le prof. E. H. Weber, célèbre
anatomiste et physiologiste, a été enregistré par lui dans
les *Archives de Müller*. Une araignée avait tendu sa toile
entre deux pieux, et l'avait fixée par en bas à une plante,

qui servait ainsi de troisième point d'appui. Or, ces derniers fils, fixés au sol, étant sans cesse rompus par les travaux de jardinage, par les passants et par d'autres accidents de même genre, voici comment l'araignée s'y prit pour sortir d'embarras. Enroulant ses fils autour d'un petit gravier, elle l'attacha à la partie inférieure de la toile, et le laissa flotter librement, comme un lest, qui la tirait en bas. Carus (*Psychologie comparée*, 1866, p. 76) a fait la même observation. Mais c'est à J. G. Wood (*Glimpses into Petland*), que nous devons la communication d'un des faits les plus intéressants de ce genre, étudié plus tard de nouveau par Watson (*loc. cit.*, p. 455).

« Un de mes amis, dit Wood, avait pris l'habitude d'observer un certain nombre d'araignées de jardin, abritées sous une grande véranda, et d'étudier leurs mœurs. Un violent orage s'éleva un jour, et le vent soufflait si fortement dans le jardin que, tout abritées qu'elles fussent par la véranda, les araignées eurent beaucoup à en souffrir. Dans une de leurs toiles, les cordes de voile, comme disent les matelots, furent rompues, en sorte que la toile flottait au gré du vent comme une voile déchirée. L'araignée ne prit pas la peine de fabriquer des cordes nouvelles ; se laissant glisser à terre le long d'un fil, elle atteignit un endroit où gisaient, épars sur le sol, les débris d'une clôture en bois, démolie par l'orage. Là, elle fixa ses fils à un des débris en question, et remontant le long de son fil, elle tira à elle le fragment de bois ; arrivée à une hauteur d'à peu près 1m,50 au-dessus du sol, à l'aide d'un fil solide, elle fixa ce lest improvisé à la partie inférieure de son filet. Le résultat obtenu ne laissait rien à désirer, ce lest suffisant à maintenir la toile au degré de tension voulue, tout en étant assez léger pour osciller au gré du vent, et éviter ainsi au tissu de nouvelles ruptures. Le fragment de bois en question avait une longueur de 7 centimètres, et la grosseur d'une plume d'oie.

Le lendemain, une domestique étourdie alla donner de la tête contre le morceau de bois, qu'elle fit tomber. Au bout de quelques heures, l'araignée l'avait retrouvé et remis à sa place. Quand la tempête fut apaisée, elle se mit en devoir de réparer les dégâts qu'avait subis sa toile et alors, rompant les fils qui retenaient le morceau de bois, elle le laissa choir à terre !

Les araignées ont grand soin de tenir leurs toiles propres, en partie parce que de cette manière celles-ci atteignent mieux le but auquel elles sont destinées, en partie afin que leur piège n'éveille pas trop les soupçons au milieu de l'essaim voltigeant de leurs victimes. Aussi secouent-elles de temps en temps le tissu, pour en enlever la poussière et éloignent-elles toutes les ordures plus grosses, qui ont pu s'y accrocher par hasard. M. Frenzel, employé aux fonderies à Freiberg, en Saxe, nous écrit ce qui suit, à la date du 14 novembre 1875 :

« Un jour, après dîner, ayant quitté la table, je passai dans la chambre voisine, tenant encore à la main le cure-dents en bois, dont je m'étais servi. Devant l'une des fenêtre de cette pièce, une araignée du genre *epeira* avait tendu sa toile, au centre de laquelle elle se tenait immobile. Par ennui je détachai de mon cure-dents des parcelles de bois et je me mis à en bombarder l'araignée. Seulement, au lieu d'atteindre l'insecte, les parcelles allèrent s'embarrasser dans les mailles de son tissu. Quand j'eus interrompu mon bombardement, l'araignée courut vers le fragment le plus proche, le *saisit, gagna avec lui le bord inférieur de sa toile et de là le laissa tomber à terre.* Elle répéta la même manœuvre à plusieurs reprises, jusqu'à ce qu'elle eût éliminé de sa toile tous les morceaux de bois. Après un second bombardement, qui vint encombrer derechef les mailles de sa trame, l'araignée ne manqua pas de répéter la même manœuvre. »

Des faits et des expériences, dont quelques-uns jouissent d'une certaine célébrité, prouvent qu'en dépit de son humeur farouche, l'araignée peut être apprivoisée, qu'elle peut s'habituer à l'homme dont elle reçoit des bienfaits. Ainsi on a vu des prisonniers tromper la tristesse de la solitude en apprivoisant ces animaux, qui accouraient à leur appel et mangeaient dans leur main, témoin l'araignée du malheureux Christian II, roi de Danemark. M. le docteur Moschkau, de Leipzig, nous écrit, à la date du 28 août 1876 : « A Oderwitz, que j'habitais dans les années 73 et 74, je remarquai un jour, dans un coin à demi éclairé de l'antichambre, une toile d'araignée, de grandeur moyenne, servant de domicile à l'araignée surnommée *diadème*; l'animal, qui semblait bien nourri, guettait du matin au soir, à l'entrée de son nid, toute proie volante ou rampante, bonne à dévorer. Le hasard m'ayant un jour rendu témoin des artifices à l'aide desquels il s'emparait de sa victime et venait à bout de sa résistance, j'eus soin, depuis lors, de lui apporter plusieurs fois par jour des mouches, qu'à l'aide de pincettes je déposais à sa portée. D'abord, cette alimentation inspirait peu de confiance à l'araignée, probablement à cause des pincettes. Aussi laissa-t-elle échapper plusieurs mouches, ou ne se décida-t-elle à les saisir que lorsqu'elles touchaient aux parois mêmes de son logis. Peu à peu pourtant, l'araignée se donna la peine d'approcher et de retirer la mouche des pincettes pour l'enlacer. Cette dernière manœuvre échouait parfois, quand je lui présentais les mouches avec trop de précipitation, les unes après les autres, de telle sorte que quelques-unes, déjà enlacées par les fils, trouvaient le temps et l'occasion de s'échapper. Je me livrai pendant des semaines à ce jeu, qui m'amusait beaucoup. Un jour pourtant que mon araignée me semblait très affamée, et qu'elle se précipitait littéralement sur chaque mouche qu'on lui présentait, je me mis à la taquiner. A peine avait-elle saisi sa proie, que je retirai les pincettes. Elle sembla peu goûter la plaisanterie. Le premier jour, lorsqu'enfin je lui eus abandonné la mouche, elle voulut bien me pardonner, mais, comme le jour suivant, je lui retirai la mouche, notre amitié fut rompue à jamais. Le lendemain, elle dédaigna mon offrande et ne bougea pas de sa place; le jour suivant, elle avait déménagé. »

Voilà la preuve qu'une araignée peut se sentir blessée et prendre la mouche. Le sentiment de la vengeance ne semble pas non plus étranger à sa petite âme. Nous trouvons dans les *Facultés intérieures*, de Marquart, p. 163, le récit de Reclus à propos d'une araignée, qui a cruellement mordu au front un jeune homme, parce qu'il avait, plusieurs jours de suite, déchiré la toile, tendue par elle dans un endroit très avantageux, dans la lucarne du toit, et recommencée à plusieurs reprises.

Un fait bien plus connu encore, et dont l'authenticité a été établie par de nombreuses observations, c'est le goût prononcé de l'araignée pour la musique. On a remarqué, que les sons du piano, de la guitare, du violon, surtout si ces sons sont doux et suaves, attirent les araignées. Elles cherchent à s'approcher du musicien autant que possible, et semblent être si bien sous le charme, qu'elles deviennent insensibles à tout le reste. Elles descendent dans ce cas du plafond le long de leur fil, et cherchent à se rapprocher de l'instrument. Mais elles regagnent bien vite leur nid, dès que la musique devient bruyante. Le professeur Reclam (*le Corps et l'Esprit*.

1859, p. 275) a vu, dans une salle de concert, à Leipzig, une araignée descendre le long du grand lustre au moment où l'on jouait un solo de violon, et remonter précipitamment dans son repaire, dès que l'orchestre se mit de la partie. Des observations analogues ont été recueillies par Rabigot, Simonius, Hartmann et autres.

Comme beaucoup d'insectes, l'araignée sait admirablement faire la morte, quand il y va pour elle de la vie, et déploie dans ces occasions un stoïcisme vraiment héroïque. « J'ai souvent transpercé une araignée, dans cette situation, avec une aiguille, raconte Smellie (voir Bingley, *loc. cit.*, IV, p. 232) ; je l'ai dépecée sans qu'elle se trahît par le moindre signe de douleur. »

Une des espèces les plus intéressantes est l'*argyronète aquatique* (*argyroneta aquatica*), à laquelle appartient, en toute justice, l'honneur de l'invention de la cloche à plongeur. Ce merveilleux petit animal habite chez nous presque toutes les eaux stagnantes et, comme il passe de longues heures sous l'eau, celle-ci, en s'infiltrant dans ses sacs pulmonaires, n'aurait pas manqué de produire chez lui, aussi bien que chez toute autre araignée, l'asphyxie. Voici donc comment s'y prend l'argyronète pour échapper au danger. L'argyronète soulève son abdomen au-dessus de l'eau pour replonger l'instant d'après, entraînant avec elle une bulle d'air, qui adhère au duvet de son corps et brille sous l'eau comme un petit globe d'argent ou de vif-argent. Arrivée au fond, l'araignée choisit un endroit où les plantes aquatiques sont touffues, et là, elle se met à frotter son abdomen de ses pattes jusqu'à ce qu'elle en ait détaché la bulle d'air, désormais emprisonnée parmi les plantes enchevêtrées. Cela fait, elle émerge de nouveau à la surface de l'eau, et répète la même manœuvre jusqu'à ce qu'elle ait emmagasiné une provision d'air suffisante

dans l'endroit élu pour son domicile. Alors, elle procède au
tissage d'une toile, très solide malgré sa grande finesse,
destinée à emprisonner ces bulles. Cette toile, qui a exactement la forme d'une cloche à plongeur, adhère aux
plantes environnantes par un grand nombre de fils. Il
arrive souvent que l'intérieur n'en soit pas suffisamment
rempli d'air; de nouvelles bulles sont alors rapportées du
dehors de la même manière, et vidées dans le logis, qui ne
présente l'aspect d'une merveilleuse cloche d'argent que
quand il est complètement gonflé d'air. C'est dans cette
poétique demeure, rappelant les féeries des *Mille et une
nuits*, que s'établit l'animal, qu'il traîne sa proie et qu'il
élève ses petits. Il chasse sur la terre ferme aussi bien que
dans l'eau, mais ne manque jamais d'emporter sa capture
dans son mystérieux palais de cristal. Une fois repu, il
suspend le reste des provisions dans sa cloche à l'aide d'un
fil. Le mâle édifie sa demeure transparente tout à côté de
celle de la femelle, et réunit les deux domiciles par une
ouverture ou une galerie couverte. C'est ainsi que les deux
époux vivent en paix l'un à côté de l'autre, chacun dans
son logis respectif, loin des bruits du monde, uniquement
adonnés aux soins de la famille, nageant dans une clarté
lumineuse, légèrement tamisée par l'humidité. Bienheu-
reux couple d'araignées!

Une fois captif, l'intelligent animal sait très bien s'a-
dapter aux circonstances: il suspend sa cloche aux murs
du récipient où il est emprisonné, ou bien, à défaut
de plantes, l'attache par un fil au centre d'autres fils
entrecroisés, flottant sur la surface de l'eau. L'hiver
vient confiner notre artiste dans une coquille de colimaçon
vide, dont il masque soigneusement l'orifice par un tissu
d'une rare élégance.

La vie de notre araignée indigène, de l'araignée dite

chasseresse (*diomedes fimbriata*), est moins idyllique que celle de l'araignée aquatique; c'est une espèce qui ne tisse pas de toile, et chasse à la façon de tous les animaux de proie. Si l'*argyronète* doit être considérée comme l'inventeur de la cloche à plongeur, l'honneur d'avoir découvert ou plutôt bâti, la première, le radeau flottant appartient de droit à l'araignée dont nous allons parler. Non contente de faire la chasse aux insectes sur terre, elle les poursuit jusque sur l'eau, dont elle rase la surface avec une grande facilité. Pour avoir un point stable, un lieu de repos, elle assemble des feuilles sèches et d'autres substances de ce genre et en fait une boule en les reliant avec des fils soyeux. Lancée sur cet esquif, qu'elle paraît ne pas pouvoir diriger, elle se laisse aller au gré du courant ou du vent, et si quelque malheureux insecte aquatique se montre pour un instant au-dessus de la surface de l'eau pour respirer, elle fond sur lui avec la rapidité de l'éclair et revient le dévorer sur le radeau. Ainsi partout, dans la lutte pour l'existence, la ruse et l'esprit d'invention, obéissant à loi implacable de l'égoïsme, assurent la vie d'un individu aux dépens de celle d'un autre.

La plus grosse et la plus redoutée des araignées est la *mygale aviculaire* (*mygale avicularia*) des tropiques, appartenant à la famille des araignées tubitèles ou tapissières (*tubitelae*). Grâce aux solides et terribles antennes, qui font saillie sur son front, elle vient à bout non seulement des plus gros insectes, mais aussi des lézards et même des petits oiseaux. Ce dernier fait, souvent révoqué en doute, vient d'être confirmé une fois de plus par le témoignage oculaire de Bates (*loc. cit.* I, p. 160). Il a vu, sur les bords de l'Amazone, une mygale aviculaire longue de 18 centimètres, les pattes étendues, et de 6, quand

elle était ramassée sur elle-même. De gros poils gris et
rougeâtres couvraient son corps et ses pattes. Le monstre
hideux attira l'attention du naturaliste par un mouvement qu'il fit sur le tronc d'un arbre, à travers la crevasse
duquel était tendue une grosse toile blanche ; cette toile
était rompue à sa partie inférieure et deux petits oiseaux,
de l'espèce pinson, s'y trouvaient engagés. Ils avaient le
volume d'un serin anglais, et Bates crut reconnaître un
mâle et une femelle. L'un d'eux ne vivait plus, l'autre
couché sous l'araignée n'était pas tout à fait mort ; le
monstre l'avait enduit d'une bave gluante. Bates chassa
la mygale et s'empara des oiseaux, dont le survivant ne
tarda pas à expirer.

Les espèces mygales, poursuit Bates, sont très fréquentes
au Brésil. Les unes nidifient sous les pierres, d'autres
creusent des tunnels sous le sol ou se blottissent dans des
creux pratiqués sous les toits en chaume des habitations.
Elles sont connues chez les indigènes sous le nom d'arai-
gnées-crabes. Le poil velu, dont elles sont couvertes, s'attache à la peau, dès qu'on le touche, et y produit une irri-
tation fort douloureuse. Quelques-unes de ces araignées
sont énormes. Bates a vu des enfants attacher un cordon
autour du corps d'une mygale et la traîner derrière eux
comme un chien. Dans les environs de Para, près des
bouches de l'Amazone, on trouve, dans les endroits sablonneux, nombre d'espèces diverses de mygales, dont les
mœurs présentent la plus grande variété. Tandis que les
unes se confectionnent, sous les toits ou dans l'intérieur
des habitations, des gîtes avec un tissu épais et fin, pareil
à la mousseline la plus délicate, d'autres, celles qui vivent
de la chasse des oiseaux, établissent leurs nids dans le
creux des arbres. La *mygale blondii*, monstre velu d'un
rouge fauve, long de 13 centimètres, creuse sous terre une

galerie ou puits de près de 65 centimètres de profondeur
sur 6 centimètres de large, et en tapisse soigneusement
les parois intérieures avec une magnifique étoffe argentée.
Cette mygale ne va à la chasse que la nuit et, après le
coucher du soleil, on l'aperçoit souvent à l'orifice de son
nid, guettant sa proie et rentrant précipitamment dans
son repaire, dès qu'un pas pesant se fait entendre dans le
voisinage. Les insectes, qui tombent sous ses griffes, succombent à ses cruelles morsures.

CHAPITRE XXVII

L'araignée fouisseuse ou araignée à trappe.

Les différentes formes des nids de l'araignée fouisseuse. — Ses mœurs et sa manière de chasser. — Les nids nouvellement découverts de l'araignée fouisseuse. — Formes transitoires et théorie de l'évolution. — Critique des opinions de Jean Huber, de Carus et de F. Könner. — L'espèce *sclali* en Afrique.

L'araignée *fouisseuse* ou, comme l'a nommée Moggridge, l'araignée *à trappe* (*mygale* ou *cteniza caementaria* et *fodiens*, qu'il avait d'abord appelée *nemesia caementaria*), appartenant également à la famille des araignées à tube ou, pour mieux préciser encore, à celle des *territelariae* (fouisseuses), habite l'Europe méridionale et offre des mœurs analogues à celles dont nous venons de parler. Par son habileté artistique et les raffinements inouïs, qu'elle apporte dans l'arrangement de son logis souterrain, ainsi que par ses moyens de défense contre les attaques extérieures, cette araignée excite le plus vif intérêt et mérite certainement d'occuper la première place, parmi toutes les araignées, sous le rapport de l'intelligence, tout en cédant le pas à ses congénères du Brésil pour le volume de son corps. Les crochets des mâchoires de la *mygale fodiens* sont munis d'une espèce de râteau tranchant, tandis que ses pattes et ses dents se terminent à la façon d'un peigne. C'est à l'aide de ces instruments, que l'animal creuse des galeries souterraines, dans lesquelles il peut se tenir à son gré tapi ou redressé.

L'intérieur de cette habitation est soigneusement tapissé d'un tissu fin et soyeux. A l'entrée, se trouve une porte, pour la description de laquelle il faudrait, selon l'expression de Blanchard, épuiser toutes les formules de l'admiration. Cette porte, sorte de couvercle, est formée de couches de terre reliées par une matière soyeuse : le disque, qui a une grande épaisseur, est élargi de bas en haut, de façon à emboîter exactement la partie évasée du trou. A l'extérieur, la porte est toute raboteuse, comme le sol environnant, pour que rien ne trahisse l'habitation ; sa face interne, au contraire, est couverte d'un tissu de soie, semblable à celui qui garnit la muraille du logis. Il est bien d'avoir une porte, seulement il faut pouvoir l'ouvrir et la fermer. Une charnière et une serrure sont donc indispensables. La charnière est construite avec une petite masse en soie épaisse et résistante ; du côté opposé, la serrure est représentée par un cercle de petits trous, dans lesquels la maîtresse du logis enfonce ses griffes pour tenir la porte plus close contre les dangers du dehors. Quand la nuit elle veut aller à la chasse, elle soulève la trappe et la laisse retomber derrière elle, exactement comme font les hommes sortant de leurs caves. Au retour, elle soulève la trappe avec ses griffes et se glisse dans son réduit.

Le naturaliste anglais J. T. Moggridge, auquel nous devons de si curieux détails sur les fourmis glaneuses, s'est aussi particulièrement occupé des mœurs de cet intéressant animal et a enregistré le résultat de ses études dans son livre, si souvent cité, *Harvesting Ants and Trapdoor Spiders* (London, 1873). D'après lui, c'est seulement vers la seconde moitié du siècle passé que l'existence de l'aranéide en question fut révélée pour la première fois par des naturalistes tels que P. Browne, Sauvages, Rossi, ce qui, sous le rapport de l'antiquité et de la célébrité consacrée par le temps, la place bien en arrière des abeilles et des fourmis.

Sans doute, dit Moggridge, les toiles et les nids de l'araignée commune sont des merveilles d'art et de patience ; pourtant, à côté des œuvres créées par l'araignée à trappe, elles produisent le même effet, que produirait un tunnel ordinaire comparé à celui du mont Cénis. C'est un spectacle merveilleux que celui de la patience et de l'intelligence, grâce auxquelles ce petit animal, sans contredit un des plus grands artistes et inventeurs créés par la nature, se tire de toutes les difficultés et de tous les dangers.

C'est à l'instigation de l'honorable M. Richard Brown, que Moggridge entreprit ses études sur les araignées à trappe. Jusqu'à lui on ne connaissait que deux formes tout à fait élémentaires des nids de cette espèce. Il en décrivit d'autres, dont la structure compliquée trahit non seulement l'intelligence extraordinaire de l'araignée, mais encore permet d'établir sur des bases solides un fait, que plusieurs traits de la vie intellectuelle des animaux laissaient pressentir depuis longtemps, savoir : que le progrès, le perfectionnement, ne sont pas le privilège exclusif de l'homme, qu'ils se retrouvent déjà, quoique à un degré inférieur, chez l'animal.

Des deux formes élémentaires de ces nids, l'une, nommée par Moggridge le simple nid à bouchon, a déjà été décrite dans ses traits essentiels. L'autre, qu'il désigne sous le nom de nid simple à couvercle ou à pain à cacheter, se trouve dans les Indes occidentales; la porte, fort mince, de l'épaisseur d'un pain à cacheter, faite tout entière d'un tissu soyeux, sans mélange d'argile, est simplement appuyée sur l'orifice, mais ne s'y emboîte point, comme c'est le cas pour toutes les formes de nid à bouchon.

En général, les nids des araignées des Indes occidentales,

plus solides et plus résistants que ceux des araignées d'Europe, se distinguent en outre par une forme particulière, présentant quelque ressemblance avec un bas. Ils sont l'œuvre de la *cteniza nidulans* et révèlent, selon le témoignage de M. P. H. Gosse, une grande variété dans leur exécution plus ou moins parfaite ; tous sont tapisssés d'ailleurs d'un tissu soyeux et argenté, d'un moelleux et d'une délicatesse exquises.

Le nid *à bouchon* se distingue, au premier coup d'œil, de celui ci-dessus décrit par l'épaisseur bien plus considérable de la porte et la manière dont elle se ferme. Entre les deux se place, comme forme transitoire, le nid de la *cteniza aedificatoria*, décrit par le professeur Westwood (*Transact. of the Entom. Soc. London*, 1841-43), Moggridge a souvent constaté, que les espèces les plus voisines fabriquent des nids fort différents, tandis que d'autres, bien moins rapprochées, en édifient de fort analogues, quelquefois identiques, fait qui se trouverait en contradiction manifeste avec la théorie de l'instinct. Il est d'autant plus à noter que les instruments de travail, spécialement les extrémités crochues des pattes, présentent une structure très diverse chez les espèces très éloignées les unes des autres et *vice versâ*.

Placés le plus souvent dans des endroits humides, ombragés, ou dans des déclivités du sol, cachés sous des mottes de terre ou sous une végétation luxuriante, ces nids sont difficiles à découvrir. L'araignée choisit de préférence des plans de terrain inclinés, cette disposition du sol étant plus favorable à l'aménagement de la porte, qui de cette manière retombe de son propre poids. Aussi trouve-t-on rarement des nids de ce genre sur un terrain uni. D'ordinaire la porte s'adapte parfaitement et présente une grande solidité, quoique ici encore Moggridge, qui a

étudié un grand nombre de ces nids, constate de notables
différences individuelles dans des nids bâtis par les membres de la même espèce. Donc, chez l'araignée de même
que chez l'homme, l'habileté est une faculté toute spéciale,
dont les individus sont fort inégalement doués.

En touchant du bout d'un canif une porte de ce genre,
Moggridge la sentit lentement tirée en dedans à la manière d'une coquille de moule qui se ferme. Il continua
néanmoins à en soulever le couvercle, en dépit des efforts
suprêmes de la maîtresse du logis, et aperçut l'araignée
couchée sur le dos, se cramponnant des pattes au tissu
soyeux tapissant la surface interne de la porte et la tirant
de toutes ses forces. Moggridge ne força pas davantage
l'ouverture, mais enleva toute la partie supérieure du nid
avec l'araignée elle même, afin d'en examiner le fond. Il
trouva les petits trous, qui, en dedans de la porte, servent à l'araignée de points d'appui pour y enfoncer ses
crochets, pratiqués uniquement du côté opposé à la
charnière de la façon la plus conforme au but, qui est la
résistance. D'ailleurs ces trous manquent dans beaucoup
de nids.

Un jour, en enlevant du sol une plante avec ses racines,
Moggridge trouva un nid de ce genre, dont la porte était
couverte en dehors d'une mousse se confondant complètement avec celle qui croissait dans le voisinage. L'illusion
était si complète que le naturaliste, tout en tenant le nid
dans sa main, n'en découvrit pas la porte tant que celle-ci
resta close, fait d'autant plus merveilleux, qu'il faut admettre, selon toute vraisemblance, que cette mousse croissant sur la porte avait été plantée par l'araignée elle-
même !

Pour ce qui est des nids à architecture plus compliquée,
découverts et décrits par Moggridge, ils possèdent aussi

une porte très mince, en forme de pain à cacheter, adhérant
à la surface du sol, toute pareille à celle des nids des
Indes occidentales, et au-dessous, à la profondeur de 6 à
12 centimètres, *une autre porte souterraine, solide-*
ment construite, mais d'une forme toute différente, selon
qu'elle conduit à un nid simple ou à ramification. On
trouve à Mentone une grande quantité de nids de cette
dernière structure. Du tube principal s'enfonçant dans la
terre, tantôt tout droit, tantôt obliquement, partent en
haut des tubes latéraux à angles aigus, qui le plus souvent se terminent en cul-de-sac, mais quelquefois vont
déboucher à la surface du sol. Comme dans ce dernier cas
une des deux portes est d'ordinaire négligée et la partie
supérieure du tube comblée de terre, il faut supposer que
cette ancienne entrée ayant souffert quelque avarie, l'araignée s'est vue contrainte de la remplacer par une seconde,
pratiquée dans un autre endroit. Le plus souvent, comme
nous venons de le dire, ces tubes latéraux se terminent
en cul-de-sac, et Moggridge a constaté, que le fait se produit toujours dans les nids de très jeunes araignées.

Dans ces nids à ramification et à double porte, la
porte supérieure n'adhère à l'orifice du tube que par sa
charnière et son poids, mais ne s'y emboîte pas comme
le font les portes des nids dits à bouchon. La porte intérieure, également suspendue sur une charnière, est placée
à l'extrémité du coin formé par la bifurcation des deux
tubes et est agencée de manière à fermer à volonté soit
le tube principal, soit l'embranchement. Cette porte, de
forme elliptique, et ayant de 3 à 3 millimètres et demi
d'épaisseur, est raboteuse en dehors, unie et plane en
dedans, et munie d'un appendice à sa partie inférieure.
Les matériaux, dont elle est construite, sont des lames
d'argile reliées par un tissu soyeux. Quand elle est tirée

de manière à fermer l'entrée de l'embranchement, elle
répond si bien par sa forme et son aspect à sa destination,
qu'elle semble ne former qu'un tout avec les parois du
tube principal.

Si on détruit la partie supérieure d'un nid de cette
espèce, on voit la porte inférieure, évidemment poussée
par l'araignée, se déplacer mystérieusement de bas en
haut et fermer le tube principal; quelquefois il est même
facile de capturer l'araignée au moment où de son dos
elle appuie fortement contre la porte. Mais, lorsqu'elle a
compris l'inutilité de la résistance, elle se blottit en repliant
ses membres dans l'endroit le plus profond du nid, ou
bien s'élance contre son adversaire et lui enfonce ses crochets dans la chair.

Elle se comporte un peu différemment, quand elle a affaire à ses ennemis naturels : les ichneumones, les guêpes des
sables, les fourmis, les mille-pieds, les petits lézards, etc.
Vraisemblablement, elle ferme avant tout devant l'agresseur la porte souterraine du tube principal et, celle-ci une
fois forcée, elle se retire dans l'embranchement en
tirant la porte sur elle. De cette façon l'intrus trouve le
tube vide et la porte, se confondant parfaitement avec les
parois, rien ne lui révèle l'existence d'un embranchement!

A cause de son peu d'épaisseur, la porte supérieure ne
peut être revêtue de végétation comme la porte à bouchon; aussi l'araignée cherche à remédier à ce défaut
en entremêlant au tissu, qui la constitue, des objets qui
puissent la dissimuler, tels que des feuilles sèches, des
fibres ligneuses, des racines, des brins d'herbes, afin que
cette porte se confonde autant que possible avec le terrain
environnant. Mais quelquefois l'animal manque d'habileté
dans ses artifices, et réussit à attirer l'attention bien plus
qu'à la détourner. Souvent aussi l'existence des nids, qui

se trouvent dans des endroits découverts, est trahie par la nuance de la porte, plus claire que celle du sol environnant, car, à cause de sa mince épaisseur, elle sèche naturellement plus vite et plus complètement. Ce sont les feuilles, qui masquent le mieux la porte, et souvent une seule suffit à la recouvrir complètement.

Quelquefois un tube, fait d'un tissu soyeux, se dresse comme une cheminée à la hauteur de 6 à 8 centimètres au-dessus du sol, parmi le gazon, la mousse, le gravier et la végétation de toute sorte, auxquels il est fixé par des fils de soie. Ces tubes à fleur de terre, que l'on peut trouver dans les environs de Paris, où ils sont l'ouvrage de l'espèce appelée araignée tubicole (*atypus piceus*), sont d'ailleurs bien inférieurs aux tubes souterrains, que nous venons de décrire, en ce qu'ils n'ont pas de porte.

La seconde variété de nids, récemment découverts et décrits par Moggridge, est au contraire un nid à tube *non ramifié*, œuvre de la *nemesia eleanora*. Dans un nid de cette forme, la seconde porte ou porte souterraine se trouve placée à la distance de 3 à 10 centimètres au-dessous de la porte supérieure et sert à clore l'entrée d'un tube unique, légèrement rétréci par en haut. L'une semble destinée à *masquer* l'entrée du nid, l'autre à la *protéger*. Constituée par des lames alternantes d'argile et de soie, la porte intérieure a l'épaisseur de 3 à 6 millimètres et, au lieu de charnière, elle est munie d'un appendice tout semblable à celui de la porte souterraine des nids à ramification. Cet appendice peut servir d'anse et, par son moyen la porte, hermétiquement close à l'approche de l'ennemi, peut être relâchée, le danger une fois passé. La porte elle-même, comme celle du nid à ramification, est légèrement excavée par en haut et arrondie par en bas, afin de ne pas gêner la circulation

dans le tube, une fois qu'elle est ouverte. Le bord supérieur en est aussi moins large que le bord inférieur, et
cela pour boucher plus hermétiquement l'orifice du tube
rétréci par en haut, contrairement à ce qui a lieu dans
les nids à bouchon. Moins longue que la seconde porte du
nid à ramification, destinée à un double usage, celle dont
il est question pour le moment, est en revanche plus
large et mieux ajustée. Toutes d'ailleurs ont la forme
elliptique, ce qui dépend naturellement de la position oblique des tubes qu'elles bouchent. Quelquefois le contour
extérieur en varie beaucoup, selon les modifications de
la lumière du tube.

Moggridge a trouvé à plusieurs reprises, au fond du
tube de la *n. eleanora*, un certain nombre de petits à côté
de leur mère, ce qu'il n'a jamais trouvé dans les nids des
autres espèces. Il n'a jamais vu non plus l'araignée à
trappe, qui chasse toujours la nuit, sortir en plein jour
de son trou, quoi qu'en disent d'autres naturalistes.

Quant à la *cteniza ariana* (araignée à couvercle),
habitante de l'île de Tino, dans l'archipel grec, voici sur
son compte le récit à peu près textuel d'Erber (*Bulletins
de la Société impériale de botanique et de zoologie de
Vienne*, livr. 18, pp. 905 et 906), qui a étudié ses mœurs,
la nuit, au clair de la lune : Vers les neuf heures du soir,
les portes s'ouvrirent et les araignées en sortirent. Leur
premier soin fut de fixer à l'herbe et aux pierres environnantes, avec de gros fils, les portes, qui allaient retomber
derrière elles ; ensuite chacune fila une toile de près de
15 centimètres de long et d'un centimètre et demi de haut ;
après quoi toutes rentrèrent chez elles.

« De mon poste d'observation, dit-il, je pouvais suivre à
la fois les mouvements de trois araignées. Bientôt quelques coléoptères nocturnes se laissèrent prendre dans les

filets et les araignées se précipitèrent immédiatement sur eux. Elles en sucèrent le sang et traînèrent les cadavres à quelques pas de leurs nids.

« Le lendemain matin, je revins visiter les lieux et je pus constater, que les toiles, tendues pendant la nuit, étaient bel et bien enlevées. La porte d'un des nids était ouverte : c'était celle de l'une des trois araignées, que j'avais capturées la nuit précédente. Je pus même nettement distinguer les fils d'araignées baignés de rosée, à l'aide desquels la porte était assujettie au sol. »

D'après les renseignements fournis à M. Hansard par un ami, l'île de Formose posséderait aussi une araignée à trappe, qui se terre dans des nids semblables à ceux de la *cteniza fodiens*. On peut la voir souvent durant le jour hors de son logis, mais à peine fait-on mine de s'en approcher, qu'elle rentre précipitamment en tirant la porte derrière elle. En Australie, selon le témoignage de lady Parker, cette espèce est si nombreuse, qu'on n'y fait plus attention. Ces aranéides s'y montrent au grand jour et ne rentrent dans leurs repaires souterrains qu'à l'approche de quelque danger. Leurs portes sont si bien closes, qu'il est difficile de les découvrir au dehors.

En revanche, les araignées à trappe de la France, décrites par Walkenaer, ne travaillent et n'attaquent leur proie que la nuit. Elles aussi tendent leurs rets dans le voisinage immédiat de leurs habitations. Costa affirme que la *nemesia meridionalis*, commune dans le sud de l'Italie, construit son nid très différemment, selon la nature du sol ; qu'elle cherche à donner d'autant plus de solidité et de consistance au tissu soyeux, dont elle le tapisse, que l'argile dont elle est obligée de se servir est plus poreuse. Là où le terrain est plus dur, l'intérieur du tube, excepté dans le voisinage de l'orifice, ne sera souvent que raclé et légèrement tapissé ; tandis que là où les circonstances l'exigent, le même tube est confectionné d'une étoffe si solide qu'il reste intact, alors même qu'on le débarrasse de la terre environnante, l'architecte ayant eu la prévoyance et l'habileté de le solidifier, en le fixant tout autour à des points d'appui bien choisis.

Moggridge a eu aussi l'occasion d'étudier les procédés architecturaux des araignées captives, à l'usage desquelles il pratiquait à l'avance un trou cylindrique dans la terre. Les portes confectionnées dans ce cas ne se distinguaient point par la perfection du travail, qui nous frappe dans celles construites par l'animal en liberté ; il semble que les araignées, placées dans ces conditions nouvelles, ne veulent point se donner la peine d'y déployer leur talent d'architecte. Parfois même elles ne bâtissent guère ou bien fabriquent, contrairement à leurs habitudes, des toiles ovales, qu'elles étendent horizontalement entre le sol et la gaze qui recouvre leur prison et où elles se blottissent. Ces toiles ou hamacs rappellent un peu les tubes à fleur de terre de l'*atypus*, décrits ci-dessus.

Toutes les araignées à trappe, que Moggridge a réussi à capturer, dans le but d'étudier leurs mœurs, déployaient plus d'activité la nuit que le jour. Vraisemblablement, la nuit, elles ont moins à redouter leurs ennemis (sagouins, écureuils, oiseaux, lézards, tortues, grenouilles, taupes, guêpes, etc.), tandis que leur gibier à elles, c'est-à-dire les fourmis, les scarabées, les forficules, les pucerons, etc. est à leur portée, la nuit aussi bien que le jour. D'ailleurs toutes les araignées à trappe ne tendent pas, comme celles décrites par Erber, des filets nocturnes pour prendre leur proie ; beaucoup se contentent de guetter, à l'entrée de leur habitation, les insectes au passage, de se précipiter sur eux d'un bond rapide, et les saisissant entre leurs crochets, de les entraîner au fond de leur repaire, dont elles laissent retomber la porte restée entr'ouverte.

Si on enlève la porte d'un nid d'araignées à trappe, cette porte est bientôt remplacée par une nouvelle; si on la cloue à l'aide d'une épingle, de sorte qu'elle ne puisse être ouverte, la maîtresse du logis s'empresse de percer un orifice latéral, qu'elle munit d'une porte. Ce cas se produit souvent dans la nature, par suite de circonstances fortuites.

Un jour, Moggridge fixa au sol avec un fil, de manière à les empêcher de se refermer, trois trappes disposées sur le même rang. Le lendemain, un des trous était à demi bouché, car le revêtement soyeux de la face interne de la trappe avait été tiré en dedans de l'orifice du tube. Le second trou était intact. Le troisième était recouvert de trois feuilles d'olivier, enlacées de fils et fixées ainsi au bord de l'orifice du tube. Mais, deux jours plus tard, ces feuilles étaient remplacées par une porte mobile, parfaitement aménagée.

Ainsi, sous l'empire des mêmes circonstances, les trois araignées avaient agi tout différemment, chacune selon ses habitudes et ses opinions individuelles. Ceci peut-il être appelé de l'instinct?

Les araignées à trappe n'abandonnent que bien à contre-cœur les nids où elles ont une fois élu domicile. On a observé que là même où le nid avait été mis sens dessus dessous par un bouleversement quelconque du sol, les araignées, au lieu d'abandonner leur logis, mettaient tous leurs soins à le réparer; elles prolongent alors le tube jusqu'à la superficie du sol, et y établissent une nouvelle porte. En général, l'arrangement de ce domicile d'un genre si curieux exige une dépense considérable de temps et de peine, chacun de ces nids n'atteignant que graduellement ses véritables proportions et son parfait achèvement. Tant que l'araignée est jeune et petite, c'est à peine si son logis a l'épaisseur d'une plume de corbeau ; à mesure qu'elle grandit, le nid devient plus solide et plus vaste. La porte aussi gagne de plus en plus en épaisseur, ce qui lui donne quelquefois l'aspect d'une coquille d'huître. Un examen attentif révèle que cette porte est constituée par plusieurs lames d'un tissu soyeux, superposées les unes aux autres et séparées par des couches d'argile, et le nombre de ces couches alternantes monte quelquefois jusqu'à vingt ou trente. D'autres fois, l'ancienne porte, devenue trop exiguë, est abandonnée, et une nouvelle ouverture est pratiquée dans un autre endroit, en sorte que l'on en trouve deux ou trois d'une grosseur diverse dans le même nid. Tout naturellement, il est plus commode à l'araignée d'agrandir graduellement son nid que d'en construire de nouveaux à mesure qu'elle-même augmente de volume, la différence entre ces nids étant, d'après les observations de Moggridge, depuis 2 jusqu'à 30 millimètres de diamètre, limites extrêmes entre lesquelles se placent un grand nombre de formes intermédiaires. On peut juger de la croissance considérable de l'araignée d'après le calcul suivant, fait par F. Pollock (*Ann. and Mag. of Nat. Hist. for June* 1865). Selon lui, une femelle du genre *epeira* pèsera, au bout de huit mois, pendant lesquels elle aura changé de peau à dix reprises, aux mois deux mille sept cent fois plus qu'au moment de sa naissance.

De toutes les formes de nids ci-dessus décrites, la plus répandue et la plus ordinaire est celle du simple nid à bouchon non ramifié. Ce genre d'architecture est adopté par six espèces différentes, appartenant au moins à trois genres distincts, tandis que les autres formes plus compliquées ne sont en général exécutées chacune que par une seule espèce. Parmi les douze espèces plus particulièrement connues des *territelariae*, ou araignées qui se terrent, trois espèces, *atypus piceus*, *a. blackmallii* et *nemesia cellicola*, construisent le simple nid à tube matelassé, à l'orifice duquel elles ne mettent aucun couvercle. Du reste, comme dans sa monographie des araignées territèles, le professeur Ausserer en énumère jusqu'à deux cent quinze espèces ; elles présentent, on le voit, un vaste champ à l'observateur, et, selon toute vraisemblance, on en trouvera encore parmi elles beaucoup ayant adopté la forme du nid à bouchon ou celle d'un autre type quelconque.

Moggridge a vu des araignées à trappe, australiennes, du type des nids à bouchon, atteindre en diamètre 25 ou même 50 millimètres ; il présume que ce type est répandu sur presque toute la terre, tandis que les autres types ne se rencontrent guère que dans certaines localités déterminées. Tout en admettant qu'avec le temps, ces derniers se modifieront, il ne croit point possible qu'ils arrivent jamais à être aussi répandus que l'est actuellement le type le plus commun. En fût-il ainsi, l'art architectural des araignées territèles, construisant des nids à tube, n'en révèle pas moins une série graduée de transitions, une échelle progressive de perfectionnement tout à fait conforme aux principes essentiels de la théorie de l'évolution et de la descendance, n'ayant rien de commun avec ces formes immuables, imposées par un penchant irrésistible, comme le prétendent messieurs les philosophes, partisans de l'instinct.

Nous ne nous avançons pas trop, en affirmant que le nombre de ces types transitoires est loin d'être épuisé par les formes ci-dessus décrites. Ce fait est mis en pleine lumière par l'essai que Moggridge, un an après l'apparition de son intéressant ouvrage, a publié à titre de supplément. Nous y apprenons à connaître au moins *trois* ou *quatre* types nouveaux de nids à trappe, jusqu'ici inconnus en Europe, en sorte que leur chiffre total (même abstraction faite des espèces *atypus*, si curieuses, mais encore si imparfaitement étudiées), s'éleverait à *six* ou *sept*. La différence si notable, observée dans l'architecture des nids, ne tient pas essentiellement à la différence des espèces, auxquelles appartiennent les architectes, les mêmes espèces bâtissant souvent, comme nous l'avons déjà fait remarquer, des nids très dissemblables, tandis que le même type d'architecture est quelquefois adopté par des espèces très éloignées les unes des autres. Cette différence dépend surtout (et cela n'a guère lieu de nous étonner) de la divergence des milieux, des conditions extérieures de la vie. En Californie, ces nids ne sont pas très profonds, et atteignent rarement à plus de 8 centimètres de longueur, quoique les araignées dont ils sont l'ouvrage soient fort grosses et fort redoutées pour leurs morsures venimeuses. Elles sortent de leurs repaires, le jour aussi bien que la nuit, mais y rentrent précipitamment à la moindre apparence de danger. Leur ennemi le plus dangereux est une grosse espèce de guêpe, particulière au pays. Mais les petits hyménoptères, qui cherchent à déposer leurs œufs parmi ceux de l'araignée, ne sont pas non plus sans susciter quelque danger à celle-ci, ou tout au moins à sa progéniture. On voit donc que la porte, solide et bien close, de son nid, est aussi utile pour la protéger contre ses grands adversaires, que pour la garantir contre l'invasion de ses ennemis de petite taille.

Les quelques nids de la Palestine, que Moggridge a réussi à se procurer, sont aussi très petits, et présentent beaucoup d'analogie avec ceux de la *cteniza Moggridgii*.

Ce naturaliste a découvert encore, dans les environs de
Bordeaux, un certain nombre de nids *ramifiés*, dont la
porte avait la forme d'un pain à cacheter, et non la forme
de *bouchon*, et qui pourtant ne possédaient point de seconde porte à l'intérieur du tube. Le tube latéral part ici
à angle aigu du tube principal, pour aboutir à la superficie
du sol où il est bouché avec de la terre et des fils d'araignée, de façon à donner facilement issue en cas de nécessité. Cette disposition semble assurer le même avantage
que celui obtenu dans les nids à bouchon, au moyen de
portes plus solides. Peut-être, selon la conjecture judicieuse de Moggridge, les formes d'architecture les plus
simples sont-elles propres aux pays plus froids ; celles plus
compliquées, aux pays chauds.

Le même naturaliste a trouvé, dans les environs de la
ville d'Hyères, un nid ramifié à double porte, dont la seconde
porte, ou porte souterraine, était pourvue d'un mécanisme
particulier ; elle était garnie latéralement de fortes saillies
cunéiformes, et munie d'un long appendice. Placée assez
haut, elle s'adaptait solidement, et si on soulevait la porte
extérieure, c'est-à-dire celle d'en haut, elle s'emboîtait
par en bas et, du côté des passages, plus hermétiquement
dans le tube principal.

En outre, il finit par découvrir, dans un nid ramifié à
double porte, en forme de pain à cacheter, une nouvelle et
merveilleuse complication, qui lui avait d'abord échappé.
Ce nid, œuvre de la *nemesia manderstjernae*, possède,
outre le tube latéral ascendant, un autre tube descendant, complication qui place le nid en question au-dessus
de tous les autres, et assure à son habile architecte le
premier rang parmi les araignées tubicoles. L'avantage le plus précieux, procuré par cet aménagement du
logis, consiste à induire dans une complète erreur l'ennemi

qui a réussi à s'y introduire. La porte souterraine bouchant complètement le tuyau principal, l'intrus ne pénètre pas dans ce dernier, mais se trouve amené dans le tube latéral descendant, et comme il n'y trouve rien et se croit pourtant arrivé dans le tube principal, force lui est de remonter.

Mais voici ce qui complique bien autrement l'affaire. Ce tube latéral descendant ne se trouve, en général, que dans les nids des *jeunes* araignées ; dans le nid des vieilles, il est d'ordinaire bouché ou comblé avec de la terre et de la boue, et par conséquent échappe le plus souvent à l'examen. Ce fait particulier peut s'expliquer de deux manières : ou le tube en question sert, à la jeune araignée, d'abri contre un ennemi, que ses compagnes, plus âgées et plus fortes, n'ont point à redouter, ou bien celles-ci négligent cette pré-caution, quand elles ont atteint un âge où elles ne pondent plus d'œufs et n'ont plus, par conséquent, besoin d'un abri particulier pour eux. Comme Moggridge a trouvé souvent, dans le tube descendant des vieux nids, beaucoup de restes d'insectes morts, il est permis de présumer, que cet endroit sert de lieu de rebut pour les débris de ce genre.

En général, les nids de la *n. manderstjernae* res-semblent excessivement à ceux étudiés par Moggridge, près de Menton, et décrits par lui.

Pour montrer combien sont variées les formes intermé-diaires, fort importantes quand il s'agit de se faire une idée de l'évolution progressive de ces nids, Moggridge rappelle les constructions analogues fabriquées par des araignées appartenant à d'autres genres. Ainsi, la *lycosa narbonensis*, fort voisine de la tarentule apulique, et appartenant au genre des lycoses, creuse verticalement, dans le sol du midi de la France, des trous cylindriques de près de 3 centimètres de largeur et de 8 ou 10 de profondeur. Cette profondeur une fois atteinte, les nids

courent horizontalement plus loin, pour se terminer par
une loge triangulaire, large de 6 centimètres et dont le sol
est jonché de débris d'insectes morts. Un nid de ce genre,
tapissé à l'intérieur d'une épaisse étoffe soyeuse, a, au
lieu de porte, un prolongement en forme de cheminée,
composé de feuilles, de mousses, d'aiguilles de pin, de
parcelles de bois, le tout relié et solidifié par des fils d'a-
raignée. L'architecture de ces cheminées, destinées, selon
Moggridge, à empêcher le sable soulevé en tourbillons
par le vent de la mer d'obstruer les nids, est des plus
variées. Pendant l'hiver, l'orifice reste complètement
recouvert par de la toile d'araignée; il est probable que
la nécessité d'enlever au printemps ce solide tissu protecteur, a fait surgir, de temps immémorial, dans le cerveau
de quelques espèces au moment où la toile détachée aux
trois quarts, laissait un passage suffisant à l'araignée,
l'idée d'établir une porte permanente à charnière mobile.
De là à la confection d'une porte parfaite, comme celles
que nous venons d'étudier, et même à la construction d'un
nid aussi compliqué que celui de la *n. manderstjernae*,
en passant par toutes les formes de transition, que nous
connaissons déjà et dont le nombre est sans aucun doute
bien plus grand que nous ne le croyons, le pas n'est plus
impossible à franchir, et la vérité du vieil axiome de
Linné : *Natura non facit saltum*, se trouve confirmée
encore une fois à la plus grande gloire de la *théorie de
l'évolution*. De même que sous le rapport *physique* l'a-
nimal se développe, se différencie et se perfectionne avec
tout l'ensemble du monde organique, de même aussi il se
développe intellectuellement et finit par atteindre le degré
le plus élevé, compatible avec la nature de son organisation et les conditions de sa vie. Notre vue si courte et les
bornes nécessairement limitées de notre expérience nous

empêchent de concevoir les choses telles qu'elles sont, et nous font croire, que tout dans l'univers reste immuable, précisément comme notre firmament avec ses étoiles fixes nous semble présenter, dans son éloignement, l'image parfaite du repos et de l'immobilité, tandis que, lui aussi, est le théâtre d'une transformation et d'un mouvement perpétuels. Pour avoir aujourd'hui des vues justes et des notions exactes sur la vie physique et psychique de l'animal, il faut demander à un passé, qui compte des millions d'années, la clef de son état actuel, en prenant, dans cette étude, pour fil conducteur les formes de transition, si nombreuses encore de nos jours. Quiconque ne sait point ou ne veut point se servir de cette clef pour résoudre le grand problème, reste nécessairement en face de ces questions, le bec dans l'eau, comme dit le proverbe, et finit par arriver, à l'exemple du professeur Jean Huber de Munich, aux conclusions les plus absurdes, et les mieux démenties par les faits. Dans ses articles sur les questions scientifiques du jour (supplément au *Journal universel* du 14 juillet 1874) le professeur, que nous venons de nommer, soutient que les animaux ne progressent point, qu'ils ne découvrent ni n'innovent, qu'ils construisent leurs nids comme à l'origine des temps et que, s'ils font des expériences, ils ne savent point les communiquer à leurs camarades ou à leur postérité, que par conséquent ces expériences ne sont d'aucun profit à ces derniers. Un autre, le professeur Carus, en arrive dans sa *Psychologie comparée* (1866, p. 191), à la curieuse affirmation suivante : « Le nid de l'araignée est tissé *inconsciemment* et c'est *inconsciemment* qu'elle utilise, pour sa nourriture, les insectes qui s'y trouvent arrêtés. » M. Carus, qui se croit compétent pour écrire une psychologie comparée, n'a-t-il jamais entendu dire que l'araignée, de même que tous les autres animaux, fait un choix très judicieux et prévoyant dans les matériaux susceptibles de servir à son alimentation, tout en étant sujette, comme le reste des animaux, y compris l'homme lui-même, à commettre parfois des bévues ? Pendant qu'il faisait ses études sur l'araignée à trappe, Moggridge ramassa un jour au hasard un scarabée (*chrysomela banksii*) et le plaça dans le voisinage immédiat d'un nid à trappe à demi entr'ouvert, dans les fentes duquel apparaissaient les pattes antérieures de la maîtresse du logis. En un clin-d'œil, la trappe s'ouvrit, l'araignée saisit sa proie et l'entraîna au fond de l'antre souterrain, tandis que la porte retombait d'elle-même sur eux. Mais, ô merveille ! à peine quelques secondes s'étaient-elles écoulées, que la trappe se rouvrit et le scarabée sain et sauf reparut devant l'observateur stupéfait; en d'autres termes, il avait été rejeté par l'araignée. Trop petit et trop faible pour avoir pu opposer à sa redoutable ennemie la moindre résistance sérieuse, le scarabée évidemment ne lui avait pas agréé, soit pour quelque particularité qui lui était propre, soit comme n'étant pas à ses yeux un mets assez succulent; donc, ne pouvant pas l'utiliser, elle lui avait rendu sa liberté. Quelques instants après, le naturaliste déposa à l'entrée du nid de l'araignée un puceron (*oniscus*), qui disparut dans le gouffre, mais lui bien *définitivement*. En face de ces faits, que devient la théorie de M. Carus sur l'alimentation *inconsciente* de l'araignée, à laquelle, selon lui, le choix ne présiderait point?

Mais le *nec plus ultra* de cette pitoyable philosophie nous est fourni par le professeur Fr. Körner (*Instinct et libre arbitre*, 1874). Il prend pour point de départ l'axiome suivant : « Tous les animaux de la même espèce agissent de la même manière depuis des milliers d'années », et il explique la toile de l'araignée par la déduction que voici :

« L'araignée est obligée de filer sa toile, son corps étant surchargé de la matière à filer. » On n'est pas digne d'une réfutation sérieuse, quand, à l'exemple de l'honorable Körner, on répond à la question suivante : « Pourquoi l'hirondelle bâtit-elle son nid avec de la boue? » — « Parce qu'elle est une hirondelle domestique; » ou quand on explique les constructions élevées par le castor, en disant : « Le castor est obligé de bâtir, vu la prédisposition de ses pieds; » ou quand on prétend que le chien « n'a pas la moindre notion du devoir et de la conscience, de la fidélité et du dévouement; » quand on ne trouve rien de mieux à dire sur l'enfant de l'homme, sinon « qu'il n'est qu'une masse de chair susceptible de croissance. »

S'opposer à l'application, aux araignées, de la théorie de l'évolution, en objectant, que, malgré la longueur du temps écoulé, il existe encore, à côté des nids perfectionnés de certaines araignées fouisseuses, d'autres formes imparfaites et presque primitives, ce serait oublier qu'il n'en est pas autrement chez l'homme; et pourtant le progrès n'est-il point l'apanage de notre espèce, dont, selon toute vraisemblance, l'antiquité sur le globe doit se compter par des centaines de milliers d'années? Non seulement le nombre des huttes et des habitations d'un genre tout primitif habitées par l'homme est infiniment plus grand que celui des maisons et des palais des nations civilisées, mais aussi la distance relative, qui sépare les unes des autres, est bien plus frappante que celle observée entre les différents genres d'habitations des araignées à trappe.

Avant de prendre congé de l'intéressant petit peuple des aranéides, mentionnons encore une araignée à trappe, découverte par le docteur Livingstone, le célèbre explorateur de l'Afrique, dans les environs du lac Delilo, de l'Afrique méridionale. « On trouve ici, » dit le voyageur (*Pop. Accounts of Travels in South Africa*, ch. XVII, p. 221), « une grosse araignée rougeâtre (*mygale*), fort agile, surnommée *sclali* par les indigènes. Son nid se ferme d'une manière fort ingénieuse par un couvercle suspendu à une charnière, de la grosseur d'à peu près un shilling. La paroi intérieure de cette porte est revêtue d'une substance papyracée, soyeuse, d'une grande blancheur, tandis que la paroi extérieure a tout l'aspect du sol qui l'entoure, en sorte que, la porte une fois close, il est impossible de découvrir le nid. Aussi ne peut-on l'examiner que quand la maîtresse du logis est dehors et qu'elle en a laissé la porte ouverte. »

CHAPITRE XXVIII

Les scarabées
et le degré de leur intelligence.

Le nécrophore. — Moyens de se faire comprendre. — Le scarabée sacré des Égyptiens. — *Oncideres amputator*. — L'industrie merveilleuse des espèces *rhynchites* ou *attelabides*. — Les *cicindèles*. — Les *staphylins*. — Lutte d'un staphylin avec des féroniens. — Sagacité d'un scarabée.

Des araignées, qui, par leur organisation physique, s'écartent assez du type des insectes proprement dit pour qu'on en ait fait un groupe d'articulés tout à fait à part, connu sous le nom d'aranéides et appartenant à la classe des *arachnides*, retournons vers des animaux qui représentent ce type dans toute sa pureté et toute sa perfection. Nous voulons parler des *scarabées* ou *coléoptères*, connus de tout le monde, et dont les formes sont variées à l'infini. Si on voulait compter, dans les innombrables collections, les représentants des différentes espèces de ces insectes si recherchés, on trouverait facilement plus de cent mille espèces, et, si on partageait l'intérêt que ces petits animaux ont inspiré à quantité d'observateurs, on supposerait qu'ils ont aussi une importance toute particulière pour le sujet de ce livre. Mais en réalité, par leurs aptitudes artistiques aussi bien que par leurs aptitudes intellectuelles, les coléoptères sont bien inférieurs aux arthropodes, dont nous nous sommes occupé jusqu'à présent. Pourtant, il est permis de présumer qu'une connaissance plus exacte de leurs mœurs et de leur vie nous révélerait aussi chez eux des qualités intellectuelles dont nous ne nous doutons guère. D'après les observations de M. Debey (*Documents pour servir à l'histoire du développement et des mœurs des scarabées à trompe de la tribu des attela- bides*, Bonn, 1846, confirmés par Perty, *loc. cit.*, p. 300), le *rhynchites betulae* serait, de tous les scarabées, le mieux doué sous le rapport de l'instinct, et mériterait aussi bien que les autres *attelabides* d'être placé *à côté*, peut-être même *au-dessus* de la mouche à miel et de la fourmi. Quoi qu'il en soit, on ne saurait certainement appliquer ce jugement à l'ordre tout entier des scarabées et des coléoptères, ordre très riche et très nombreux. L'incapacité du scarabée à se suffire à lui-même, tout son être si pesant et si lourd, sa manière de voler, le genre de ses occupations, le manque d'une organisation sociale et d'autres traits analogues suffisent à indiquer la place inférieure qu'il occupe parmi ses congénères, dans l'échelle du développement intellectuel. On pourrait dire qu'il est, parmi les insectes, ce que la classe des domestiques est parmi les hommes. Mais, de même que dans celle-ci, il se trouve des individus dont l'intelligence dépasse de beaucoup la moyenne de celle de leurs collègues, ainsi nous rencontrons parmi les scarabées des exemples isolés d'une puissance de raisonnement ou de jugement tout à fait remarquables. Parmi ces derniers, celui dont les mœurs sont le plus connues est le *nécrophore fossoyeur* (*necro- phorus*). De faibles germes de tendances sociales s'éveillent même chez le nécrophore, car on voit souvent des individus de cette espèce se réunir entre eux pour enfouir quelque animal mort, par exemple une souris, un crapaud, une taupe, un oiseau, dans un trou creusé sous terre, et destiné en même temps à servir d'abri à leur progéniture. Ils ont recours à l'ensevelissement, parce que le cadavre, aban-

donné à la surface du sol, se dessécherait, se putréfierait,
ou bien deviendrait la proie d'autres insectes. Dans tous
ces cas différents, les larves du nécrophore devraient
périr, tandis qu'enfoui sous terre, et préservé du contact
de l'air, le cadavre se conserve très bien. Dans l'acte même
de l'ensevelissement, les nécrophores procèdent avec une
habileté consommée : ils enlèvent la terre qui se trouve
sous le cadavre, en sorte que celui-ci s'enfonce toujours
davantage. Quand il est arrivé à la profondeur voulue, on
le recouvre de pelletées de terre. Le sol est-il pierreux,
les intelligents insectes réunissent leurs forces, et avec
des efforts inouïs transportent le cadavre dans un endroit
plus favorable à l'ensevelissement. La besogne se fait si
prestement, qu'une souris est bel et bien ensevelie au bout
de trois heures. Souvent aussi, les petits fossoyeurs sont
obligés de travailler plusieurs jours afin d'enfouir leur
butin plus profondément dans le sol. S'ils ont affaire à
quelque grande charogne, par exemple à un cheval ou à
une brebis, ils en détachent des morceaux aussi gros que
possible.

Le naturaliste Gleditch, si connu pour les services éminents qu'il a rendus à la botanique et à l'économie animale,
plaça *quatre* nécrophores avec leurs petits dans un globe
de verre rempli de terre, et, dans l'espace de quinze jours,
il vit ses prisonniers ensevelir non moins de quatre grenouilles, de trois petits oiseaux, de deux sauterelles, et
d'une taupe, sans compter les intestins d'un poisson et
deux morceaux de poumon de bœuf. Des individus de la
même espèce, qu'il isola, vinrent à bout, à force d'adresse
et d'efforts inouïs, d'ensevelir un cadavre sous terre.

Pour mettre à l'épreuve la sagacité de ces animaux, un
naturaliste s'avisa d'attacher une souris morte sur une
petite croix en bois, destinée à la soutenir au-dessus du sol,

malgré le trou creusé sous elle. Dès que les nécrophores s'aperçurent que la souris ne s'enfonçait pas dans le trou, ils se mirent à miner le sol sous le bâton jusqu'à ce que celui-ci fût enseveli avec le cadavre qu'il supportait.

Ils montrèrent autant de jugement, quand un ami de Gleditch enfila sur un bâton un crapaud mort, qu'il voulait dessécher, et planta le bâton lui-même dans le sol. Attirés par l'odeur, les scarabées se rendant aussitôt compte des difficultés de la situation, minèrent le sol sous le bâton et le firent tomber, après quoi ils ensevelirent le crapaud avec son support.

C'est grâce à la même manœuvre que les scarabées réussissent à s'emparer des animaux, que l'on suspend au moyen d'un fil à un bâton planté en terre, de manière à ce qu'ils touchent à peine le sol sans pouvoir s'y enfoncer.

A l'exemple de la plupart de leurs confrères scarabées, les nécrophores possèdent un appareil de vibration, une espèce de lime, au moyen de laquelle ils émettent un son particulier rappelant le son de crécelle. Ce bruit leur sert probablement, entre autres usages, à s'appeler quand il s'agit d'entreprendre quelque ouvrage en commun. En outre, ils ont la faculté propre à tous les insectes de communiquer entre eux en s'effleurant mutuellement de leurs antennes. Il est hors de doute que les antennes, dont la forme, chez les scarabées, est si variée et si bizarre, leur servent exactement au même usage qu'aux abeilles et aux fourmis ; mais il est probable que les communications qu'ils se font à l'aide de ce moyen sont d'une nature bien plus élémentaire que celles échangées entre les hyménoptères dont nous venons de parler. Voici ce que nous a écrit le 25 décembre 1875 M. Georges Goelitz, de Marysville (Marshall County, dans le Kansas, Amérique du Nord) : « Vers la mi-juillet de l'été passé, me trouvant un

jour au milieu de mon champ, mon attention fut attirée
par un monceau de terre fraîchement remuée, ayant tout
l'aspect d'une fourmilière. Un beau scarabée aux longues
pattes, rayé de noir et de rouge, gros à peu près comme
un frelon, travaillait avec ardeur à enlever la terre d'un
trou creusé en forme de galerie dans les flancs de ce mon-
ticule, et à aplanir ensuite le terrain environnant. Ayant
suivi pendant quelque temps les mouvements de ce scarabée, j'en découvris un second, de même espèce, qui se
trouvait, lui, dans le trou, fort occupé à transporter des
parcelles de terre du fond à l'orifice, après quoi il dispa-
raissait dans les profondeurs du sol. De cette manière,
toutes les quatre ou cinq minutes, un petit tas s'amon-
celait sur le bord de l'orifice, et était immédiatement emporté par mon premier scarabée. Près d'une demi-heure
s'écoula, et je ne pouvais me lasser d'observer ce curieux
manège, quand je vis celui des scarabées qui avait jusque-
là travaillé dans les entrailles de la terre, apparaître à la
surface, et courir à son compagnon. Leurs têtes se touchèrent, et il fut bientôt évident pour moi qu'ils avaient
dû avoir un colloque, car, immédiatement après, les travailleurs changèrent de rôle. Celui qui jusque-là avait
travaillé à ciel ouvert plongea dans les flancs du tertre,
tandis que son compagnon prit sa place au dehors. Je
suivis encore pendant quelque temps le cours de leurs
travaux, qui, à la suite de cet arrangement, n'avancèrent
que plus rapidement, et je m'éloignai en pensant à part
moi, que ces petites bêtes se comprenaient mutuellement ni
plus ni moins que les hommes. » Klingelhöffer, de Darmstadt (*voir* Brehm, *loc. cit.*, IX, p. 36), raconte un fait
analogue : « Un scarabée doré fondit un jour dans mon
jardin sur un hanneton couché sur le dos, avec l'intention
manifeste de le dévorer. Comme celui-ci lui opposait de

la résistance, l'agresseur courut à un taillis du voisinage, d'où il revint bientôt, accompagné d'un camarade, et à eux deux ils eurent raison du hanneton, et le traînèrent dans leur repaire. »

Le fait de s'appeler mutuellement au secours a été constaté chez plusieurs autres espèces de scarabées. C'est là surtout un trait caractéristique du célèbre bousier, ou scarabée sacré des Égyptiens (*ateuchus* ou *scarabaeus sacer*), dont la merveilleuse naissance avait tellement frappé les anciens, qu'ils le consacrèrent au soleil. Les anciens Égyptiens lui rendirent les honneurs divins, et placèrent dans leurs temples son effigie colossale, sculptée en pierre. Les Romains, plus sensés, se bornèrent à porter des scarabées de pierre en guise d'amulette, ou bien encore enfermèrent et conservèrent précieusement, dans des vases destinés à cet usage, des momies de véritables scarabées. L'*ateuchus* a la curieuse habitude de fabriquer une boule en argile, grosse de 5 centimètres à peu près, dans laquelle sa future progéniture est enfermée, boule qu'il s'en va roulant devant lui jusqu'à ce qu'elle devienne sphéroïdale et solide, et jusqu'à ce qu'il trouve un endroit à sa convenance pour l'y enfouir. Les anciens avait pris cette sphère roulante, contenant dans son sein les œufs du scarabée, pour symbole du mouvement de l'univers, et de là le culte qu'ils rendirent au scarabée. L'*ateuchus* fait choix, pour pétrir sa boule, de la bouse de vache, de préférence à toute autre ; mais à défaut de cette dernière, il se sert aussi de la fiente de brebis et de chèvre. La boule est confectionnée avec le plus grand soin, et, après avoir fait un bout de chemin, l'animal s'arrête pour s'assurer de la solidité de son œuvre. Parfois, il est obligé de faire, de cette manière, bien du chemin avant de trouver un endroit tout à fait favorable à ses projets, et, dans ce cas, un des

époux traîne, et l'autre pousse la machine. S'il se présente
une inégalité de terrain, l'animal se sert de sa grosse tête,
solide comme un levier, pour soulever la petite sphère roulante, qui atteint parfois la grosseur d'une pomme. S'il
lui arrive de la laisser rouler dans quelque trou ou décli-
vité du sol, dans laquelle il n'entend pas l'abandonner, et
d'où il est impuissant à la tirer à lui tout seul, ou même
à l'aide de son partenaire, alors on le voit tout d'un coup
abandonner sa boule, et, déployant ses ailes, s'élever dans
l'air. Si on veut bien s'armer d'un peu de patience, et
attendre l'issue de ce manège, on ne tarde pas à voir revenir le fugitif suivi de deux, trois ou quatre camarades
qui, se mettant tous à l'œuvre avec ardeur, remettent bien
vite la sphère en bon chemin. C'est ce qui explique pourquoi il n'est pas rare de voir sur un terrain pierreux plusieurs scarabées affairés autour d'une petite masse de ce
genre. Mais le scarabée arrive finalement à un endroit
propice à l'aménagement; alors, de ses pattes antérieures,
solides et dentelées, capables de servir de râteau, il creuse
un trou dans la terre, y dépose sa boule, et la recouvre
de terre.

M. M. P. de la Brulerie (A. Murray, *Journal of Travels*, vol. I, 1868) affirme que l'*ateuchus* mâle émet le
son vibrant de crécelle, qui lui est propre, pour encourager sa femelle à rouler la boule de fumier, destinée à
servir de demeure à la progéniture, et aussi pour exprimer
son inquiétude quand sa compagne s'éloigne.

Les scarabées à boule recherchent de préférence le
fumier frais, lequel, mélangé de terre, s'adapte le mieux à
l'usage auquel ils le destinent; aussi l'odeur de ce fumier
les attire-t-elle immédiatement. D'ordinaire ils font un
peu sécher leur boule au soleil, avant de lui faire commencer ses pérégrinations.

L'*oncideres amputator*, espèce de cerf-volant (*lamia*), qu'on trouve sous les tropiques, mérite aussi une mention spéciale; il détruit parfois les jeunes branches en en détachant l'écorce par anneaux et en en enlevant des copeaux entiers. M. Foullet, directeur des serres du Muséum d'histoire naturelle de Paris, pendant son séjour dans une plantation des environs de Rio-Janeiro, entendait chaque nuit le bruit des branches d'un *acacia lebbeck*, qui tombaient à terre. Ces branches, ainsi entamées circulairement, ne conservaient d'intactes que leurs parties internes, et finissaient par tomber soit d'elles-mêmes, soit au moindre choc. Quel pouvait-être l'auteur du méfait? Les soupçons tombèrent naturellement sur les nègres de la plantation, qui probablement voulaient jouer un tour à leur maître. Mais le voyageur ne tarda pas à remarquer qu'il y avait très fréquemment un *lamia* sur la branche endommagée et en conclut que c'était là le vrai coupable. On examina minutieusement une de ces branches et on la trouva couverte de larves et de nymphes vivantes d'*oncideres*. La cause du désastre était révélée. En détachant des copeaux de cette manière, l'animal voulait évidemment empêcher ses larves d'être submergées par la trop grande abondance de la sève et les préserver par là du péril.

Les scarabées à trompe ou *rhynchophores* ne font pas preuve d'une moindre sollicitude pour la conservation de leur progéniture. Ainsi le *rhynchites auratus*, l'un de ces insectes qui perforent les fruits, choisit le côté de la pomme exposé au soleil, soulève une parcelle de sa pelure, y dépose un œuf dans un petit creux et replace la pelure avec tant de soin et d'adresse qu'il est difficile d'en reconnaître l'endroit. Après son éclosion, la larve ne se contente pas de la chair de la pomme : perforant le fruit, elle pénètre jusqu'aux pepins, qu'elle dévore; ensuite, faisant

encore une trouée à travers le fruit, elle en sort, se laisse
choir sur le sol, s'y enfouit et y file sa coque. En véritable
artiste, le *rhynchites betulae*, étudié par Debey, découpe
les feuilles du bouleau, de manière à pouvoir les enrouler
en forme d'entonnoir où il dépose son œuf. En même
temps il a soin de mettre à nu une partie de la nervure
médiane de la feuille, qui se dessèche peu à peu, et,
quand la larve éclot, elle trouve une nourriture toute
préparée dans la substance sèche de la feuille. Plus tard,
quand la feuille fanée tombe à terre, la larve s'enfouit
dans le sol où elle procède à sa transformation en nymphe.
Le *rhynchites betulae*, qui produit de grands ravages dans
les vignobles du Rhin et de la Moselle, s'ingénie aussi à
enrouler en forme de cigare plusieurs feuilles supérieures
d'une branche; après avoir préalablement entamé et per-
foré cette branche ou les feuilles elles-mêmes, afin de les
rendre mollasses et flexibles, il en enduit les bords d'une
sève gluante, et polit le rouleau avec la partie postérieure
de son corps. Selon les observations de Nordlinger (*voir*
Brehm, *loc. cit.*, IX, p. 144), ce travail si difficile se
poursuit avec une intelligence digne d'admiration, et le
petit artiste, tout en se rendant parfaitement compte de
chaque situation donnée, déploie une force, une adresse
et une persévérance étonnantes. D'ailleurs, chez tous les
attelabides, les *femelles* seules possèdent cette industrie
ingénieuse, se transmettant de génération en génération;
ici donc encore, comme nous l'avons vu chez tant d'autres
insectes, éclate la supériorité intellectuelle du sexe femelle
sur le sexe mâle.

Ce que le *rhynchites betulae* opère avec les feuilles
du bouleau, l'*attelabus curculionoides* le fait avec les
feuilles du chêne, et l'*apoderus coryli* avec celles du
coudrier.

Comme type belliqueux parmi les scarabées, citons les agiles et rapaces *cicindèles*, appartenant à la famille des coléoptères carnassiers, que Linné a surnommés à juste titre les *tigres* parmi les insectes (*tigrides insectorum*). Ce sont des brigands robustes, aux pieds agiles, vivant de la chasse des insectes et fondant avec la rage sanguinaire du tigre sur leur proie vivante, qu'ils saisissent de leur mâchoire supérieure, aiguë et tranchante, pour la dépecer ensuite et l'avaler par lambeaux. Au printemps, sur les sentiers sablonneux, exposés au soleil, on voit aller et venir la gracieuse et agile *cicindela campestris* ou cicindèle des champs, aux ailes d'émeraude, aux taches de la couleur du cuivre rouge et brillant comme du feu aux rayons du soleil. Presque aucun insecte n'est de force à lui résister, tandis qu'elle-même, grâce à son solide corselet, a peu ou rien à redouter de ses agresseurs.

Les larves des cicindèles se distinguent par la même voracité que leurs parents, et emploient pour la satisfaire des ruses raffinées, tout en préservant leurs corps mous du danger. De leurs pattes solides et armées, elles creusent dans le sol un trou en forme de cheminée, où elles montent et descendent à leur gré, comme des ramoneurs, en s'appuyant contre les parois. Immobiles à l'orifice de ce tube et le bouchant de leur tête, elles guettent, avec une patience infatigable, les insectes au passage. A peine un de ces derniers a-t-il atteint l'endroit dangereux, que la larve retirant précipitamment sa tête, l'insecte tombe dans le gouffre, et devient la proie de l'assassin. Le même jeu continue sans interruption. Quand la larve se prépare à filer sa coque, elle mure simplement l'entrée de son trou.

Si on met des cicindèles des champs avec d'autres insectes

qui leur servent d'aliments, par exemple, avec des
mouches, des vers, des chenilles, d'autres scarabées, etc.,
le sanguinaire insecte cherche avant tout à séparer la
tête du thorax de ses victimes, ou bien à leur arracher
ailes et pattes, afin de les empêcher de s'envoler. Ensuite
il se met à en dévorer l'intérieur si proprement qu'il n'en
reste que la peau. Quelquefois l'assassin déchire l'abdomen
de sa victime et en dévore les entrailles palpitantes, tandis
que celle-ci se débat et cherche à s'échapper. Les chenilles,
les vers et les larves au corps mou et flasque, sont souvent empoignés de cette façon par l'abdomen et dévorés
lentement tout vivants d'arrière en avant.

Les voraces et sanguinaires espèces *staphylines*, dont
les mœurs offrent une grande analogie avec celles des
carabiques, ne se comportent pas autrement que les cicindèles. Le docteur Nagel, de Schmölle, a été témoin d'un
combat entre un *staphylinus maxillosus* et la larve
d'un *tenebrio molitor*, appelé vulgairement ver de farine
(ténébrion). D'abord les attaques du scarabée échouèrent,
l'ennemi échappant à son étreinte, grâce aux anneaux
durs, polis et cornés de son corps. Le scarabée finit pourtant par saisir si solidement le ver, que celui-ci eut
beau se tordre et se démener, il ne put échapper aux
griffes de son terrible adversaire. Ils s'accolèrent comme
des chiens, qui s'enlacent de leurs pattes de devant en se
dressant sur celles de derrière. Enfin ils roulèrent sur le
sol, et la tête du ténébrion fut séparée du tronc, que des
mouvements convulsifs agitaient encore. Le scarabée se
mit alors à dévorer sa proie : en anatomiste consommé, il
enleva l'un après l'autre les anneaux demi-circulaires, qui
recouvrent l'abdomen mou du ténébrion, afin de parvenir
jusqu'aux intestins. Dans un autre cas analogue, le scarabée saisit tout d'abord la larve par l'abdomen, et ce

fut par cet organe qu'il commença son œuvre de destruction.

Un combat provoqué artificiellement entre une cicindèle et un carabe (*carabus*), n'aboutit à rien, les deux adversaires ayant l'air de se redouter mutuellement et lâchant prise aussitôt qu'ils s'étaient abordés.

Beaucoup de scarabées ont l'habitude de combattre entre eux pour la possession de leurs femelles, et ces combats, les plus acharnés de tous, ont été décrits en détail par Darwin (*Origine de l'homme*, I, p. 334).

Nagel avait réuni quatre *féroniens* (espèce commune des carabiques), et un *staphylinus niger*. Ce dernier saisit un des féroniens à l'endroit où la tête se rattache au corselet, et une lutte terrible s'engagea, lutte dont pendant quelque temps les trois autres féroniens restèrent témoins impassibles. Ensuite, ils coururent vers les belligérants et essayèrent d'une intervention ; mais les combattants leur ayant administré quelques coups, ils s'enfuirent bien vite. Enfin, un féronien s'enhardit jusqu'à mordre le staphylin à l'abdomen, sans que celui-ci se laissât distraire par cette diversion et fît trêve à son œuvre sanguinaire. Les féroniens furent si épouvantés de ce dénouement qu'ils se cachèrent isolément sous terre. La lutte morale entre le sentiment de crainte qu'inspire la force et cet autre sentiment qui nous pousse à voler au secours de l'opprimé, se serait-elle manifestée autrement chez l'homme ?

G. Berkeley (*Life and Recollections*, vol. II, p. 356) cite un exemple curieux de la sagacité d'un scarabée, sans indiquer l'espèce à laquelle appartenait ce dernier. Un jour, en se promenant, il aperçut un scarabée, qui traînait quelque chose de lourd. En se baissant, le naturaliste reconnut que c'était le cadavre d'une araignée, et que le scarabée, ressemblant fort par sa forme à une grosse mouche, était long de 2 centimètres, de couleur foncée, rayé sur les côtés de rouge et de jaune. Du bout de son bâton, le narrateur essaya d'enlever le scarabée de terre, afin de l'examiner à son aise ; mais celui-ci retomba lourdement et laissa choir sa proie. Tous les deux se retrouvèrent donc sur le sol, à la distance de 30 centimètres à peu près l'un de l'autre. Le scarabée ne perdit pas de temps et se mit tout de suite à la recherche de son trésor, se fiant à son odorat pour le retrouver. Quand il eut aperçu l'araignée, il ne s'en approcha qu'avec précaution, cherchant à éviter la tête de l'ennemie, et tâtant de sa patte antérieure le corps de celle-ci, comme pour s'assurer qu'elle était bien morte. Une fois qu'il ne lui resta plus de doute sur ce sujet, il ressaisit sa proie et s'enfuit avec elle. Pourtant, à peine eut-il fait quelques pas, qu'il déposa son fardeau et s'éloigna seul. Le narrateur, intrigué, suivit à quatre pattes l'animal, et le vit bientôt quitter le sentier sablonneux pour grimper sur les pousses d'une bruyère. Il en redescendit bien vite, revint à l'endroit où il avait laissé sa victime et la soulevant de terre, il la porta jusqu'au pied de la tige de bruyère. Là, après une courte halte, le scarabée se remit à grimper sur la tige, emportant toujours avec lui l'araignée, et il finit par la suspendre à une des branches de la plante, dont il avait constaté la solidité lors de son enquête préalable. L'affaire arrangée à sa complète satisfaction, l'animal redescendit et se mit à circuler entre les racines de la bruyère, en quête d'un nouveau gibier.

Le naturaliste à son tour examina la bruyère et put se convaincre, que, non seulement le scarabée avait fait choix, pour suspendre son gibier, de la branche la plus propre à cet usage, mais qu'il l'avait aussi accroché de la façon la plus ingénieuse et la mieux adaptée au but : en secouant ou heurtant la plante on ne réussissait pas à faire tomber l'araignée de son support.

« Qui voudrait après cela, » conclut le narrateur, « refuser au cerveau de l'insecte la faculté de raisonner et de juger? Le scarabée avait réfléchi que, s'il ne suspendait pas son butin, celui-ci ne manquerait pas de devenir la proie d'autres maraudeurs, et il avait mis tous ses soins à lui trouver un gîte approprié. »

CHAPITRE XXIX

Le fourmilion.

Mentionnons encore, quoiqu'il n'appartienne point aux scarabées, le célèbre *fourmilion* (*myrmecoleon*), dont la merveilleuse industrie de pillard a, de tout temps, attiré l'attention des naturalistes. C'est la larve du *myrmecoleon formicarius*, insecte appartenant à l'ordre des névroptères, et par conséquent proche parent des termites. Cette larve s'y prend d'une façon fort ingénieuse pour se procurer sa nourriture, et ses procédés en pareil cas rappellent beaucoup la conduite de ceux des hommes, que l'on désigne sous le nom de « fondateurs ». Comme eux, elle vit aux dépens d'innocentes victimes, que le hasard, aidé de pièges artificieusement préparés, a fait tomber en son pouvoir. Ce sont les endroits secs et sablonneux, que le fourmilion choisit pour établir son piège si connu, en forme d'entonnoir; il commence par tracer sur le sable un fossé circulaire, indiquant la dimension voulue de son trou; après quoi, il se met à en enlever la terre. Voici comment il conduit ses travaux : d'une de ses pattes antérieures, il gratte le sol, comme avec une pelle, et entasse sur sa tête plate des pelletées de terre, qu'il lance avec tant de force hors de la circonférence du fossé circulaire, qu'elle s'éparpille parfois à la distance de plusieurs centimètres. Tout en fouillant la terre, il recule toujours, en sorte qu'il revient à son point de départ. Puis il trace un nouveau cercle, et creuse de la même manière un autre sillon plus profond et ainsi de suite, jusqu'à ce qu'il ait atteint le fond de l'entonnoir. Pour varier et ne point se fatiguer, il part en creusant ces sillons circulaires tantôt de droite, tantôt de gauche, selon la patte qu'il emploie. Vient-il à heurter une pierre ou du gros gravier, il traîne l'obstacle jusque sur le bord de l'entonnoir et, si la pierre est trop grosse, avec une adresse infinie il la charge sur son dos, puis, montant lentement et avec précaution jusqu'en haut, il jette à bas son fardeau en dehors de l'entonnoir. On le voit parfois mouvoir des pierres quatre fois plus grosses que lui-même. L'affaire devient compliquée, si la pierre est ronde, car alors, elle roule souvent en bas ; mais l'infatigable insecte ne se lasse pas de la ramasser et de chercher à la transporter au dehors ; dans ce but, il se sert des sillons qu'il a creusés et qui montent de bas en haut. Si la tentative échoue trop souvent, l'animal abandonne son travail de sisyphe et se met à creuser un autre entonnoir.

Le piège une fois tendu, le rusé compère se blottit tout au fond dans le sable, de manière à rester aussi inaperçu que possible, et seuls, les bouts pointus de ses longues et fortes mandibules écartées font saillie au dehors. Dès qu'un petit animal s'est approché du bord de l'excavation, il sent le terrain fléchir sous ses pattes, et il dégringole jusqu'au fond où l'attendent deux formidables mâchoires. Le fourmilion suce sa victime, jusqu'à ce qu'il en ait extrait tout le suc, et rejette ensuite la carcasse hors de son trou. Chez les hommes, on laisse parfois à la carcasse épuisée un reste de vie, à moins qu'elle ne préfère se donner la mort, ce qui n'est pas rare.

Naturellement, sentant le terrain manquer sous ses pattes, l'insecte infortuné cherche à fuir, et s'accroche aux parois de l'entonnoir. Mais le fourmilion s'entend à annu-.

ler tous les efforts de la victime en jetant sur elle une pluie de sable qui l'ensevelit et la fait rouler dans l'antre du brigand. Son nom de fourmilion lui vient de ce qu'il fait ses plus nombreuses victimes parmi les fourmis.

Quand tout est fini, le brigand sort de sa cachette et travaille à réparer les dégâts occasionnés dans son appareil par la lutte précédente, après quoi, il guette de nouvelles proies. D'ailleurs, il se laisse parfois induire en erreur, et jette sa pluie de sable aussi souvent qu'on le veut, pourvu qu'à l'aide d'un brin de paille on laisse tomber dans son entonnoir quelques parcelles de sable. C'est ainsi que, parmi les hommes, il faut tâcher de tromper les fourmilions bipèdes!

FIN.

Paris. — Typographie Paul Schmidt, 5, rue Perronet.

www.ingramcontent.com/pod-product-compliance
Lightning Source LLC
Chambersburg PA
CBHW060917220326
41599CB00020B/2992